高等学校应用型本科“十三五”规划教材

工程流体力学

Engineering Fluid Mechanics

向 伟 编著

西安电子科技大学出版社

内容简介

本书是应用型本科“十三五”教改规划教材。“工程流体力学”是高等学校工程基础类课程。本书参考了国外工程应用型本科教材内容，并结合国内应用型本科教改要求而编写，内容全面，侧重基础和工程的实际应用。

全书共九章，主要包括流体的性质，流体静力学，流体运动的基本方程，量纲分析与相似理论，黏性流体的管内流动，明渠流动，黏性流体的绕流流动，孔口管嘴和缝隙的水力计算，气体动力学基础等内容，对工程流体力学基础知识及工程流体力学在工程上的应用进行了全面系统的介绍。

本书可作为能源动力工程、机械工程、城市建筑工程、环境工程、石油和化学工程、航空航天工程以及生物工程等专业的学习教材，也可作为从事与流体传动相关研究和应用的工程技术人员、教师的参考书。

图书在版编目(CIP)数据

工程流体力学/向伟编著. 一西安：西安电子科技大学出版社，2017.2
高等学校应用型本科“十三五”规划教材
ISBN 978-7-5606-4386-1

Ⅰ. ① 工…　Ⅱ. ① 向…　Ⅲ. ① 工程力学一流体力学　Ⅳ. ① TB126

中国版本图书馆 CIP 数据核字(2016)第 306654 号

策　　划　戚文艳
责任编辑　张　玮
出版发行　西安电子科技大学出版社(西安市太白南路 2 号)
电　　话　(029)88242885　88201467　　邮　　编　710071
网　　址　www.xduph.com　　电子邮箱　xdupfxb001@163.com
经　　销　新华书店
印刷单位　陕西天意印务有限责任公司
版　　次　2017 年 2 月第 1 版　2017 年 2 月第 1 次印刷
开　　本　787 毫米×1092 毫米　1/16　印　张　19.5
字　　数　456 千字
印　　数　1～3000 册
定　　价　36.00 元
ISBN 978-7-5606-4386-1/TB

XDUP 4678001-1

前　言

随着工程学的发展，工程流体力学在能源动力工程、机械工程、建筑环境与能源应用工程、环境工程、石油和化学工程、航空航天工程以及生物工程等领域得到了广泛的应用与发展。

“工程流体力学”是高等学校工程基础类课程。本书面向高等学校的学生和现场的技术人员尽可能地深入浅出讲解相关内容，使读者在具备基础高等数学和物理学的知识后，就能阅读和正确理解本书的内容。

在本书的写作中，特别注重了以下几个方面：

(1) 本书统一使用 SI 国际单位制。书中的符号进行严格的规定，便于读者在学习中更加容易保持概念的一致性。关于压力和压强的说法，因工程上习称为压力，又由于流体在工程概念上是没有强度的，所以本书作为工程流体力学，使用的是压力概念。

(2) 流体流动是相当复杂的物理现象，除不得已情况外，均以一元流动理论为主来讲解。书中的楷体字部分设置稍微详细的说明，以帮助理解。

(3) 利用各种实验资料和实验数据解决工程上的一些实际问题，这种应用在第 3、5、6、7 章很明显，从而避免了繁琐的数学推导，使其计算结果很容易得到。

(4) 书中通过例题帮助读者理解重要的概念和定律，在各章末附有测试练习，以提高解决问题的能力。对理论性较强的内容，比如平面势流问题等，通过联系实际应用，加深读者的理解，提高读者的学习兴趣。

(5) 本书丰富了绕流的阻力和升力计算、浮体稳定性计算、局部阻力计算、明渠计算等内容，弥补了目前国内教材在该部分出现的短缺，为后续专业课的学习、技术开发和应用打下丰厚的基础。

编著者一直从事流体传动和工程流体力学课程教学与科研工作，具有丰富的教学和现场工作经验。在编写本书时，参考了国内外前辈许多贤人的著作和论文，并得到了专业同事的支持与帮助。

本书由重庆科技学院向伟编写完成，并绘制本书中的所有插图。

限于水平，本书的不足之处在所难免，敬请读者批评指正。

编著者　向伟

2016.9.29 于重庆科技学院

主要符号含义说明

工程流体力学涉及的内容很多，导致符号表示的内容繁多，为方便读者学习，尽量统一符号表示的同一含义，具体含义如下：

1. 英文字母

A　面积(m^2)；断面面积(m^2)；投影面积(m^2)

a　加速度(m/s^2)

B　宽度(m)；系数；任意物理量

b　宽度(m)

C　系数；常数

C　形心；浮心

C_f　摩擦系数

C_l、C_d、C_m　二维机翼的升力、阻力、力矩系数

C_L、C_D、C_M　三维机翼的升力、阻力、力矩系数

C_p　压力系数

C_d　阻力系数

C_v　流速系数

C_q　流量系数

C_s　堰的流量系数

c　声速(m/s)；比热容；翼弦弦长(m)

c_p　定压比热容[J/(kg·K)]

c_v　定容比热容[J/(kg·K)]

d　直径(m)

d　微分符号

d_h　水力直径

D　直径(m)；阻力(N)、压力中心

E　流体的能量(J)；材料的弹性模量

e　单位量流体的能量；偏心距

F　作用力(N)；总压力(N)；浮力

f　单位质量作用力(N)

G　重力(N)；负载；重心

g　重力加速度(m/s^2)

H　高度(m)；深度；总水头；扬程；热力学中表示为焓(J)

h　高度(m)；水头；能量损失(m)；比焓(J/kg)

h_w　水头损失

h_f　沿程损失

h_j　局部损失

I　惯性矩

i　坡度

$\boldsymbol{i}$、$\boldsymbol{j}$、$\boldsymbol{k}$　直角坐标系三个正交单位矢量

K　流体体积模量；系数；

K　绝对温度的单位

k　绝热指数；其他系数；比例系数

L　长度(m)；升力(N)

l　长度量(m)；混合长度

M　动量(kg·m/s)；偶极矩

M　浮体稳心；射流中表示轴心速度的角标和极点

m　质量(kg)；明渠的平均水力深度(m)；系数；个数

n　转速(r/min)；多变指数；曼宁粗糙系数；个数

$\boldsymbol{n}$　平面法线方向单位

N　功率(kW)；N_{sh}轴功率

p　压力(Pa)，泛指相对压力(表压力)，在气态方程中指绝对压力；在明渠巴生公式中，指的是与壁面种类有关的系数

p_s　表面压力

p_t　全压(Pa)；p_F 在风机中表示风机的全压

p_G　以体积比能表示的管网阻力比能(Pa)

p_v　真空度

p_{va}　饱和蒸汽压力

p_∞　无穷远处压力

Q　液体的体积流量(m^3/s)；热力学中表示热量(J)

ΔQ　泄漏量

Q_m　质量流量(kg/s)

Q_v　体积流量(m^3/s)；常用于气体方程中，以示与表示热量的Q相区别

q　单位质量流体的热量(J/kg)；单位宽度流体的流量(m^2/s)

R　气体常数[J/(kg·K)]；半径(m)

r　转；半径

S　行程(m)；熵(J/K)；表面面积(m^2)；角标表示侧面、表面等意义

s　相对密度；比熵[J/(kg·K)]；流线(m)；明渠的湿周长；射流的射程

T　周期；绝对温度(K)；力矩(N·m)，力偶(N·m)，总切向力(N)

t　时间(s)；摄氏温度(℃)，节距

U　气体内能(J)；边界层层外速度

u　瞬时速度(m/s)；线速度(m/s)；牵连速度(m/s)；比内能(J/kg)

u'　速度脉动值；u'_x、u'_y、u'_z 分别表示在 x、y、z 三个方向速度的脉动值
u_*　壁面摩擦速度
u_o　壁面速度
u_θ　圆周向速度
u_r　圆径向速度
V　体积(m^3)；作角标时表示容积的
V_p　压力体
v　平均速度(m/s)；绝对速度(m/s)
W　功量(J)；宽度(m)；W_V 表示容积功
W　瓦特(W)
w　相对速度(m/s)；单位质量的功(J/kg)；w_{sh}单位质量的轴功
Z　绝对高度(m)
z　高度(m)；比位能(m)

2. 希腊字母

α[alpha]　角度(°)；马赫锥；动能修正因子
β[beta]　角度(°)；修正系数；动量修正因子；温度系数
Γ[gamma]　速度环量
δ[delta]　间隙；调节开度；层流底层厚度；边界层的厚度；质量流量亏损厚度
Δ[delta]　管壁的绝对粗糙度(mm)
ε[epsilon]　相对粗糙度；收缩系数；变形速度；堰的侧向收缩系数
η[eta]　分布函数；效率
θ[theta]　动量流量亏损厚度；角度
λ[lambda]　线性尺寸比；比例系数；沿程阻力系数
γ[gamma]　重度(N/m^3)；角度
σ[sigma]　表面张力(N/m)；应力(N/m^2)；堰的淹没系数
τ[tau]　剪切应力(N/m^2)；内摩擦力(N/m^2)
τ_o　壁面切应力(N/m^2)
ρ[rou]　密度(kg/m^3)
μ[mu]　动力黏度(Pa·s)
ν[nu]　运动黏度(m^2/s)
υ[upsilon]　比容(m^3/kg)；作角标时表示定容的
ζ[zeta]　局部阻力系数
ξ[xi]　阻力系数(含当量阻力系数的局部阻力系数)
φ[phi]　速度势函数
ψ[psi]　流函数
ω[omega]　角速度
$\mathscr{R}$[Re]　普适气体常数
κ[kappa]　射流的紊流系数

3. 其他

∇	哈密尔顿算子
∇^2	拉普拉斯算子
Eu	欧拉数($=p/\rho v^2$))
Fr	弗汝德数($=v^2/gl$)
Re	雷诺数($=vl/\nu$)
Ma	马赫数($=v/c$)
We	韦伯数($=\rho l v^2/\sigma$)
Ar	阿基米德准数

4. 角标说明

cr	临界的
st	静止的;滞止的
.	点号在角标中,表示进一步说明角标的意思。例如:$p_{cr.st}$表示临界状态的滞止压力;$p_{st.2}$表示断面2处的滞止压力

5. 字母说明

书中字母 v 的矢量形式为 $\boldsymbol{v}$。

目　　录

第1章　流体的性质

流体指可以流动的物质，包括气体和液体。与固体相比，流体分子间的引力较小，分子运动剧烈，分子排列松散，这就决定了流体不能保持一定的形状，具有较大的流动性。在一定的剪切力作用下，刚体不产生任何变形；弹性体的变形与作用力的大小成正比，并且在作用力消失后能够恢复原来的形状；塑性体与弹性体类似，只是在作用力消失后只能部分地恢复原来的形状。而流体则不同，无论在多么小的剪切力作用下其变形都将持续下去，直至剪切力消失。流体的这种持续的剪切变形称为流动。因此，流体与固体最显著的差别就是具有流动性。

气体(gas)和液体(liquid)都属于流体(fluid)，除了都具有流动性之外，还有以下两点差别：首先是气体具有很大的压缩性，而液体的压缩性非常小；其次是容器内的气体将充满整个容器，而液体则有可能存在自由液面。

1.1　流体的基本概念

工程流体力学(engineering fluid mechanics)是力学的一个分支，它主要研究流体在静止和运动时所遵循的基本规律，以及流体与固体间的相互作用，用来解决工程实际问题。工程流体力学的研究内容包含流体静力学、流体运动学和流体动力学三部分。

同物理学等其他自然科学学科的研究方法一样，流体力学的研究方法包括理论方法和实验方法。理论方法就是根据物理模型和物理定律建立描写流体运动规律的封闭方程组以及相应的初始条件和边界条件，运用数学方法准确或近似地求解流场，揭示流动规律；实验方法则是运用模型实验理论，设计实验装置直接观测流动现象，测量流体的流动参数并加以分析和整理，然后从中得到流动规律。

在流体力学学科体系中，根据研究方法的不同，流体力学可分为理论流体力学、工程流体力学和水力学三个分支。理论流体力学侧重于运用数学方法进行理论研究；水力学侧重于运用物理和实验方法进行实用研究；而工程流体力学则趋向于前面两种方法的结合，对工程实际涉及的流体力学问题进行研究。

任何实际的流体都是由大量微小的分子构成的，而且每个分子都在不断地做无规则的热运动。但是，流体力学的任务是研究流体的宏观运动规律。所以，在流体力学领域里，一般不考虑流体的微观结构，而是采用一种简化的模型来代替流体的真实微观结构。按照这种假设，流体充满着一个空间时是不留任何空隙的，即把流体看做是连续介质。

由连续介质假设所带来的最大简化是：我们不必研究大量分子的瞬间运动状态，而只要研究描述流体宏观状态的物理量(如密度、速度、压力等)就行了。在连续介质中，可以把这些物理量看做是空间坐标和时间的连续函数。因而在处理流体力学问题时，有了连续介质假设，就可以把一个本来是大量的离散分子或原子的运动问题近似为连续充满整个空间的流体质点的运动问题。而且每个空间点和每个时刻都有确定的物理量，它们都是空间坐标和时间的连续函数，从而可以利用数学分析中连续函数的理论分析流体的流动。这一假设在绝大多数情况下都是适用的，只有对稀薄气体，这一假设不再适用，而必须将其看做是不连续的介质。

在连续介质假设的条件下，流体质点在微观上充分大，在宏观上充分小，是不具有变形和旋转等线性尺度效应的分子团。流体微团是由大量流体质点组成的，具有线性尺度效应的微小流体团。流体是大量流体微团的集合，流体微团又是大量流体质点的集合。流体微团具有变形和旋转等尺度效应，流体质点则没有。

1.2　密度、比容和饱和蒸汽压力

单位体积流体所具有的质量(mass)称为密度(density)，用 ρ 表示。对于均质流体，如其体积为 V，质量为 m，则

$$\rho = \frac{m}{V} \tag{1-1a}$$

对非均质流体，某一点的密度可表示为

$$\rho = \lim_{\Delta V \to 0} \frac{\Delta m}{\Delta V} = \frac{\mathrm{d}m}{\mathrm{d}V} \tag{1-1b}$$

此时密度是空间位置坐标和时间的函数，即 $\rho=\rho(x, y, z, t)$。

国际单位制表示密度的单位是 $\mathrm{kg/m^3}$。

在一个标准大气压(101.3 kPa)下，干空气在 15℃时的密度为

$$\rho=1.226\ \mathrm{kg/m^3}$$

纯水在 4℃时的密度为

$$\rho_w=1000\ \mathrm{kg/m^3}$$

表 1-1 给出了标准大气压力下水的物理性质。

表 1-1　101.3 kPa 水的物理性质

温度 /℃	密度 $\rho/(\mathrm{kg/m^3})$	运动黏度 $\nu/(\mathrm{mm^2/s})$	表面张力 $\sigma/(\mathrm{N/m})$	饱和蒸汽压力 p_{va}/kPa 绝对	体积弹性模量 K/kPa
0	999.8	1.792	0.0756	0.611	1.98×10^6
4	1000.0	1.520	0.0749	0.872	2.05×10^6
10	999.7	1.307	0.0742	1.230	2.10×10^6
15	999.1	1.139	0.0735	1.710	2.15×10^6
20	998.2	1.004	0.0728	2.34	2.17×10^6
25	997.0	0.893	0.0720	3.17	2.22×10^6
30	995.7	0.801	0.0712	4.24	2.25×10^6
40	992.2	0.658	0.0696	7.38	2.28×10^6
50	988.0	0.554	0.0679	12.33	2.29×10^6
60	983.2	0.475	0.0662	19.92	2.28×10^6
70	977.8	0.413	0.0644	31.16	2.25×10^6
80	971.8	0.365	0.0626	47.34	2.20×10^6
90	965.3	0.326	0.0608	70.10	2.14×10^6
100	958.4	0.295	0.0589	101.33	2.07×10^6

流体的相对密度是指其密度 ρ 与标准大气压下 4℃的纯水的密度 ρ_w 比值，又称比重(specific weight)，用 s 表示，即

$$s=\frac{\rho}{\rho_w} \tag{1-2}$$

相对密度是一个无量纲量，例如，在标准大气压下，0℃的水银的相对密度为13.6，因此，水银的密度 $\rho=s\rho_w=13.6\times10^3(\mathrm{kg/m^3})$。

常见液体的相对密度见表1-2。

表1-2 常见液体的相对密度

液体	温度/℃	相对密度	液体	温度/℃	相对密度
蒸馏水	4	1.00	航空汽油	15	0.65
海水	4	1.02～1.03	轻柴油	15	0.83
重质原油	15	0.92～0.93	润滑油	15	0.89～0.92
中质原油	15	0.85～0.90	重油	15	0.89～0.94
轻质原油	15	0.86～0.88	沥青	15	0.93～0.95
煤油	15	0.79～0.82	甘油	0	1.26
航空煤油	15	0.78	水银	0	13.6
普通汽油	15	0.7～0.75	酒精	15	0.79～0.80

在气体流体力学中，经常使用比容(specific volume)这一物理量。流体的比容是指单位质量的流体所占有的体积，用希腊字母 υ 来表示，它与密度的关系为

$$\upsilon=\frac{1}{\rho}\ (\mathrm{m^3/kg}) \tag{1-3}$$

气体是容易被压缩的流体，随着压力和温度的变化，其体积显著变化。气体分子只有质量没有体积，分子之间完全没有作用力的气体称为完全气体(perfect gas)。所有远离液体状态的常用气体在很大的常用温度和压力范围内，十分接近完全气体。因此，空气、燃气、烟气等常用气体在常用的温度和压力范围内均可看做是完全气体。完全气体满足气体状态方程式(equation of state)，即

$$p\upsilon=RT,\quad \frac{p}{\rho}=RT \tag{1-4}$$

式中，p 是绝对压力(absolute pressure)，R 是气体常数(gas constant)，T 是绝对温度(absolute temperature)。R 的值与气体的种类有关，如表1-3所示。压力和温度相同的两种气体，它们的密度和气体常数分别为 ρ_1、ρ_2 和 R_1、R_2，则 $p/\rho_1=R_1/T$，$p/\rho_2=R_2/T$，将两式相除，则

$$\frac{\rho_2}{\rho_1}=\frac{R_1}{R_2}$$

上式称为阿伏加德罗定律(Avogadoro's principle)(根据阿伏加德罗定律，同样压力、温度的气体，单位体积中含有的分子数是相同的。

以上两种气体的密度 ρ_1、ρ_2 与各自的分子量 m_1、m_2 成正比，即 $\rho_1/\rho_2=m_1/m_2$，则

$$m_1R_1=m_2R_2$$

上式表明，分子量 m 与 R 的乘积，对完全气体是一个定值，称为普适气体常数(universal gas constant)，用 $\mathscr{R}$ 表示。

$$\mathscr{R} = mR = 8313 \text{ J/(kg·mol·K)} \tag{1-5}$$

完全气体温度一定时，由式(1-4)知，pv 一定或 p/ρ 一定，压力随密度变化，此时为等温变化(isothermal change)，也称玻意耳定律(Boyle's law)。

表 1-3　101.3 kPa、20℃时各气体的性质

气　体	分子符号	分子量 m	气体常数 R J/(kg·K)	绝热指数 $k=c_p/c_v$
干空气		28.96	287	1.40
氧气	O_2	32.00	260	1.40
氮气	N_2	28.00	296	1.40
二氧化碳	CO_2	44.00	189	1.30
一氧化碳	CO	28.01	297	1.40
氢气	H_2	2.02	4124	1.41
氦气	He	4.00	2077	1.67
甲烷	CH_4	16.04	518	1.31
水蒸气(100℃，标准气压)	H_2O	18.02	462	1.33

气体在压缩或膨胀过程中，与周围环境无热量交换。温度在膨胀或压缩过程中不是恒定的，可逆压缩时温度升高，膨胀时温度降低，称为等熵变化(isentropic change)或可逆绝热变化(reversible adiabatic change)，即

$$pv^k = 常数,\ \frac{p}{\rho^k} = 常数 \tag{1-6}$$

式中，k 是定压比热 c_p 和定容比热 c_v 之比，称为绝热指数。O_2、N_2 和空气，它们的 $k=1.4$。

【例 1-1】 求温度 100℃，标准大气压($p=101.3$ kPa)时，二氧化碳(CO_2)的密度和比容。

解　碳(C)的原子量为 12，氧(O)的原子量为 16，则二氧化碳(CO_2)的分子量为 44 mol。由式(1-5)得其气体常数 R 为

$$R = \frac{\mathscr{R}}{m} = \frac{8313}{44} = 189 \text{ (J/kg·K)}$$

查表 1-3 可知，二氧化碳完全气体的气体常数与计算结果是一致的。由式(1-4)知，密度为

$$\rho = \frac{p}{RT} = \frac{101.3 \times 10^3}{189} = 1.44 \text{ (kg/m}^3\text{)}$$

由式(1-3)知，比容为

$$v = \frac{1}{\rho} = \frac{1}{1.44} = 0.694 \text{ (m}^3\text{/kg)}$$

液体的汽化是指液体由液态转化为汽态的过程。液体的汽化与温度、压力有一定的关系。在一定压力下，温度升高到一定数值时，液体会开始汽化，或在一定温度下，压力降低到一定数值时，液体也会汽化。例如在一个大气压作用下，水在 100℃时就开始汽化。若水温为 20℃，压力降低到 0.24 个大气压时，水也会汽化。在一定的温度下，液体开始汽化的临界压力，称为该温度下液体的饱和蒸汽压力。水在不同水温度下的饱和蒸汽压力见表 1-4。

表1-4　不同水温时的饱和蒸汽压力$\left(H_{va}=\dfrac{p_{va}}{\rho g}\right)$

水温/℃	0	5	10	20	30	40	50	60	70	80	90	100
饱和蒸汽压力/mH_2O	0.06	0.09	0.12	0.24	0.43	0.75	1.23	2.02	3.17	4.82	7.14	10.33

当液体某处的压力低于饱和蒸汽压力时，液体将发生汽化。

注：水的饱和蒸汽压力与温度的关系可用安托万经验公式确定，即

$$\lg p[\text{mmHg}] = 8.02754 - \frac{1705.616}{231.405 + t}$$

式中，t 为温度(℃)；水在100℃时，饱和蒸汽压力为101.3 kPa，在20℃时，饱和蒸汽压力为2.3 kPa。

1.3　流体的压缩性

气体压力变化很容易使其体积也发生变化；而对液体，尽管压力改变相当大，它的体积变化却很小。因此，通常将液体看成是不可压缩的流体或非压缩性流体(incompressible fluid)时，其误差非常小。但是，当液体压力的变化比较剧烈时，如水锤作用(water hammering，5.8节介绍)，此时，液体的压缩性是必须考虑的。

如图1-1所示，在某一温度下，体积为 V 的流体在压力微小变量 Δp 的作用下，流体体积减少，减少量为 $-\Delta V$(体积增加为正)。单位体积的减少量($-\Delta V/V$)与压力变化量 Δp 之比，称为流体的压缩率(compressibility)，用符号 β 表示，即

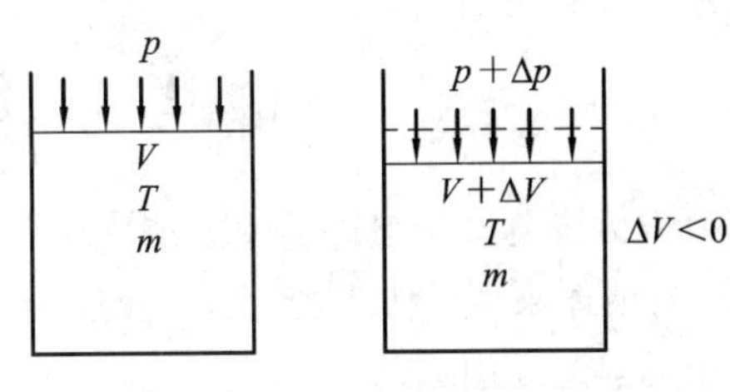

图1-1　流体的压缩

$$\beta = -\frac{1}{V}\frac{\Delta V}{\Delta p} = -\frac{1}{v}\frac{\Delta v}{\Delta p} \tag{1-7a}$$

或

$$\beta = \lim_{\Delta p \to 0}\left(-\frac{1}{V}\frac{\Delta V}{\Delta p}\right) = -\frac{1}{V}\frac{\mathrm{d}V}{\mathrm{d}p} = -\frac{1}{v}\frac{\mathrm{d}v}{\mathrm{d}p} \tag{1-7b}$$

式(1-7)中，β 的单位与压力 p 的倒数相同，即为(m^2/N)或(1/Pa)。

表1-5列出各种液体在不同压力 p 作用下的 β 值。从该表中看出，液体的压缩率 β 非常小，所以液体在压力作用下体积的变化常常被忽略。但液体与固体相比，其压缩率是很大的，例如，水的压缩率是低碳钢的80～100倍。

表1-5　各种液体的压缩率

液体	温度/℃	压力/kPa	$\beta/(m^2/N)$
海水	10	$101.3\sim1.5\times10^4$	4.5×10^{-10}
5%食盐水	25	$101.3\sim4.9\times10^4$	3.8×10^{-10}
水银	20	$101.3\sim9.8\times10^3$	0.4×10^{-10}
甘油	14.8	$101.3\sim9.8\times10^2$	2.3×10^{-10}
橄榄油	20	$101.3\sim9.8\times10^2$	6.1×10^{-10}

压缩率的物理意义是：在一定温度下，变化单位压力所引起的体积相对变化率。因为压力 p 的变化与体积 V 或比容 υ 的变化相反，为了保证体积压缩系数为正值，所以上式中要加负号。β 值越大，流体的压缩性越大。工程上常用流体的压缩率的倒数来表征流体的压缩性，称为流体的体积模量(bulk modulus)，用 K 表示，单位为 Pa，即

$$K=\frac{1}{\beta}=-V\frac{\mathrm{d}p}{\mathrm{d}V}=-\upsilon\frac{\mathrm{d}p}{\mathrm{d}\upsilon} \tag{1-8}$$

K 越大，流体的压缩性越小。

水的体积弹性模量 K，随压力增大而单调增加，在温度约 50℃的时候最大，温度再增高，其值会降低。表 1-1 表示了水的 K 值。

【例 1-2】 温度为 10℃，体积为 1 m^3 的海水，当压力增加了 7 MPa 时，此时海水体积为多少？

解 查表 1-5 知，10℃时海水的压缩率 $\beta=4.5\times10^5$，由式(1-7)得海水的体积增加量 ΔV 为

$$\Delta V=-\beta V\Delta p=-4.5\times10^{-10}\times1\times7\times10^6=0.003\ 15(\mathrm{m}^3)$$

海水被压缩后的体积为

$$V'=V+\Delta V=1-0.003\ 15=0.997(\mathrm{m}^3)$$

1.4 流体的黏性

流体所具有的阻碍流体流动，即阻碍流体质点间相对运动的性质称为黏滞性，简称黏性。对液体来讲，黏性主要是由液体分子之间的引力引起的；对气体来讲，黏性是由气体分子的热运动引起的。

当流体中存在层与层之间的相对运动时，快层对慢层施加一个拖动力使它加速，同时慢层对快层也施加一个阻力，拖动力和阻力构成一对作用力和反作用力，这就是黏性的表现。这一对大小相等、方向相反的力称为流体的内摩擦力或黏性力。黏性力没有必要区分正负，流体在流动过程中要克服黏性力做功而消耗掉自身的能量。

牛顿经过大量的实验研究，于 1686 年提出了确定流体黏性力的“牛顿内摩擦定律”。设两块相距很近的平板，平板的尺寸很大，因此平板两端的影响可以忽略不计。平板之间充满流体，如图 1-2 所示，下平板固定不动，上平板在拉力 F 的作用下以匀速 u_0 运动，与平板接触的流体附着于平板的表面，带动两板之间的流体作相对运动，使流体内部流层之间出现成对的切向力，称为内摩擦力。

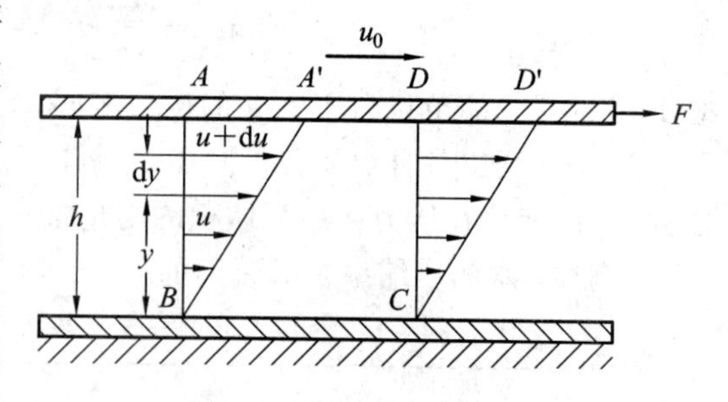

图 1-2　平行板间的黏性流体充动

在平板间距离 h 和速度 u_0 不大的情况下，两板之间流体的速度呈线性分布。图 1-2 中 $ABCD$ 流体的剪切变形，经过单位时间后，变形为 $A'BCD'$。

实验研究表明，运动平板所受到的阻力与其运动速度、面积成正比，与两平板的间距

成反比，而与接触面上的压力无关，设比例常数为 μ，即

$$F = \mu \frac{u_0}{h} A \tag{1-9}$$

式中：F——平板受到的黏性力，N；

u_0——平板的运动速度，m/s；

h——平板的间距，m；

A——平板与流体的接触面积，m^2；

μ——由流体性质决定的物质常数，称为黏滞系数或动力黏度，简称黏度，其单位是 $N \cdot s/m^2$ 或 $Pa \cdot s$。

u_0/h 是单位时间内的切变形速度(即切变变形速度)。在图 1-2 中可以证明 $u_0/h = du/dy$。因此，平板单位面积上的摩擦力或剪应力(shearing stress)，以 τ 表示，单位为 Pa，即

$$\tau = \frac{F}{A} = \mu \frac{du}{dy} \tag{1-10}$$

式(1-10)不仅适用于平板的表面上，也可应用于流体内部具有速度梯度 du/dy 的情况。如图 1-3 所示，考虑在一个宽的区域内，流体沿壁面作层流流动，流层与壁面距离 y 的增加，速度分布的速度梯度存在着变化。在平行于距离壁面 y 处的平面上(称 y 平面)，作用在 y 平面上的剪切应力 $\tau = \mu du/dy$。该剪切应力，在 y 平面上边的流体是加速增加 y 平面流体的速度，而在 y 平面下边的流体是减慢 y 平面流体的速度。

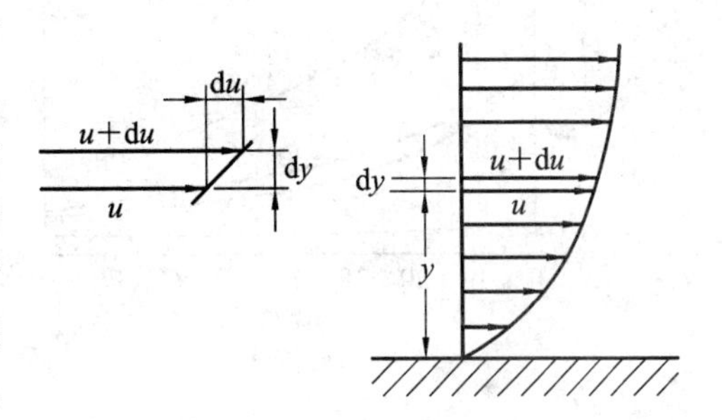

图 1-3　速度梯度和剪切应力

式(1-10)称为牛顿黏性定律(Newton's law of viscosity)，也称为牛顿内摩擦定律。满足此公式的流体也称为牛顿流体(Newtonian fluid)。比例常数 μ 称为黏度(viscosity)或黏性系数(Coefficient ofviscosity)。

μ 的单位为

$$[\mu] = \frac{[\tau][y]}{[u]} = \frac{(N/m^2)m}{m/s} = (N/m^2) \cdot s = Pa \cdot s$$

因单位中含有动力因素，故 μ 也称为流体的动力黏度。

从式(1-10)可以看出，当流体处于静止或以相对速度为零运动时，内摩擦力为零，此时流体虽有黏性，但黏性表现不出来。当流体没有黏性($\mu=0$)时，内摩擦力也为零。

工程中还常用动力黏度和流体密度的比值来表示黏度，称为流体的运动黏度(kinematic viscosity)或运动黏性系数(coefficient of kinematic viscosity)，即

$$\nu = \frac{\mu}{\rho} \tag{1-11}$$

ν 的单位为

$$[\nu] = \frac{Pa \cdot s}{kg/m^3} = \frac{[(kg \cdot m/s^2)/m^2] \cdot s}{kg/m^3} = \frac{m^2}{s}$$

所以，运动黏度的单位是 m^2/s，因单位中只有长度和时间量纲，故称运动黏度。

流体的黏性受压力和温度的影响。在通常的压力下，压力对流体的黏性影响很小，可忽略不计。在高压下，流体(包括气体和液体)的黏性随压力升高而增大。流体的黏性受温度的影响很大。图 1-4 表示各种流体的黏度 μ 值，图 1-5 表示运动黏度 ν 值。从图 1-4 中可以看出，黏度随温度的变化而变化。温度升高，液体分子间的内聚力减小，液体的黏性降低，液体的黏度由于温度上升而降低。气体则相反，气体的分子内聚力很小，温度越高，气体分子的热运动越强烈，动量交换就越频繁。因此温度升高气体的黏度增大。由图 1-4 和图 1-5 还可以看出，水的 μ 值大于空气的 μ 值，但水的 ν 值却小于空气的 ν 值。

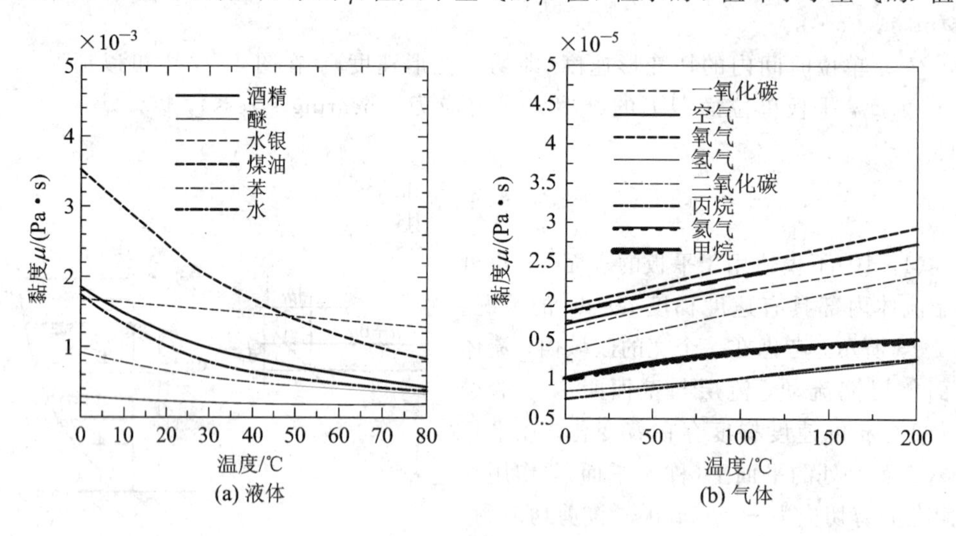

图 1-4　各种流体的黏度

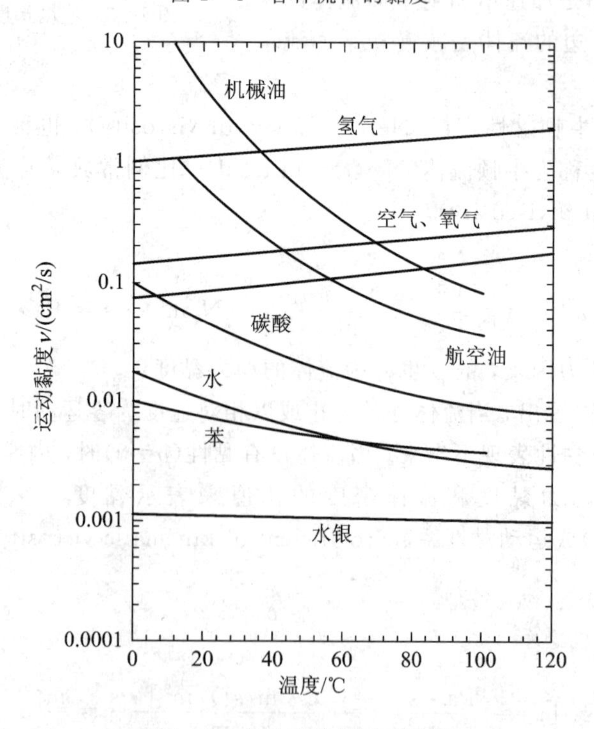

图 1-5　各种流体的运动黏度

并不是所有的流体都遵守牛顿内摩擦定律，即流动过程中黏性切应力和速度梯度成正比。据此，将流体分为两大类：凡遵守牛顿内摩擦定律的流体称为牛顿流体。当温度一定时，流体的黏度保持不变，即流体的内摩擦力与速度梯度的比例系数为常数。在图上是一条通过原点、斜率为 μ 的直线，如图 1-6 所示。常见的牛顿流体有水、空气等。

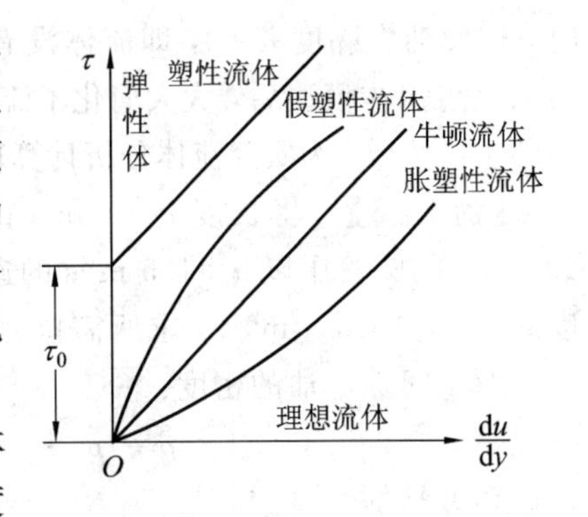

图 1-6　牛顿流体与非牛顿流体

不服从牛顿内摩擦定律的流体称为非牛顿流体(non-Newtonian fluid)，此时内摩擦力 τ 和速度梯度 du/dy 并不是简单的直线关系，如图 1-6 所示，有以下几种类型的非牛顿体：

1. 塑性流体

塑性流体又称宾汉流体(Bingham fluid)，黏土泥浆、沥青、含蜡原油、润滑脂等均属于塑性流体。这类流体是由液体及悬浮在其中的固体微粒所组成的胶状体。它们有一个保持不产生剪切变形状态的初始应力 τ_0，克服 τ_0 后切应力 τ 才与 du/dy 成正比，即

$$\tau = \tau_0 + \eta \frac{du}{dy} \tag{1-12}$$

式中，τ_0 为初始切应力(N/m^2)；η 为塑性黏度(Pa · s)。

2. 假塑性流体

高分子溶液、油漆、纸浆液、乳化液属于假塑性流体。其结构性较弱，一旦受到力的作用就立即流动而不具有极限静切应力(τ_0)，流动情况与塑性流体流动的初期情况比较相似，故将这种流体称为假塑性流体(pseudo-lastic fluid)，其流变曲线如图 1-6 所示。假塑性流体的流变方程以“幂定律”形式表示，即

$$\tau = k\left(\frac{du}{dy}\right)^n \tag{1-13}$$

式中，k 是稠度系数(Pa · s^n)；n 是流性指数，无因次量。凡是流变规律符合幂定律形式的流体，称为幂律流体。当式(1-13)中的 $n=1$ 时，该式就成为牛顿流体的流变方程，故可将牛顿流体作为其中的一个特例。因此，流性指数 n 反映了假塑性流体的流变性偏离牛顿流体的程度。对假塑性流体，$n<1$，n 值越小，表明这种假塑性流体与牛顿流体的差别越大。而 k 值越高，黏度越高。因此，流性指数 n 和稠度系数 k 是反映假塑性流体流变性的重要参数，称为假塑性流体的特性参数。$n>1$ 则为胀塑性流体。

3. 胀塑性流体

淀粉水，沙子的水混合物属于胀塑性流体(dilatant fluid)。这类流体与假塑性流体的不同之处在于式(1-13)中 $n>1$，即随着 $\frac{du}{dy}$ 的增大，$\tau \frac{du}{dy}$ 曲线的斜率也增大。

非牛顿流体在化工、轻工、食品等工业中常见，是流变学的研究对象。本书只讨论牛顿流体。

实际上流体都具有黏性。当研究某些流动问题时，由于流体本身黏度小，或者所研究区域的速度梯度小等，使黏性力与其他力，例如惯性力、重力等相比很小，可以忽略。此

时，假设动力黏度 $\mu=0$，即流体没有黏性，这种无黏性的假想的流体模型称为理想流体。引入理想流体模型后，大大简化了流体力学问题的分析和计算，能近似反映某些实际流体流动的主要特征，为实际流体分析计算奠定了基础，或者通过修正得到满足工程要求的结果。

【例 1-3】 将长度 $l=1$ m，直径 $d=200$ mm 水平放置的圆柱体，置于内径 $D=206$ mm 的圆管中以 $u=1.5$ m/s 的速度移动。已知间隙中油液的相对密度为 0.92，运动黏度 $\nu=5.61\times10^{-4}$ m^2/s，求所需拉力 F 为多少？

解 间隙中油的密度：

$$\rho=\rho_w\cdot s=1000\times0.92=920\ \text{kg/m}^3$$

动力黏度：

$$\mu=\rho\nu=920\times5.61\times10^{-4}=0.516\ 12\ \text{Pa}\cdot\text{s}$$

根据牛顿内摩擦定律：

$$F=\mu A\ \frac{u-0}{\dfrac{D-d}{2}}=0.516\ 12\times3.14\times0.2\times1\times\frac{1.5}{\dfrac{0.206-0.2}{2}}=16\ 206\ \text{N}$$

【例 1-4】 液体黏度测定方法的原理。如图 1-7 所示，旋转筒和内筒之间充满待测黏度的液体。旋转筒由电动机带动以一定的速度 ω 旋转，内筒与扭力杆联结，扭力杆测量内筒所受到的扭矩 T。内筒与旋转筒的侧面间隙 h 和底面间隙 a 都很小，内筒的直径为 d，高度为 H，计算待测液体的黏度 μ。

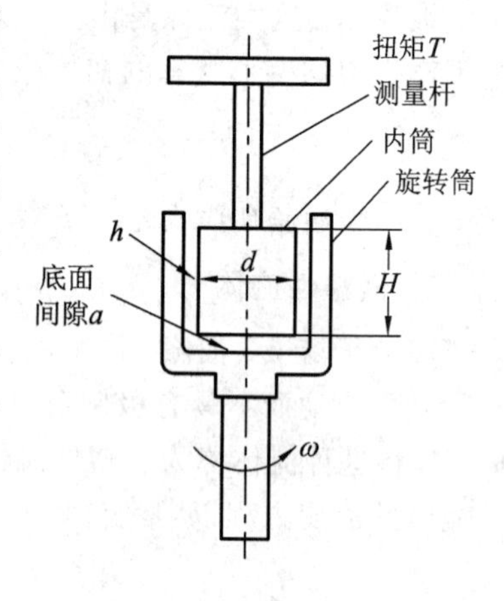

图 1-7　旋转黏度计

解 旋转筒的角速度为 ω，则旋转筒的圆周速度为 $(h+d/2)\omega$，内筒转速为零。间隙 h 很小，侧面间隙中的流体剪切力按直线规律分布。其剪切力由式(1-9)得

$$F_S=\mu\frac{u_0}{h}A=\mu\frac{\{h+d/2\}\omega}{h}\pi dH=\mu\pi\frac{(2h+d)\omega}{2h}dH$$

因此流体对内筒侧面产生的扭矩 T_S 为

$$T_S=F_S\times\frac{d}{2}=\mu\pi\frac{(2h+d)\omega}{4h}d^2H$$

底面间隙为 a，因旋转筒的角速度为 ω，则旋转筒底面半径为 r 处的圆周速度为 ωr，在半径 r 处取 $\mathrm{d}r$ 厚度的圆环，则该微元圆环的面积 $\mathrm{d}A=2\pi r\mathrm{d}r$，其剪切力由式(1-9)得

$$\mathrm{d}F_b=\mu\frac{\omega r}{a}2\pi r\mathrm{d}r$$

所以流体对内筒底面产生的扭矩 $\mathrm{d}T_b$ 为

$$\mathrm{d}T_b=\mathrm{d}F_b\cdot r=2\pi\mu\omega\ \frac{r^3}{a}\mathrm{d}r$$

则

$$T_b=\int_0^{d/2}\mathrm{d}T_b=2\pi\mu\omega\ \frac{1}{a}\int_0^{d/2}r^3\ \mathrm{d}r=\mu\ \frac{\pi}{32}\ \frac{d^4}{a}\ \omega$$

内筒受到的总扭矩 T 为

$$T=T_S+T_b=\mu\pi\frac{(2h+d)\omega}{4h}d^2\ H+\mu\ \frac{\pi}{32}\ \frac{d^4}{a}=\mu\pi\omega d^3\left\{\left(1+\frac{2h}{d}\right)\frac{H}{4h}+\frac{d}{32a}\right\}$$

这样，转矩与回转角速度和黏度成正比，所以可以用 $T=\mu\omega C$ 表示。对于黏度已知的液体，由旋转角速度和扭矩的关系，预先确定 C 值，然后就很容易测量液体的黏度 μ。

1.5 液体的表面张力

当液体与气体或固体接触时，在液体内部，分子的内聚力使分子互相吸引而保持着平衡。在液体的表面，这种内聚力向液体内部作用，使液体表面面积变小，在该状态下，液体表面被紧紧地拉向液体内部，液体的自由表面似拉紧的弹性薄膜，如空气中的雨滴呈球状等。这种现象表明，液体表面各部分之间存在相互作用的拉力，使其表面总是处于紧张状态。

如图 1-8 所示，液体表面单位长度上的这种拉力就称为表面张力(surface tension)，用符号 σ 表示，单位为 N/m。在液体的表面曲线 s 上取微元量为 $\mathrm{d}s$，与 $\mathrm{d}s$ 垂直的方向上液体内部拉力为 $\mathrm{d}F$，则

$$\sigma=\frac{\mathrm{d}F}{\mathrm{d}s} \tag{1-14}$$

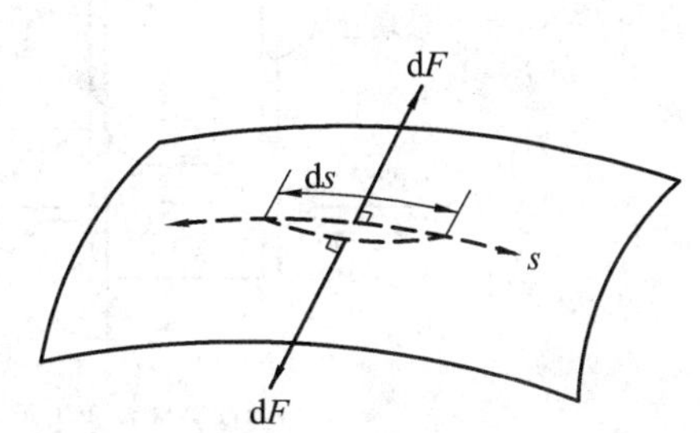

图 1-8 表面张力

一般表面张力随温度变化，温度升高，表面张力减小。液体表面张力与表面接触的流体种类有关，表 1-6 给出了各种液体的表面张力。

表 1-6 各种液体的表面张力(20℃)

液体(接触流体)	表面张力 σ/(N/m)
水(空气)	0.0728
水银(真空)	0.472
水银(空气)	0.476
乙醇(空气)	0.0223
机械油(空气)	0.0311

球状液滴场合，其表面张力向中心收缩，球的内部压力 p_i 大于球的外部压力 p_o，如果将球状液体切开，取上半球台为分离体，如图 1-9 所示。球的半径为 r，则半球所受到的张力和其所受到的压差力相平衡，则

$$2\pi r\sigma=(p_i-p_o)\pi r^2$$

$$p_i-p_o=\frac{2\sigma}{r} \tag{1-15}$$

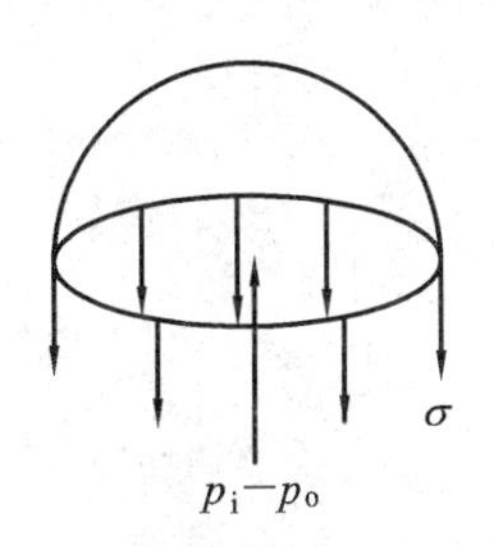

图 1-9 液滴球面压差与表面张力

这也与液体中小气泡的情况相同。

表面张力是很小的，在一般情况下可以忽略不计，但在水滴和气泡的形成、液体的雾化以及气液两相的传热与传质研究中，将是不可忽略的重要因素。

液体分子间的吸引力称为内聚力。液体与固体分子间的吸引力称为附着力。如图

1-10(a)所示，玻璃管插入水中，因水内聚力小于水与玻璃壁面间的附着力，水湿润玻璃壁面并沿壁面伸展，致使水面向上弯曲，表面张力把管内液面向上拉高 h。图 1-10(b)是玻璃管插入水银中的情形，因水银的内聚力大于水银与玻璃壁面间的附着力而不湿润管壁面，并沿壁面收缩，致使水银面向下弯曲，表面张力把管内液面向下拉低 h。这种在细管中液面上升或下降的现象称为毛细现象(capillarity)。能发生毛细现象的细管称为毛细管。当液体与固体壁面接触时，作液体表面的切面，此切面与固体壁在液体内部所夹部分的角度 θ 称为接触角(angle of contact)，如图 1-10 所示，当 θ 为锐角时，液体润湿固体，当 θ 为钝角时，液体不润湿固体。水与洁净玻璃的 $\theta=0°$，水银与洁净玻璃的 $\theta=140°$。对玻璃来讲，水具有润湿性，水银则不具备润湿性。表 1-7 是玻璃表面与各种液体之间的接触角 θ 值。

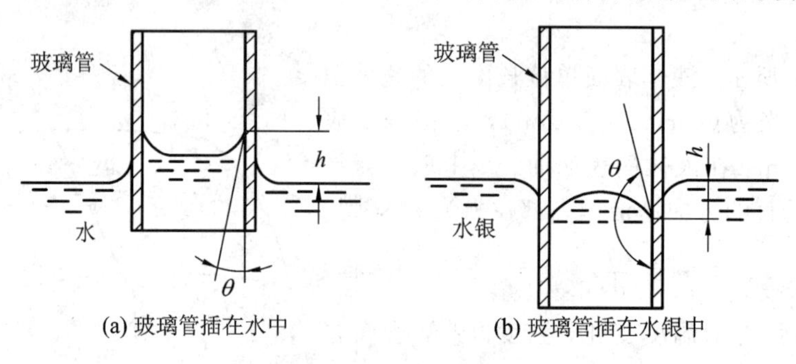

图 1-10　毛细管现象

表 1-7　玻璃表面和液体之间的接触角 θ 值

接触角	酒精	苯	水	醚	水银
θ/°	0	0	0～9	16	130～150

在与空气接触密度为 ρ 的液体中，如图 1-11 所示，半径为 r_o 的毛细管铅直地插入液体中，如果接触角$\theta<90°$，那么液体在管内是上升的。管内的液面可近似地看做是一个向下凹的半径为 r 的球面，则球面的半径$r=r_o/\cos\theta$。由于表面张力的作用，液面内液体的压力 p_w 低于液面上空气的压力 p_o，由式(1-15)得，$\Delta p=p_o-p_w=2\sigma/r$。这个压力差给管内液体提供一个向上的力(附着力)，即 $\pi r_o^2\Delta p=\pi r_o^2\cdot 2\sigma/r=2\pi r_o\sigma\cos\theta$。此力与被拉高部分的液柱重力相平衡，即

$$2\pi r_o\sigma\cos\theta=\rho gh\pi r_o^2$$

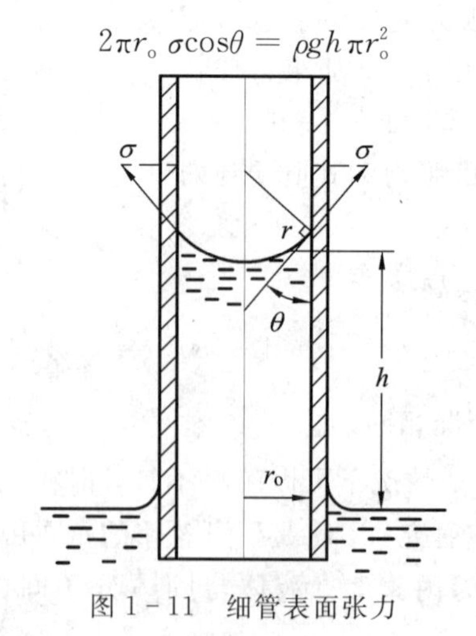

图 1-11　细管表面张力

式中，h 为管内液面平均高度，则

$$h=\frac{2\sigma\cos\theta}{\rho g r_{0}} \tag{1-16}$$

液体为水时，接触角 $\theta=0°$，则水面上升高度为

$$h=\frac{2\sigma}{\rho g r_{0}}$$

应用上式，要满足以下条件：毛细管的半径 $r_0<2.5$ mm，毛细管的内壁要非常清洁，只有这样计算的高度才与实际情况一致。若毛细管的直径增大或管内表面不很干净，则毛细高度 h 都会减小，对于直径大于 12 mm 的管子，可以忽略毛细力的作用。

【例 1-5】 20℃水在直径为 2 mm 的干净的玻璃管内上升高度为 35 mm，求水实际的静态高度。

解　20℃水的 $\rho=998.2\ \mathrm{kg/m^3}$，$\sigma=0.0728$ N/m，干净玻璃管的 $\theta=0°$，所以

$$\begin{aligned}h&=\frac{2\sigma\cos\theta}{\rho g r_{0}}=\frac{2\times0.0728\times1}{998.2\times9.8\times0.001}\\&=0.0149\ \mathrm{m}=14.9\ \mathrm{mm}\end{aligned}$$

水在管中实际的静态高度为 35－14.9＝20.1 mm。

1.6　作用在流体上的力

流体无论处于静止还是运动状态，都受到各种力的作用。作用在流体上的力按作用方式可分为两类，即质量力与表面力。

1. 质量力

质量力作用在每个流体的质点上，并与流体质量成正比，它是由流体的质量而引起的力，不是因流体与其他物体接触而产生的，属于非接触力，常见的重力和惯性力都属于质量力。

在流体力学中，质量力采用单位质量流体所受到的质量力，用 $\boldsymbol{f}$ 来表示，即

$$\boldsymbol{f}=\lim_{\Delta V\to0}\frac{\boldsymbol{F}_{\mathrm{m}}}{m}=\frac{F_{\mathrm{m}.x}}{m}\boldsymbol{i}+\frac{F_{\mathrm{m}.y}}{m}\boldsymbol{j}+\frac{F_{\mathrm{m}.z}}{m}\boldsymbol{k}=f_x\boldsymbol{i}+f_y\boldsymbol{j}+f_z\boldsymbol{k} \tag{1-17}$$

式(1-17)中，$F_{\mathrm{m}.x}$、$F_{\mathrm{m}.y}$、$F_{\mathrm{m}.z}$ 依次为 ΔV 内质量为 m 的流体所受到的质量力在 x、y、z 三个坐标方向上的分量；f_x、f_y、f_z 依次为单位质量流体所受到的质量力在 x、y、z 三个坐标方向上的分量。

除了与质量有直接关联的重力和惯性力外，流体还可能受其他一些非接触力，如磁流体所受的电场力和磁场力等，尽管这些力与流体质量无直接关系，但在流体力学中仍然统称为质量力。流体力学中经常遇到作用在流体上的质量力只有重力的情形，如果取铅直向上的方向为 z 轴的正方向，则有

$$f_x=f_y=0,\ f_z=-\frac{mg}{m}=-g$$

2. 表面力

表面力是作用于所研究的流体表面上，并与作用面的面积成正比。表面力是由和流体

相接触的其他流体或物体作用在分界面上的力，属于接触力，如大气压力。

表面力不仅指作用在流体外表面上的力——外力，也包括作用在流体内任意两部分流体接触面上的力——内力。在流体力学中，常从流体中隔离出一部分流体作为研究对象，这时作用在隔离体表面上的力就是外力了，尽管这些力是流体内部的相互作用力，我们仍将其称为表面力。

由于流体是连续介质，其表面力不是一个集中的力，而是沿表面连续分布的，因此，在流体力学中，常用单位面积上的表面力，其单位为 Pa 或 N/m^2。

作用在图 1－12 所示的微元面积 ΔA 上的力用 ΔF 表示，则单位面积受到的表面力 p_S 可表示为

$$p_S = \lim_{\Delta A \to 0} \frac{\Delta F}{\Delta A} \tag{1-18}$$

将 p_S 分解为法向分量 p 和切向分量 τ，法向分量就是物理学中的压强，工程流体力学中称之为压力，即

$$p = \lim_{\Delta A \to 0} \frac{\Delta F_n}{\Delta A} \tag{1-19}$$

及

$$\tau = \lim_{\Delta A \to 0} \frac{\Delta F_\tau}{\Delta A} \tag{1-20}$$

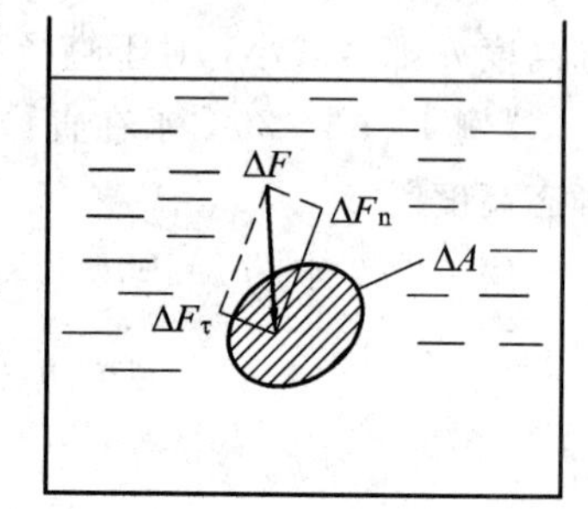

图 1－12　作用在流体上的力

压力作用在流体表面的合力称为总压力(total pressure)，用 F 表示，则

$$F = \iint_A p\,\mathrm{d}A \tag{1-21}$$

同理，剪切力的合力也可以表示为

$$T = \iint_A \tau\,\mathrm{d}A \tag{1-22}$$

1.7　阅读材料：工程流体力学学习导论

流体包括气体和液体，其中空气和水是最典型而广泛存在的流体。流体力学是研究流体平衡和运动规律以及流体与固体壁面间作用力的一门科学。本书除了特殊情况，一般不严格区分液体和气体，统称为流体，因为它们具有相同的行为和现象。

1. 流体力学的发展概况

人类最早对流体的认识是从治水、灌溉、航行等方面开始的。

在中国，从四千多年前的大禹治水到公元前 256—公元前 210 年间修建的都江堰、郑国渠、灵渠三大水利工程，都说明那时劳动人民对明渠水流和堰流流动规律的认识已经达到相当水平。我国古代劳动人民还发明了以水为动力的简单机械，例如用水轮提水，水力鼓风，或通过简单的机械传动去碾米、磨面等。我国古代的铜壶滴漏(铜壶刻漏)——计时工具，就是利用孔口出流使铜壶的水位变化来计算时间的。

欧美诸国历史上有记载的最早从事流体力学现象研究的是古希腊学者阿基米德

(Archi-medes)。他在公元前250年发表的学术论著《论浮体》，第一个阐明了相对密度的概念，发现了物体在流体中所受浮力的基本原理——阿基米德原理，这也是关于流体力学的第一部著作。在此后一段较长的历史时期，没有有关流体力学发展情况的记载。直至欧洲文艺复兴时期(16世纪)，随着文化、思想以及城市商品经济、手工业的发展，资本主义关系逐渐形成，自然科学和众多为工业服务的学科都有了长足的发展，流体力学也不例外。著名物理学家和艺术家列奥纳德·达·芬奇(Leonardo Da Vinci)在米兰附近设计建造了一个小型水渠，系统地研究了物体的沉浮、孔口出流、物体的运动阻力以及管道、明渠中水流等问题。斯蒂文(S. Stevin)将用于研究固体平衡的凝结原理转用到流体上。伽利略(Galileo)则在流体力学中应用了虚位移原理，并首先提出运动物体的阻力随流体介质密度的增大和速度的提高而增大。1643年托里拆利(E. Torricelli)论证了孔口出流的基本规律。1650年帕斯卡(B. Pascal)提出了液体中压力传递原理——帕斯卡原理。1686年牛顿(I. Newton)出版了他的名著《自然哲学的数学原理》，对普通流体的黏性性质进行了描述，建立了流体内摩擦定律，为黏性流体力学初步奠定了理论基础。

18～19世纪，流体力学在理论上得到了较大发展。1738年伯努利(D. Bernoulli)出版了名著《流体动力学》，推导出了流体位置势能、压力势能和动能之间的能量转换关系——伯努利方程。1755年欧拉(L. Euler)建立了理想流体的运动微分方程。在此基础上，纳维尔(C. L. M. H. Navier)和斯托克斯(G. G. Stokes)建立了黏性流体运动微分方程。拉格朗日(J. L. Lagrange)、拉普拉斯(Laplace)和高斯(Gosse)等人更是将欧拉和伯努利所开创的流体动力学推向了完美的分析高度。

19世纪末以来，机器大工业的建立极大地促进了工业生产，也带动了科学技术的迅速发展，理论与实践逐渐密切结合起来。雷诺(O. Reynolds)1853年用实验证实了黏性流体的两种流动状态——层流和紊流的客观存在，为流动阻力的研究奠定了基础。库塔(M. W. Kutta) 1902年就曾提出过绕流物体上的升力理论，但没有在通行的刊物上发表。普朗特(L. Prandtl)1904年发表了《关于摩擦极小的流体运动》的学术论文，建立了边界层理论，解释了阻力产生的机制。儒科夫斯基从1906年起发表了《论依附涡流》等论文，找到了翼型升力和绕翼型的环流之间的关系，建立了二维升力理论的数学基础。卡门(Kamen)在1911—1912年连续发表的论文中提出了分析带旋涡尾流及其所产生的阻力的理论。布拉休斯(H. Blasius)在1913年发表的论文中提出了计算紊流光滑管阻力系数的经验公式。尼古拉兹(J. Nikuradze)在1933年发表的论文中公布了他对砂粒粗糙管内水流阻力系数的实测结果——尼古拉兹曲线，据此他还给紊流光滑管和紊流粗糙管的理论公式选定了应有的系数。科勒布茹克(C. F. Colebrook)在1939年发表的论文中提出了把紊流光滑管区和紊流粗糙管区联系在一起的过渡区阻力系数计算公式。莫迪(L. F. Moody)在1944年发表的论文中给出了他绘制的实用管道的当量糙粒阻力系数图——莫迪图。至此，有压管流的水力计算已渐趋成熟。

20世纪中叶以来，大工业的形成，高新技术工业的出现和发展，特别是电子计算机的出现、发展和广泛应用，大大地推动了科学技术的发展。由于工业生产和尖端技术的发展需要，促使流体力学和其他学科相互渗透，形成了许多边缘学科，使这一古老的学科发展成包括多个学科分支的全新的学科体系，焕发出强盛的生机和活力。这一全新的学科体系，目前已包括(普通)流体力学、黏性流体力学、流变学、气体动力学、稀薄气体动力学、水动力学、渗流力学、非牛顿流体力学、多相流体力学、磁流体力学、化学流体力学、生物流体力学、地球流体力学、计算流体力学等。

2. 流体力学的应用

流体及流体力学现象出现在我们生活的各个方面，如云彩的漂浮、鸟的飞翔、水的流动、波浪的起伏、天气变化、风速变化等普遍存在于我们日常生活中；管道内液体的流动、风道内气体的流动、空气的阻力和升力、建筑物上风力的作用、土壤内水分的运动、石油通过地质结构的运动、射流、润滑、燃烧、灌溉、冶金、海洋等都是存在于生活及生产各个方面；血液和氧气在人体内的流动，如心脏泵送血液将氧气和营养提供给细胞，将废物带出并保持身体内的均匀温度，肺吸入氧气并排出二氧化碳等使流体力学与生物工程和生命科学相联系；水从地下、湖泊或河流中用泵输送到每家每户的供水系统和废水的排放系统，液体和气体燃料送到炉膛内燃烧产生热水或蒸汽用于供热系统或产生动力的动力系统，在炎热的夏季将室内热量送到室外的制冷与空调系统，废液和废气的处理与排放系统等使流体力学现象与日常生活密切相关。飞机和船舶的设计不仅要求它们能够在流体中保持住，即使在恶劣的天气下也不会损坏，而且还要求消耗最小的能量以获得最快的速度，汽车设计也是如此；电是我们生活中不可缺少的能量，绝大多数电能是利用流体机械将燃料的化学能、蓄水的重力能，甚至风的动能转换得到的，所有这些设计和应用都说明流体力学在工程技术及高技术领域的突出应用。

在石油工业上，流体力学的应用更显突出。钻井用的钻井液和水泥浆的循环，油田生产作业用的压裂液和驱替液的注入，原油、天然气的储运，油井中油气的采出、地面上的分离和集输，成品油的加工过程中经常涉及流体力学的许多方面，例如钻井液循环压力和流速的设计，套管强度的校核，采油过程中油井采出的流体在泵或井筒内的流动规律分析，地面管线的布设，管径设计，管线强度的校核，压差与流量之间关系的确定，输液泵的选择和安装位置的确定，储油罐强度的校核，油品装卸时间的计算，油品和天然气的计量，汽蚀和水击等现象的预防，等等。

总之，工程流体力学是动力工程、机械工程、石油和化学工程、城市建筑工程、环境工程、航空航天工程以及生物工程等诸多领域研究和应用的最基础的知识之一。因此，在以上领域从事与流体流动相关的研究和工程应用的技术人员都应该或必须了解流体力学的基本原理及应用，以便在相关领域工程的建设和管理中更好地发挥作用。

3. 工程流体力学的学习方法

工程流体力学包括很多内容，在分析和讨论时必须对内容作一定限定，如流体静力学讨论流体静止或相对静止时的力学规律；理想流体忽略了黏性作用；黏性流动远比非黏性流动复杂，黏性影响大，黏性流动对装置和系统中效率损失的影响非常重要；可压缩流动中将出现许多奇怪的非正常现象等。所以学习流体力学首先要注意这些限定，而分清研究对象和适用条件也是非常重要的。

学习流体力学还需要注意力学原理的应用，把握质量守恒、能量守恒(热力学第一定律)、动量守恒(牛顿第二定律)和热力学第二定律在流体中应用的形式。流体力学中许多理论和概念是建立在这些基本原理和定律以及实验观察之上的。

学习工程流体力学还要注意从简单的典型的事例逐步发展到更为普通的方程和更复杂

的问题，从最初的了解和有兴趣发展到用流体力学知识进行工程分析和计算。人们每天观察到的液体和气体流动是非常复杂和多变的，通过学习流体力学就可以知道在一个给定条件下将会发生什么并且知道为什么会发生。

学习流体流动的基本原理同时还需要注意学习和掌握解决工程实际问题的方法。虽然流体力学是数学和物理知识的发展，但是不掌握流体力学原理和应用就不能够充分地计算水在管道内的流动这样的问题。深刻地理解流体力学原理和掌握这些原理的应用方法就能够解决工程实际中遇到的各种流动问题。将流体力学理论应用到工程实际中是工程流体力学学习的最基本的目的之一。

工程流体力学是理论、经验和实验的结合，从事实际应用的工程技术人员，在工程系统的设计和应用中，必须了解使用流体的特性，做到理论和经验数据的统一，并且对两者都能够应用自如。流体力学只能在最简单的流体动力学条件下进行精确的数学求解，但是这个解可能不是唯一的，可能与实际情况不对应，所以需要同时用理论和实验来阐述，还要通过一定的实验观察和适当的公式化与应用，这是工程技术人员解决实际问题的途径。

总之，工程流体力学是理论与应用的结合，学习工程流体力学最主要的是掌握流体流动的基本原理和基本原理在工程实际中的应用。

思考题

1-1　流体的力学特性是什么？试述液体和气体特征的异同。

1-2　什么是连续介质假设？引入的意义是什么？

1-3　试述流体的密度、相对密度的概念，并说明它们之间的关系。

1-4　何谓流体的压缩性？举例说明怎样确定流体是可压缩的或是不可压缩的。

1-5　何谓流体的黏性？流体的黏性与流体的宏观运动是否有关？静止流体是否有黏性？静止流体内部是否有黏性切向应力？

1-6　什么是表面张力？表面张力产生的原因是什么？

1-7　作用在流体上的力是怎样分类的？

习题

1-1　500 cm^3 的某种液体，在天平上称得其质量为 0.453 kg，试求其密度和相对密度。

1-2　体积为 0.5 m^3、压力为 101.3 kPa 的气体，绝热压缩到体积为 0.185 m^3，压力为 405.2 kPa，求气体的绝热指数 k。

1-3　求温度为 20℃时，干空气的密度、相对密度和比容。

1-4　对温度为 20℃，压力为 101.3 kPa 的空气，进行绝热压缩到体积减少 50%时，求气体此时的压力和温度。

1-5　对体积一定的液体加 5.4 MPa 的压力，它的体积减少了 0.25%。求该液体的体积弹性模量和压缩率。

1-6　压力为 204 kPa 的 5 m^3 氧气，求等温压缩到 1 m^3 时氧气的压力，以及压缩从开始到结束的体积弹性模量。

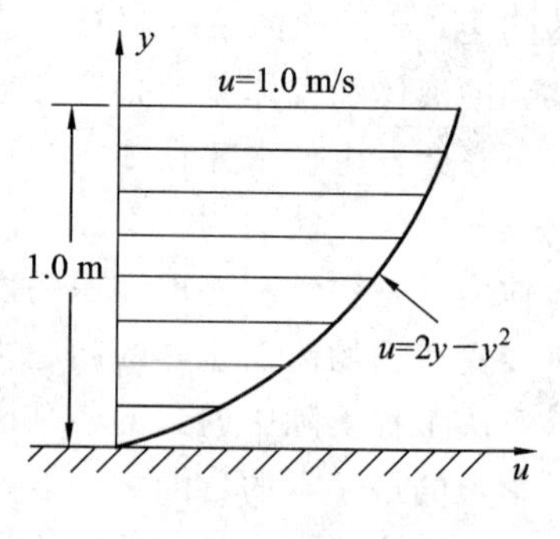

图 1-13　习题 1-7 图

1-7　速度分布如图 1-13 所示的二次曲线，求距壁面距离 $y=0$、0.05、1.0 m 三处位置的速度梯度和对应的剪切应力。流体的黏度 $\mu=1.5$ Pa·s。

1-8　如图 1-14 所示，轴的长度为 l，轴径为 d，轴与孔的间隙为 δ，间隙中充满着黏度为 μ 的油，求转速为 n 时的摩擦功率损失(轴的间隙一定，轴两端的影响忽略)。已知：$l=1$ m，$d=35$ cm，$\delta=0.025$ mm，$\mu=0.72$ Pa·s，求转速 $n=24$、240、2400 所对应的摩擦功率损失为多少？

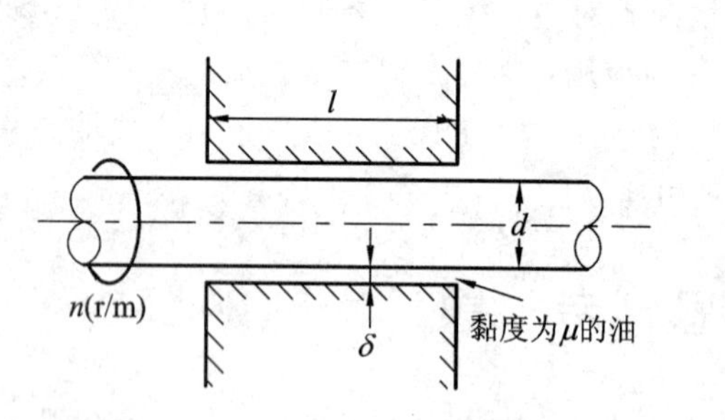

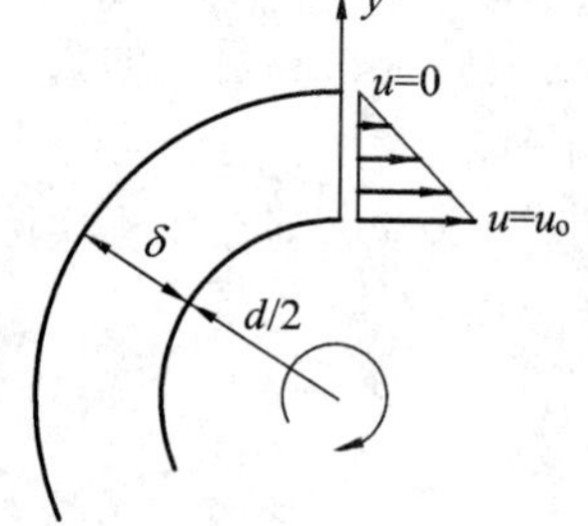

图 1-14　习题 1-8 图

1-9　如图 1-15 所示，在斜面上有一宽度为 1 m、长度为 2 m、重量为 300 N 的平板，在重力的作用下，向下滑过液体膜。平板以 0.2 m/s 匀速下滑，液体膜的厚度为 1.5 mm，求液体的黏度 μ。

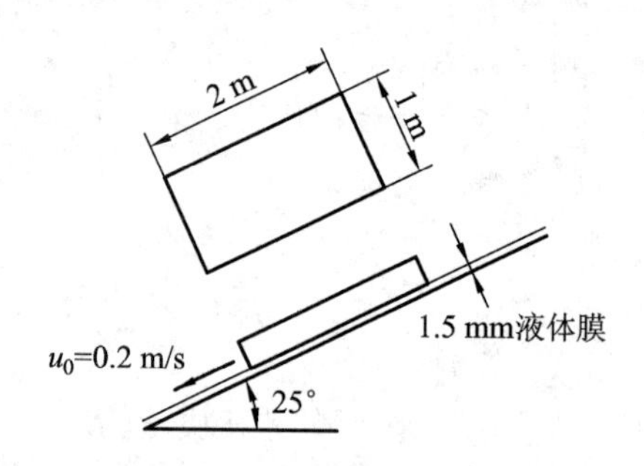

图 1-15　习题 1-9 图

1-10　一平板距另一固定平板 $h=0.25$ mm，两平板水平放置，其间充满液体。上面的平板在单位面积上 $\tau=3$ N/m^2的力作用下，以 $u=0.15$ m/s 的速度移动，求该流体的动力黏度。

1-11　温度 20℃的水滴，其内部压力比外部压力高 1.0 kPa，水滴呈球体的形状。求水滴的半径。

1-12　如图 1-11 所示，内径为 1 mm 的毛细管垂直地插在温度为 20℃的水中，求毛细管内水上升的平均高度。水与玻璃的接触角 $\theta=5°$。

第2章 流体静力学

流体静力学主要研究流体在静止状态下的平衡规律及其工程应用。由于静止状态下流体之间及流体与物面之间的作用是通过静压力的形式来表现的，所以，本章的中心问题是研究静止状态下静压力的分布规律，进而确定静止流体作用在物面上的总压力，用以解决工程实际问题。

流体静力学中所说的静止是指流体质点间没有相对运动的状态。所以，流体的静止包含以下两种情况：流体整体对地球没有相对运动的被称为绝对静止；流体整体对地球有相对运动，但流体质点之间没有相对运动的被称为相对静止。

流体静止时，流体质点之间没有相对运动，所以黏滞性在静止流体中显现不出来。因此，本章所得到的流体平衡规律对理想流体和实际流体均适用。

2.1 流体静压力及其特性

1. 静压力

在静止流体中，不存在切应力。因此，流体中的表面力就是沿受力面法线方向的正压力或法向力。设作用在微元面积 ΔA 上的法向力为 ΔF_{n}，则极限为

$$p = \lim_{\Delta A \to 0} \frac{\Delta F_{\mathrm{n}}}{\Delta A} \tag{2-1}$$

这就是流体单位面积上所受到的垂直于该表面的力，即物理学中的压强，在工程流体力学上称为流体静压力，简称压力(pressure)，用小写字母 p 表示。其单位为 $\mathrm{N/m^2}$，称为帕斯卡，简称帕(Pa)。

在某一面积 A 上，作用在该面上的压力不均匀，总的作用压力的合力为 F，F 称为总压力(total pressure)，其单位为牛顿(N)，则

$$\bar{p} = \frac{F}{A} \tag{2-2}$$

式中，$\bar{p}$ 称为平均压力(mean pressure)。

2. 静压力的两个重要特性

特性一： 静压力沿着作用面的内法线方向，即垂直地指向作用面。

证明：一方面，流体静止时只有法向力，没有切向力，静压力只能沿法线方向；另一方面，流体不能承受拉力，只能承受压力。所以，静压力唯一可能的方向就是内法线方向。

由这一特性可知，在流体与固体的接触面上静压力将垂直于接触面，如图2-1所示。

特性二： 静止流体中任何一点上各个方向的静压力大小相等，与作用方向无关。

证明：在静止流体中任取出如图2-2所示的棱长为 $\mathrm{d}x$、$\mathrm{d}y$、$\mathrm{d}z$ 的微元正四面体 $OABC$，取其内的静止流体为研究对象。建立一个与其三个相互垂直的三个棱相重合的直

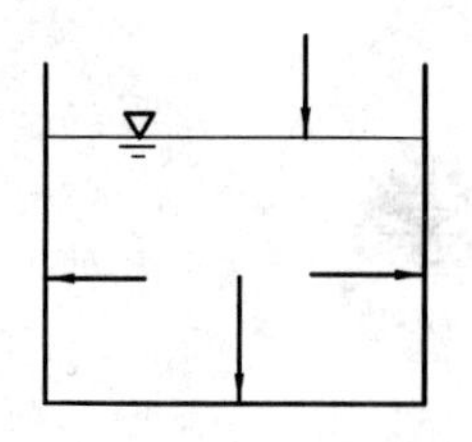
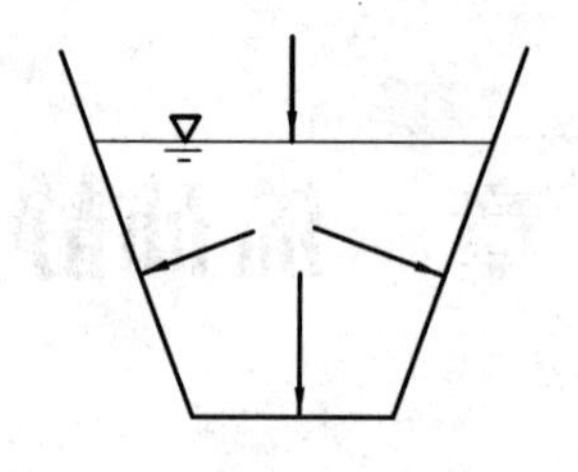
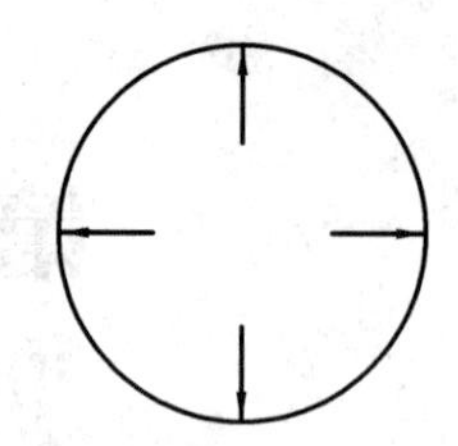

图 2-1 静压力垂直于作用面

角坐标系，以 p_x、p_y、p_z 和 p_n 依次表示作用在三个坐标面和△ABC 上的静压力，用 F_x、F_y、F_z 和 F_n 依次表示作用在这四个面上的总压力。由于 dx、dy、dz 的大小是任取的，所以△ABC 的外法线方向 n 也是任意的。

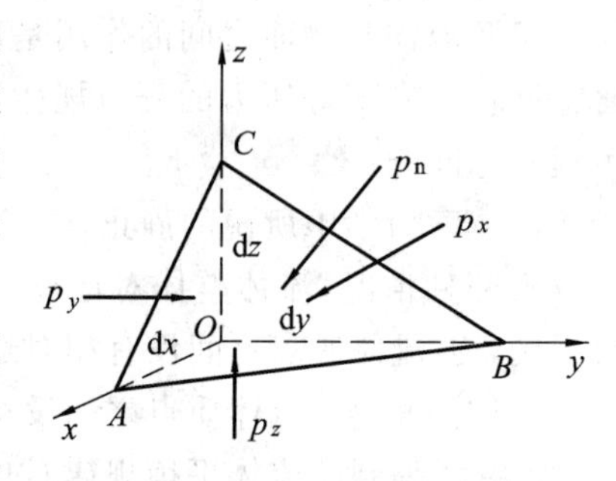

图 2-2 微元四面体

流体处于静止状态时，作用在流体上的合外力在任一个方向的分量都应为零。首先分析流体在 x 方向上的受力，作用在流体上的质量力在 x 方向上的分量可表示为

$$F_{m.x} = f_x \frac{1}{6}\rho \mathrm{d}x\mathrm{d}y\mathrm{d}z$$

式中，f_x 为作用在单位质量流体上的质量力在 x 方向上的分量。

同时，作用在流体上的表面力在 x 方向分量不为零的总压力如下：

只有△OBC 面上有

$$F_x = \frac{1}{2} p_x \mathrm{d}y\mathrm{d}z$$

在△ABC 面上有

$$\begin{aligned} F_n \cos(n, x) &= (p_n S_{\Delta ABC}) \cos(n, x) \\ &= p_n[S_{\Delta ABC} \cos(n, x)] \\ &= p_n S_{\Delta OBC} = \frac{1}{2} p_n \mathrm{d}y\mathrm{d}z \end{aligned}$$

注意，在这一公式的推导过程中利用乘法的结合律将力的投影转换成了面积的投影。由于流体处于静止状态，其在 x 方向的合外力应为零，即

$$\frac{1}{2}p_x \mathrm{d}y\mathrm{d}z - \frac{1}{2}p_n \mathrm{d}y\mathrm{d}z + \frac{1}{6}\rho \mathrm{d}x\mathrm{d}y\mathrm{d}z = 0$$

令 dx、dy、dz 趋于零，即四面体缩小到原点 O 时，忽略高阶小量 dxdydz 则可得

$$p_x = p_n$$

同理，分析 y 和 z 方向上的受力及静止条件可得

$$p_y = p_n$$

和

$$p_z = p_n$$

即

$$p_x = p_y = p_z = p_n = p$$

由于方向 n 代表任意方向，所以上式表明：静止流体中任一点上的流体静压力，无论来自何方均相等，或者说与作用方向无关。因此，在连续介质中研究一点的静压力 p 时不

必考虑其作用方向，只需计算或测量出其在空间的分布函数 $p=p(x, y, z)$ 即可。

2.2　静止流体平衡方程

通过分析静止流体中流体微团的受力，可以建立起平衡微分方程式，然后通过积分便可得到各种不同情况下流体静压力的分布规律。现在讨论在平衡状态下作用在流体上的力应满足的关系，建立平衡条件下的流体平衡微分方程式。

2.2.1　流体平衡微分方程式的建立

在静止流体中任取出棱长各为 dx、dy、dz 的微元六面体，如图 2-3 所示，并建立图示的直角坐标系。

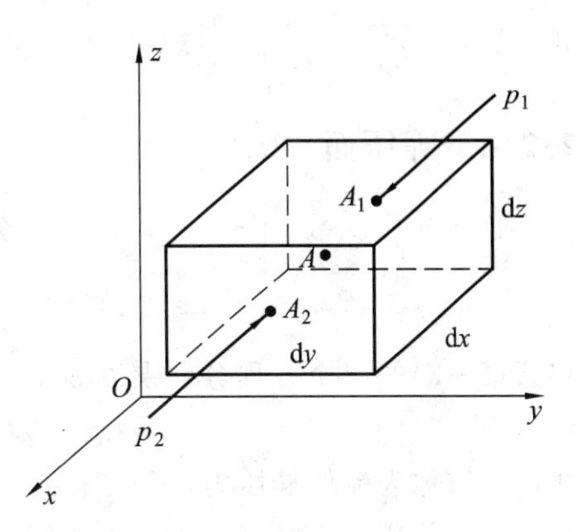

图 2-3　六面体受力分析

首先，我们分析作用在这个微元六面体内流体上的力在 x 方向上的分量。微元体以外的流体作用于其上的表面力均与作用面相垂直。因此，只有与 x 相垂直的前后两个面上的总压力在 x 轴上的分量不为零。设六面体中心点 A 处的静压力为 $p(x, y, z)$，按泰勒级数展开式，略去高阶无穷小量，则可求出作用在 A_1 和 A_2 点的压力分别为

$$p_1 = p - \frac{\partial p}{\partial x}\frac{dx}{2},\ p_2 = p + \frac{\partial p}{\partial x}\frac{dx}{2}$$

所以作用在 A_1 和 A_2 点上的总压力分别为 $\left(p-\frac{\partial p}{\partial x}\frac{dx}{2}\right)dydz$，$\left(p+\frac{\partial p}{\partial x}\frac{dx}{2}\right)dydz$。

微元体内流体所受的质量力在 x 方向上的分力为 $f_x \rho dxdydz$，由于流体处于平衡状态，则

$$\left(p - \frac{\partial p}{\partial x}\frac{dx}{2}\right)dydz - \left(p + \frac{\partial p}{\partial x}\frac{dx}{2}\right)dydz + f_x \rho dxdydz = 0$$

用 $\rho dxdydz$ 除上式，简化后得

$$f_x - \frac{1}{\rho}\frac{\partial p}{\partial x} = 0$$

同理可得

$$f_y - \frac{1}{\rho}\frac{\partial p}{\partial y} = 0,\ f_z - \frac{1}{\rho}\frac{\partial p}{\partial z} = 0$$

$$\left.\begin{aligned} f_x - \frac{1}{\rho}\frac{\partial p}{\partial x} = 0 \\ f_y - \frac{1}{\rho}\frac{\partial p}{\partial y} = 0 \\ f_z - \frac{1}{\rho}\frac{\partial p}{\partial z} = 0 \end{aligned}\right\} \tag{2-3}$$

式(2-3)是欧拉于1755年建立的流体平衡微分方程，又称为欧拉平衡方程式。根据这个方程可以解决流体静力学中的许多基本问题。它在流体静力学中具有重要地位，既适用

于绝对静止状态，也适用于相对静止状态。同时，推导中也没有考虑整个空间密度 ρ 是否变化及如何变化，所以它不但适用于不可压缩流体，而且也适用于可压缩流体。该方程的物理意义：当流体处于平衡状态时，作用在单位质量流体上的质量力与压力的合力相平衡。

将式(2-3)中的三个方程分别乘以 $\boldsymbol{i}$、$\boldsymbol{j}$、$\boldsymbol{k}$，再相加可得流体平衡微分方程式的矢量形式，即

$$\boldsymbol{f} = f_x\boldsymbol{i} + f_y\boldsymbol{j} + f_z\boldsymbol{k} = \frac{1}{\rho}\left(\frac{\partial p}{\partial x} + \frac{\partial p}{\partial y} + \frac{\partial p}{\partial z}\right) = \frac{1}{\rho}\nabla p \tag{2-4}$$

式中，$\nabla = \frac{\partial p}{\partial x}\boldsymbol{i} + \frac{\partial p}{\partial y}\boldsymbol{j} + \frac{\partial p}{\partial z}\boldsymbol{k}$，称为哈密尔顿算符。

2.2.2 等压面

连续介质函数 $p(x, y, z)$ 的全微分为

$$\mathrm{d}p = \frac{\partial p}{\partial x}\mathrm{d}x + \frac{\partial p}{\partial y}\mathrm{d}y + \frac{\partial p}{\partial z}\mathrm{d}z$$

将式(2-3)的三个方程分别乘以 $\rho\mathrm{d}x$、$\rho\mathrm{d}y$、$\rho\mathrm{d}z$ 再相加，整理后可得

$$\mathrm{d}p = \rho(f_x\mathrm{d}x + f_y\mathrm{d}y + f_z\mathrm{d}z) \tag{2-5}$$

式(2-5)称为流体静压力微分方程式。

由于等压面上的静压力处处相等，即 $p=$常数，因此 $\mathrm{d}p=0$，所以等压面方程为

$$f_x\mathrm{d}x + f_y\mathrm{d}y + f_z\mathrm{d}z = 0 \tag{2-6}$$

式中：f_x、f_y、f_z 是单位质量力在各坐标轴上的投影，$\mathrm{d}x$、$\mathrm{d}y$、$\mathrm{d}z$ 是等压面上微元长度在各轴上的投影，则 $f_x\mathrm{d}x + f_y\mathrm{d}y + f_z\mathrm{d}z$ 表示单位质量力在等压面内移动微元长度所做的功。

式(2-6)表明这个功等于零，所以只有当质量力与位移垂直时，式(2-6)才成立，据此可知等压面最重要的一个性质是：等压面与质量力垂直。

当然，在不同形式的平衡流体中，质量力的作用方向不同，因而将会形成不同的等压面。

由流体平衡微分方程(2-6)知，平衡流体内出现压力差仅仅是质量力作用的结果，哪个方向没有质量力作用，那个方向就没有压力差，因此在与质量力垂直的方向压力必然相等。

由此可知，根据质量力的方向可以确定等压面的形状，也可以根据等压面的形状确定质量力的方向。例如对只受重力作用的静止流体，因为重力的方向总是铅直向下的，所以其等压面必定是水平面。

2.2.3 静力学基本方程式

图 2-4 所示为一容器，其中盛有静止的匀质液体，其密度 $\rho=$常数。液体所受的质量力只有重力，在图示的坐标系中，单位质量流体所受到的质量力可表示为

$$f_x = f_y = 0,\ f_z = -\frac{mg}{m} = -g$$

将上述值代入式(2-5)，得

$$\mathrm{d}p = -\rho g\,\mathrm{d}z$$

$$\mathrm{d}p+\rho g\,\mathrm{d}z=0 \tag{2-7}$$

对匀质流体，其密度 ρ=常数，则

$$\mathrm{d}(p+\rho g z)=0$$

所以有 $$p+\rho g z=C_1(\text{常数})$$

上式两端同除以 ρg，得

$$z+\frac{p}{\rho g}=C(\text{常数}) \tag{2-8a}$$

对如图2-4所示的静止流体中的任意两点，上式可写成

$$z_1+\frac{p_1}{\rho g}=z_2+\frac{p_2}{\rho g} \tag{2-8b}$$

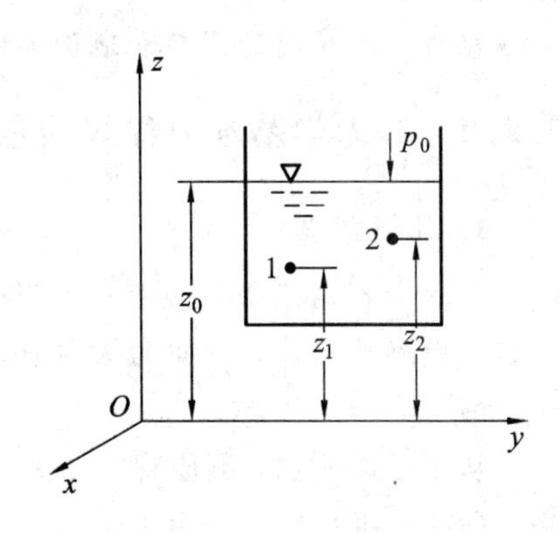

图2-4　重力作用下流体的平衡

式(2-8)称为静力学基本方程式。其适用条件是:重力作用下静止的均质流体。对分装在不相同的两个容器内的流体或装在同一容器中的不同密度的两种流体之间，该方程不成立。从式(2-8a)可看出，当 z=常数时，压力 p 也为常数，说明静止液体的等压面为水平面。

等压面是求解静止流体中不同位置之间压力关系时常应用到的概念，使用条件必须是连通的同种流体。如图2-5所示，为装有两种不相混液体的U形管，其中3-3面为等压面；而2-2面不是等压面，因为左右管中为不同种类的液体；1-1面也不是等压面，因为虽是同种液体，但并不连通。

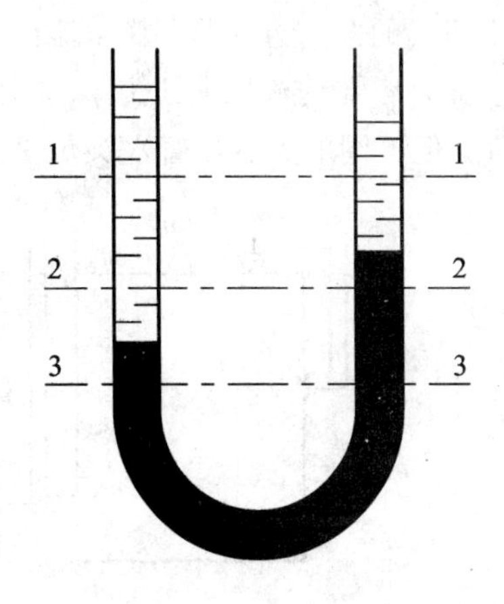

图2-5　等压面的确定

式(2-8)只适合于任何不可压缩流体，对于可压缩气体，需找出密度与压力或与高度之间的关系，按式(2-7)积分求出。

地球表面包围在大气层中，假设大气层中的气流按绝热变化，按式(1-6)，则

$$p\rho^{-k}=p_0\,\rho_0^{-k}=\text{常数}\ (k=1.4)$$

式中，p_0、ρ_0 分别为地面上气体的压力和密度，p、ρ 为任意高度气体的压力和密度，则

$$\rho=\rho_0\left(\frac{p}{p_0}\right)^{1/k}$$

将上式代入式(2-7)，并假设在地面上，$z=0$，$p=p_0$，在任意高度上，$z=z$，$p=p$，则

$$z=-\frac{1}{g}\int_{p_0}^{p}\frac{1}{\rho_0}\left(\frac{p_0}{p}\right)^{1/k}\mathrm{d}p=\frac{k}{g(k-1)}\frac{p_0^{1/k}}{\rho_0}\left(p_0^{(k-1)/k}-p^{(k-1)/k}\right)=\frac{k}{g(k-1)}\left(\frac{p_0}{\rho_0}-\frac{p}{\rho}\right) \tag{2-9}$$

由式(1-4)的完全气体的气态方程式知：

$$\frac{p}{\rho}=RT,\ \frac{p_0}{\rho_0}=RT_0$$

将该值代入式(2-9)，则

$$z=\frac{kT}{g(k-1)}(T_0-T) \tag{2-10}$$

根据所在位置的温度和地面的温度，按式(2-10)，可计算出所在位置的高度。

2.2.4 静力学基本方程式的意义

1. 几何意义

在一个容器侧壁上接上一个与大气相通的玻璃管，这样就形成一根测压管。如果容器中装的是静止流体，液面为大气压力，这样测压管内液面与容器内液面是齐平的，如图2-6所示。

从中可以看出，测压管中的液面到基准面的高度有 z 和 $p/\rho g$ 组成，z 表示该点位置到基准面的高度，$p/\rho g$ 表示该点压力折算的液柱高度。在流体力学中，约定成俗将高度称为“水头”，z 为位置水头，$p/\rho g$ 为压力水头，而 $z+p/\rho g$ 称为测压管水头。因此，静力学基本方程式的几何意义是：静止流体中测压管水头为常数。

如果容器内液压面压力 p_0 大于或小于大气压力 p_a，则测压管液面会高于或低于容器液面，但不同的点测压管水头仍是常数，如图2-7所示，$p_0>p_a$。

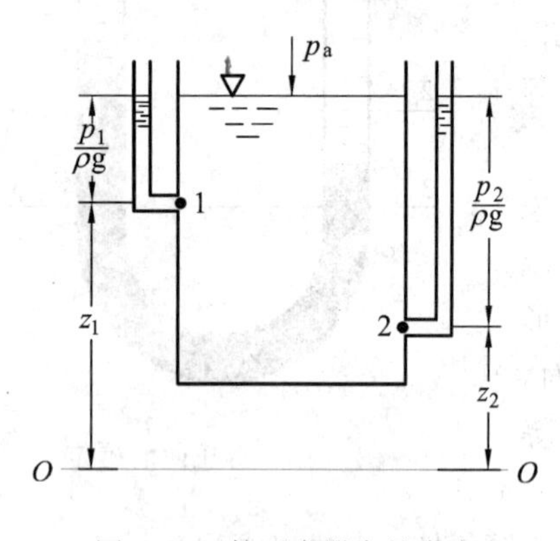

图2-6　敞开容器中的水头

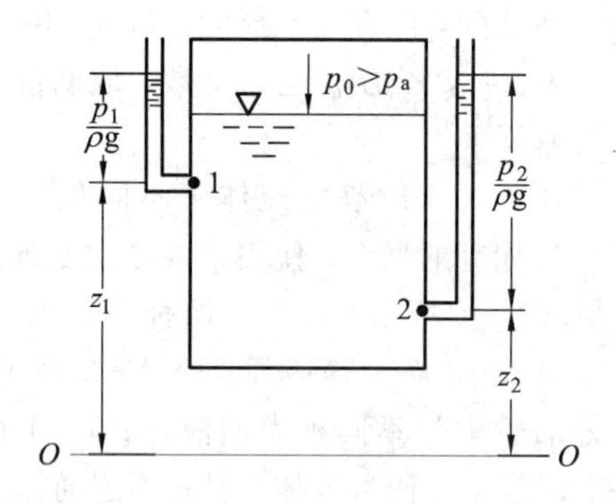

图2-7　密闭容器中的水头

2. 物理意义

质量为 m 的流体处在 z 高度时，所具有的位置势能为 mgz，那么单位重量流体所具有的位置势能为

$$\frac{mgz}{mg}=z$$

因此，流体力学中也将 z 称为比位能。

如果流体中某点的压力为 p，在该处接测压管后，在压力的作用下液面会上升高度 $p/\rho g$，压力势能变为位置势能。因此，$p/\rho g$ 代表单位重量流体所具有的压力势能，简称比压能。

对于单位重量的流体来说，比位能与比压能之和叫做静止流体的总比能。因此，流体静力学基本方程式的物理意义是：静止流体中总比能为常数。

2.3 流体静力学基本公式及其应用

流体静力学平衡方程式建立了流体静压力与质量力之间的微分关系，揭示了流体平衡时所遵循的普遍规律，它对在任何有势质量力作用下的平衡流体均适用。在解决工程实际问题时必须求解出特定质量力作用下以及特定边界条件下的流体平衡微分方程的特解，即静压力的分布规律的解析表达式，进而可以通过积分等数学方法求解出物面上的总压力。在工程实际中，最常见的流体平衡是仅在重力作用下的平衡，即所谓的绝对静止。下面分析绝对静止流体中静压力的分布规律。

2.3.1 流体静力学基本公式

1. 流体静力学基本公式的建立

如图 2-8 所示，设静止流体中某一 A 点的静压力为 p，液面静压力为 p_0，由式(2-8b)得

$$z_1 + \frac{p_0}{\rho g} = z_2 + \frac{p}{\rho g}$$

则静压力的分布规律可表示为

$$\begin{aligned} p &= p_0 + \rho g(z_1 - z_2) \\ &= p_0 + \rho g h \end{aligned} \tag{2-11}$$

图 2-8 静力学基本公式推导

式(2-11)称为流体静力学基本公式。它表明：① 重力作用下的均质流体内部静压力与深度 h 成线性关系，因此，水坝都设计成上窄下宽的形状；② 静止流体内部任意点的静压力由液面上的静压力 p_0 与液柱所形成的静压力 ρgh 两部分组成，深度 h 相同的点静压力相等；③ 静止流体边界上压力的变化将均匀地传递到流体中的每一点，这就是著名的帕斯卡原理(Pascal's principle)。

2. 静压力分布图

表示静压力沿作用面分布情况的几何图形称为静压力分布图。以图 2-9 为例，画出挡水矩形平面 AB 上的静压力分布图。

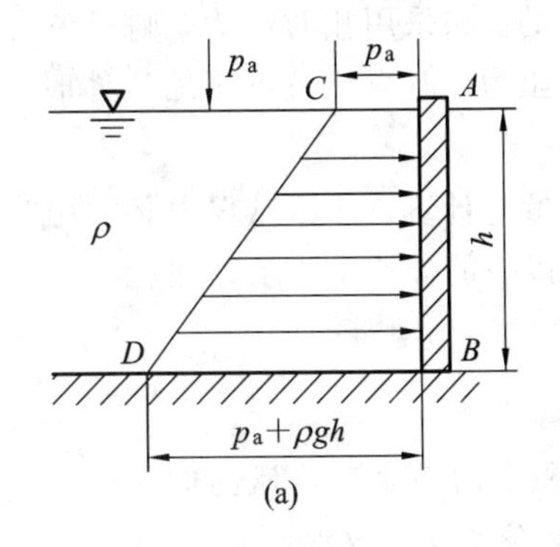

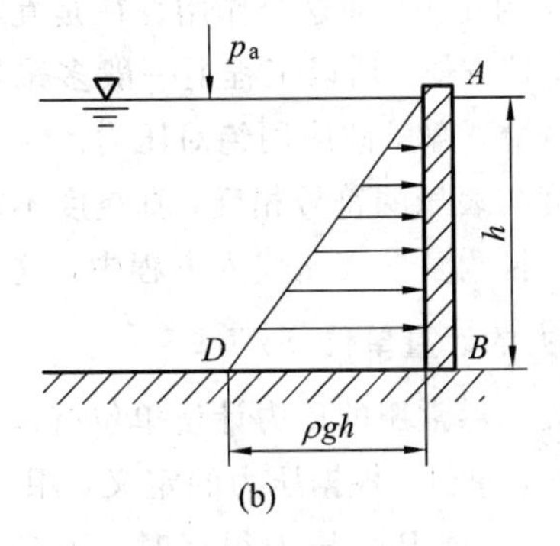

图 2-9 矩形平面上的压力分布

自由液面上压力等于大气压 $p_0 = p_a$，用线段 CA 表示。水深 h 处 B 点的压力为 $p_B = p_a + \rho gh$，用线段 DB 表示。连接 C、D 两点，由于静压力的方向垂直指向作用面。用带箭头的线段来表示各点的压力大小及方向，则为静压力分布图，如图 2-9(a)所示。若不计大气压 p_a，则静压力分布图如图 2-9(b)所示。

2.3.2 流体静压力的表示方法和计量单位

1. 静压力的表示方法

流体力学中，静压力的计量有两个标准，一个是以物理真空为零点的标准，称为绝对标准，按照绝对标准计量的压力称为绝对压力(absolute pressure)；另一个是以当地大气压力为零点的标准，称为相对标准，按照相对标准计量的压力称为相对压力。工程中绝对压力的数值有时大于当地大气压力，有时小于当地大气压力。因此，相对压力有正负之分。当绝对压力大于当地大气压力时，相对压力大于零，称为表压(gauge pressure)，用 p_g 来表示。之所以称之为表压，是因为压力表所显示的压力就是这个压力。当绝对压力小于当地大气压力时，相对压力小于零，称为真空压力或真空度，用 p_v 来表示，真空压力采用真空表测量。大气压力用 p_a 表示，绝对压力用 p_{ab} 表示。

绝对压力、表压和真空度之间的关系可用图 2-10 来表述。从图中可以看出，表压的含义是比当地大气压力大多少，真空度的含义是比当地大气压力小多少。表压越大压力越大，真空度越大压力越小，反之亦然。工程流体力学中所说的压力如不特殊说明指的就是表压，为了简便通常将其下标 g 省略，仅以 p 表示。

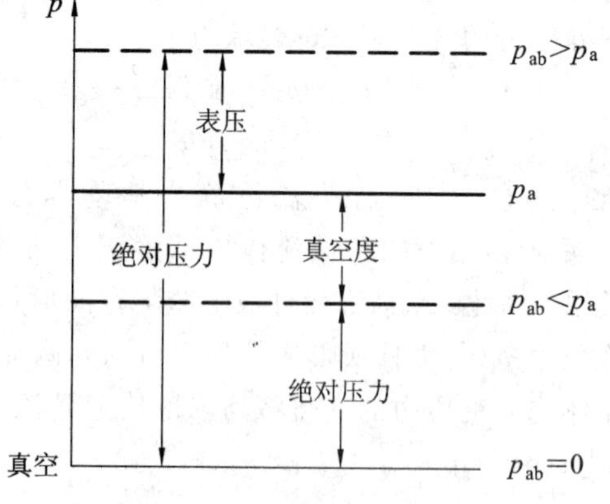

图 2-10 压力之间的关系

因此，可以归纳出以下的关系：

$$p_{ab} = p_a + p \qquad (2-12)$$

$$p_{ab} = p_a - p_v \qquad (2-13)$$

$$p = p_{ab} - p_a = - p_v \qquad (2-14)$$

一般工业设备或构筑物都处于当地大气压的作用下，如用绝对压力计算，则还需考虑外界大气压的作用，而这个作用往往是互相抵消的。如采用相对压力，则只考虑流体的作用，计算比较方便。所以工程上一般多采用相对压力。但当涉及可压缩流体时，应当与热力学方程联立求解，故应用绝对压力。

真空度与表压的符号相反，真空度不能直接参与计算，计算过程中必须用式(2-14)，将真空度转换为负的表压代入方程中，这一点在以后的计算中要予以注意。

2. 压力的计量单位

工程技术界常用的压力计量单位有以下三种：

(1) 应力单位。根据压力的定义，用单位面积上的力来表示压力的大小。在国际单位制中用 N/m^2，即 Pa。压力很高时，用 Pa 单位数值太大，这时可用 kPa(10^3 Pa)或 MPa(10^6 Pa)，在工程单位制中用 kgf/cm^2。

(2) 液柱高度单位。前已述及，压力可用测压管内的液柱高度来表示。液柱高度与该液体的密度和重力加速度的乘积即为压力。常用的液柱高度为水柱高度或汞柱高度，其单位为米水柱(mH_2O)、毫米汞柱(mmHg)。

$$1\ mH_2O = 9800\ Pa = 1000\ kgf/cm^2。$$

$$1\ \text{mmHg}=133\ \text{Pa}=1.36\times10^{-3}\ \text{kgf/cm}^2$$

(3) 大气压单位。压力的大小也常用大气压的倍数来表示。由于大气压随当地的海拔高度和气候的变化而有所差异，作为单位必须给它以定值。国际上规定，一个标准大气压为 $1\ \text{atm}=1.01325\times10^5\ \text{Pa}=1.033\ \text{kgf/cm}^2$，工程上为了计算方便，一般不用标准大气压，而用工程大气压，$1\ \text{at}=1\ \text{kgf/cm}^2=98\ 070\ \text{Pa}$。

三种压力单位之间的换算关系是今后计算中经常用到的，必须熟练掌握。

2.3.3　液柱式测压计

在工程实际中经常需要直接测量某一点的压力或两点之间的压差。点压力或者两点之间压差的测量手段有很多，目前经常采用的有压力表(金属测压计)、压力传感器(电子测压计)和液柱式测压计等。液柱式测压计是以流体静力学的基本原理为基础的，下面就介绍几种典型的液柱式测压计。

1. 测压管

测压管如图 2-11(a)所示。在测压点处开一测压孔，外接一根透明的细长测压管，测压管的上端与大气相通，测压管内液面的高度为 h，则测压点 A 处的表压为

$$p_A=\rho gh$$

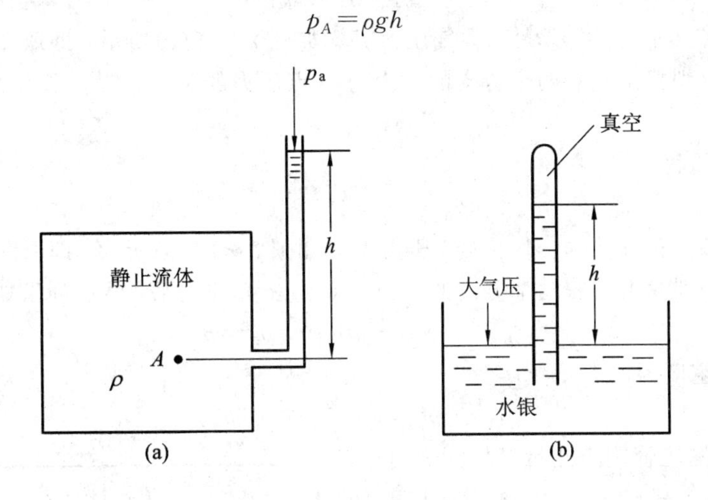

图 2-11　测压管

显然，简单测压管的优点是结构简单、精度较高、造价低廉。其缺点主要有以下两个：一是量程较小，这主要是因为测压管内工作液的密度是一定的，如果压力很大其高度 h 也会很大，测量起来非常不方便；二是不适于测量气体的压力。

测量大气压力，如图 2-11(b)所示，将长 1000 mm、一端封闭的玻璃管注满水银，然后倒立插入水银池中，此时管内水银面上方处于真空状态(忽略水银微弱的汽化)，管内水银面距池中水银面的高度为 h，据此可测量出大气的绝对压力。在一个标准大气压下，0℃的水银密度 $\rho=13\ 600\ \text{kg/m}^3$，水银柱高度 $h=760\ \text{mm}$，则一个标准大气压为

$$p=\rho gh=13\ 600\times9.8\times0.76=101.3\times10^3(\text{Pa})=101.3(\text{kPa})$$

2. U 形测压管

图 2-12 所示的 U 形测压管，克服了简单测压管内工作液密度不可改变，以及不能测

量气体压力等弱点。求解U形测压管这类问题时建议采用等压面法。测量时，管的一端与被测容器相接，另一端与大气相通。U形测压管内装有液体的密度ρ_2大于被测流体的密度ρ_1，但U形测压管内的液体不能和被测流体相互掺混。

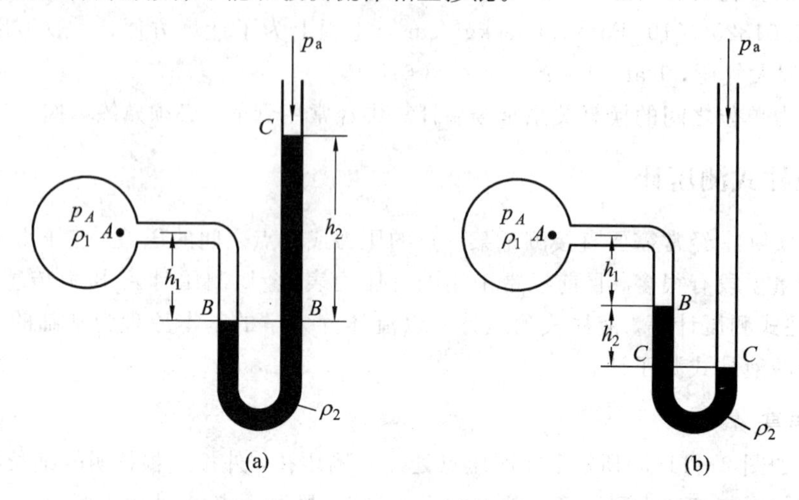

图2-12 U形测压管

如果被测流体的压力p_A大于大气压力p_a，如图2-12(a)所示，即取图中通过B点的等压面。首先分别找出左右两个分支的压力与B点压力的关系，然后列出如下的方程：

$$p_A+\rho_1 gh_1=p_B=\rho_2 gh_2$$

所以A点的表压为

$$p_A=\rho_2 gh_2-\rho_1 gh_1 \tag{2-15}$$

如果被测流体的压力p_A小于大气压力p_a，如图2-12(b)所示，即取图中通过C点的等压面。首先分别找出左右两个分支的压力与C点压力的关系，然后列出如下的方程：

$$p_A+\rho_1 gh_1+\rho_2 gh_2=p_C=p_a$$

所以A点的真空度为

$$p_A=p_a-(\rho_2 gh_2+\rho_1 gh_1) \tag{2-16}$$

如果U形测压管用来测量气体压力时，因为气体密度很小，式(2-15)和式(2-16)中的$\rho_1 gh_1$项可忽略不计。

3. U形压差计

如图2-13所示，测量管道上A、B两点的压差。

取O-O为等压面，列平衡方程：

$$p_A+\rho_1 g(x+h)=p_o=p_B+\rho_1 gx+\rho_2 gh$$

整理后可得A、B两点的压差为

$$\Delta p=p_A-p_B=(\rho_2-\rho_1)gh \tag{2-17}$$

从上式看出，在U形压差计尺寸一定的情况下，被测液体的密度与工作液体的密度直接决定了U形压差计的量程和精度。

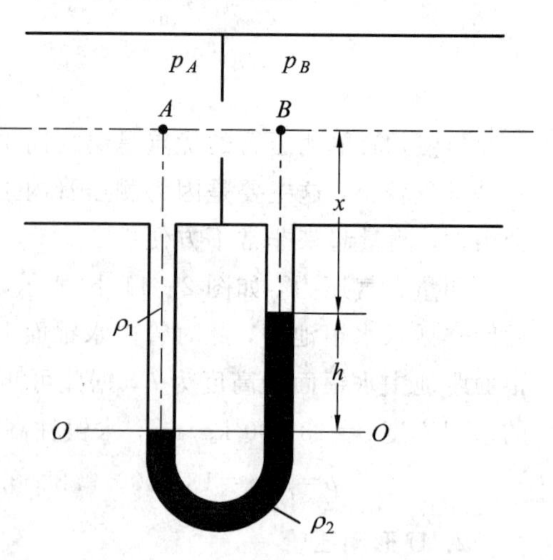

图2-13 U形压差计

【例 2-1】 油罐内装有相对密度为 0.8 的油品，装置如图 2-14 所示的 U 形测压管，测压管中工作液为汞，求油面的高度 h 及液面的压力 p_0。

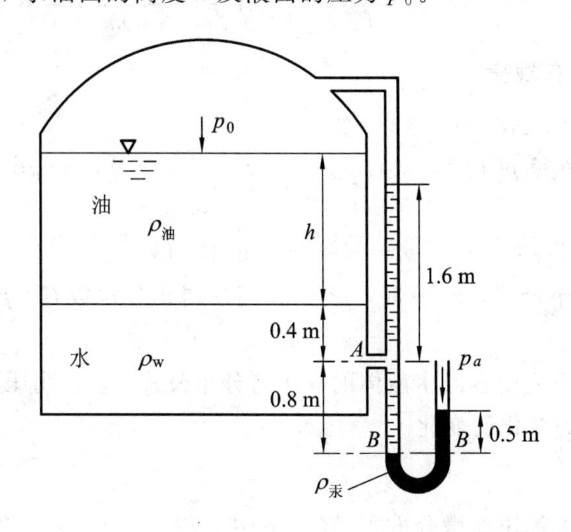

图 2-14　例 2-1 图

解　A 点的压力可用自由液面的压力 p_0 及罐内外两个液柱的压力来表示，即

$$p_0 + \rho_{油} gh + 0.4\rho_w g = p_A = p_0 + 1.6\rho_w g$$

可得

$$h = \frac{1.2\rho_w}{\rho_{油}} = \frac{1.2}{0.8} = 1.5(\text{m})$$

取等压面 B-B，有

$$p_0 + (1.6+0.8)\rho_w g = p_B = 0.5\rho_{汞} g$$

$$p_0 = 0.5\rho_{汞} g - 2.4\rho_w g = 0.5\times 13\,600\times 9.8 - 2.4\times 1000\times 9.8 = 43\,120(\text{Pa})$$

2.4　其他质量力作用下的流体平衡

当流体随容器一起加速运动，且流体质点之间没有相对运动的情况，则该容器中的流体处于相对静止状态。下面分别讨论等加速水平运动容器中和等角速旋转容器中液体的相对平衡。

2.4.1　等加速水平运动容器中流体的相对平衡

如图 2-15 所示，装着液体在水平轨道上以等加速度 $\boldsymbol{a}$ 前进的罐车，罐内的液体相对于罐车便处于相对平衡状态。把坐标系固定在容器上，坐标原点取在容器尚未运动时的自由液面中心 O 处，坐标 x 的方向和加速度方向相同。根据达朗贝原理，流体处于相对平衡时，作用在流体质点上的质量力，除了重力以外，还要虚加一个大小为 ma、方向与加

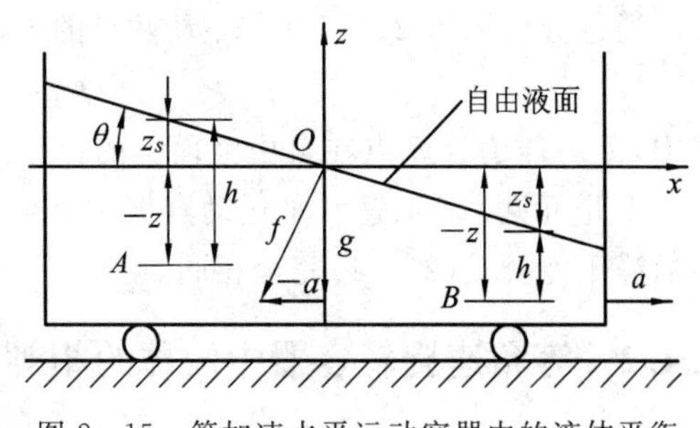

图 2-15　等加速水平运动容器中的液体平衡

速度方向相反的惯性力。此时作用在单位质量流体上的质量力为

$$f_x=-\frac{ma}{m}=-a;\ f_y=0;\ f_z=-\frac{mg}{m}=-g$$

1. 流体静压力分布规律

将单位质量力代入式(2-5)，则

$$\mathrm{d}p=\rho(f_x\,\mathrm{d}x+f_y\,\mathrm{d}y+f_z\,\mathrm{d}z)=\rho(-a\mathrm{d}x-g\mathrm{d}z)$$

对上式积分，得

$$p=-\rho(ax+gz)+C$$

根据边界条件，当 $x=0$，$z=0$ 时，$p=p_0$，可求得积分常数 $C=p_0$，于是得

$$p=p_0-\rho(ax+gz) \tag{2-18}$$

这就是等加速水平运动容器中液体的静压力分布公式，它表明压力 p 不仅随 z 的变化而变化，而且还随 x 的变化而变化。

2. 等压面方程

将单位质量力代入等压面微分方程式(2-6)中，得

$$a\mathrm{d}x+g\mathrm{d}z=0$$

对上式积分得

$$ax+gz=C$$

这就是等压面方程，等加速水平运动的容器中液体的等压面已经不是水平面，而是一族平行的斜面，不同的积分常数代表不同的等压面，等压面与水平面斜角的大小为

$$\theta=\arctan\frac{a}{g} \tag{2-19}$$

自由面是一个特殊的等压面，由 $x=0$ 时，$z=0$ 这一边界条件可确定自由面确定的积分常数 $C=0$，于是得自由液面方程为

$$ax+gz_{\mathrm{S}}=0$$

或

$$z_{\mathrm{S}}=-\frac{a}{g}x$$

式中，z_{S} 为自由液面的 z 坐标。

现在再来分析式(2-18)所表示的压力分布，即

$$p=p_0-\rho(ax+gz)=p_0+\rho g\left(-\frac{a}{g}x-z\right)=p_0+\rho g(z_{\mathrm{S}}-z)$$

通过分析图中 2-15 中 A、B 两点的 $z_{\mathrm{S}}-z$，可得

$$p=p_0+\rho gh \tag{2-20}$$

式中，h 为压力计算点在自由液面下的铅直深度，$h=z_s-z$。

由此可见，等加速水平运动容器中液体中的静压力计算公式(2-20)与绝对静止流体中的静压力公式(2-11)完全相同。

2.4.2 等角速旋转容器中流体的相对平衡

图 2-16 为一个盛有液体顶端开有孔口的圆筒容器。设圆筒容器的高度为 H，液面在

容器中的高度为 H_0，容器的半径为 r_0。容器静止时，液面情况如图2-16(a)所示。该容器以定转速 ω 绕其中心轴旋转；待运动稳定后，各质点都具有相同的角速度，液面形成一个漏斗形的旋转面，如图2-16(b)、(c)所示。现将坐标系固定在运动着的容器上与容器一起旋转，此时液体相对于坐标系处于静止状态。根据达朗贝原理，作用在液体质点上的质量力除了重力 mg 以外，由于存在着向心加速度，所以还应存在着 xOy 平面内虚加的惯性离心力 $m\omega^2 r$，作用在单位质量流体上的惯性离心力为 $m\omega^2 r/m=\omega^2 r$，将 $\omega^2 r$ 在 xOy 平面内分解(α 为离心力与 x 轴的夹角)，则可得单位质量流体所受到的质量力 f 的三个分量为

$$f_x=\omega^2 r\cos\alpha=\omega^2 x;\ f_y=\omega^2 r\sin\alpha=\omega^2 y;\ f_z=-g$$

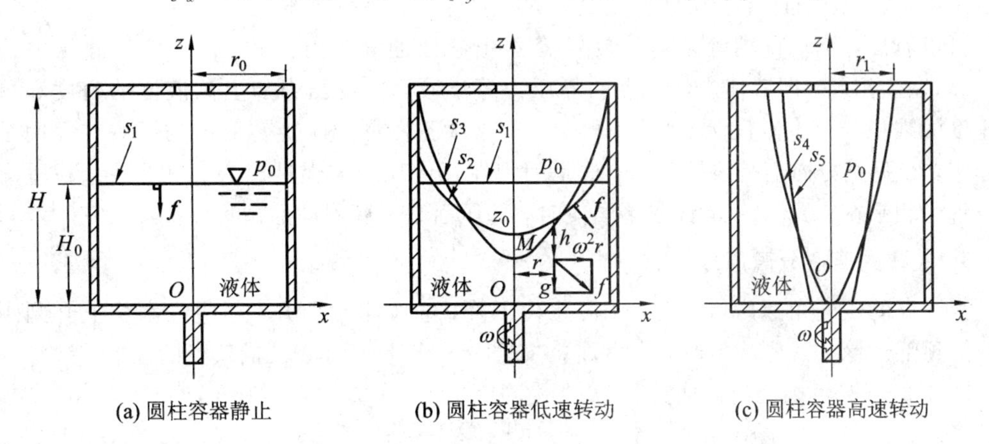

(a) 圆柱容器静止　(b) 圆柱容器低速转动　(c) 圆柱容器高速转动

图2-16　旋转容器中液体的平衡

1. 静压力分布规律

将单位质量力代入式(2-5)，则

$$dp=\rho(f_x dx+f_y dy+f_z dz)=\rho(\omega^2 x dx+\omega^2 y dy-g dz)$$

$$p=\int\rho(\omega^2 x dx+\omega^2 y dy-g dz)+C=\rho\left(\frac{\omega^2 x^2}{2}+\frac{\omega^2 y^2}{2}-gz\right)+C$$

$$=\rho\left(\frac{\omega^2 r^2}{2}-gz\right)+C \tag{2-21}$$

如图2-16(b)所示，根据边界条件，当 $r=0$，$z=z_0$ 时，$p=p_0$，可得积分常数 $C=p_0+\rho g z_0$，则

$$p=p_0+\rho g\left[\frac{\omega^2 r^2}{2g}+(z_0-z)\right] \tag{2-22}$$

2. 等压面

将单位质量力的分力代入等压面微分方程式(2-5)，得等压面方程为

$$\omega^2 x dx+\omega^2 y dy-g dz=0$$

$$\frac{\omega^2 x^2}{2}+\frac{\omega^2 y^2}{2}-gz=C_1;\ \frac{\omega^2 r^2}{2}-gz=C_1$$

$$z=\frac{\omega^2 r^2}{2g}+C\ (\text{常数})$$

这说明，等压面是一族绕 z 轴的旋转抛物面。在自由表面上当 $r=0$ 时，$z=z_0$，可得积分常数 $C=z_0$，故自由表面方程为

$$z_S = \frac{\omega^2 r^2}{2g} + z_0 \qquad (2-23)$$

式中，z_S 为自由液面上点的 z 坐标。

分析式(2-22)所表示的压力分布，对于液面下任一点 M，其静压力为

$$p = p_0 + \rho g\left[\left(\frac{\omega^2 r^2}{2g} + z_0\right) - z\right] = p_0 + \rho g(z_S - z) \qquad (2-24)$$

通过分析图 2-16(b)知：

$$p = p_0 + \rho g h$$

式中，h 为压力计算点在自由液面下的铅直深度，$h = z_S - z$。

可以看出，绕垂直轴等角速度旋转容器中液体的静压力公式(2-24)与静压力公式(2-11)完全相同，即液体内任一点的静压力等于液面上的压力加上该液体的密度和重力加速度的乘积与该点淹没深度的乘积。式(2-24)还表明：① 旋转液体的压力在径向是二次分布，在垂直方向上是线性分布，这是因为在径向压力与惯性离心力相平衡，在垂直方向与重力相平衡；② 积分常数取不同值时，等压面是一簇不同的抛物面。

3. 液体的离心分离原理

当圆筒的旋转角速度增大时，中心水位下降，边缘水位上升。当边缘水位上升到刚接触圆筒顶部边缘并达到稳定时，自由面 s_3 如图 2-16(b)所示。设最低点的坐标 $r=0$，$z_S = z_0$，由式(2-23)可确定自由面方程为

$$z_S - z_0 = \frac{\omega^2 r^2}{2g} \qquad (2-25)$$

若 $r = r_0$，$z_S = H$，容器的气体空间容积是不变的，则

$$\frac{1}{2}\pi r_0^2 (H - z_0) = \pi {r_0}^2 (H - H_0),\ z_0 = 2H_0 - H$$

相应的角速度为

$$\omega_3 = \frac{\sqrt{4g(H - H_0)}}{r_0} \qquad (2-26)$$

当转速继续升高到中心水位下降至气体刚接触圆筒底部并达到稳定时，自由面 s_4 如图 2-16(c)所示。设顶部液面线的半径为 r_1，因空气体积不变，故

$$\frac{1}{2}\pi r_1^2 H = \pi r_0^2 (H - H_0)$$

$$r_1 = r_0\sqrt{\frac{2(H - H_0)}{H}}$$

将 $z_0 = 0$，$z_S = H$，r_1 值代入式(2-25)，相应的角速度为

$$\omega_4 = \frac{\sqrt{2gH}}{r_1} \qquad (2-27)$$

注：圆筒空气体积的计算方法。

当液面形状发生变化时，圆筒内液面上空气体积不变，对式(2-25)微分，得

$$dz_S = \frac{\omega^2}{g} r\, dr$$

$$dV_a = \pi r^2 dz_S = \pi r^2 \frac{\omega^2}{g} r\, dr$$

所以圆柱筒空气体积为

$$V_a = \frac{\pi\omega^2}{g}\int_0^r \pi r^3 \mathrm{d}r = \frac{\pi\omega^2}{4g}r^4 = \frac{1}{2}\pi r^2 \frac{\omega^2 r^2}{2g} = \frac{1}{2}\pi r^2 (z_S - z_0)$$

该算式可应用于自由液面 s_2 至 s_4 的空气体积的计算，对自由液面 s_5 的情况，读者思考。上述假设：$r_0 = 0.75$ m，$H = 2$ m，$H_0 = 1.5$ m，则

$$\omega_3 = \frac{\sqrt{4g(H - H_0)}}{r_0} = \frac{2\sqrt{9.8\times(2-1.5)}}{0.75} = 5.91\ (\mathrm{rad/s})$$

$$r_1 = 0.53\ \mathrm{m},\ \omega_4 = \frac{\sqrt{2gH}}{r_1} = \frac{\sqrt{2\times 9.8\times 2}}{0.53} = 11.82\ (\mathrm{rad/s})$$

若圆筒转速继续增大，则底部的空气面积将逐渐扩大，自由面 s_5 如图 2-16(c)所示，直至四周的液面趋于与筒壁平行。若液体是由密度不同的组分组成的，由于各组分受到的惯性离心力不同，液体将形成分层结构：密度大的组分排在外层，密度小的组分处于内层。液体组分将按密度大小依次排出，这就是液体分离机的原理。

2.4.3　工程应用

1. 顶盖中心开口容器的压力分布

如图 2-17 所示，有一装满液体的带顶盖圆柱形的容器，其顶盖中心开口，当该容器绕中心垂直轴作等角速度旋转时，液体借离心惯性力向外甩，但由于受容器顶盖的限制，液面并不能形成旋转抛物面。同前面讨论类似，根据式(2-21)，可给出其静压力分布规律为

$$p = \rho\left(\frac{\omega^2 r^2}{2} - gz\right) + C$$

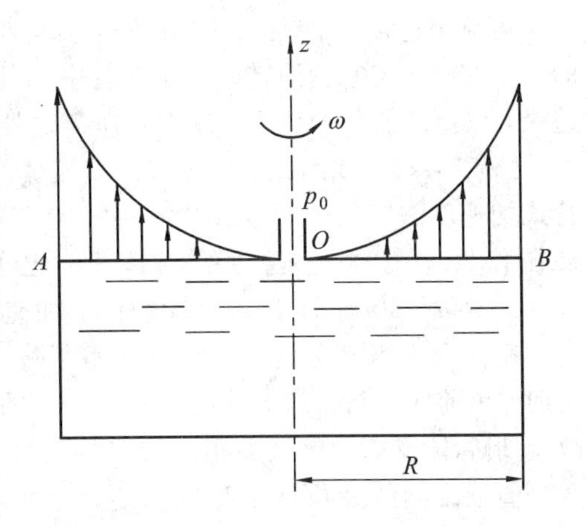

图 2-17　顶盖中心开口的容器

根据边界条件，当 $r=0$，$z=0$ 时，$p=p_0$，可得积分常数 $C=p_0$，故液体内各点的静压力分布仍为

$$p = p_0 + \rho g\left(\frac{\omega^2 r^2}{2g} - z\right) \tag{2-28}$$

作用在顶盖上各点的表压力仍按旋转抛物面分布，如图 2-17 中箭头所示。中心 O 处流体静压力 $p=p_0$，边缘 B 处的流体静压力 $p = p_0 + \rho g\frac{\omega^2 R^2}{2g}$。可见，边缘点 B 处的流体静压力最高，角速度 ω 越大，则边缘处的流体静压力越大。离心铸造机就是根据流体力学的这一原理设计出来的。

2. 顶盖边缘开口容器的压力分布

如图 2-18 所示，有一装满液体的带顶盖圆柱形的容器，其顶盖边缘处开口。这种容器绕垂直轴等角速度旋转时，液体虽借离心惯性而向外甩出，但容器内部产生的真空将把液体吸住，以致液体不能流出去。同前面讨论类似，可给出其静压力分布规律为

$$p = \rho\left(\frac{\omega^2 r^2}{2} - gz\right) + C$$

根据边界条件，当 $r=R$，$z=0$ 时，$p=p_0$，可得积分常数 $C=p_0-\rho\frac{\omega^2R^2}{2}$，故液体内各点静压力分布为

$$p=p_0-\rho g\left[\frac{\omega^2(R^2-r^2)}{2g}-z\right] \qquad (2-29)$$

由此可见，尽管液面没有形成旋转抛物面，但作用在顶盖上各点的流体静压力仍按旋转抛物面的规律分布。顶盖开口 B 为大气压力。大气压力的等压面如图 2-18 中 ACB 所示。B 点处为大气压力，顶盖上各点的真空如图 2-18 中箭头所示。中心点 O 处流体静压力为

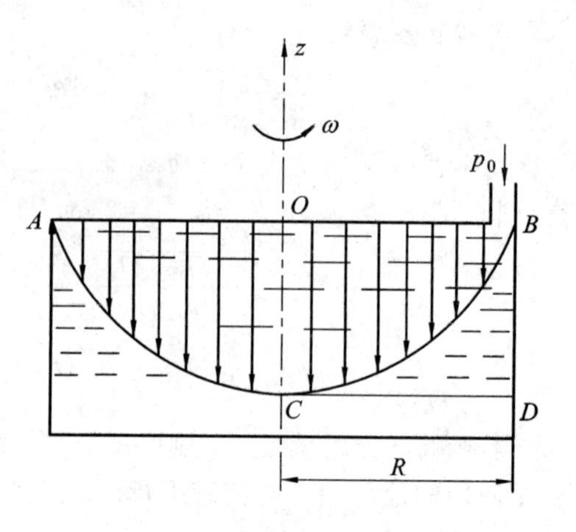

图 2-18　顶盖边缘开口的容器

$$p=p_0-\rho g\frac{\omega^2R^2}{2g}$$

很显然 O 点有最大真空，其真空值为 OC 液柱高，其值为 $\rho g\frac{\omega^2R^2}{2g}$。

可见角速度 ω 越大，则中心处的真空越大。离心泵和离心风机都是应用了流体静力学的这一规律。当叶轮回转时，在叶轮中心处造成真空，将流体吸入，再借离心惯性力甩向边缘，以提高流体的压力，输送到所需之处。

【例 2-2】 如图 2-19 为一内装液体的 U 形管式加速度测定仪的示意图。此种加速度测定仪装在作水平等加速运动的物体上，已知 $l=300$ mm，$h=50$ mm，试求运动物体的加速度。

解 因为当盛有液体的容器作水平等加速运动时，由前面分析可知，其等压面是倾斜的平面，故 U 形管两支管中的液面用直线连接起来，它与水平直线之间的夹角就是等压面的倾斜角，由式(2-19)得

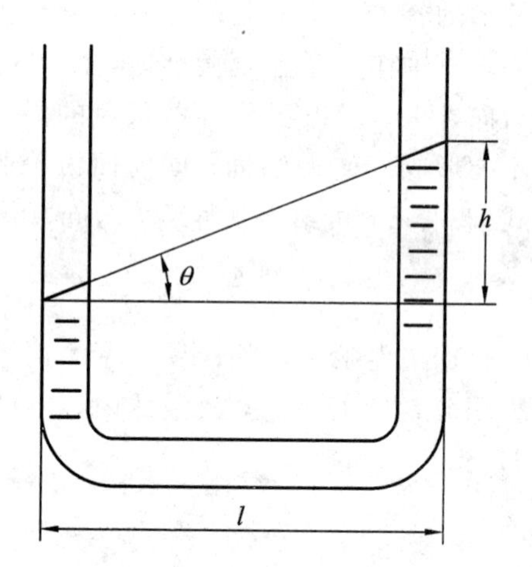

图 2-19　加速度测定仪

$$\tan\theta=\frac{a}{g}=\frac{h}{l}$$

所以 $a=\frac{h}{l}g=\frac{50}{300}\times9.8=1.63\ (\mathrm{m/s^2})$

【例 2-3】 如图 2-20 所示，铸造车轮时，为使铸造件致密起见，应用离心铸造机。已知角速度 $\omega=20\pi(\mathrm{rad/s})$，$H=200$ mm，$d=900$ mm，铁水密度 $\rho=6995\ \mathrm{kg/m^3}$，试求车轮外缘 m 点的流体静压力。

解 由式(2-22)得 m 点流体的静压力为

$$p=p_0+\rho gH+\rho g\frac{\omega^2d^2}{8g}$$

$$=101\,325+6995\times9.807\times0.2+6995\times9.807\times\frac{20\times3.14\times0.9^2}{8\times9.807}$$

$$=288\times10^4(\mathrm{N/m^2})$$

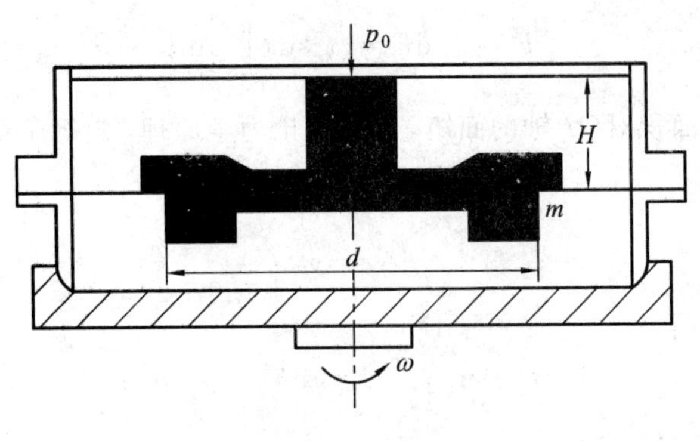

图 2-20 离心压铸机

2.5 平衡液体对壁面的作用力

流体静力学的主要研究内容包括两部分：一是前面讨论的压力分布规律，二是静止流体作用在物面上的总压力。总压力的计算主要用于设计各种阀门、压力容器、水箱、油罐以及水力工程中的挡水坝、水闸等，需要计算平衡液体对固体壁面的总压力。

2.5.1 作用在平面上液体的总压力

1. 总压力的大小

如图 2-21 所示，设在静止流体中有一块任意形状的平面，它与水平面的夹角为 θ，面积为 A，形心为 C 点，液面为大气压力。选 xOy 坐标系对平面进行受力分析，z 轴垂直于平面。由于面上各点的水深 h 各不相同，故各点的流体静压力也不相同。根据静压力基本特性，流体静压力垂直且指向作用面，所以平面上作用着一组平行力系，求平面上总静压力问题，实质上是求平行力系合力问题。

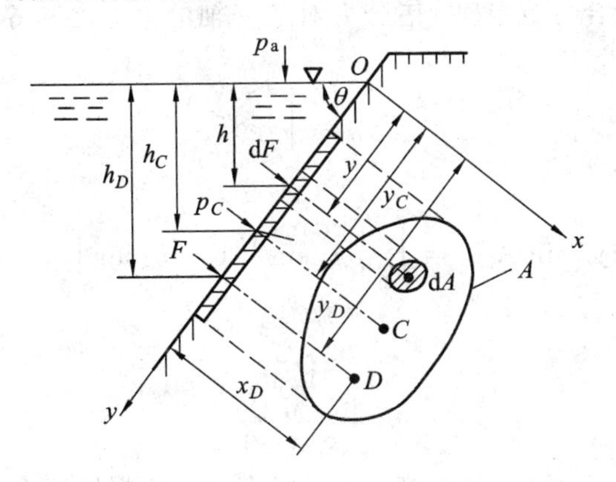

图 2-21 作用在倾斜平面上的总压力

在受压面上任取一微元面 dA，它在液面下深度为 h，可以近似认为微元面上各点压力是相等的，则 dA 上所受的液体总压力 dF 为

$$dF = p\,dA = \rho g h\,dA = \rho g y \sin\theta\,dA$$

将 dF 沿受压面进行积分，则得到作用在平面上的总静压力 F 为

$$F = \int_A \mathrm{d}F = \rho g \sin\theta \int_A y \mathrm{d}A$$

式中，$\int_A y \mathrm{d}A$ 为受力面积对 Ox 轴的面矩，根据理论力学原理，它等于受压面积 A 与其形心坐标 y_C 的乘积，即

$$\int_A y \mathrm{d}A = y_C \cdot A$$

代入总压力表达式，得

$$F = \rho g \sin\theta y_C A = \rho g h_C A = p_C A \tag{2-30}$$

式中，p_C 为形心 C 处的压力。

式(2-30)表明：作用在任意形状平面上的总压力大小等于该平面的面积与其形心 C 处的压力的乘积，其方向是垂直指向受压面。或是等于假想体积的液重，该假想体积是以平面面积为底，以平面形心淹深为高的柱体。因而，容器底面所受压力的大小仅与受压面的面积大小和液体淹深有关，而与容器的容积和形状无关。根据这一结论，作用在图 2-22 四种容器底面上的液体总压力都可以用体积为 $abcd$ 的液重表示，故它们是相等的。

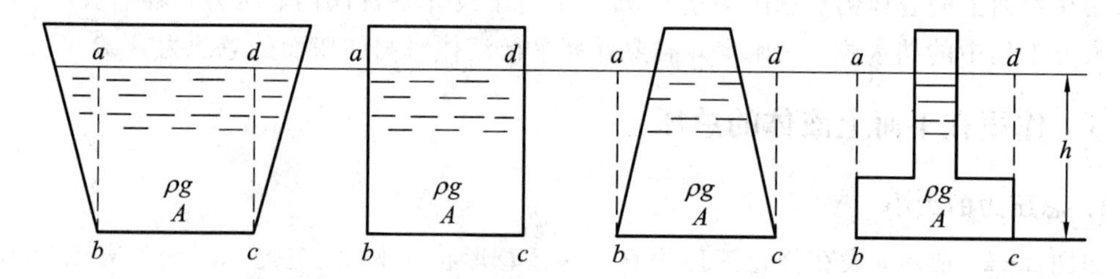

图 2-22　底面相同而形状不同的四个容器

2. 总压力的作用点

总压力的作用点 D 也称为压力中心。流体力学中，人们比较关心的是压力中心的 y 坐标。根据理论力学中的合力矩定理，诸分力对某一轴的力矩之和等于合力对该轴的力矩。因此有

$$F y_D = \int_A y \mathrm{d}F$$

即

$$\rho g y_C \sin\theta A y_D = \int_A y \rho g y \sin\theta \mathrm{d}A = \rho g \sin\theta \int_A y^2 \mathrm{d}A$$

化简后得

$$y_D = \frac{\int_A y^2 \mathrm{d}A}{y_C A}$$

式中的积分为面积 A 对 Ox 轴的惯性矩，用 I_x 表示。根据理论力学中的平行移轴定理 $I_x = I_C + y_C^2 A$，可得

$$y_D = y_C + \frac{I_C}{y_C A} \tag{2-31}$$

式中，I_C 为平面对形心轴的惯性矩，m^4。

各种常见的规则平面图形的面积、形心位置和通过形心轴的惯性矩见表 2-1。

表2-1　各种常见的规则平面图形的面积、形心位置和通过形心轴的惯性矩

图形	图形面积	y_C	I_C
正方形	a^2	$\frac{a}{2}$	$\frac{a^4}{12}$
矩形	bh	$\frac{h}{2}$	$\frac{bh^3}{12}$
等腰三角形	$\frac{bh}{2}$	$\frac{2h}{3}$	$\frac{bh^3}{36}$
正梯形	$\frac{h}{2}(a+b)$	$\frac{h(a+2b)}{3(a+b)}$	$\frac{h^3(a^2+4ab+b^2)}{36(a+b)}$
圆形	$\frac{\pi}{4}d^2$	$\frac{d}{2}$	$\frac{\pi d^4}{64}$
椭圆形	πab	a	$\frac{\pi a^3 b}{4}$

因为$\frac{I_C}{y_C A}$恒为正值，所以$y_D > y_C$，式(2-31)说明作用力中心D永远低于平面形心C。但这一结论对水平放置的平面不适用，此时的作用力中心与形心重合。

在应用上述计算公式时应该注意以下两点：

(1) 没有考虑大气压的影响。这主要是因为工程实际中容器外也会受到大气压的作用，形成的总压力相互抵消，所以在计算总压力时不考虑大气压力的影响，而仅仅考虑液体形成的总压力。

(2) 在压力中心的计算公式中，y 坐标原点的取法。式(2-31)只是适用于液面压力为大气压时的情形。即 y 的坐标的原点位于自由液面与平面延长线的交点处，见图 2-21。但是，对于自由液面上的压力不是大气压时，式(2-31)中 y 坐标的原点只能在等效自由液面与平面延长线的交点处。现在考察图 2-23 所示的两种情形，左图为液面压力大于大气压的情形，其液面绝对压力为 $p_0'=p_a+\rho g h$，右图为将原有液面升高了 $h=(p_0'-p_a)/\rho g$ 后，且液面绝对压力等于大气压时的情形，两者对平面 AB 形成了完全相同的压力分布，同时两者作用在平面上的总压力是完全相同的。因此，称右图中的自由液面为左图中液面的等效自由液面。在计算过程中绝对不可以将左图中的 O' 点作为 y 坐标的原点，而应取右图中的 O 点作为 y 坐标的原点。也就是说，在进行压力中心位置计算时，应该将液面压力不是大气压的液面转换成等效自由液面，然后重新找出 y 的原点进行计算。对液面绝对压力低于大气压的情形应该用类似的方法来处理，具体如何处理请读者自己思考。

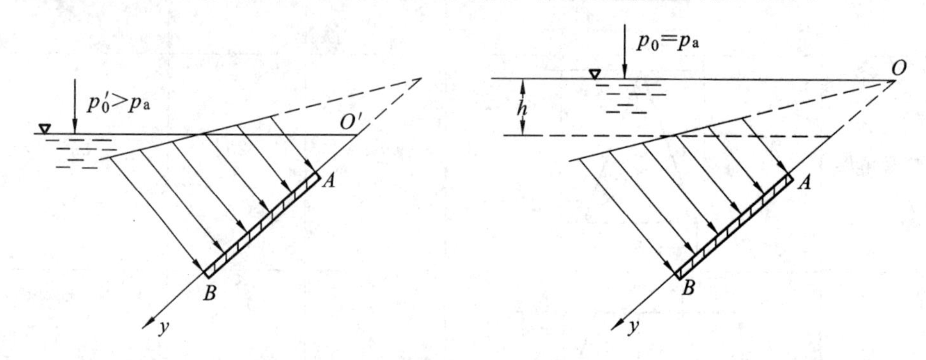

图 2-23 等效自由液面

【例 2-4】 如图 2-24 所示，矩形闸门两面受到水的压力，左边水深 $H_1=4.5$ m，右边水深 $H_2=2.5$ m，闸门与水平面成 $\theta=45°$ 倾斜角，闸门宽度 $b=1$ m，试求作用在闸门上的总压力及其作用点。

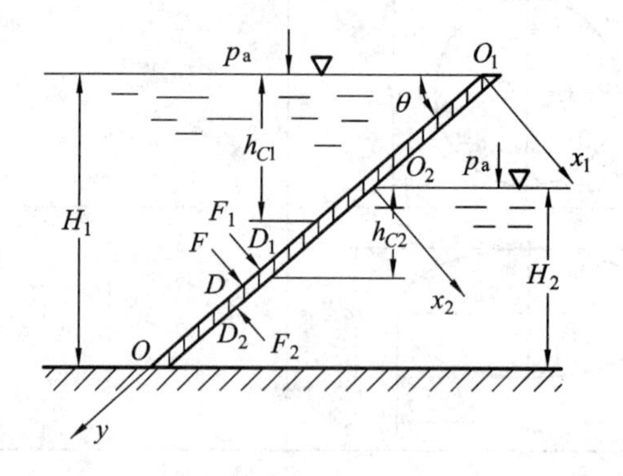

图 2-24 例 2-4 图

解 作用在闸门上的总压力为左右两边液体总压力之差，并分别垂直于闸门两面，指向闸门，即

$$F = F_1 - F_2$$

因为

$$h_{C1} = \frac{H_1}{2};\ A_1 = \frac{bH_1}{\sin\theta}$$

$$h_{C2}=\frac{H_2}{2};\ A_2=\frac{bH_2}{\sin\theta}$$

所以

$$F_1=\rho g h_{C1}A_1=\rho g\left(\frac{H_1}{2}\right)\left(\frac{b\,H_1}{\sin\theta}\right)$$

$$=\frac{\rho g b}{2\sin\theta}H_1^2=\frac{1000\times9.8\times1\times4.5^2}{2\times0.707}=140\ 347(\mathrm{N})$$

同理可得

$$F_2=\frac{\rho g b}{2\sin\theta}H_2^2=\frac{1000\times9.8\times1\times2.5^2}{2\times0.707}=43\ 317(\mathrm{N})$$

$$F=140\ 347-43\ 317=97\ 030$$

设矩形闸门左面与水接触平面的高度为 h，则左面平面的压力中心坐标(表 2-1)为

$$y_{D1}=y_{C1}+\frac{I_{C1}}{y_{C1}A}=\frac{h}{2}+\frac{bh^3/12}{(h/2)bh}=\frac{2}{3}h=\frac{2}{3}\frac{H_1}{\sin\theta};\ \overline{OD}_1=\frac{H_1}{\sin\theta}-\frac{2}{3}\frac{H_1}{\sin\theta}=\frac{H_1}{3\sin\theta}$$

同理可得

$$y_{D2}=\frac{2}{3}\frac{H_2}{\sin\theta};\ \overline{OD}_2=\frac{H_2}{\sin\theta}-\frac{2}{3}\frac{H_2}{\sin\theta}=\frac{H_2}{3\sin\theta}$$

根据合力矩定理：合力对通过 O 点垂直于图面的轴的矩等于左右液面作用力分别对该轴的力矩之和，即

$$F\cdot\overline{OD}=F_1\cdot\overline{OD}_1-F_2\cdot\overline{OD}_2=F_1\frac{H_1}{3\sin\theta}-F_2\frac{H_2}{3\sin\theta}$$

$$\overline{OD}=\frac{F_1H_1-F_2H_2}{3F\sin\theta}=\frac{140\ 347\times4.5-43\ 317\times2.5}{3\times97\ 030\times0.707}=2.54\ \mathrm{m}$$

这就是作用在阀门上的总压力的作用点距闸门下端的距离。

【例 2-5】 在水箱的泄水孔上装有一高为 a、宽为 b 的矩形闸门，门的上缘在水面下的淹没深度为 h，闸门可沿 O 轴旋转，并可用与水平面成 θ 角的索链开启，如图 2-25 所示，已知：$a=1$ m，$b=2$ m，$h=3$ m，$\theta=45°$。求开启闸门所需要的拉力 F_L。

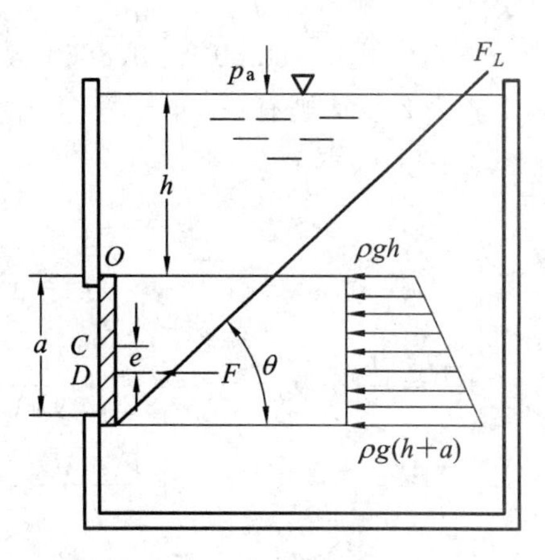

图 2-25 例 2-5 图

解 (1) 求总压力 F。

$$F=p_C A=\rho g\left(h+\frac{a}{2}\right)ba$$

$$=1000\times9.8\times\left(3+\frac{1}{2}\right)\times2\times1$$

$$=68.85\times10^3(\mathrm{N})$$

(2) 求压力中心 D 的位置。

$$y_D=y_C+\frac{I_C}{y_CA}=\left(h+\frac{a}{2}\right)+\frac{\frac{ba^3}{12}}{\left(h+\frac{a}{2}\right)ba}=\left(h+\frac{a}{2}\right)+\frac{a^2}{12\left(h+\frac{a}{2}\right)}$$

$$e = y_D - y_C = \frac{a^2}{12\left(h + \frac{a}{2}\right)} = \frac{1^2}{12\left(3 + \frac{1}{2}\right)} = 0.024 \text{ m}$$

(3) 求拉力 F_L。

当开启力矩大于总压力对 O 轴的力矩时，闸门才能打开。故有

$$F_L \cdot a \cdot \cos\theta = F \cdot \left(\frac{a}{2} + e\right)$$

$$F_L = \frac{P\left(\frac{a}{2} + e\right)}{a \cdot \cos\theta} = \frac{68.85 \times 10^3 \times (0.5 + 0.024)}{1 \times \cos 45^\circ} = 50.9 \times 10^3 (\text{N})$$

【例 2-6】 如图 2-26 所示，蓄水池左侧壁有一带配重的矩形闸门 AB，闸门的长和宽的尺寸为 $h \times b = 0.9\text{ m} \times 1.2\text{ m}$，可绕上端转轴 A 旋转，下端 B 在配重 G 的作用下以 $\alpha = 60^\circ$夹角与底面接触。当水位高度 $H = 0.88$ m 时开闸。求：水对闸门的总压力大小及配重 G 的重量。

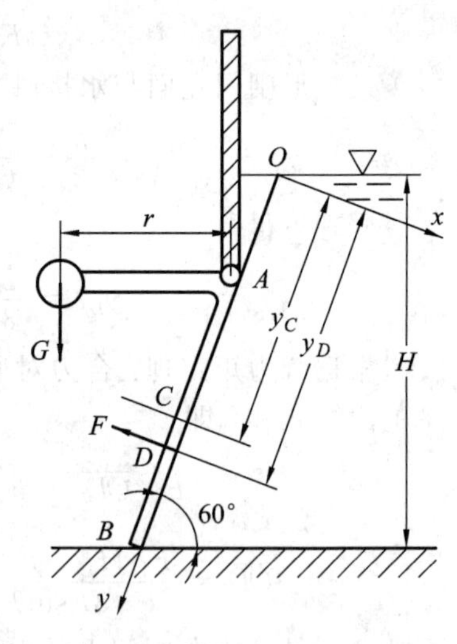

图 2-26 例 2-6 图

解 在图 2-26 建立 Oxy 坐标系，闸门的面积为

$$A = 0.9 \times 1.2 = 1.08 (\text{m}^2)$$

形心 C 的淹没深度为

$$h_C = 0.88 - \frac{0.9}{2} \sin 60^\circ = 0.49 (\text{m})$$

作用在闸门上的总压力大小为

$$F = \rho g h_C A = 9800 \times 0.49 \times 1.08 = 5191.5 (\text{N})$$

$$y_C = \frac{h_C}{\sin 60^\circ} = \frac{0.49}{0.886} = 0.566 (\text{m})$$

查表 2-1，则有

$$I_C = \frac{bh^3}{12}$$

$$y_D = y_C + \frac{I_C}{y_C A} = y_C + \frac{h^2}{12 y_C}$$

$$\overline{AD} = \frac{h}{2} + y_D - y_C = \frac{h}{2} + \frac{I_C}{y_C A} = \frac{h}{2} + \frac{h^2}{12 y_C} = \frac{0.9}{2} + \frac{0.9^2}{12 \times 0.566} = 0.569 (\text{m})$$

$$G = \frac{F \cdot \overline{AD}}{r} = \frac{5191.5 \times 0.569}{0.5} = 5908 (\text{N})$$

2.5.2 作用在曲面上液体的总压力

工程中常遇到受压面为曲面的情况，如储水池壁面、圆管管壁、弧形闸门等。作用在曲面上各点的流体静压力都垂直于容器壁，这就形成了复杂的空间力系，求总压力的问题便成为空间力系的合成问题。然而在工程上用到最多的是二维曲面(或称柱面)，因此，这里我们只讨论二维曲面的静水总压力的问题。

如图 2-27(a)所示，为一承受液体压力的二维曲面 ab，其面积为 A，左面盛水。令参考坐标系的 y 轴与此二维曲面的母线平行(y 轴垂直纸面)，则曲面在 xOz 平面上的投影使

成为曲线 ab。在曲面 ab 上任意点取一微元面积 $\mathrm{d}A$、它的淹深为 h，则仅液体作用在它上面的总压力为

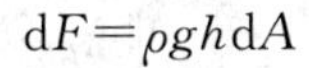

$$\mathrm{d}F=\rho gh\mathrm{d}A$$

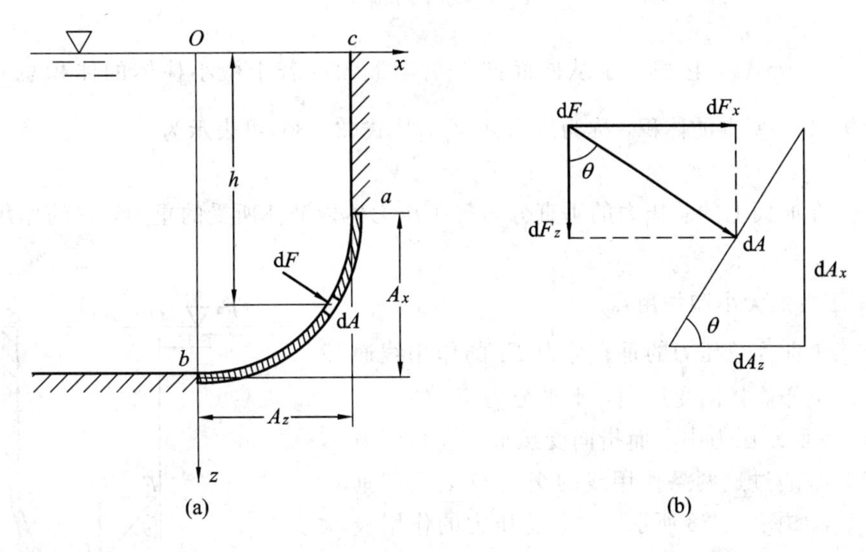

图 2-27　曲面上的液体总压力

为了进行计算，我们需要将 $\mathrm{d}F$ 分解为水平与垂直的两个微元分力，并将此微元分力在整个面积 A 上进行积分，这样便可求得作用在曲面上的总压力的水平分力与垂直分力，进而求出总压力的大小、方向及作用点。

1. 总压力的水平分力

设微元面积 $\mathrm{d}A$ 的法线与 z 轴的夹角为 θ，如图 2-27(b)所示，则作用在微元面积上的总压力在 x 方向上的分力为

$$\mathrm{d}F_x=\mathrm{d}F\sin\theta=(\rho gh\,\mathrm{d}A)\sin\theta=\rho gh\,(\mathrm{d}A\sin\theta)=\rho gh\,\mathrm{d}A_x$$

式中，$\mathrm{d}A_x$ 为微元面积在 x 方向上的投影面的面积。对上式积分可得

$$F_x=\rho g\int_{A_x}h\,\mathrm{d}A_x \tag{2-32}$$

式中，$\int_{A_x}h\,\mathrm{d}A_x=h_C A_x$，为面积 A 在 yOz 坐标面上的投影面积 A_x 对 y 轴的面矩，故式(2-32)变为

$$F_x=\rho gh_C A_x \tag{2-33}$$

这就是作用在曲面上总压力的水平分力的计算公式。可表述为：液体作用在曲面上总压力的水平分力等于作用在该曲面对垂直坐标面 yOz 的投形面 A_x 上的总压力。同液体作用在平面上的总压力类似，水平分力 F_x 的作用线通过 A_x 的压力中心 D，方向指向曲面。

2. 总压力的垂直分力

由于微元的垂直分力为

$$\mathrm{d}F_z=\mathrm{d}F\cos\theta=\rho gh\,\mathrm{d}A\cos\theta$$

由图 2-27(b)可知，$\mathrm{d}A\cos\theta=\mathrm{d}A_z$，故作用在微元面积 $\mathrm{d}A$ 上的总压力的垂直分力为

$$\mathrm{d}F_z=\rho gh\,\mathrm{d}A_z \tag{2-34}$$

式中，dA_z 为微元面积 dA 在 z 方向上的投影。

积分式(2-34)可得总压力在垂直方向上的分力为

$$F_z = \rho g \int_{A_z} h\,dA_z \qquad (2-35)$$

式中，$\int_{A_z} h\,dA_z = V_p$，它相当于从曲面向上引至液面的若干微小柱体的体积总和，如图 2-27(a)中 $abOc$ 所围的体积，称为压力体 V_p，故式(2-35)可表示为

$$F_z = \rho g V_p \qquad (2-36)$$

即流体作用在曲面上的总压力的垂直分力等于压力体内液体所受的重力，它的作用线通过压力体的重心。

3. 总压力的大小和作用点

由于二维曲面总压力的垂直分力 F_z 的作用线通过压力体的重心而指向受压面，水平分力 F_x 的作用线通过 A_x 平面的压力中心而指向受压面，故总压力 F 的作用线必通过这两条作用线的交点 D'，且与垂直线成 θ 角，如图 2-28 所示。这条总压力的作用线与曲面的交点 D 就是总压力在曲面上的作用点。

总压力的大小为

$$F = \sqrt{F_x^2 + F_z^2} \qquad (2-37)$$

总压力与垂直线之间的夹角为

$$\tan\theta = \frac{F_x}{F_z} \qquad (2-38)$$

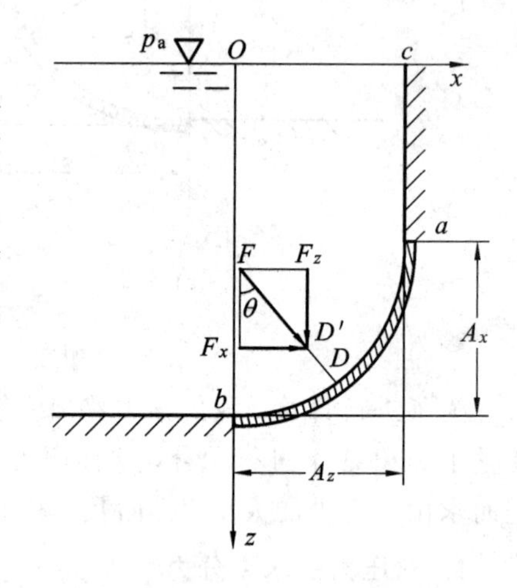

图 2-28 总压力在曲面上的作用点

2.5.3 压力体

压力体是由受力曲面、液体自由表面(或其延长面)以及两者间的铅直面所围成的封闭体积。压力体是从积分式 $\int_{A_z} h\,dA_z$ 得到的一个体积，它是一个纯数学概念，与这个体积内是否充满液体无关。如图 2-29 所示，保持图 2-28 所有条件不变(尺寸和淹深都完全相同)，但在柱面 ab 的右侧盛水。因此图 2-28 中曲面 ab 的凹面向着液体，而图 2-29 中曲面 ab 的凸面向着液体。由于液体的静压力只与水深有关，故作用在曲面 ab 左右面上对应点的流体静压力的大小皆相等。图 2-29 的压力体的容积 V'_p 与图 2-28 的压力体的容积 V_p 相等，但图 2-29 压力体内无液体，称为虚压力体，并规定 $V'_p = -V_p$。总压力的水平分量和铅直分量分别为

$$F'_x = -\rho g h_C A_x,\ F'_z = \rho g V'_p = -\rho g V_p \qquad (2-39)$$

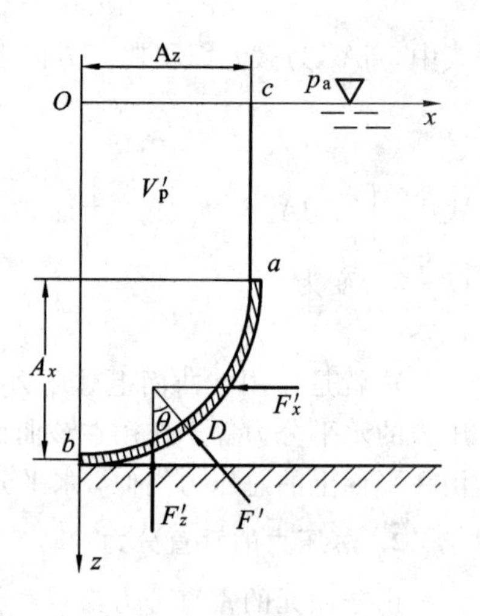

图 2-29 压力体 $V'_p = -V_p$

上式与式(2-33)和式(2-36)仅差一负号，表示总压力的方向与图 2-28 相反。

压力体的虚实由液体与压力体的相对位置决定。当液体与压力体位于曲面同侧时，压力体为实，表示铅直分力方向向下；当液体与压力体位于曲面异侧时，压力体为虚，表示铅直分力方向向上。由此可见，对于压力体的理解应当是，液体作用在曲面上的总压力的垂直分力的大小恰好和压力体的液重相等，但是，并非作用在曲面是压力体的液重。

与平面总压力的求解相似，当液面上的压力不为大气压时，也应采用平面总压力中介绍的方法，先找出等效自由液面，然后再画压力体。

【例 2-7】 如图 2-30 所示，有一圆柱扇形闸门，已知 $H=5$ m，$\alpha=60°$，闸门宽度 $B=10$ m，求作用在曲面 ab 上的总压力。

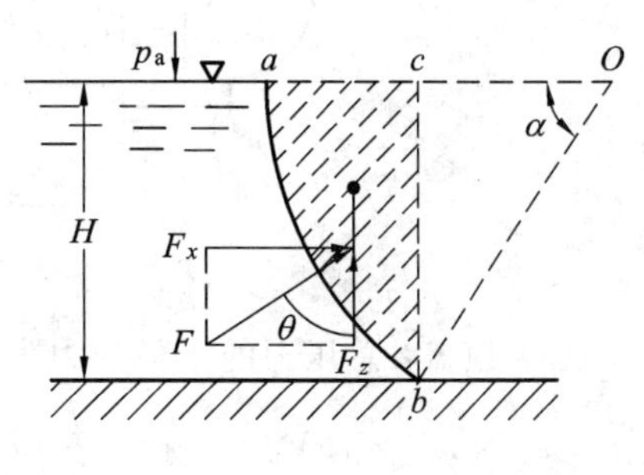

图 2-30　例 2-7 图

解　已知闸门在垂直坐标面上的投影 $A_x=BH$，其形心淹深 $H_C=H/2$ 代入式(2-33)，得

$$F_x=\rho g h_C A_x=\rho g\frac{H}{2}BH=\frac{1}{2}\rho gBH^2$$

$$=\frac{1}{2}\times1000\times9.8\times10\times5^2$$

$$=1\ 225\ 750(\mathrm{N})$$

受压曲面 ab 的压力体为 $V_p=BA_{abc}$，而面积 A_{abc} 为扇形面积 aOb 与三角形面积 cOb 之差$\left(\text{该扇形半径为 } R=\frac{H}{\sin\alpha}\text{；三角形的两直角边分别为 } H \text{ 和} \frac{H}{\tan\alpha}\right)$，由式(2-36)得

$$F_z=\rho gV_p=\rho gBA_{abc}=\rho gB\left(\frac{\pi\alpha R^2}{360°}-\frac{H^2}{2\tan\alpha}\right)$$

$$=1000\times9.8\times10\times\left[\frac{3.14\times60°}{360°}\times\left(\frac{5}{\sin60°}\right)^2-\frac{5^2}{2\tan60°}\right]$$

$$=1\ 000\ 212(\mathrm{N})$$

故总压力大小为

$$F=\sqrt{F_x^2+F_z^2}=\sqrt{1\ 225\ 750^2+1\ 000\ 212^2}=1\ 580\ 727(\mathrm{N})$$

方向为

$$\tan\theta=\frac{F_x}{F_z}=\frac{1\ 225\ 750}{1\ 000\ 212}=1.222$$

$$\theta=50°45'$$

【例 2-8】 如图 2-31 所示的储水容器，其壁面上有三个半球形盖。设 $d=0.5$ m，$h=1.5$ m，$H=2.5$ m，试求作用在每个盖上的液体总压力。

解　(1) 底盖：总压力的水平分力为零。这是因为作用在盖子左半部与右半部的压力大小相等，而方向相反。其总压力就等于总压力的垂直分力，可用下式计算：

$$F_{z1}=\rho gV_{p1}=\rho g\left[\frac{\pi d^2}{4}\left(H+\frac{h}{2}\right)+\frac{\pi d^3}{12}\right]$$

$$=1000\times9.8\times\left[\frac{\pi\times0.5^2}{4}(2.5+0.75)+\frac{\pi\times0.5^3}{12}\right]$$

$$=6575.8(\mathrm{N})$$

作用力的方向向下。

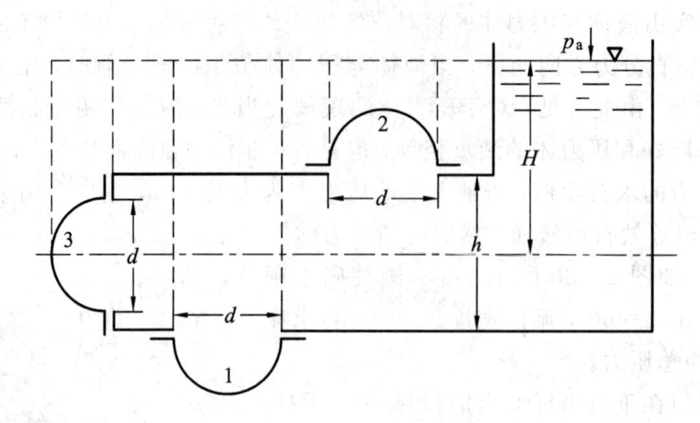

图 2-31　例 2-8 图

(2) 顶盖：总压力的水平分力为零，其总压力就等于总压力的垂直分力。

$$F_{z2}=\rho g V_{p2}=\rho g\left[\frac{\pi d^2}{4}\left(H-\frac{h}{2}\right)-\frac{\pi d^3}{12}\right]$$

$$=1000\times 9.8\times\left[\frac{\pi\times 0.5^2}{4}(2.5-0.75)-\frac{\pi\times 0.5^3}{12}\right]=3047(\mathrm{N})$$

作用力的方向向上。

(3) 侧盖：其总压力的水平分力为

$$F_{x3}=\rho g h_C A_x=\rho g H\frac{\pi d^2}{4}=1000\times 9.8\times 2.5\times\frac{\pi\times 0.5^2}{4}=4811(\mathrm{N})$$

其总压力的垂直分力应等于盖之下半部与上半部的压力体之差的水重，亦即半球体积的水重

$$F_{z3}=\rho g\frac{\pi d^3}{12}=1000\times 9.8\times\frac{\pi\times 0.5^3}{12}=321(\mathrm{N})$$

故侧盖上总压力的大小与方向为

$$F=\sqrt{F_x^2+F_z^2}=\sqrt{4811^2+321^2}=4821(\mathrm{N})$$

方向为

$$\tan\theta=\frac{F_x}{F_z}=\frac{4811}{321}=15.01$$

$$\theta=86.2^\circ$$

因总压力的作用线一定与盖的球面相垂直，故一定通过球心。

【例 2-9】 如图 2-32 所示封闭水箱的斜侧壁夹角 $\alpha=40^\circ$。侧壁上有一边长 $d=0.5\ \mathrm{m}$ 的正方形孔，孔上有一半圆柱形盖。容器内盛有水，水面与方孔中心 C 的铅直距离 $H=0.8\ \mathrm{m}$。上部的气体压力为 $p_0=2.94\times 10^4\ \mathrm{Pa}$。

求：(1) 盖上总压力 F 大小；

(2) 总压力的方向角 θ。

解　选基准面在液面上方，距离液面

$$H_1=\frac{p_0}{\rho g}=\frac{29\,400}{9800}=3(\mathrm{m})$$

建立坐标系 $Oxyz$ 如图 2-32 所示：Ox 轴与液面平行，Oz 轴铅垂向下，y 轴垂直于

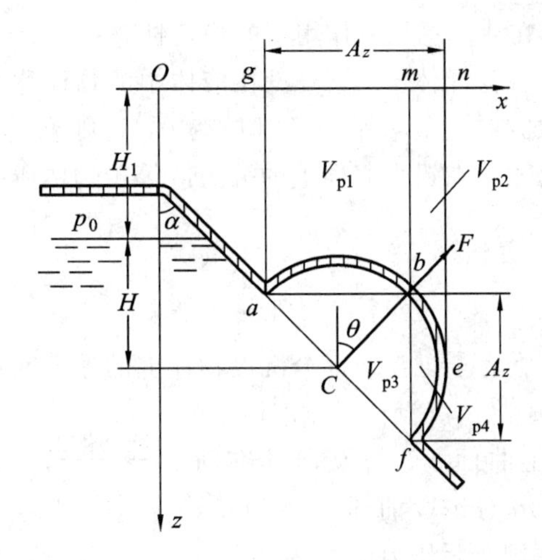

图 2-32 例 2-9 图

纸面。

(1) 将半圆形盖 $abef$ 向 yOz 平面作水平投影，由于圆弧 ab 投影面有重叠，实际投影面积为

$$A_x = d \cdot d\cos\alpha = d^2 \cos\alpha$$

A_x 的形心深度与 C 相同。总压力的水平分力为

$$F_x = p_C A_x = (p_0 + \rho g H) a^2 \cos\alpha$$
$$= (29\ 400 + 9800 \times 0.8) \times 0.5^2 \times \cos 40° = 7138(\text{N})$$

将半圆形盖 $abef$ 分两段向基准面 xOy 平面作铅直投影，abe 段的压力体为负，ef 段的压力体为正，如图 2-32 所示，设各压力体的组成为：$V_{p1}=abmga$，$V_{p2}=benmb$，$V_{p3}=abfCa$，$V_{p4}=befb$，可得实际压力体为

$$V_p = -V_{p1} + (-V_{p2}) + (V_{p2} + V_{p4}) = (V_{p4} + V_{p3}) - (V_{p1} + V_{p3})$$
$$= \frac{1}{2} \cdot \frac{\pi}{4} d^2 \cdot d - (H + H_1) d \cdot d \cos\alpha = \frac{\pi}{8} d^3 - (H_1 + H)\ d^2 \cos\alpha$$

总压力的铅直分力为

$$F_z = \rho g V_p = \frac{\pi}{8} d^3 \rho g - (p_0 + \rho g H) d^2 \cos\alpha = \frac{\pi}{8}\ d^3 \rho g - F_x$$
$$= \frac{3.14}{8} \times 0.5^3 \times 9800 - 7138 = -6657.2(\text{N})$$

总压力合力大小为

$$F = \sqrt{F_x^2 + F_z^2} = \sqrt{7138^2 + (-6657.2)^2} = 9761(\text{N})$$

(2) 总压力的方向角为

$$\theta = \arctan\left|\frac{F_x}{F_z}\right| = \arctan\frac{7138'}{6657.2} = 47°$$

2.6 浮力与浮体的稳定性

在工程中，经常遇到物体浸入液体的情况，为了求解这类问题，需要讨论液体对物体

的浮力的计算，分析物体在液体总压力作用下的稳定性。

飘浮在液面上的物体称为浮体，完全浸没在液体中的物体称为潜体。无论是浮体还是潜体的总压力在任意一个方向上的水平分力都应为0，否则推进船舶就不需要螺旋桨了，又由阿基米德定律可知总压力在铅直方向上的分力应等于物体所排开的液体的重力，这个力称为浮力。

2.6.1 浮力

这里将讨论液体作用在完全沉没或部分沉没物体上的浮力问题。

如图2-33所示，有一物体沉没在静止液体中。将物体的下曲面 adb 和上曲面 acb 分别向基准面 xOy 平面作铅直投影，$adbfga$ 段的压力体为负，$acbfga$ 段的压力体为正，则实际压力体为

$$V_p = -V_{p(adbfga)} + V_{p(acbfga)} = -V_{p(adbca)}$$

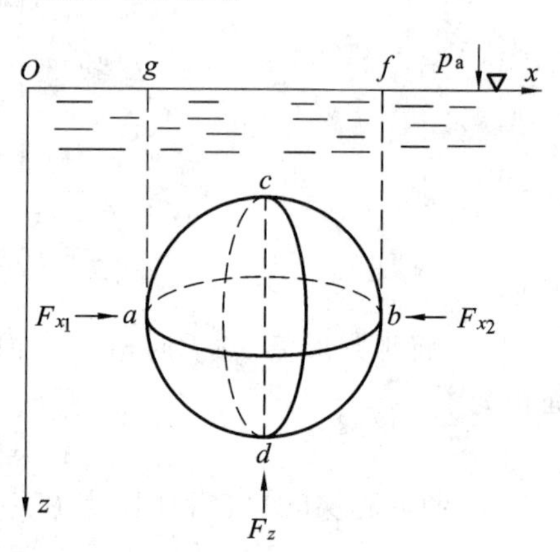

图2-33　沉体浮力计算

总压力的铅直分力为

$$F_z = \rho g V_p = -\rho g V_{p(adbca)}$$

F_z 为负，说明其方向向上。物体受到浮力的作用，上式表明沉没在均质液体中的物体所受的浮力大小等于物体排开液体的重量。

再考虑物体的左曲面 cad 和右曲面 cbd，将物体表面沿铅直面 dc 分为左、右两部分。由式(2-33)知，作用在曲面 cad 上的总压力的水平分力 F_{x1} 等于作用在平面 dc（曲面 cad 在垂直坐标面上的投影面）上的总压力，F_{x1} 的方向向右。作用在曲面 cbd 上的总压力的水平分力 F_{x2} 也等于作用在平面 dc（也是曲面 cbd 在垂直坐标面上的投影面）上的总压力，F_{x2} 的方向向左。因 F_{x1} 与 F_{x2} 大小相等，方向相反，故作用在物体上的总水平分力等于零。

以 G 表示物体的重量，V 为物体的体积，ρ 为液体的密度，则物体在液体中的沉浮有三种情况：

当 $G<\rho gV$ 时，物体上升，浮出液体表面，称为浮体；

当 $G=\rho gV$ 时，物体在液体中各处处于平衡状态，称为潜体；

当 $G>\rho gV$ 时，物体下沉，直至液体底部，称为沉体。

无论对完全沉没的潜体、沉体和部分沉没的浮体，阿基米德原理都是正确的。

对于浮体，如图2-34所示，物体浮在液面处于平衡状态时，物体有部分沉入在液体中，将物体的下曲面 adb 和上曲面 am、bn 分别向基准面 xOy 平面作铅直投影，$adbfga$ 段的压力体为负，am、bn 段的压力体为正，则实际压力体为

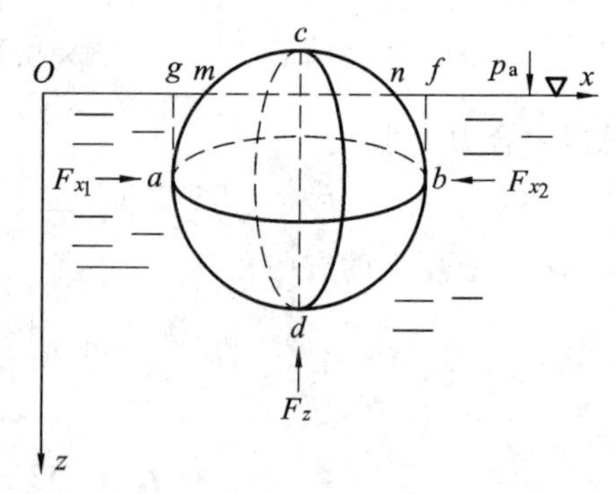

图2-34　浮体浮力计算

$$V_p = -V_{p(adbfga)} + V_{p(ama)} + V_{p(bnb)}$$
$$= -V_{p(adbnma)}$$

因此有

$$F_z = \rho g V_p = -\rho g V_{p(adbnma)}$$

上式表明部分沉没在均质液体中的物体所受的浮力大小等于物体沉没部分的体积排开液体的重量，并且有

$$G = \rho g V_{p(adbnma)} = \rho g V_0 \tag{2-40}$$

式中，V_0 为物体沉没部分排开液体的体积。式(2-40)表明浮在液体自由表面上的物体排开液体的重量等于物体本身的重量，此规律也称阿基米德第二浮力定律。

【例 2-10】 如图 2-35 所示，在一盛汽油的容器的底上有一直径 $d_2=0.02$ m 的圆阀，该阀用细绳系于直径 $d_1=0.1$ m 的圆柱形浮子上。设浮子及圆阀的总重量 $G=0.9806$ N，汽油 $\rho g=7350\ \text{N/m}^3$，细绳长度 $z=0.15$ m，试求汽油液面达到什么高度时圆阀开启。

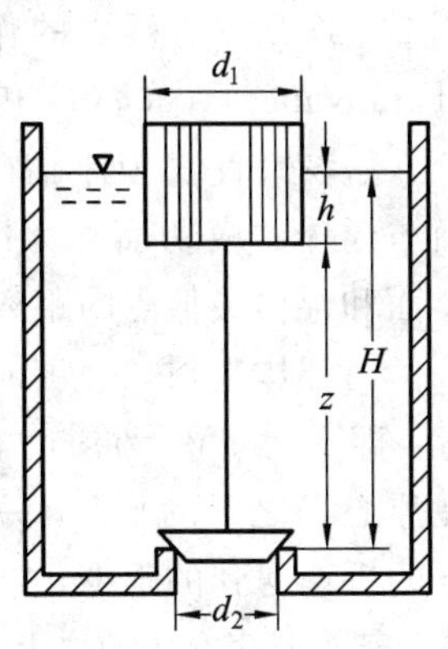

图 2-35　例 2-10 图

解　设汽油液面距圆阀高度为 H 时圆阀开启，此时圆阀上所受到汽油的压力加上浮子与圆阀的重量应与浮子所产生的浮力相等。如果以 F_z 代表浮子的浮力，以 F 代表汽油作用在圆阀上的总压力，则

$$F_z = G + F$$

因为 $F_z=\rho g h \dfrac{\pi d_1^2}{4}$，$h=H-z$，$F=\rho g H \dfrac{\pi d_2^2}{4}$，代入上式有

$$\rho g(H-z)\frac{\pi d_1^2}{4} = G + \rho g H \frac{\pi d_2^2}{4}$$

$$H = \frac{4G}{\rho g \pi (d_1^2 - d_2^2)} + \frac{d_1^2 z}{d_1^2 - d_2^2}$$

$$= \frac{4 \times 0.9806}{7350 \times 3.14 \times (0.1^2 - 0.02^2)} + \frac{0.1_1^2 \times 0.15}{0.1^2 - 0.02^2} = 0.174(\text{m})$$

【例 2-11】 液体比重计。液体比重计是一根上端为较细、下端为较粗的圆柱状密封玻璃管，如图 2-36 所示。粗管底部装有较重的铅材，使比重计插在液体中时保持铅垂平衡状态。先将比重计插入蒸馏水(4℃)中，沿液面在细圆柱管上标注基准线(相对密度 $s=1$)。设此时的排水体积为 V_0，比重计重量为 G，按浮力定律(2-40)有

$$G = \rho_w g V_0 \tag{1}$$

当比重计插入被测液体中时，若液体的密度 $\rho > \rho_w$，液面线将在基准线以下 Δh 位置处(比重计向上浮出了 Δh 高度)，设细圆柱管的截面积为 A，按浮力定律有

$$G = \rho g(V_0 - \Delta h A) \tag{2}$$

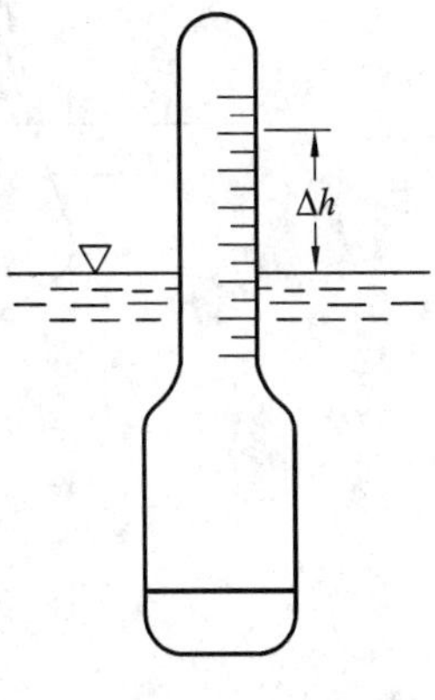

图 2-36　例 2-11 图

由式(1)、式(2)相等可得

$$\Delta h=\frac{V_0}{A}\left(1-\frac{\rho_w}{\rho}\right)=k(1-s)$$

式中，s 为被测液体的相对密度，$s=\rho/\rho_w$（4℃）；k 为常数。按不同 s 值在细圆柱管上标注相应高度的刻度线，当 $s>1$ 时刻度线在基准线的下方；当 $s<1$ 时刻度线在基准线的上方。根据刻度线可读出被测液体的相对密度。

2.6.2　浮体的稳定性

当潜体的浮力大于其所受的重力时便会浮出水面，潜体就变成了浮体(floating body)。如图 2-37 所示，浮力的作用点称为浮心(center of buoyancy)，重心 G 和浮心 C 在同一铅直线上，称该铅直线为浮轴(axis of floatation)，水面与浮体的横切面称为浮面(floating surface)，浮面和浮体最低点的距离称为吃水深度(draft)。

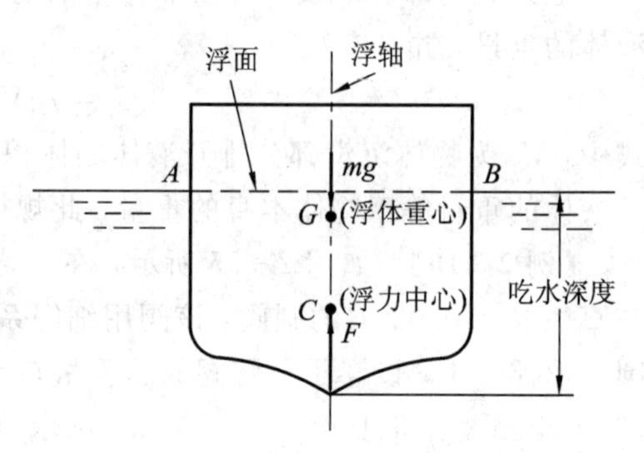

图 2-37　浮体和重力作用的浮体

对浮体来讲，平衡时也要求浮力与重力相等，即 $F=\rho g V_0=mg$，并且作用在同一条直线上。浮体的平衡有两种情况，一种是重心 G 在浮心 C 之下的平衡，另一种是重心 G 在浮心 C 之上的平衡。实际上，重心 G 在浮心 C 之下的平衡遇到的很少，如图 2-37 所示的船舶。由于船舶甲板之上还要构建许多的建筑和设施，其重心多在水面之上，如果想使其重心降低就必须在船底人为地加上多余的重物，这样一方面会加大其吃水深度，增加航行阻力；另一方面这些人为添加的重物会减小船舶的有效载荷。所以，大多数的船舶都设计成重心 G 在浮心 C 之上的形式，这时在外界横向载荷的作用下，船体会发生一定的倾斜，但倾斜后其浮心的位置也会发生变化，如图 2-38 所示。

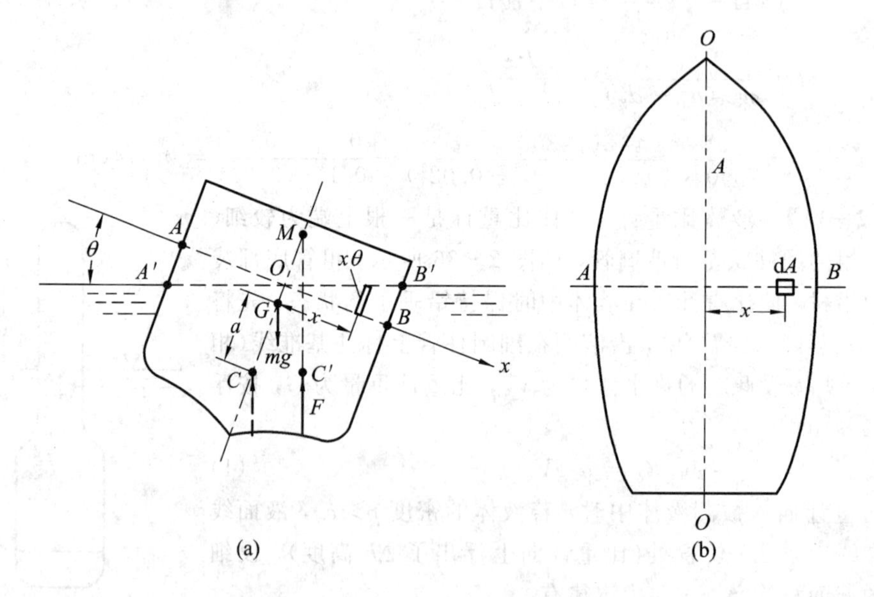

图 2-38　浮体平衡的恢复力矩

如图 2-38(a)所示，在平衡状态下，船体倾斜 θ 角，浮心从 C 点移到了 C' 点，过 C' 点作一铅直线交浮轴于 M 点，M 点称为稳心(metacenter)。重心 G 到 M 点的距离 $\overline{GM}$ 称为稳心高度(metacentric height)。在$\overline{GM}$线上，M位于G点的上方为正，反之为负。当浮体倾斜θ角度时，垂直向下的重力mg和浮力F形成力偶，当θ微小变化时，在重心周围产生一个旋转力矩T，即

$$T = F \cdot (\overline{GM} \cdot \sin\theta) \doteq mg \cdot \overline{GM} \cdot \theta \tag{2-41}$$

如图2-38(a)所示，当M位于G点之上，$\overline{GM}>0$，此时产生与船体倾斜方向相反的力偶，此力偶称为恢复力偶(restoring couple)，此时船体处于稳定状态(stable)。当M位于G点之下，$\overline{GM}<0$，此时产生与船体倾斜方向相同的力偶，从而使船体发生倾翻，此时船体处于不稳定状态(unstable)。$\overline{GM}=0$时，此时船体处于随遇平衡状态(neutral)。

因此，稳定中心的高度与稳定度有重要的关系，接下来求这个值。

如图2-38(a)所示，当船体倾斜微小的θ角时，船体从OO轴将对称面切分成左右两部分，如图2-38(b)所示。在右边扇状的OBB'的部分沉没水中，所以它的体积排水量使浮力增加；左边则相反，OAA'的部分水的排水量减少，浮力相应减少，结果产生对O轴的力偶力矩。据此，浮力的中心从C点移到C'点。新的浮力中心点C'受到浮力F（$=\rho g V_0$）的作用，对原来的浮心C点产生一个反向力矩。船体的浮面面积为A，如图2-38(b)所示，当船体倾斜微小的θ角时，距O轴x处的微小面积$\mathrm{d}A$沉没的体积为$x\theta\mathrm{d}A$，这部分的浮力$\rho g x\theta \mathrm{d}A$对$O$轴的力矩为$\rho g x\theta\mathrm{d}A \cdot x$，由浮力增加或减少的力矩$T_O$为

$$T_O = \int_A \rho g x\theta \mathrm{d}A \cdot x = \rho g\theta \int_A x^2 \mathrm{d}A = \rho g\theta I \tag{2-42}$$

式中，$I = \int_A x^2 \mathrm{d}A$，为浮面面积$A$对$O$轴的惯性矩。

另一方面，浮心C偏移到C'后，浮力F对C轴的力矩T_C为

$$T_C = F \cdot (\overline{CG} + \overline{GM})\sin\theta = F \cdot (\overline{CG} + \overline{GM})\theta = \rho g\theta V_0(\overline{CG} + \overline{GM}) \tag{2-43}$$

对于浮轴，沉没增加的浮力对O轴的力矩应等于浮心偏移对C轴的力矩，即

$$T_O = T_C$$

所以

$$\overline{GM} = \frac{I}{V_0} - \overline{CG} \tag{2-44}$$

稳心的高度$\overline{GM}$的值，帆船为1.0～1.4 m，军舰为0.8～1.2 m，商船为0.3～0.7 m。

【例2-12】 如图2-39所示，宽为a、高为b、长为l的物体浮在水面上，该物体的密度为ρ_0，水的密度为ρ_w，求物体在水中稳定平衡时a、b应满足的条件。

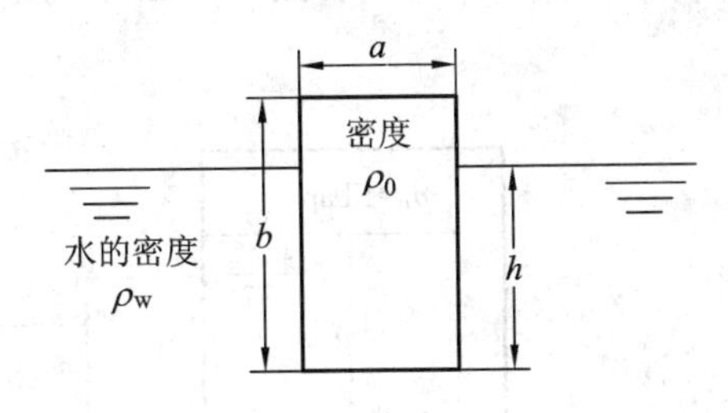

图2-39　例2-12图

解　物体的重力为$G=\rho_0 gabl$，浮力$F=\rho_w gahl$，因重力与浮力平衡，因此物体吃水深度$h=(\rho_0/\rho_w)b$，匀质物体，重心G距底面的高度为$b/2$，浮心距底面的高度为$h/2$，则$\overline{CG}=(b-h)/2$，浮面的惯性矩I_0为

$$I_0 = \int_{-a/2}^{a/2} x^2 \, \mathrm{d}xl = \frac{2}{3} l \left(\frac{a}{2} \right)^3 = \frac{a^3 l}{12}$$（该值也可查表 2-1 得到）

沉没物体的体积 $V_0 = ahl$，则

$$\overline{GM} = \frac{I_0}{V_0} - \overline{GC} = \frac{a^2}{12h} - \frac{b-h}{2} = \frac{1}{12h} \{ a^2 - 6h(b-h) \}$$

$$= \frac{1}{12h} \left\{ a^2 - 6b^2 \frac{\rho_0}{\rho_w} \left(1 - \frac{\rho_0}{\rho_w} \right) \right\}$$

对于该匀质物体，只有当 $\rho_w > \rho_0$ 时，物体才能浮出水面。

只有当 $\overline{GM} > 0$ 时，物体才能处于平衡稳定状态，则

$$a > b \sqrt{6 \frac{\rho_0}{\rho_w} \left(1 - \frac{\rho_0}{\rho_w} \right)}$$

思考题

2-1　流体静压力有哪些特性？怎样证明？

2-2　静力学基本方程式的意义和适用范围是什么？

2-3　等压面及其特性如何？

2-4　静力学基本公式说明哪些问题？它的适用条件是什么？

2-5　绝对压力、表压和真空度的意义及其相互关系如何？

2-6　试说明液柱式测压计的测量原理。

2-7　何谓压力体？怎样确定压力体？

习　　题

2-1　试求水的自由液面下 5 m 深处的绝对压力和表压力。

2-2　若一气压表在海平面时的读数为 760 mmHg，在一山顶时的读数为 730 mmHg，假设空气的密度为常数，且 $\rho = 1.29\ \mathrm{kg/m^3}$，试计算山顶高度。如果空气的密度按绝热规律变化，山顶的高度又为多少？

2-3　如图 2-40 所示，求图中 A、B、C 各点相对压力。图中 p_0 是绝对压力，大气压力 $p_a = 1$ atm。

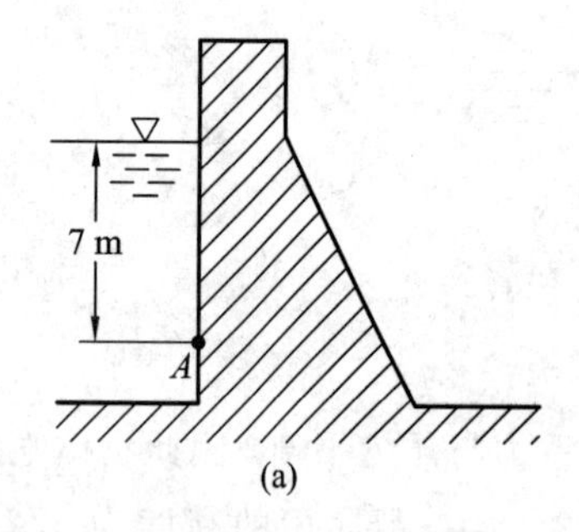

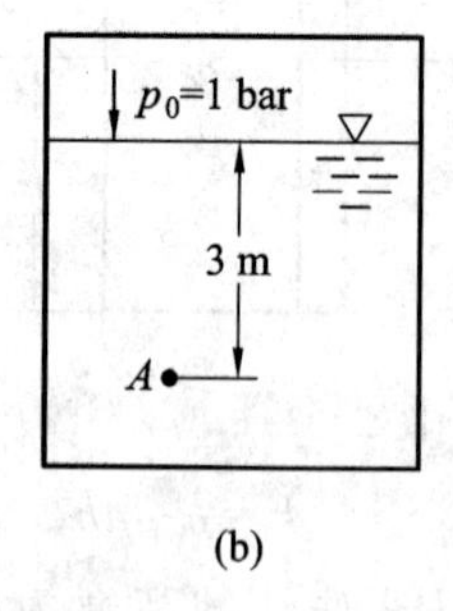

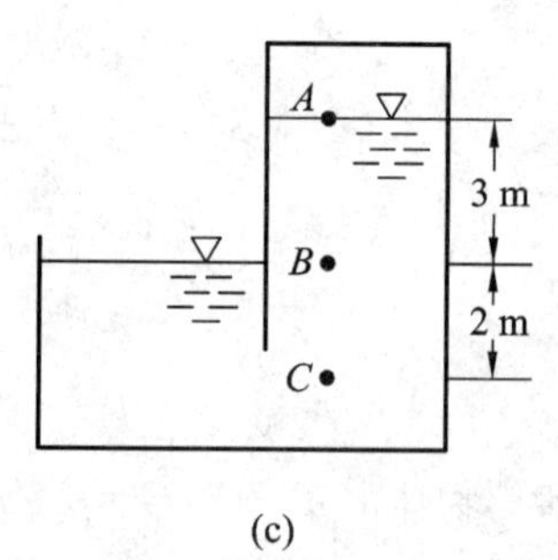

图 2-40　习题 2-3 图

2-4　如图 2-41 所示，开敞容器 $\rho_2>\rho_1$ 两种液体，问 1、2 量测压管中的液面哪个高一些？哪个和容器的液面等高？

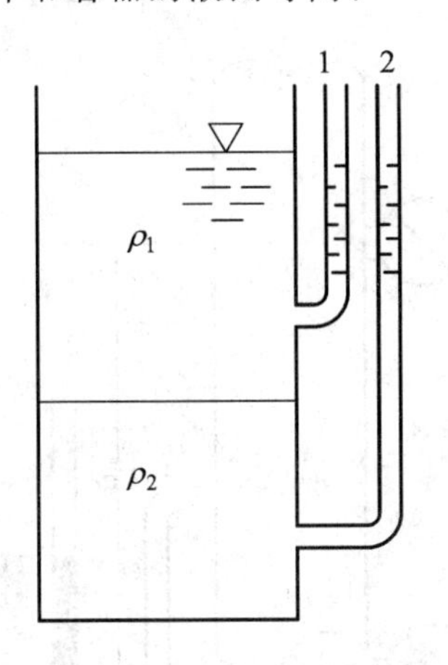

图 2-41　习题 2-4 图

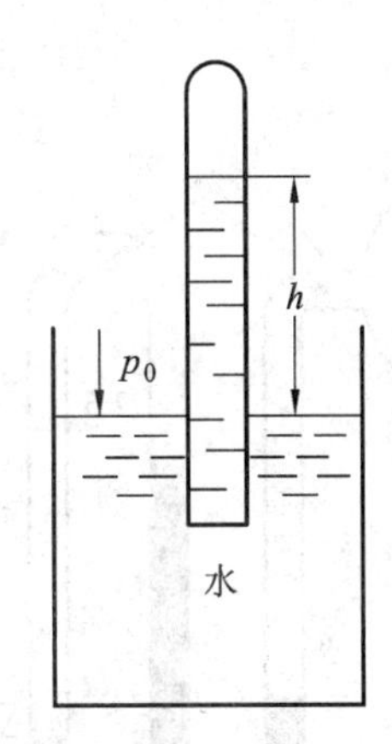

图 2-42　习题 2-5 图

2-5　如图 2-42 所示，将充满了水的试管倒置，并使其开口端淹没在水面以下，假定大气压力为 $p_a=735.6$ mmHg，求下列不同温度的水在试管中的高度：

(1) $t=4$℃，饱和蒸汽压力 $p_{va}=618\ \mathrm{N/m^2}$，$\rho=1000\ \mathrm{kg/m^3}$；

(2) $t=80$℃，饱和蒸汽压力 $p_{va}=47\ 382\ \mathrm{N/m^2}$，$\rho=972.2\ \mathrm{kg/m^3}$。

2-6　如图 2-43 所示，在盛有油和水的圆柱形容器盖子上加荷重 $F=5000$ N，已知 $h_1=30$ cm，$h_2=50$ cm，$d=1.4$ m，油的相对密度为 0.7，水银的相对密度为 13.6，求 U 形测压管中水银柱的高度 H。

2-7　如图 2-44 所示，油罐内装有相对密度为 0.7 的汽油，为测定油面高度，利用连通器原理，把 U 形管内装上相对密度为 1.26 的甘油，一端接通油罐顶部空间，一端接压气管。同时，压气管的另一支引入油罐底以上的 0.4 m 处，压气后，当液面有气逸出时，根据 U 形管内油面高度差 $\Delta h=0.7$ m 来计算油罐内的油面的高度 H。

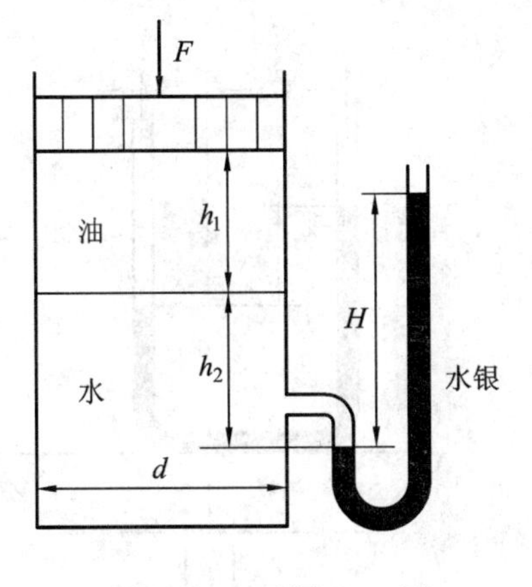

图 2-43　习题 2-6 图

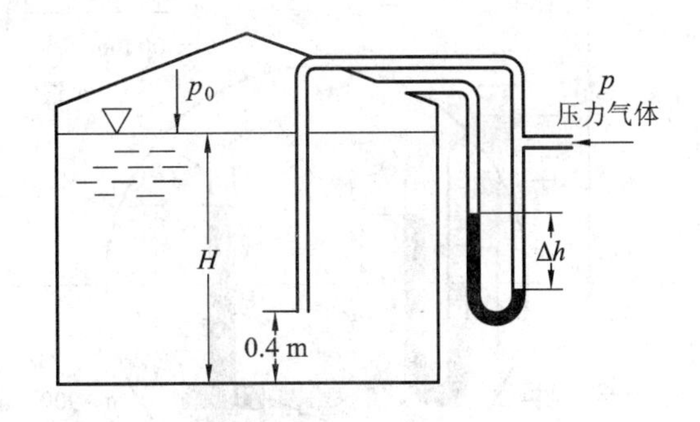

图 2-44　习题 2-7 图

2-8　用复式测压计测量容器内水面的相对压力 p_0，各液面的标高如图 2-45 所示，单位为 m。

2-9　图 2-46 所示，比重为 0.90 的油进入了的垂直的管路系，管路上安装有压力表和比重为 13.6 的水银 U 形管压力计，U 形管压力计的上端通大气，求压力表 p_x 的读数。

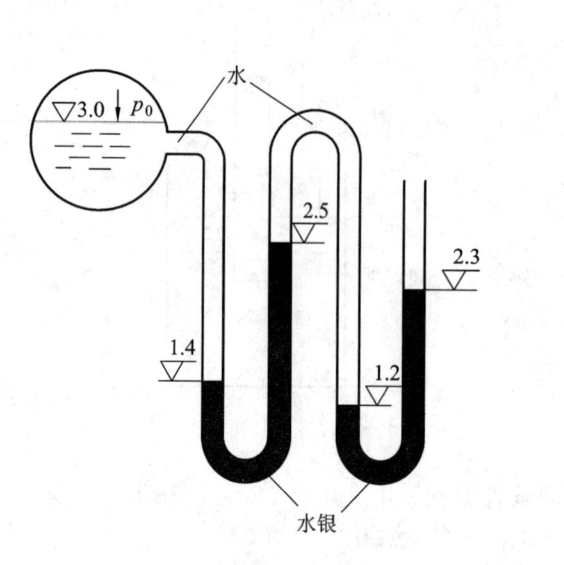

图 2-45　习题 2-8 图

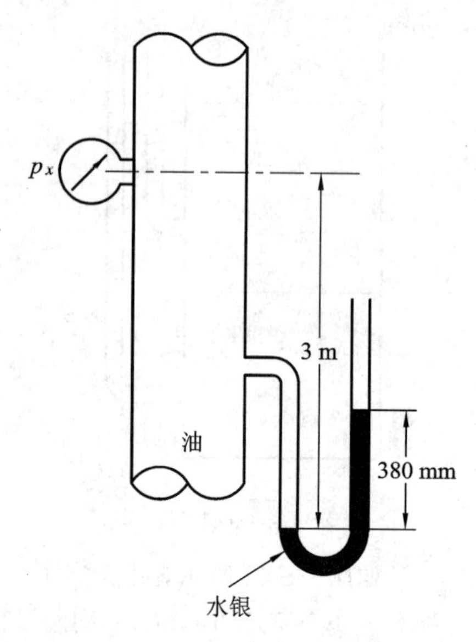

图 2-46　习题 2-9 图

2-10　如图 2-47 所示为潜水艇的横断面图。被淹没水深测量的 U 形管压力计，水银气压计安装在舰内。当海面气压水银柱高度为 760 mm、U 形管的水银差为 500 mm、舰内的气压水银柱高度为 900 mm 时，淹没水深是多少？海水和水银的相对密度分别 1.025 和 13.56。

2-11　图 2-48 为装在作等角速度旋转的物体上的 U 形管式角速度测定器，已测得两管的液面差 $\Delta h=272$ mm，其中一支管距旋转轴线的水平距离为 375 mm，另一支管距轴线为 75 mm，试求该物体的旋转角速度 ω。

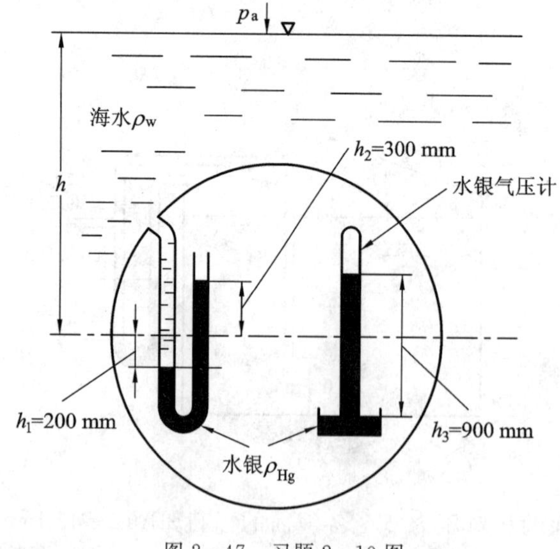

图 2-47　习题 2-10 图

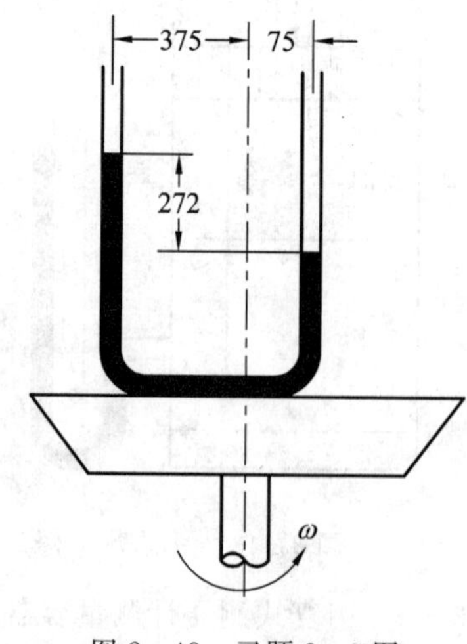

图 2-48　习题 2-9 图

2-12 图2-49所示一个安全闸门，高为3 m，宽为4 m，距底边1.2 m处装有闸门转轴，闸门仅可以绕转轴顺时针方向旋转。不计各处的摩擦力，问门前水深H为多深时，闸门即可自行打开？

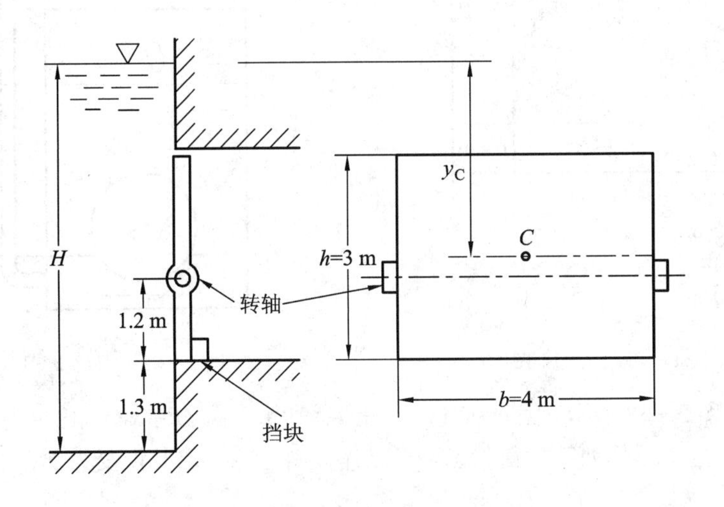

图2-49 习题2-12图

2-13 绕铰链轴O转动的自动开启式水闸(见图2-50)，当水位超过$H=2$ m时水闸开启，若门另一侧的水位$h=0.4$ m，角$\alpha=60°$，试求铰链的位置x。

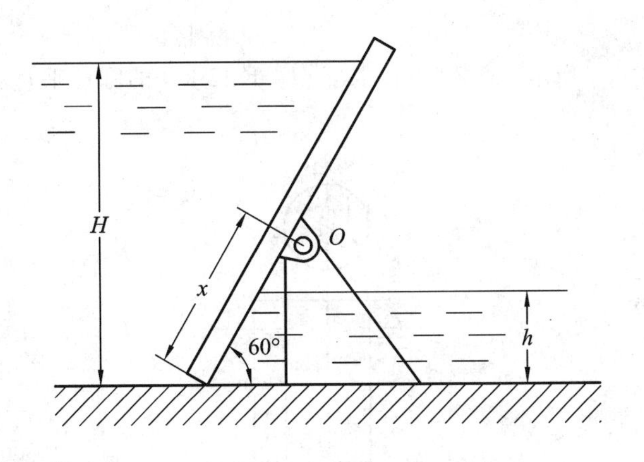

图2-50 习题2-13图

2-14 如图2-51所示的储油箱，其宽度(垂直于纸面方向)$b=2$ m，箱内油层厚$h_1=1.9$ m，相对面密度为0.8，油层下有积水，厚度$h_2=0.5$ m，箱底有一U形水银压差计，所测之值如图所示，试求作用在半径$R=1$ m的圆柱面AB上的总压力(大小和方向)。

2-15 如图2-52所示一盛水的密闭容器，中间用隔板将其分隔为上下两部分。隔板中有一直径$d=0.25$ m的圆孔，并用一个直径$D=0.5$ m，质量$m=139$ kg的圆球堵塞。设容器顶部压力表读数$p_M=5000$ Pa，求测压管中水面高度x大于多少时，圆球被向上顶开？

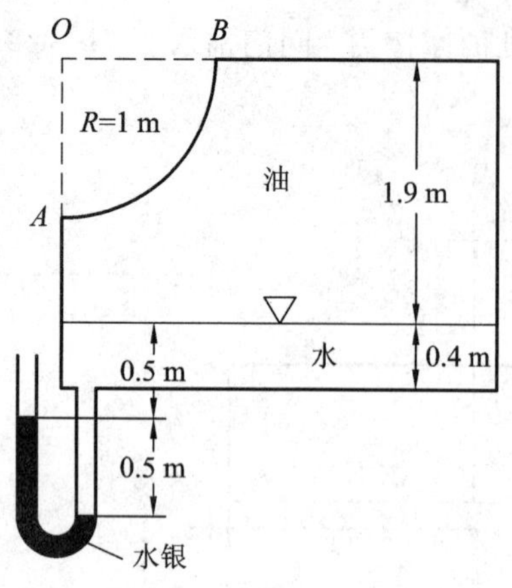

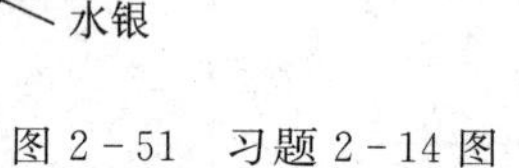

图 2-51　习题 2-14 图

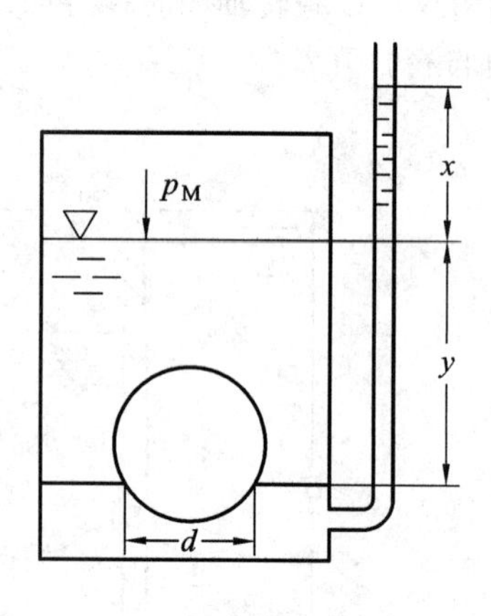

图 2-52　习题 2-15 图

2-16　如图 2-53 所示，宽 $b=5$ m，长度 $l=10$ m，高 $H=3$ m，比重为 0.8 的长方体漂浮在水面上，这个浮体处于平衡状态，当浮体倾斜 5°时，求其恢复力偶。

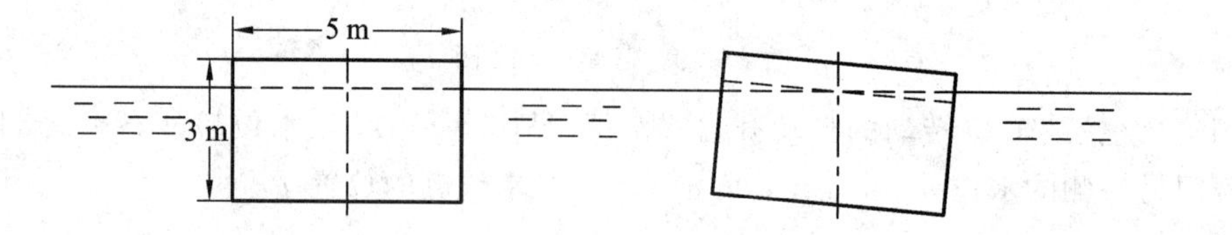

图 2-53　习题 2-16 图

2-17　如图 2-54 所示，直径 1 m、长 2 m、重 12 kN 的圆柱垂直浮在水中，求圆柱是否稳定。

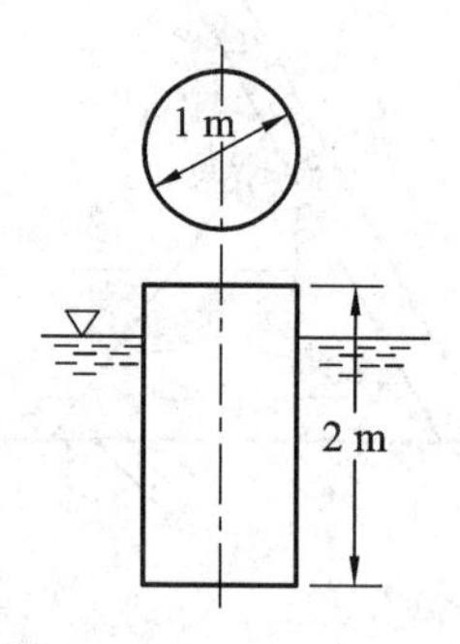

图 2-54　习题 2-17 图

2-18　洒水车的水箱是密封的金属容器罐，水罐中水位的变化会导致水面压力的变化，请设计一实时测量液面高度的装置，并用图示说明其设计工作原理。

第 3 章　流体运动的基本方程

关于流体力学的问题，除平衡流体的问题外，更为广泛的是流体运动学问题，因此进一步研究流体的运动规律具有更重要和更普遍的意义。研究流体运动时的规律及其与固体间的相互作用是本章的主要任务。

流体运动学研究流体的运动规律，如速度、加速度等运动参数的变化规律，而流体动力学则研究流体在外力作用下的运动规律，即流体的运动参数与所受力之间的关系。本章主要介绍流体运动学和流体动力学的基本知识，推导出流体动力学中的几个重要的基本方程：连续性方程、伯努利方程和动量方程等，这些方程是分析流体运动问题的基础。

流体由静止到运动，对于理想流体，没有黏滞力的作用，流体中任一点的静压力特性仍保持不变，压力仅与位置有关而与方向无关。对于实际流体，由于黏滞力作用，流体的静压力特性就会发生变化，压力不仅是空间位置的函数，而且与方向有关。但由于黏滞力对压力随方向变化的影响很小，而且又从理论上能证明任一点在任意的三个正交方向上的压力平均值是一个常数(不同的位置有不同的常数)，所以将这个平均值作为该点的动压力值。流体动力学中所指的动压力就是这个平均值，与静力学中静压力概念是不同的，然而在下面的讨论中，为了讨论起来方便，都一律用“压力”这同一名称。

3.1　描述流体运动的基本概念

3.1.1　描述流体运动的方法

流体运动所占据的全部空间称为流场。流体流动占据管道或明渠的空间构成的流场称为“通道流”或“径流流场”，如水管、河流中水的流动、气体在管道中的流动；流体绕流物体流动构成的流场称为“绕流流场”，如水流过桥墩、风绕建筑物流动、空气流过飞机等。流体动力学的主要任务就是研究流体的流动。流体的整体运动是由许多流体质点的运动所组成的，因此研究流体运动，可通过对流体质点运动的研究得到。描述流体质点运动，常采用两种方法：拉格朗日法和欧拉法。

1. 拉格朗日法

拉格朗日法也称随体法，是对流体中所有单个流体质点的位置、速度、压力等参数随时间的变化进行研究，而后将所有质点的运动综合起来，从而得到整个流体运动的一种研究方法。这种方法实际上就是在全部运动时间内跟踪每个流体质点的运动轨迹。由于流体质点极多，显然这种方法太复杂，因此除研究单个污染物粒子在水中运动的轨迹、自由液面有规律的波动行为外，流体力学很少采用拉格朗日法。

虽然对流动的数学描述很少用拉格朗日法，但拉格朗日观点仍是重要的。因为观察流动总是着眼于质点和质点群。跟踪一个质点(如污染物粒子)的轨迹或对布满示踪剂的流动水体进行拍摄的图像都体现了拉格朗日观点。在流体力学中有时用到由同一批质点构成的流体线、流体面概念，也是拉格朗日观点。另外，物理学基本定律原来都是描述质点、物体或系统运动的，因此拉格朗日观点是定义和描述流体物理量的基础。

2. 欧拉法

欧拉法也称当地法，是对流场中各空间点上流体质点运动的速度、压力等参数随时间的变化进行研究，而后将所有空间点上的结果综合起来，从而得到整个流场运动的一种研究方法。这种方法实际上是研究在固定空间位置处，不同瞬时、不同流体质点的运动。它不同于拉格朗日法是以固定流体质点为研究对象，而是以观察点来研究不同瞬时通过该空间处的流体运动。因此，欧拉法不能描述单个质点从始到终的全部运动过程，然而它能表示出同一瞬时整个流场的流动参数。

在实际工程中，许多问题不需要知道个别质点全部运动过程，而只需知道流场内固定点、固定断面或固定空间的流动。如水由管口流出，风从窗口处流过等，只需知道水在管口处和风在窗口位置的流速就可以，而不需了解水和空气中每个流体质点由始到终的全部运动过程。因此，工程中广泛采用欧拉法。

直角坐标系中，在时刻 t 流体物理量 B 的空间分布可表为

$$B = B(x,\ y,\ z,\ t) \tag{3-1}$$

式中：x、y、z 和 t 称为欧拉变量，$(x,\ y,\ z,\ t)$称为欧拉坐标。

在欧拉法中最重要的流体物理量是速度 u 和压力 p。速度的空间分布为

$$\boldsymbol{u} = \boldsymbol{u}(x,\ y,\ z,\ t) \tag{3-2a}$$

其分量式为

$$\begin{aligned} u_x &= u_x(x,\ y,\ z,\ t) \\ u_y &= u_y(x,\ y,\ z,\ t) \\ u_z &= u_z(x,\ y,\ z,\ t) \\ u &= \sqrt{u_x^2 + u_y^2 + u_z^2} \end{aligned} \tag{3-2b}$$

压力的空间分布为

$$p = p(x,\ y,\ z,\ t) \tag{3-3}$$

按欧拉的观点，流体作为连续介质在空间构成一个“场”，式(3-2)和式(3-3)是速度场和压力场的数学表达式。速度场是流体力学中最基本的场，简称为流场。运用成熟的连续函数理论和场论知识等数学工具可以方便地分析和计算流场，从中导出各种流动信息。例如，从速度矢量的分布可直接反映整个流场的运动状态；从速度分布式可分析每个流体元的运动、变形和旋转特性；在已知流体的本构关系后，从速度场可计算流体的应力场等。因此欧拉法是流体力学数学解析法中最常用的方法，也是本书采用的方法。

3.1.2 描述流场的基本概念

自然界中所存在的流体运动是极其复杂的，为了便于研究，找出运动规律，必须建立有关流动的几个基本概念。

1. 定常流动与非定常流动

在欧拉法的流速分量表达式中，可以看到速度分量不仅是空间坐标的函数，而且还是

时间 t 的函数，这表明流场中各位置上的流速是与时间有关的。根据流场中的流动参数与时间的关系，可以将流场的流动分为定常流动和非定常流动两种流动。

定常流动是指流场中流动参数不随时间变化而改变的流动。通常设流动参数为 $B=B(x, y, z, t)$，定常流动满足下列条件：

$$\frac{\partial B}{\partial t}=0 \tag{3-4}$$

该式等价于流动参数仅是坐标变量的函数，即 $B=B(x, y, z)$。

图 3-1 为一储液容器，其侧壁开一小孔，液体从小孔向外泄出。如果设法使容器内的液面高度保持不变，如图 3-1(a)所示，那么我们所观察到的从孔口泄出的泄流轨迹也是不变的。这说明孔口处的流速以及泄流内各空间点的流速不随时间变化。这种流动即为定常流动。但是，在泄流内不同位置的流体质点的流速则是不同的。就是说，定常流动的流场内各点的流速一般讲仍是空间坐标的函数。

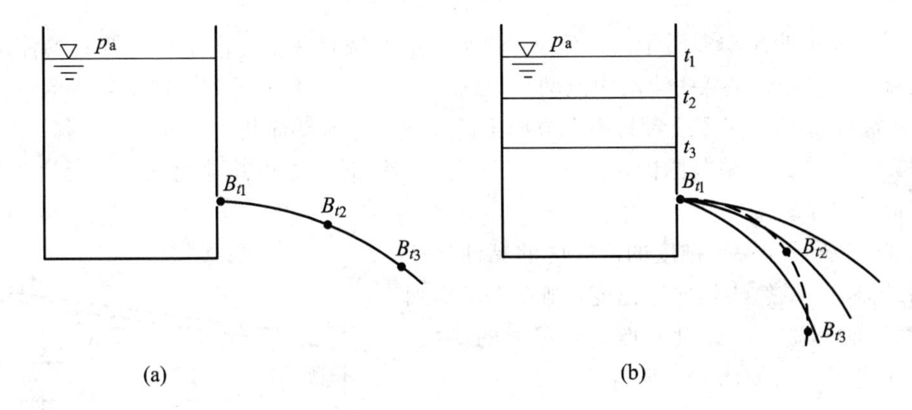

图 3-1　容器孔口处液体的流动

由速度参数所决定的其他流动参数，如黏性力、惯性力等也不会随时间而变化。在稳定压差作用下的液体或气体在管道中及管道出口处的流动都属于定常流动。

若流场的流动参数的全部或其中之一与时间变化有关，即随时间变化而改变，则这类流场的流动称为非定常流动，其速度和压力的描述为

$$\begin{cases} u_x = u_x(x, y, z, t) \\ u_y = u_y(x, y, z, t) \\ u_z = u_z(x, y, z, t) \\ p = p(x, y, z, t) \end{cases} \tag{3-5}$$

如图 3-1(b)所示，如果不往容器里添加液体，显然随着液体从小孔向外泄流，容器内液面不断下降。我们就可观察到，从小孔流出来的泄流的轨迹从初始状态逐渐向下弯曲，图中表示出了不同时刻 t_1、t_2、t_3 的轨迹形状。这说明，泄流内部的流速的大小和方向随时间而变化，这种流动即为非定常流动。

例如，开启和关闭水管上的闸阀过程中的水管中及出口处的水流，启动和关闭水泵或风机过程中的供水或送风的流动等都是非定常流动。

实际中，定常流动只是相对的，绝对的定常流动是不存在的。但对于工程中大多数情况的流动，其流动参数随时间的变化很小，以至于可以忽略不计，这些流动都可视为或简

化为定常流动。本教材主要研究定常流动问题。对于某些流动现象，如水击现象，其速度、压力和密度等流动参数随着时间的变化，这些流动参数改变也很大，这时就必须用非定常流动来进行计算。

2. 一元流、二元流和三元流

一般情况下，流体在空间流动时，描述流动要三个空间坐标(x，y，z)。这种需要三个空间坐标才能描述的流动称为三元流动或空间流动。依此类推，只需要两个空间坐标就能描述的流动称为二元流动或平面流动。仅仅需要一个空间坐标就能描述的流动称为一元流动，其速度表示为

$$u = u(s, t) \tag{3-6}$$

式中：u 为流动速度，s 为沿速度方向坐标上的位置变量。

沿 s 坐标与直角坐标中 x(或 y，z)坐标平行，则式(3-6)写成为

$$u = u(x, t) \tag{3-7}$$

工程实际中的流动多属于三元流动，例如，空气绕过飞机、汽车和建筑物的流动均属于三元流动。但是，在某些流动中流动参数的变化主要发生在两个方向上，甚至一个方向上，从而可以忽略另一个或者另两个方向上的变化，将流动简化为二元或一元流动。因此，在工程计算允许的误差范围内，在处理工程实际问题时应尽可能地简化为二元，甚至一元流动来近似求解。

图 3-2 所示为一带锥度的圆管内的黏性流体的流动过程，如果忽略径向分速度，则仅需考虑轴向速度 u，流体质点的速度 u 既是半径 r 的函数，又是沿轴线距离 x 的函数，即

$$u = u(r, x)$$

显然这是一个二元流动，在工程上常常将其简化为一元流动。简化办法是在每一个截面上以速度的平均值 v 来代替速度 u，即 $v=v(x)$，这样便可将二元问题简化为一元问题了，一元流动也可称为一维流动。

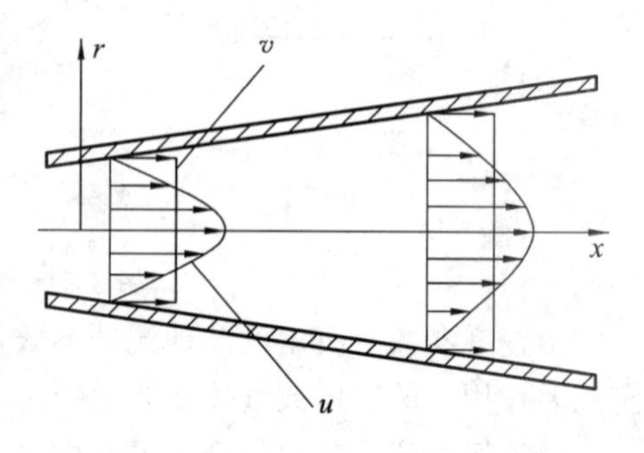

图 3-2　管内流动速度分布图

在管道中运动的流体，同一横截面上各点速度实际上是不相同的，然而在工程实际中，感兴趣的是管流整体的平均趋势，即横截面上的平均流速，因而可认为横截面上所有流体质点的流速都以相同平均流速运动，于是将管道流动看做是流速在每个横截面上处处相同而仅沿管道长度方向而变化的流动，速度参量满足式(3-6)。因此所有管道或渠道的流动都可认为是一元流。一元流是本课程讨论的重点。

无限翼展机翼绕流，如图 3-3 所示。如果机翼的长度远远大于机翼的宽度，翼展弦比较大，即可将其看成是无限翼展机翼，机翼两端的影响可以忽略不计。这样绕机翼流动的流场可以看成是垂直于翼展的平面内的流动，速度场可表示为

$$\boldsymbol{u}=u_x(x, y, t)\boldsymbol{i}+u_y(x, y, t)\boldsymbol{j}$$

其属于二元流动，二元流动也可称为二维流动或平面流动，此时，无 z 方向的速度分量。如果是有限翼展的机翼，其流场如图 3-4 所示，则速度场为

$$\boldsymbol{u}=u_x(x,\ y,\ z,\ t)\boldsymbol{i}+u_y(x,\ y,\ z,\ t)\boldsymbol{j}+u_z(x,\ y,\ z,\ t)\boldsymbol{k}$$

属于三元流动。三元流动也可称为三维流动或空间流动。

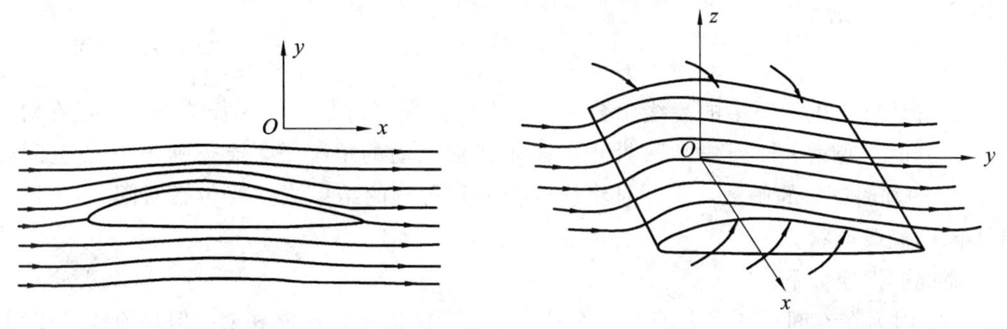

图 3-3　无限翼展机翼绕流

图 3-4　有限翼展机翼绕流

3. 迹线和流线

流场的流动参数除用以上函数关系表述外，还有一种能使整个流场形象化，从而得到不同流场的流动特性的描述方法。一个是研究同一个流体质点在不同时间流动参数的变化关系；另一个是研究在同一瞬时质点与质点间的流动参数间的关系。前者称为迹线研究法，后者称为流线研究法。由此引入了迹线与流线的概念。

1）迹线

迹线就是流体质点运动的轨迹线，将不易扩散的染料滴一滴到水流中，就可以看到染了色的流体质点的运动轨迹。对于每个质点都有一个运动轨迹，所以迹线是一簇曲线。只要将流体所有质点的迹线形象化地描述出来，则整个流体的流动特性就完全确定下来了。实际上迹线研究法，就是跟踪质点的运动轨迹。显然，这就与拉格朗日描述运动方法完全一致，因而，只有以拉格朗日法来表示质点运动时才能作出迹线。由于很少利用拉格朗日法来研究流体力学问题，因此对迹线不作详细讲述。

2）流线

流线是用来描述流场中各点流动方向的曲线，即矢量场的矢量线。可以这样定义流线：流线是流场中的一条光滑曲线，在某一瞬时，此曲线上的每一点的速度矢量总是在该点与此曲线相切，如图 3-5 所示。流线是同一时刻由不同流体质点所组成的曲线。显然，流线是与欧拉法相适应的。

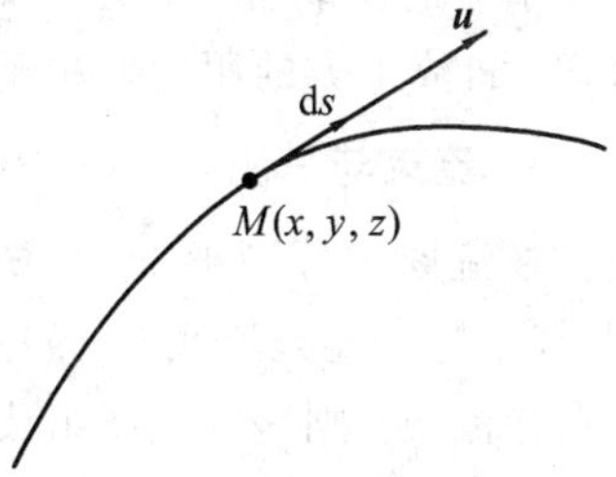

图 3-5　流线的概念

设流线上某一点 $M(x,\ y,\ z)$ 处的速度为 $\boldsymbol{u}$，在坐标轴上的投影为 u_x、u_y、u_z，于是速度与坐标轴夹角的余弦为

$$\cos(u,\ x)=\frac{u_x}{u},\ \cos(u,\ y)=\frac{u_y}{u},\ \cos(u,\ z)=\frac{u_z}{u}$$

该点流线微元的切线(τ)与坐标轴夹角的余弦为

$$\cos(\tau,\ x)=\frac{\mathrm{d}x}{\mathrm{d}s},\ \cos(\tau,\ y)=\frac{\mathrm{d}y}{\mathrm{d}s},\ \cos(\tau,\ z)=\frac{\mathrm{d}z}{\mathrm{d}s}$$

由于流线上 M 点的切线和 M 点的速度矢量相重合，对应的方向余弦应该相等，所以有

$$\frac{dx}{ds}=\frac{u_x}{u},\ \frac{dy}{ds}=\frac{u_y}{u},\ \frac{dz}{ds}=\frac{u_z}{u}$$

流线上任一点处的速度矢量与曲线在该点的切线重合的数学条件为

$$\frac{dx}{u_x(x,\ y,\ z,\ t)}=\frac{dy}{u_y(x,\ y,\ z,\ t)}=\frac{dz}{u_z(x,\ y,\ z,\ t)} \tag{3-8}$$

这就是直角坐标系中的流线微分方程。由于流线是对某一时刻而言的，所以在对上述方程积分时，变量 t 被当作常数处理。在非定常流动的情况下，流体速度 $\boldsymbol{u}$ 是空间坐标 $(x,\ y,\ z)$ 和时间 t 的函数，所以对流线微分方程积分的结果当然要包括时间 t，不同时刻有不同的流线形状。

流线的性质如下：

(1) 因为在空间每一点只能有一个速度方向，所以流线不能相交。但是流线可以相切，如图 3-3 所示的机翼末端处上下两条流线相切后汇合为一条流线。

(2) 流线在驻点($u=0$)或者奇点($u\to\infty$)处可以相交。例如，图 3-3 中机翼前缘处为驻点，流线可以在此相交。

(3) 由于定常流动的速度分布与时间无关，所以流线的形状和位置不随时间变化。同时，流体质点只能沿着流线运动，否则将会有一个与流线相垂直的速度分量，也就不再满足流线的定义了，所以定常流动的迹线与流线重合。

(4) 对于非定常流动，其非定常包含两方面的含义：大小随时间变化或者方向随时间变化。因此，如果非定常仅仅是由速度的大小随时间变化引起的，则流线的形状和位置不随时间变化，迹线也与流线重合；如果非定常是由速度的方向随时间变化引起的，则流线的形状和位置就会随时间变化，迹线也不会与流线重合。

(5) 在流场中，过每一空间点都有一条流线，所有的流线构成流线簇。由流线簇构成如图 3-3 所示的图形，称为流谱。流谱不仅能够反映速度的方向，而且能够反映出流速的大小。流线密的地方速度大，流线稀的地方速度小。由图 3-3 可以看出，机翼上方的流线要比下方的流线密，由此可知机翼上方的速度要比下方的速度大，再由压力与速度的关系可知，机翼上方的压力要小于机翼下方的压力，这就是机翼能够产生升力的原理。

4. 流束与总流

在流场中任意画出一条封闭曲线(曲线本身不能是流线)，经过曲线上每一点作流线，则这些流线组成一个管状的表面，称为流管，如图 3-6 所示。由于流管的表面是由流线所围成的，流动速度总是与流线相切，垂直于流线的速度分量必定为零，所以流体不能穿出或穿入流管表面。这样，流管就好像真实管子一样把流动限制在流管之内或流管之外。在定常流动的情况下，流线形状是不随时间而变化的，因此流管的形状和位置也是不随时间而变化的。

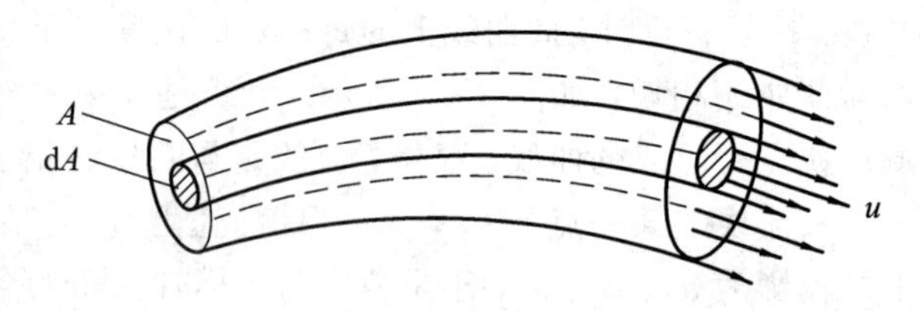

图 3-6　流管与微元流管

充满流管内的运动流体(即流管内流线之总体)称为流束。断面无限小的流管称为微元流管。微元流管断面上各点的运动参数(如速度、压力等)可认为相等。无数微元流管的总和称为总流，如实际工程中的管道流动和明渠水流都是总流。

根据总流的边界情况把总流分为三类：

(1) 有压流动。总流的全部边界受固体边界的约束，即流体充满管道，如有压水管道中的流动。

(2) 无压流动。总流的边界一部分受固体边界的约束，另一部分与气体接触，形成自由液面，如明渠中的水流。

(3) 射流。总流的全部边界均无固体边界的约束，如喷嘴出口后的流动。

5. 过流断面、流量和断面平均流速

与流束或总流各流线相垂直的横断面称为过流断面(或有效断面)。

当流线相互平行时，过流断面是平面，如图3-7中的断面 a 所示。流线不平行时，过流断面是曲面，如图3-7中的断面 b 所示。在实际工程中，对于缓变流，通常将过流断面理解为垂直于流动方向的平面。

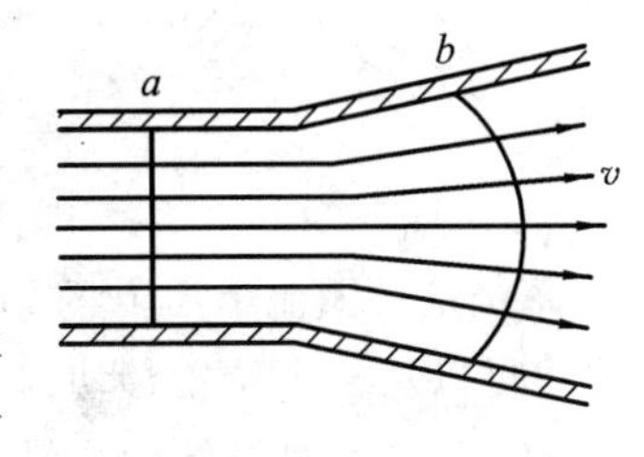

图3-7　过流断面

单位时间内通过某一过流断面的流体量称为流量。流体量有两种表示方法：一种以流过流体的体积大小来表示，对应的流量称为体积流量，用 Q 表示，单位为 m^3/s；另一种以流过流体的质量大小来表示，对应的流量称为质量流量，用 Q_m 表示，单位为kg/s。体积流量一般多用于表示不可压缩流体的流量，质量流量多用来表示可压缩流体的流量。质量流量与体积流量的关系为

$$Q_m = \rho Q \tag{3-9}$$

对于微元流管，体积流量 dQ 等于速度 u 与微元流管的有效断面面积 dA 的乘积，即

$$dQ = u dA \tag{3-10}$$

由于总流是微元流管的集合，所以其流量应等于

$$Q = \int_A u dA \tag{3-11}$$

实际流体流动的过流断面上各点处的速度大小都是不一样的，工程上为了将问题简化，引入过流断面上速度的平均值，即平均流速 v，如图3-8所示。平均流速的物理意义是：假想过流断面上各点的速度相等，而按平均流速流过的流量与实际上以不同的速度流过的流量正好相等，所以有

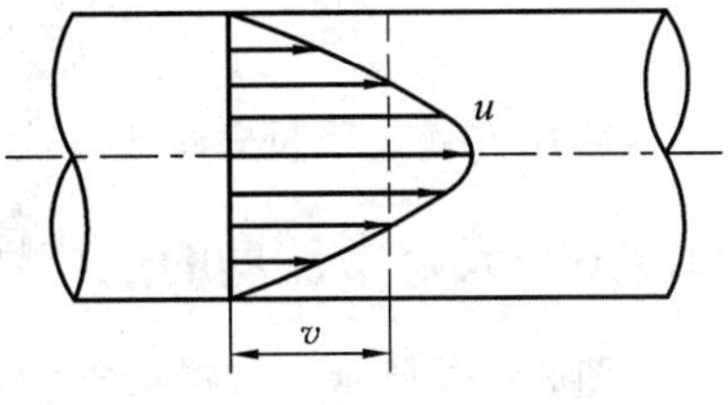

$$Q = vA = \int_A u dA \tag{3-12}$$

图3-8　平均流速

因此，管道的平均流速为

$$v = \frac{1}{A}\int_A u dA = \frac{Q}{A} \tag{3-13}$$

前面讨论过，对于管道内的流动，引入平均流速之后可将实际流体的二元流动简化为一元流动。工程上所说的管道中的流速，便是指有效断面的平均流速。

6. 系统与控制体

用理论分析研究流体运动规律时，经常用到两个很重要的概念：系统和控制体，如图

3-9 所示。

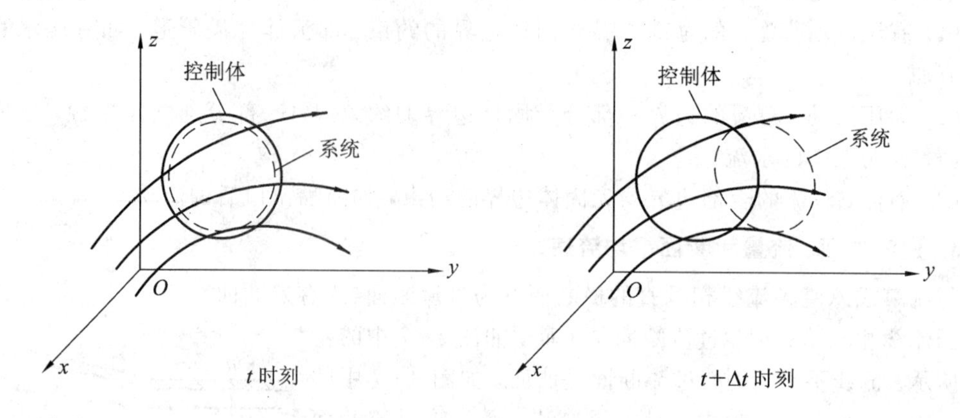

图 3-9 系统(虚线)与控制体(实线)

系统是一团流体质点的集合。在流体运动过程中，这一团流体的表面可以不断地变形，也可以从一个位置移动到另一个位置。但这一团流体内所含的流体质点不会增加，也不会减少，这就是系统的质量守恒。系统的特点：① 系统的边界随系统内质点一起运动，系统内的质点始终包含在系统内，系统边界的形状和所围体积的大小，可随时间变化；② 系统与外界无质量的交换，但可以有力的相互作用及能量(热和功)交换。

欧拉法研究空间固定点或固定体积内的流动参数变化规律，所以在欧拉法中将一个流场内某一确定的空间区域称为控制体。这个区域的边界称为控制面。控制体的形状是根据研究流动的需要而选定的，一旦选定之后，控制体的形状和位置相对于所选定的坐标系来讲是固定不变的，但是可以有流体通过控制面流入或流出控制体。控制体的特点：① 控制体的边界(控制面)相对坐标系是固定不变的；② 在控制面上可以有质量和能量交换；③ 在控制面上受到控制体以外流体或固体施加在控制体内流体上的力。

3.2 连续性方程

连续性方程是质量守恒定律在流体力学中的表现形式。

3.2.1 一元定常流动的连续性方程

在图 3-10 所示一管路总流，任取两个有效断面 1-1 和 2-2，这两个断面与管壁围成的体积为控制体。取 t 时刻占据该控制体的流体为系统。经过时间间隔 $\mathrm{d}t$ 后，控制体不动，系统运动到 1′-1′和 2′-2′，这样，就可以得到图示的Ⅰ、Ⅱ、Ⅲ三个体积。这一过程中系统的位置和形状发生了变化，但由质量守恒定律可知，其质量不会发生变化，即

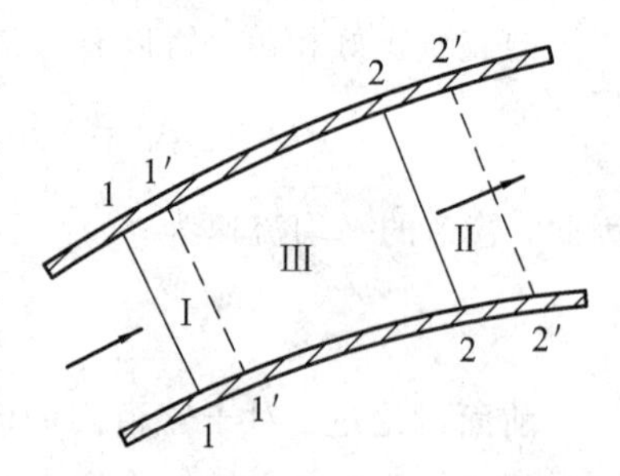

图 3-10 流体的连续性分析

$$m_{t+\mathrm{d}t}=m_t$$

或
$$(m_{Ⅲ}+m_{Ⅱ})_{t+\mathrm{d}t}=(m_{Ⅰ}+m_{Ⅲ})_t$$

对定常流动可以去掉关于时间的下标，则可得

$$m_{\text{II}} + m_{\text{III}} = m_{\text{I}} + m_{\text{III}}$$

$$m_{\text{II}} = m_{\text{I}}$$

式中：m_{I} 为 $\mathrm{d}t$ 时间间隔内流入控制体的质量，$m_{\text{I}} = \rho_1 A_1 v_1 \mathrm{d}t$；

m_{II} 为 $\mathrm{d}t$ 时间间隔内流出控制体的质量，$m_{\text{II}} = \rho_2 A_2 v_2\ \mathrm{d}t$。

上式表明 $\mathrm{d}t$ 时间间隔内流入与流出控制体的流体的质量相等。

连续性方程可表示为

$$\rho_1 A_1 v_1 \mathrm{d}t = \rho_2 A_2 v_2 \mathrm{d}t$$

所以有

$$\rho_1 A_1 v_1 = \rho_2 A_2 v_2 \tag{3-14a}$$

或

$$Q_{m1} = Q_{m2} \tag{3-14b}$$

由于两个有效断面是任意取的，所以上式也可表示为

$$Q_m = \rho A v = 常数 \tag{3-14c}$$

式(3-14)即为一元定常流动的连续性方程，既适用于不可压缩流体，也适用于可压缩流体，其物理意义是：沿一元定常流动的流程质量流量不变。

对不可压缩流体，密度 ρ 为常数，则

$$Q = Av = 常数 \tag{3-15}$$

由式(3-15)可知，对不可压缩流动，平均流速与有效断面面积成反比。比如，河道变窄处的流速增大，河道变宽处的流速变小。

上面讨论的只是仅有一个进口和一个出口的情况，但工程实际中常常会遇到多个进出口情况。此时，连续性方程也应该表述为流出与流入控制体的质量平衡。流体力学中约定：流出控制体的流量为正；流入控制体的流量为负，因此，对整个控制体而言，连续性方程可以表述为

$$\sum Q_{mi} = \sum \rho_i A_i v_i = 0 \tag{3-16}$$

对不可压缩流体可得

$$\sum Q_i = \sum A_i v_i = 0 \tag{3-17}$$

式(3-16)和式(3-17)是连续性方程的推广。其意义是：定常流动中，流入与流出控制体的流量代数和为 0。

如图 3-11(a)为合流情况，由式(3-17)得

$$\sum Q_i = (-Q_1) + (-Q_2) + Q_3 = 0$$

则

$$Q_1 + Q_2 = Q_3$$

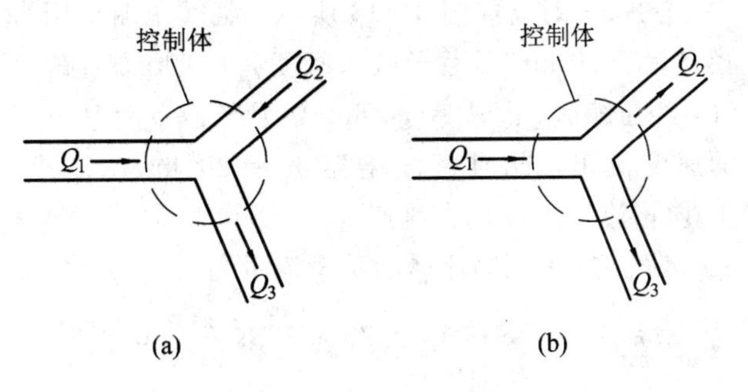

图 3-11　合流和分流

图 3-11(b)为分流情况，由式(3-17)得

$$\sum Q_i = (-Q_1) + Q_2 + Q_3 = 0$$

则

$$Q_1 = Q_2 + Q_3$$

在应用连续性方程时，需要注意以下两点：① 流体必须是定常流动的；② 流体必须是连续的。

【例 3－1】 如图 3－12 所示，是一个液压油缸的进出油路图，进入油缸左端的流量为 $Q=25$ L/min，活塞的直径 $D=50$ mm，活塞杆直径 $d=30$ mm，管路直径 $d_1=d_2=15$ mm，试求活塞的运动速度及油液在进出油管中的流速。可否直接利用连续性方程求解？为什么？

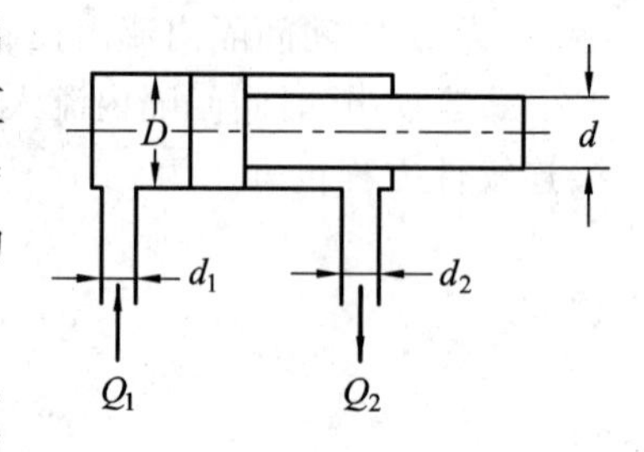

图 3－12　例题 3－1 图

解　由于进油管和液压缸左端是一个连续的密闭体，根据连续性方程，油缸左端的流量即为进油管的流量，因此，进油管中油液的流速为

$$v_1 = \frac{Q}{\pi d_1^2/4} = \frac{25\times10^{-3}}{60}\times\frac{4}{\pi(15\times10^{-3})^2} = 2.36\ (\mathrm{m/s})$$

由进入油缸左腔的流量，求得活塞向右的运动度为

$$v = \frac{Q}{\pi D^2/4} = \frac{25\times10^{-3}}{60}\times\frac{4}{\pi(50\times10^{-3})^2} = 0.21(\mathrm{m/s})$$

计算油缸出油管中的流速时，由于进油腔和出油腔被活塞分隔开，因此不可直接应用连续性方程。但活塞以运动速度 v 推动油缸右腔的油液以速度 v 运动，因此，油缸右腔中油液的流量应为

$$Q_2 = v\cdot\frac{1}{4}\pi(D^2-d^2)$$

右腔和出油管组成一个连续的封闭体，因此，根据连续性方程有

$$v_2 = \frac{Q_2}{\pi d_2^2/4} = \frac{\left[v\cdot\frac{1}{4}\pi(D^2-d^2)\right]}{(\pi d_2^2)/4} = v\cdot\frac{D^2-d^2}{d_2^2}$$

$$= 0.21\times\frac{50^2-30^2}{15^2} = 1.49\ (\mathrm{m/s})$$

【例 3－2】 如图 3－13 所示，氨气压缩机用直径 $d_1=76.0$ mm 的管子吸入密度 $\rho_1=4$ kg/m³ 的氨气，经压缩后，由 $d_2=38$ mm 的管子以 $v_2=10$ m/s 的速度流出，此时密度增至 $\rho_2=20$ kg/m³。求：① 质量流量；② 流入流速 v_1。

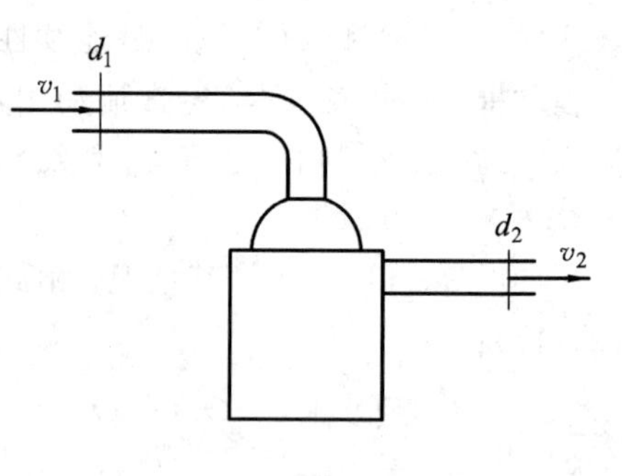

图 3－13　例题 3－2 图

解　① 可压缩流体的质量流量为

$$Q_m = \rho Q = \rho_2 v_2 A_2 = 20\times10\times\frac{\pi}{4}\times0.038^2$$

$$= 0.228\ (\mathrm{kg/s})$$

② 根据可压缩流体的连续性方程有

$$\rho_1 v_1 A_1 = \rho_2 v_2 A_2 = 0.228\ (\mathrm{kg/s})$$

$$v_1 = \frac{0.228}{4\times\frac{\pi}{4}\times0.076^2} = 12.5\ (\mathrm{m/s})$$

3.2.2　空间流动的连续性方程

流体最普遍的运动形式是空间运动，即在空间 x、y、z 三个坐标方向都有流体运动的分速度。为了导出连续性方程，我们在流场中取图 3－14 所示的微元正六面体为控制体，其棱长分别为 dx、dy、dz，并建立图示的坐标系。

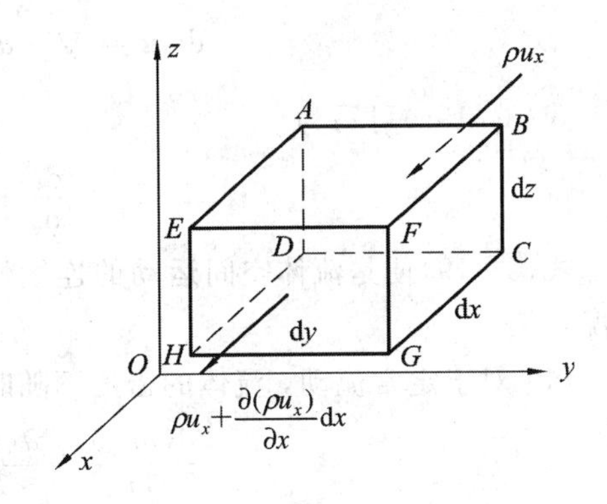

图 3－14　微元六面空间体

首先分析流入流出微元六面体的质量。令 u_x、u_y、u_z 代表速度在三个坐标方向的分量，那么在 dt 时间内从控制体侧面流入的质量是 $\rho u_x dydzdt$。

由于 $ABCD$ 与 $EFGH$ 之间仅仅在 x 坐标变化了 dx，所以在 dt 时间内从控制体侧面 $EFGH$ 流出的流体质量可以表示为

$$\rho u_x dydzdt+\frac{\partial(\rho u_x dydzdt)}{\partial x}dx=\left[\rho u_x+\frac{\partial(\rho u_x)}{\partial x}dx\right]dydzdt$$

dt 时间沿 x 方向从六面体侧面流出与流入的质量差，称为 x 方向的净流量，即

$$\left[\rho u_x+\frac{(\rho u_x)}{\partial x}dx\right]dydzdt-\rho u_x dydzdt=\frac{\partial(\rho u_x)}{\partial x}dxdydzdt$$

同理，沿 y、z 两方向 dt 时间内的净流量可分别表示为 $\frac{\partial(\rho u_y)}{\partial y}dxdydzdt$ 和 $\frac{\partial(\rho u_z)}{\partial z}dxdydzdt$。

因此，dt 时间整个六面体总的净流量应为

$$\left[\frac{\partial(\rho u_x)}{\partial x}+\frac{\partial(\rho u_y)}{\partial y}+\frac{\partial(\rho u_z)}{\partial z}\right]dxdydzdt \tag{3-18}$$

下面分析 dt 时间前后微元六面体的流体质量变化。dt 时间开始时流体的密度为 ρ，则 dt 时间后密度为 $\rho+\frac{\partial\rho}{\partial t}dt$。这样，$dt$ 时间内六面体内流体密度变化而引起的质量变化值为

$$\left(\rho+\frac{\partial\rho}{\partial t}dt\right)dxdydz-\rho dxdydz=\frac{\partial\rho}{\partial t}dxdydzdt$$

按质量守恒定律，净流量与控制体内流体质量的变化值的和应为 0，即

$$\left[\frac{\partial(\rho u_x)}{\partial x}+\frac{\partial(\rho u_y)}{\partial y}+\frac{\partial(\rho u_z)}{\partial z}\right]dxdydzdt+\frac{\partial\rho}{\partial t}dxdydzdt=0$$

或

$$\frac{\partial\rho}{\partial t}+\frac{\partial(\rho u_x)}{\partial x}+\frac{\partial(\rho u_y)}{\partial y}+\frac{\partial(\rho u_z)}{\partial z}=0 \tag{3-19a}$$

上式也可改写为

$$\frac{\partial\rho}{\partial t}+u_x\frac{\partial\rho}{\partial x}+u_y\frac{\partial\rho}{\partial y}+u_z\frac{\partial\rho}{\partial z}+\rho\left(\frac{\partial u_x}{\partial x}+\frac{\partial u_y}{\partial y}+\frac{\partial u_z}{\partial z}\right)=0$$

再由

$$\frac{\mathrm{d}\rho}{\mathrm{d}t}=\frac{\partial\rho}{\partial t}+u_x\frac{\partial\rho}{\partial x}+u_y\frac{\partial\rho}{\partial y}+u_z\frac{\partial\rho}{\partial z}$$

及

$$\mathrm{div}\boldsymbol{u}=\nabla\cdot\boldsymbol{u}=\frac{\partial u_x}{\partial x}+\frac{\partial u_y}{\partial y}+\frac{\partial u_z}{\partial z}$$

式(3-19a)可写为

$$\frac{\mathrm{d}\rho}{\mathrm{d}t}+\rho\mathrm{div}\boldsymbol{u}=0 \tag{3-19b}$$

式(3-19)便是流体空间运动的连续性方程，适用于所有的流体，下面考虑几种特殊情况：

(1) 对于定常流动，流体的密度不随时间而变化，即$\partial\rho/\partial t=0$，则式(3-19)变为

$$\frac{\partial(\rho u_x)}{\partial x}+\frac{\partial(\rho u_y)}{\partial y}+\frac{\partial(\rho u_z)}{\partial z}=0 \tag{3-20a}$$

或

$$\mathrm{div}(\rho\boldsymbol{u})=0 \tag{3-20b}$$

(2) 对于不可压缩流体，流体的密度ρ为常数，即$\mathrm{d}\rho/\mathrm{d}t=0$，则式(3-19)变为

$$\frac{\partial u_x}{\partial x}+\frac{\partial u_y}{\partial y}+\frac{\partial u_z}{\partial z}=0 \tag{3-21a}$$

$$\mathrm{div}\boldsymbol{u}=0 \tag{3-21b}$$

【例3-3】 已知平面流场的速度为$u_x=x^3\sin y$，$u_y=3x^2\cos y$。试判断流动是否可压缩。

解　由已知条件可得

$$\frac{\partial u_x}{\partial x}=3x^2\sin y;\ \frac{\partial u_y}{\partial y}=-3x^2\sin y$$

所以有

$$\mathrm{div}\boldsymbol{u}=\frac{\partial u_x}{\partial x}+\frac{\partial u_y}{\partial y}=0$$

由式(3-21b)可以推断$\mathrm{d}\rho/\mathrm{d}t=0$，说明流体质点在运动过程中密度不发生变化，即该流动为不可压缩流动。

3.3　理想流体的运动微分方程

连续性方程是运动学方程，它反映的是流场的速度分布规律，而没有涉及流体的受力性质。事实上，流体在流动时，其压力、位置和流速均要发生变化，并且三者之间存在一定的关系。所以，从这一节开始，将进一步分析流场的动力学特征，找出流体的运动和作用力之间的关系。

3.3.1　欧拉运动方程

1. 质点的加速度

牛顿第二定律把加速度与力联系在一起，因此如何描述和计算质点加速度是一个重要

问题。在数学上质点加速度是质点速度对时间的导数，简称速度的质点导数，属于拉格朗日观点。问题是如何用欧拉法来表示和计算质点导数，下面将推导质点导数的欧拉表示式。

如图3-15所示，一质点 a 沿某轨迹线 s 运动，迹线坐标为 s。设速度场为 $u(s, t)$，该质点的欧拉坐标随时间的变化为 $s_a=s_a(t)$。在时刻 t 质点 a 的速度可表为

$$u_a=u_a(s_a, t)$$

上式表明质点 a 的欧拉变数与时间 t 有关，用求全导数的方法求质点 a 的加速度，即

$$a_a=\frac{\mathrm{d}u_a(s_a, t)}{\mathrm{d}t}=\frac{\partial u_a}{\partial t}+\frac{\partial u_a}{\partial s}\frac{\mathrm{d}s_a}{\mathrm{d}t}$$

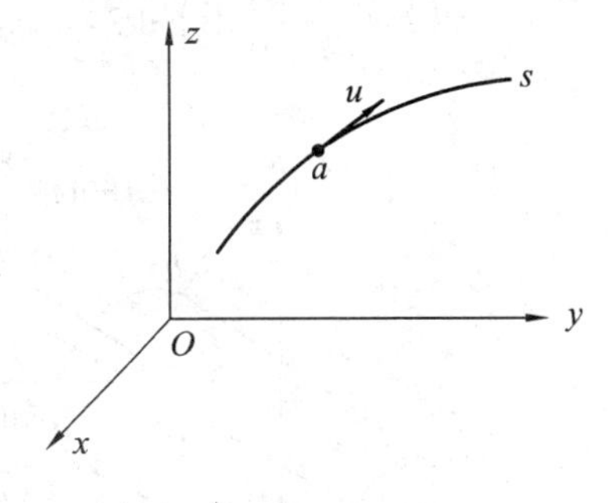

图3-15　质点沿迹线 s 运动

根据速度的定义

$$u_a=\frac{\mathrm{d}s_a}{\mathrm{d}t}$$

质点 a 的加速度可改写为

$$a_a=\frac{\mathrm{d}u_a(s_a, t)}{\mathrm{d}t}=\frac{\partial u_a}{\partial t}+u_a\frac{\partial u_a}{\partial s}$$

上式适用于任何质点，取消脚标，可得到用欧拉变数 $s(t)$ 表示的，流线坐标为 s，流线 s 上的速度为 $u(s, t)$ 的加速度一般表示式，即

$$a_s=\frac{\partial u}{\partial t}+u\frac{\partial u}{\partial s} \tag{3-22}$$

2. 欧拉运动方程

流体力学属于牛顿力学范畴，流体流动过程中的受力与运动的关系应服从牛顿力学定律。下面就应用牛顿第二定律来导出理想流体一元流动的运动微分方程。本节中只限于分析重力场中理想流体的一元流动，更一般的情况在以后的有关章节中讨论。

在流场中位于流线 s 上某处沿流线切线方向取一流体微团，如图3-16所示，长度为 $\mathrm{d}s$，b 面的截面积为 A，则 b' 面的截面积为 $A+\mathrm{d}A$，端面与流线垂直。取与流线 s 方向同向为正，反向为负。该微团的受力情况如下(注:许多教材在此处取的是圆柱微团，但因考虑到流体的可压缩性变化，作者认为取梯形微团在逻辑上更精确些)：

(1) 质量力：重力，大小为 $\rho g\ \frac{1}{2}(A+A+\mathrm{d}A)\mathrm{d}s=\rho gA\mathrm{d}s+$(高阶无穷小)，方向垂直向下。设流线的切线与水平线夹角为 θ，则流线方向上的质量力分力为 $\rho gA\mathrm{d}s\ \sin\theta$，方向与 s 方向相反。由几何关系知，$\sin\theta=\partial z/\partial s$，则该质量力分力可表示为

$$-\rho gA\,\mathrm{d}s\frac{\partial z}{\partial s}$$

(2) 表面力：如图3-16所示，设微团 b 端面的压力为 p，则 b' 端面的压力为 $p+\frac{\partial p}{\partial s}\mathrm{d}s$，则沿 s 方向上，作用在微元体两面的总压力为

$$pA-\left(p+\frac{\partial p}{\partial s}\mathrm{d}s\right)(A+\mathrm{d}A)=-\frac{\partial p}{\partial s}\mathrm{d}s\,A-p\mathrm{d}A+(\text{高阶无穷小}) \tag{a}$$

微团侧壁所受的压力如图 3 - 17 所示，$\overline{bb'}$之间的平均压力为 $p+\frac{1}{2}\frac{\partial p}{\partial s}\mathrm{d}s$，方向为垂直并指向侧壁 dS，设侧壁 dS 与流线 s 的夹角为 α，则沿 s 方向上，作用在微团侧壁的总压力为

$$\left(p+\frac{1}{2}\frac{\partial p}{\partial s}\mathrm{d}s\right)\mathrm{d}S\cdot\sin\alpha=\left(p+\frac{1}{2}\frac{\partial p}{\partial s}\mathrm{d}s\right)\mathrm{d}A=p\mathrm{d}A+(\text{高阶无穷小}) \tag{b}$$

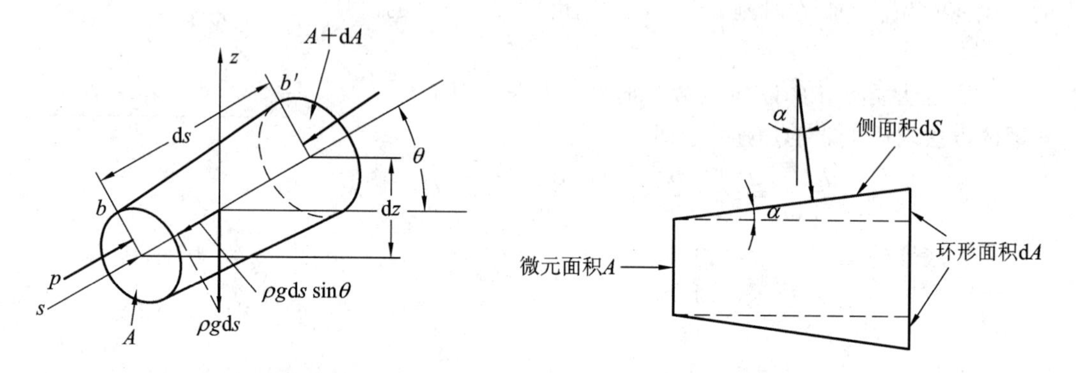

图 3 - 16　流体微团受力分析　　　　图 3 - 17　微团侧壁受力分析

因此微团在 s 方向上受到的总表面力应为式(a)和式(b)之和，即

$$-\frac{\partial p}{\partial s}\mathrm{d}s\,A-p\mathrm{d}A+p\mathrm{d}A+(\text{高阶无穷小})=-\frac{\partial p}{\partial s}\mathrm{d}sA$$

因为是理相流体，没有黏性力，所以微团之间没有切向力的作用，根据牛顿第二定律，流体微团沿流线 s 的运动方程为

$$-\rho gA\,\mathrm{d}s\,\frac{\partial z}{\partial s}-\frac{\partial p}{\partial s}\,\mathrm{d}s\,A=\rho A\,\mathrm{d}s\,\frac{\mathrm{d}u(s,\ t)}{\mathrm{d}t}$$

化为单位质量流体微团的运动方程为

$$-g\,\frac{\partial z}{\partial s}-\frac{1}{\rho}\,\frac{\partial p}{\partial s}=\frac{\mathrm{d}u(s,\ t)}{\mathrm{d}t} \tag{3-23}$$

在流场中位于流线 s 上某处沿流线切线方向取一控制体 bb'，如图 3 - 16 所示。设某时刻流体微团正好运动到与控制体 bb'重合，受力也相同。按质点导数概念将式(3 - 23)右边加速度项改写为欧拉式(3 - 22)，从而方程改写为

$$-g\,\frac{\partial z}{\partial s}-\frac{1}{\rho}\,\frac{\partial p}{\partial s}=\frac{\partial u}{\partial t}+u\,\frac{\partial u}{\partial s} \tag{3-24}$$

式(3 - 24)为无黏性流体沿流线 s 的欧拉运动方程。为便于积分，式(3 - 24)两边乘以 ds，各项化为

$$\frac{\partial z}{\partial s}\mathrm{d}s=\mathrm{d}z,\ \frac{\partial p}{\partial s}\mathrm{d}s=\mathrm{d}p,\ \frac{\partial u}{\partial s}\mathrm{d}s=\mathrm{d}u$$

代入式(3 - 24)并移项可得

$$g\mathrm{d}z+\frac{1}{\rho}\mathrm{d}p+\frac{\partial u}{\partial t}\mathrm{d}s+u\mathrm{d}u=0$$

将上式沿流线 s 积分可得

$$gz+\int_s\frac{\mathrm{d}p}{\rho}+\int_s\frac{\partial u}{\partial t}\mathrm{d}s+\frac{u^2}{2}=\text{常数} \tag{3-25}$$

式(3-25)称为运动方程沿流线的积分式，其适用条件是：无黏性、可压缩流体、沿流线的不定常运动。

3.3.2 理想流体的伯努利方程

对于定常流动的不可压缩流体，式(3-25)中的 ρ=常数，$\frac{\partial u}{\partial t}=0$，式(3-25)化为

$$gz+\frac{p}{\rho}+\frac{u^2}{2}=C$$

上式两边同除以 g，则

$$z+\frac{p}{\rho g}+\frac{u^2}{2g}=C \tag{3-26a}$$

式中，C 为常数，不同的流线取值不同。式(3-26a)便是流体力学中著名的伯努利方程式。对图 3-18 所示的同一条流线或微元管上的任意两点，则式(3-26a)可写成

$$z_1+\frac{p_1}{\rho g}+\frac{u_1^2}{2g}=z_2+\frac{p_2}{\rho g}+\frac{u_2^2}{2g} \tag{3-26b}$$

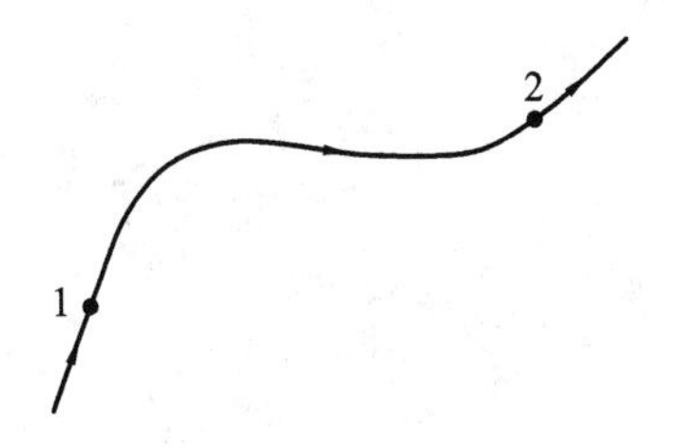

图 3-18　沿流线的伯努利方程

从推导中陆续加入的条件可知，式(3-26)的适用条件是：

(1) 适用于理想不可压流体；

(2) 质量力只有重力；

(3) 流体在流动过程中为定常流；

(4) 伯努利方程只能应用于同一流线上的不同的点。

对于完全气体的一维定常流动，重力影响可忽略，$\frac{\partial u}{\partial t}=0$，则式(3-25)可写为

$$\int_s \frac{\partial p}{\rho}+\frac{u^2}{2}=C(\text{常数}) \tag{3-27}$$

当气流的速度小于声速到一定值时，气体的压缩性可忽略(在第 9 章中证明)，认为密度 ρ=常数。在进行气流计算时，通常将伯努利方程表示为压力的形式，则

$$p+\frac{1}{2}\rho u^2=p_t(\text{一定}) \tag{3-28}$$

式中，$\rho u^2/2$ 称为动压(dynamic pressure)，p_t 称为全压(total pressure)，压力 p 称为静压(static pressure)。

对于压缩性气体，找出其密度与压力之间的关系式，可使用式(3-27)进行计算。对于可逆绝热过程，$p/\rho^k=C$(C 为常数)，则

$$\int_s \frac{\mathrm{d}p}{\rho}=\frac{k}{k-1}C^{1/k}p^{(k-1)/k}=\frac{k}{k-1}\frac{p}{\rho}$$

但由于气体密度变化引起的热力学能 e 变化必须加入到方程中去。若忽略黏性损失且与外界无能量交换的伯努利方程可改写为

$$e+\frac{k}{k-1}p+\frac{1}{2}\rho u^2=\text{常数} \tag{3-29}$$

上式称为气体的一维定常绝能流动能量方程，在第 9 章中还将作进一步讨论。

3.3.3　伯努利方程的意义

1. 几何意义

在2.2节中讨论过，伯努利方程中的z、$\frac{p}{\rho g}$以及两者之和的几何意义分别表示位置水头、压力水头和测压管水头，下面就来讨论$\frac{u^2}{2g}$的几何意义。由物理学可知，以初速度u竖直向上抛物时，物体所能上升的高度恰好是$\frac{u^2}{2g}$，流体也是如此。由此可见，$\frac{u^2}{2g}$也代表一个高度。由于这个高度是由流体的流动速度决定的，所以称之为速度水头，单位为m。流体力学中将

$$e = z + \frac{p}{\rho g} + \frac{u^2}{2g}$$

称为总水头，单位为m。因此，伯努利方程的几何意义是：沿流线总水头为常数。

2. 物理意义

根据物理学知道$mu^2/2$是质量为m、流动速度为u时的流体所具有的动能，所以

$$\frac{u^2}{2g} = \frac{mu^2/2}{mg}$$

它表示单位重量流体所具有的动能，称为比动能。流体力学中也将

$$e = z + \frac{\mathrm{d}p}{\rho g} + \frac{u^2}{2g}$$

称为总比能，单位为m。因此，伯努利方程的物理意义是：沿流线总比能为常数。

3.4　总流的伯努利方程及其应用

3.4.1　总流的伯努利方程

理想流体的伯努利方程式表明流线上总比能不变，这是与事实不相符的。实际流体流动时，由于流体间的摩擦阻力，以及某些局部管件引起的附加阻力，使得流体在流动过程中产生能量损失，所损失的机械能变成热能而散失。因此实际流体流动时，沿流动方向总比能应该是逐渐降低的。单位重力流体所损失的机械能在流体力学中称为水头损失，即流动过程中总水头的降低值。据此，实际流体沿微元流管的伯努利方程式为

$$z_1 + \frac{p_1}{\rho g} + \frac{u_1^2}{2g} = z_2 + \frac{p_2}{\rho g} + \frac{u_2^2}{2g} + h'_{w1-2} \tag{3-30}$$

式中，h'_{w1-2}为微元管上1、2两点间单位重量流体的能量损失。

现在讨论如何从微元管的伯努利方程推导出实际流体总流伯努利方程。总流是无数微元流管的集合，在任一个微元流管上某点处单位重量流体质点所具有的能量为

$$e = z + \frac{p}{\rho g} + \frac{u^2}{2g} \tag{3-31}$$

单位时间内流过微元流管的过流断面$\mathrm{d}A$的重量为$\rho g u \mathrm{d}A$，这部分流体所具有的总能

量为

$$\mathrm{d}E = e\mathrm{d}G = \left(z + \frac{p}{\rho g} + \frac{u^2}{2g}\right)\rho g u \mathrm{d}A$$

单位时间内通过总流过流断面流体的总能量为

$$E = \int_A \mathrm{d}E = \int_A \left(z + \frac{p}{\rho g} + \frac{u^2}{2g}\right)\rho g u \mathrm{d}A$$

上式除以单位时间内通过总流过流断面流体的流体重量 $G=\rho g Q$，则有

$$e = \frac{E}{\rho g Q} = \frac{1}{\rho g Q}\int_A \left(z + \frac{p}{\rho g} + \frac{u^2}{2g}\right)\rho g u \mathrm{d}A \qquad (3-32)$$

注意：式(3-32)中的 e 与式(3-31)中的 e 含义是不一样的，式(3-32)中的 e 指的是总流流过管道某断面 A 的单位重量的能量。

为了顺利地进行式(3-32)的积分，下面讨论沿流线主法线方向上压力和速度的变化。

1. 压力沿流线法线方向的变化

如图 3-19 所示，为一元定常流，以流线 s 的某点为中心沿外法线方向 n 取一圆柱形体积微元，长为 $\mathrm{d}n$，端面面积为 $\mathrm{d}A$。体积微元的速度为 u，向心加速度为 u^2/R，其中 R 为曲率半径。设在流线凹面一侧的端面上的压力为 p(指向 n 方向)，在凸面一侧的端面上的压力为 $-\left(p+\frac{\partial p}{\partial n}\mathrm{d}n\right)$(指向曲率曲中心 C)。重力与法线的夹角为 θ，列出沿 n 方向的运动方程为

$$p\mathrm{d}A - \left(p + \frac{\partial p}{\partial n}\mathrm{d}n\right)\mathrm{d}A - \rho g \mathrm{d}A \cdot \mathrm{d}n \cdot \cos\theta = -\rho \mathrm{d}A \cdot \mathrm{d}n \cdot \frac{u^2}{R}$$

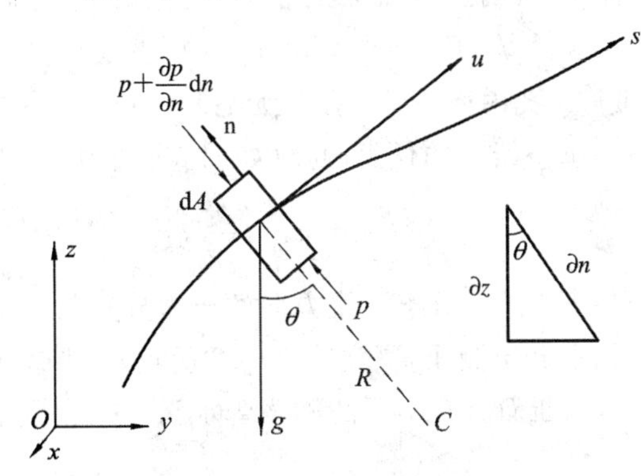

图 3-19　沿流线流体微团法线方向受力分析

在图示坐标系中有几何关系

$$\cos\theta = \frac{\partial z}{\partial n}$$

代入运动方程后整理可得

$$\frac{1}{\rho}\frac{\partial p}{\partial n} + g\frac{\partial z}{\partial n} = \frac{u^2}{R} \qquad (3-33)$$

式(3-33)为不可压缩无黏性重力流体沿流线法线方向的速度压力关系式。先讨论以下不计重力作用的情况，则式(3-33)可写成

$$\frac{\partial p}{\partial n} = \frac{\rho u^2}{R}$$

上式表明流线弯曲(流体元有向心加速度)是因为沿法线方向存在压力梯度。取 $R>0$ 时，由上式可得出$\frac{\partial p}{\partial n}>0$。说明流线凸出的一侧(外侧)的压力总是大于凹进的一侧(内侧)。当速度一定时，流线曲率半径与法向压力梯度成反比。

将式(3-33)两边同乘以 dn，并移项，沿流线法线方向积分可得

$$-\int\frac{u^2}{R}\mathrm{d}n+gz+\frac{p}{\rho}=C(\text{沿流线法线方向}) \tag{3-34}$$

式(3-34)称为沿流线法线方向的积分关系式，其适用条件与伯努利方程相同。式(3-34)反映了当单位质量流体元沿曲线流线运动时，重力势能、压力势能与惯性离心力($-u^2/R$)所做的功之和沿流线法线方向守恒。当流线为直线即 $R\to\infty$时，由式(3-34)可得

$$z+\frac{p}{\rho g}=C\ (\text{常数})$$

上式说明不可压缩无黏性流体作定常直线运动时，压力沿法线方向的变化规律与静止流体中一样。工程上将流线互相平行的直线流动称为缓变流(否则称为急变流)。在缓变流流束中压力分布符合静力学规律。

根据上述性质，利用测压探头可以测量运动流体中的静压力。在壁面上开一垂直小孔，如图 3-20 所示。当流体沿壁面流过时孔内静止流体与外部流动流体形成速度间断面，但分界面上的压力是连续的。测量孔内的压力就代表壁面上的流动静压力。小孔称为测压孔。为了尽可能减小开孔对流场的扰动，通常取小孔直径 $d=0.5\sim1.0$ mm，孔深度 $h\geqslant3d$，孔轴与壁面垂直度好，孔内壁平整，孔口无毛刺。

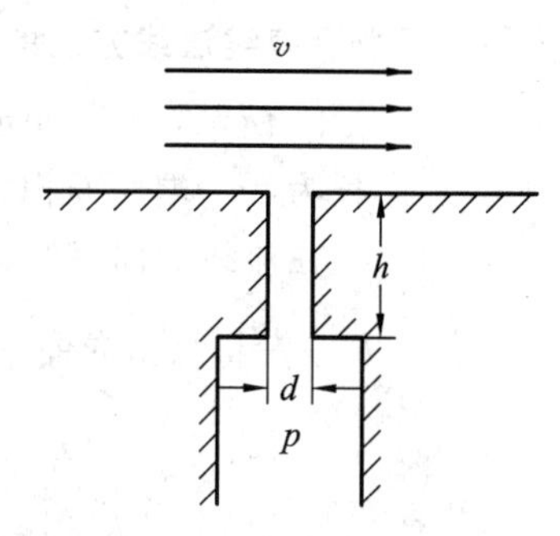

图 3-20 流动流体静压力测量

设 1 和 2 是流线的某一垂直线上的任意两点(如图 3-21 所示)，则有

$$z_1+\frac{p_1}{\rho g}=z_2+\frac{p_2}{\rho g}$$

它说明在直线流动条件下，沿垂直于流线方向的压力分布服从于静力学基本方程式。

如果在均匀流断面上插上若干测压管(如图 3-22 所示)，那么同一断面上各测压管水面将在同一水平面上，但不同断面上有不同的测压管水头。

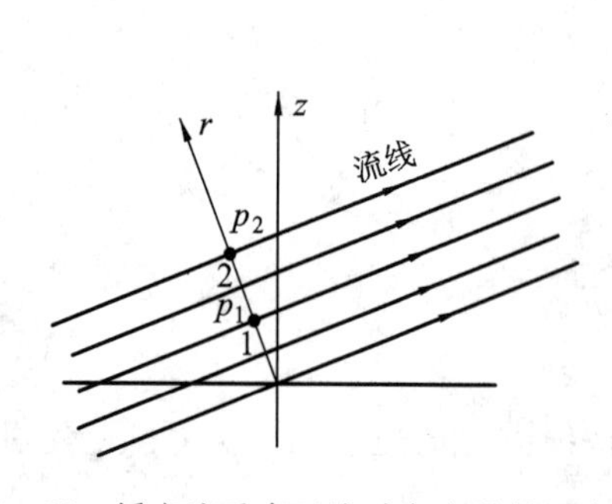

图 3-21 缓变流垂直于流动方向是的压力分布

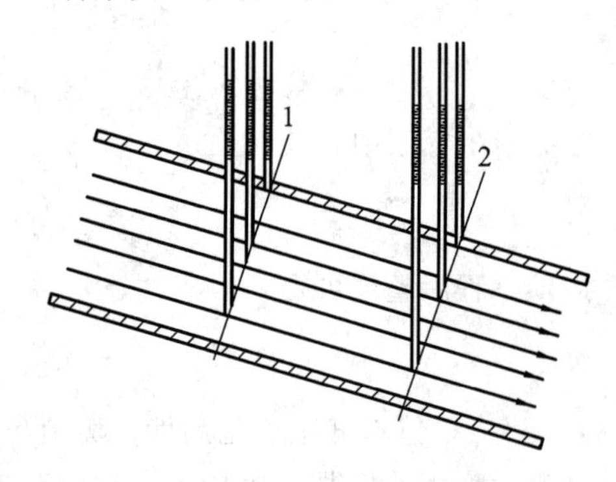

图 3-22 均匀流过流断面的压力分布

在直线流动(均匀流)中，对于气体流动不计重力影响，则在式(3-33)中令 $R\to\infty$，得

$$\frac{\partial p}{\partial n} = 0$$

$$p = C\text{（常数）}$$

它表明忽略重力影响的气体直线流动，沿流线法向的压力不变，即没有压力差。

由此可见，在同一缓变流断面上各点的 $z+\dfrac{p}{\rho g}=C$，但不同的断面上为不同的常数。

故对式(3-32)中有关 $z+\dfrac{p}{\rho g}$ 项的积分可表示为

$$\frac{1}{\rho g Q}\int_A\left(z+\frac{p}{\rho g}\right)\rho g u\,\mathrm{d}A = \left(z+\frac{p}{\rho g}\right)\frac{\rho g}{\rho g Q}\int_A u\,\mathrm{d}A = \left(z+\frac{p}{\rho g}\right)$$

注：在同一截面上，各流线的 $z+\dfrac{p}{\rho g}$ 值是相等的，计算中，一般取截面中轴线的 $z+\dfrac{p}{\rho g}$ 值。

2. 动能修正系数

总流有效断面上的流速分布是不均匀的，设各点真实速度与平均速度之差为 Δu，则 $u=v+\Delta u$，所以有

$$Q=\int_A u\,\mathrm{d}A=\int_A(v+\Delta u)\,\mathrm{d}A=\int_A v\,\mathrm{d}A+\int_A\Delta u\,\mathrm{d}A=vA+\int_A\Delta u\,\mathrm{d}A=Q+\int_A\Delta u\,\mathrm{d}A$$

故 $\int_A\Delta u\,\mathrm{d}A=0$，因而式(3-32)中速度水头部分的积分：

$$\begin{aligned}\frac{1}{\rho g Q}\int_A\frac{u^2}{2g}\rho g u\,\mathrm{d}A &= \frac{1}{2gQ}\int_A u^3\,\mathrm{d}A=\frac{1}{2gQ}\int_A(v+\Delta u)^3\,\mathrm{d}A\\ &=\frac{1}{2gQ}\left(\int_A v^3\,\mathrm{d}A+3\int_A v^2\Delta u\,\mathrm{d}A+3\int_A v\Delta u^2\,\mathrm{d}A+\int_A\Delta u^3\,\mathrm{d}A\right)\end{aligned}$$

式中，$\int_A\Delta u^3\,\mathrm{d}A$ 的值很小，可以忽略。又因 v 在过流断面上为常数，同时 $\int_A\Delta u\,\mathrm{d}A=0$，则上式可写为

$$\begin{aligned}\frac{1}{\rho g Q}\int_A\frac{u^2}{2g}\rho g u\,\mathrm{d}A &= \frac{1}{2gQ}\left(\int_A v^3\,\mathrm{d}A+3\int_A v\Delta u^2\,\mathrm{d}A\right)\\ &=\frac{A}{2gQ}v^3\left[1+3\frac{\int_A\Delta u^2\,\mathrm{d}A}{v^2A}\right]\end{aligned}$$

令 $\alpha=1+3\dfrac{\int_A\Delta u^2\,\mathrm{d}A}{v^2A}$ 可得

$$\frac{1}{\rho g Q}\int_A\frac{u^2}{2g}\rho g u\,\mathrm{d}A=\frac{A}{2gQ}v^3\alpha=\alpha\frac{v^2}{2g} \tag{3-35}$$

式中，α 为动能修正系数。

显然，Δu^2 为正值，故 α 永远大于1，它的物理意义可以从式(3-35)看出，它是总流过流断面上的实际动能对按平均流速算出的假想动能的比值。α 是由于断面上速度分布不均匀引起的，不均匀性越大，α 值越大。在圆管紊流运动中，$\alpha=1.05\sim1.10$；在圆管层流运动中，$\alpha=2$。在工程实际计算中，由于流速水头本身所占的比例较小，故一般常取 $\alpha=1$。

根据上述推导，可写出总流缓变流断面上总水头为

$$e=z+\frac{p}{\rho g}+\alpha\frac{v^2}{2g} \tag{3-36}$$

对总流上任意两个缓变流断面以 h_{w1-2} 代表单位重量流体由 1 断面流到 2 断面的水头损失，则从 1-1 到 2-2 断面的实际流体总流的伯努利方程为

$$z_1+\frac{p_1}{\rho g}+\frac{\alpha_1 v_1^2}{2g}=z_2+\frac{p_2}{\rho g}+\frac{\alpha_2 v_2^2}{2g}+h_{w1-2} \tag{3-37}$$

式(3-37)为实际流体总流的伯努利方程式。它的适用条件是：定常流；不可压缩流体；作用于流体上的质量力只有重力；所取断面为缓变流断面。

实际流体总流的伯努利方程与连续性方程联立可以解决许多工程实际问题，如输油、输水管路系统，液压传动系统，机械润滑系统，泵的吸入高度、扬程和功率的计算，喷射泵以及节流式流量计的水力原理等。

3. 应用实际总流伯努利方程解题注意事项

(1) 分析流动问题是否符合伯努利方程的应用条件。

(2) 方程式中的位置水头是相比较而言的，只要求基准面是水平面就可以。为了方便起见，常常取通过两个计算点中较低的一点所在的水平面作为基准面，这样可以使方程式中的位置水头一个是 0，另一个为正值。

(3) 选取计算截面，应选在缓变处，只有在此处，$z+\frac{p}{\rho g}=$常数；但两计算断面之间的其他断面可以不是缓变的。在选取计算截面时，尽可能使两个断面只包含一个未知量。但两个断面的平均流速可以通过连续性方程求得，只要知道一个流速，就能算出另一个流速。换句话说，有时需要同时使用伯努利方程和连续性方程来求解两个未知数。

(4) 计算截面压力标准必须一致，即方程两边同时取绝对压力或表压力，一般多用表压力。对表压是真空度的，取其负值代入方程。

(5) 如不加特殊说明的，方程中的动能修正系数 α 可近似地取 1。

关于方程中的能量损失 h_{w1-2} 的计算，将在第 5 章介绍。

3.4.2　伯努利方程的应用

本节将举例说明伯努利方程在工程上的应用。

1. 容器小孔的喷流

如图 3-23 所示，一大的敞口薄壁储水箱，箱中液位保持不变。水箱右侧壁下方开一小圆孔，水从孔口流入大气中。设孔口中心线与液面的垂直距离为 h。忽略水的黏性，设流动符合伯努利方程的条件。从液面上任选一点 1 画一条流线到出口 2，列伯努利方程为

$$z_1+\frac{p_1}{\rho g}+\frac{u_1^2}{2g}=z_2+\frac{p_2}{\rho g}+\frac{u_2^2}{2g}$$

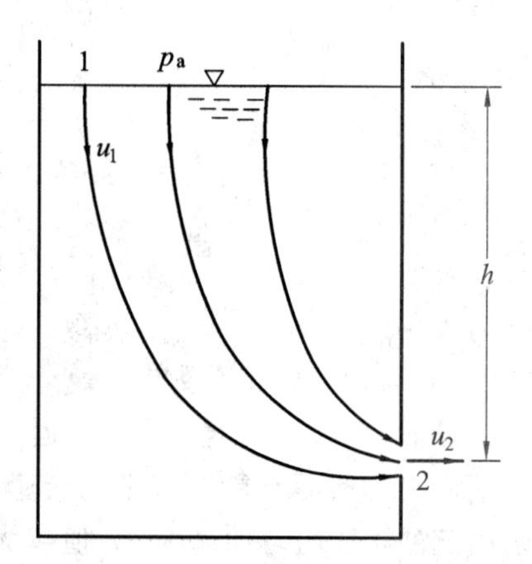

图 3-23　容器小孔的喷流

因水箱截面积远大于小孔面积，故由连续性方程可得 $u_2 \gg u_1 \approx 0$，液面和孔口外均为大气压力 $p_1=p_2=0$，高度差 $z_1-z_2=h$，代入上式可得

$$u = u_2 = \sqrt{2g(z_1 - z_2)} = \sqrt{2gh} \tag{3-38}$$

式(3－38)称为托里拆利公式，是意大利科学家托里拆利(E. Torrieelli)于 1644 年首先建立的。当水体微元从液面降落到孔口时，由于两头压力相同并忽略黏性作用，水体微元的位能完全转变为动能，速度公式与初始速度为零的自由落体运动一样。

2. 测速管(或称皮托管)

皮托管是广泛用于测量水流和气流流速的一种仪器，皮托(Henri Pitot)在 1773 年首次用一根弯成直角的玻璃管(见图 3－24)测量塞纳河的流速。它的原理如下：弯成直角的玻璃管两端开口，前端开口 A 面向来流，A 端内部有一流体通路与上部开口端相连通，另一端垂直向上，管内液面上升到高出河面 h，水中的 A 端距离水面 H。A 端形成一驻点(流体力学中将速度为零的点称为驻点)，驻点处的压力称为驻点压力，或称全压。它应等于玻璃管内液柱高度乘以液体密度和重力加速度，即 $\rho g(H+h)$。另一方面，驻点 A 上游的 B 点未受测管影响且和 A 点位于同一水平流线上，应用流线伯努利方程于 B、A 两点，得

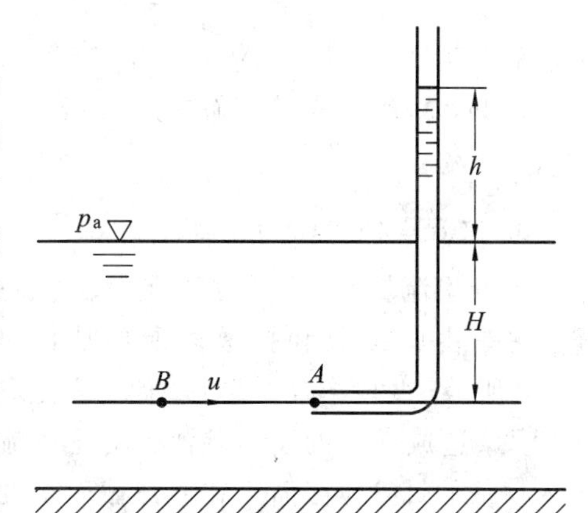

图 3－24　皮托管

$$0 + \frac{p_B}{\rho g} + \frac{u_B^2}{2g} = 0 + \frac{p_A}{\rho g} + 0$$

整理得

$$p_A = p_B + \frac{1}{2}\rho u_B^2$$

式中：$\frac{1}{2}\rho u_B^2$ 称为动压力，是流体质点的动能全部转化为压力势能时应具有的压力。上式表明驻点压力为静压力和动压力之和，故 p_A 称为总压力或全压。

根据静压力方程式(2－11)得

$$p_B = \rho g H,\ p_A = \rho g(H+h)$$

故

$$u_B = \sqrt{\frac{2}{\rho}(p_A - p_B)} = \sqrt{2gh} \tag{3-39}$$

事实上，A 点测到的总压与未受扰动的 B 点的总压相同。因此，只要我们测得某点的总压和静压，就可求得该点的速度，上述这种测总压的管子称为皮托管。

在工程应用中将静压管和动压管合在一起，称为测速管或风速管，其内部结构如图 3－25 所示。前端开孔正对来流，用于测量总压，侧面开孔垂直于来流方向，用于测量静压，称为静压孔。将静压孔的通路和皮托管的通路分别连接于压

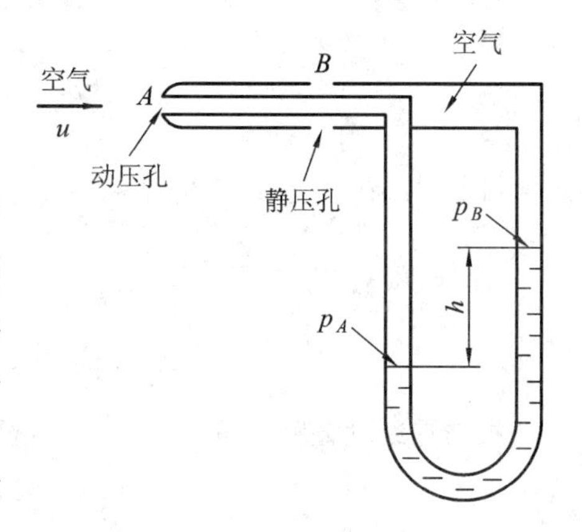

图 3－25　风速测速管

差计的两端，压差计给出总压和静压的差值，从而可由式(3-39)得到流速。

如图 3-25 所示，设 U 形管内的水面高差为 h(mm)，水的密度 $\rho_w=1000\ \text{kg/m}^3$，则

$$p_A-p_B=\rho_w gh\times10^{-3}=1000\times9.8\times h\times10^{-3}=9.8h(\text{Pa})$$

在一个标准大气压下，空气的密度为 $\rho_a=1.226\ \text{kg/m}^3$，由式(3-39)得

$$u=\sqrt{\frac{2}{\rho_a}(p_A-p_B)}=\sqrt{\frac{2}{1.226}\times9.8h}=4\sqrt{h}\ \ (\text{m/s})$$

例如，测到 U 形管液面高差 $h=25$ mm，则空气的流速应为

$$4\times\sqrt{25}=20(\text{m/s})$$

3. 文丘里(Venturi)流量计

文丘里流量计用于管道中流体的流量测量，它是由收缩段和扩散段所组成，如图 3-26 所示，两段结合处称为喉部。它是利用收缩段，造成一定的压力差，在文丘里流量计入口前的直管段截面 1 和喉部截面 2 两处测静压差，根据静压差和两个截面的已知截面积就可计算通过管道的流量。

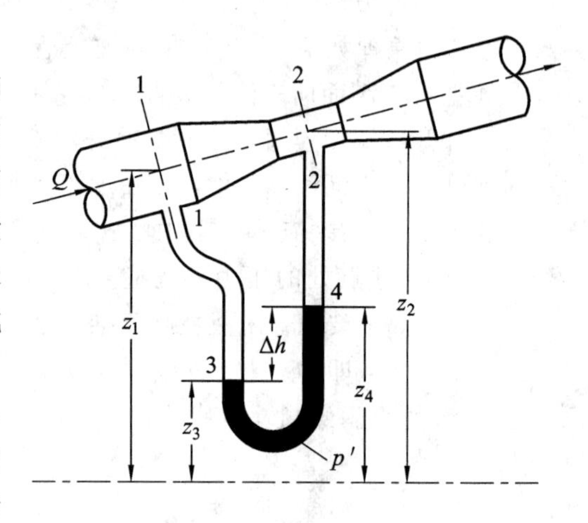

图 3-26 文丘里流量计

如图 3-26 所示，倾斜放置的文丘里管，设截面 1 和截面 2 上的流速和截面积分别为 v_1、A_1 和 v_2、A_2，根据重力场中总流的伯努利方程有

$$z_1+\frac{p_1}{\rho g}+\frac{v_1^2}{2g}=z_2+\frac{p_2}{\rho g}+\frac{v_2^2}{2g}$$

移项可得

$$\frac{v_2^2-v_1^2}{2g}=\left(z_1+\frac{p_1}{\rho g}\right)-\left(z_2+\frac{p_2}{\rho g}\right) \tag{a}$$

在缓变流截面上压力分布与 U 形管内的液体一样具有连续性，由静压力计算公式(2-11)得

$$p_1=p_3-\rho g(z_1-z_3) \tag{b}$$

$$p_2=p_3-\rho' g\Delta h-\rho g(z_2-z_4) \tag{c}$$

将式(b)、(c)代入式(a)，并有 $z_4-z_3=\Delta h$，可得

$$\begin{aligned}\frac{v_2^2-v_1^2}{2g}&=\left(z_1+\frac{p_3}{\rho g}-z_1+z_3\right)-\left(z_2+\frac{p_3}{\rho g}-\frac{\rho'}{\rho}\Delta h-z_2+z_4\right)\\&=\frac{\rho'}{\rho}\Delta h+z_3-z_4=\frac{\rho'-\rho}{\rho}\Delta h\end{aligned} \tag{d}$$

根据连续性方程可得

$$v_1=\frac{A_2}{A_1}v_2 \tag{e}$$

将式(e)代入式(d)，整理后得截面 2 上的流速为

$$v_2 = \sqrt{\frac{2g(\rho' - \rho)\Delta h}{\rho\left[1 - \left(\frac{A_2}{A_1}\right)^2\right]}} = \sqrt{\frac{\frac{\rho'}{\rho} - 1}{1 - \left(\frac{A_2}{A_1}\right)^2}} \cdot \sqrt{2g\Delta h}$$

通过文丘里管的体积流量为

$$Q = A_2\sqrt{\frac{\frac{\rho'}{\rho} - 1}{1 - \left(\frac{A_2}{A_1}\right)^2}} \cdot \sqrt{2g\Delta h}$$

在实际应用中，考虑到黏性引起的截面面积上速度分布不均匀以及流动中的能量损失，应乘上修正系数β，即

$$Q = \beta A_2\sqrt{\frac{\frac{\rho'}{\rho} - 1}{1 - \left(\frac{A_2}{A_1}\right)^2}} \cdot \sqrt{2g\Delta h} \tag{3-40}$$

式中，β为文丘里管的流量系数，由实验测定；ρ为被测液体密度，ρ'为U形管中液体的密度。

讨论：

(1) 式(3-40)表明当所有参数确定后文丘里管的流量与$\sqrt{\Delta h}$成比例关系。文丘里管流量计就是按此原理设计的。

(2) 由静力学压力公式可知，管子倾斜放置不影响上述速度和流量的表达式。

(3) 本例说明缓变流截面之间存在急变流(收缩段)不影响总流伯努利方程的运用。

4. 堰板流量计

堰板流量计用于测量渠道或实验水槽中的流量，如图3-27所示。堰板的断面有矩形、三角形和梯形等，图3-27为三角堰。设三角堰上游的水面保持恒定，离角尖的淹深为H。豁口角为θ，沿三角形对称轴取z轴铅垂向下，原点在水面上。考察任意位置z上$\mathrm{d}z$高的狭缝面元上的流量，狭缝宽为$b=2(H-z)\tan(\theta/2)$。应用水平狭缝面元出流的托里拆利公式(3-38)，$\mathrm{d}z$上的平均速度为

$$u = \sqrt{2gz}$$

狭缝面元的流量(不考虑收缩效应)为

$$\mathrm{d}Q = u\mathrm{d}A = \sqrt{2gz} \cdot b\mathrm{d}z = 2\sqrt{2g}\tan\left(\frac{\theta}{2}\right)(H-z)\sqrt{z}\,\mathrm{d}z$$

因速度沿铅垂方向不均匀分布，故孔口的总流量取积分值，即

$$\begin{aligned} Q &= \int_A \mathrm{d}Q = 2\sqrt{2}\tan\left(\frac{\theta}{2}\right)\int_0^H (Hz^{1/2} - z^{3/2})\mathrm{d}z \\ &= \frac{8}{15}\sqrt{2g}\tan\left(\frac{\theta}{2}\right)H^{2.5} \end{aligned}$$

考虑到孔口流线收缩及黏性损失等影响，实际流量比上式小，引入流量系数C_{S1}，则

$$Q = C_{S1}H^{2.5} \tag{3-41}$$

式中，C_{S1}由实验测定。

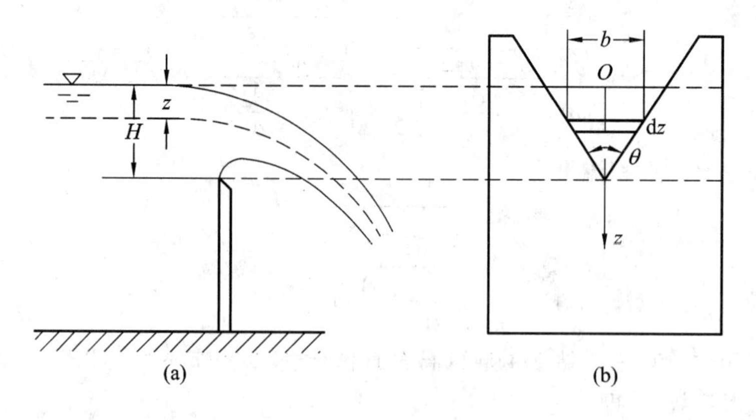

图 3-27　堰板流量计

5. 流动流体的吸力

图 3-28 表示一射流泵，它是利用喷嘴处高速水流造成低压，将液池内的液体吸入混合室内，与主流混合后排出。取水流进入喷嘴前的Ⅰ断面和流出喷嘴时的 C 断面，列两断面的伯努利方程，则

$$\frac{p_1}{\rho g}+\frac{v_1^2}{2g}=\frac{p_C}{\rho g}+\frac{v_C^2}{2g}+\xi\frac{v_C^2}{2g}$$

因　$H_v=\dfrac{p_a-p_C}{\rho g}=\dfrac{v_C^2-v_1^2}{2g}+\xi\dfrac{v_C^2}{2g}-\dfrac{p_1-p_a}{\rho g}$

由连续性方程

$$v_C=\frac{A_1}{A_C}v_1=\frac{D^2}{d_C^2}v_1$$

所以

$$H_v=\frac{8Q_1^2}{\pi^2 g}\left(\frac{1+\zeta}{d_C^4}-\frac{1}{D^4}\right)-\frac{p_1-p_a}{\rho g}\qquad(3-42)$$

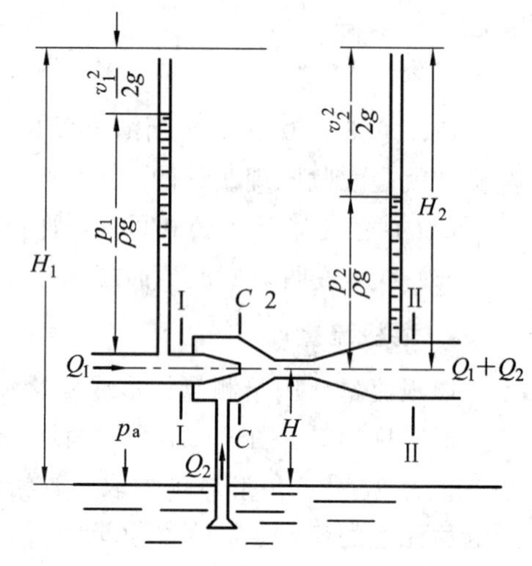

图 3-28　射流泵原理

式中，Q_1 为动力源提供给喷嘴的流量，m^3/s；D 为进液管直径，m；d_C 为喷嘴直径，m；p_1、p_C 和 p_a 分别表示断面Ⅰ-Ⅰ、$C-C$ 的绝对压力和大气压力，Pa；ζ 为Ⅰ-Ⅰ和 $C-C$ 断面之间的局部阻力系数。

式(3-42)表明，流量 Q_1 越大，Ⅰ-Ⅰ和 $C-C$ 断面之间的局部阻力系数 ζ 越大，喷嘴直径 d_C 越小，所产生的真空度 H_v 就越大。若 $H_v=\dfrac{p_a-p_C}{\rho g}>H$，则液面的液体就会被 C 处的负压以 Q_2 的流量吸入混合室而被带走，这就是射流泵的工作原理。

【例 3-4】　如图 3-28 所示的射流泵，其吸水管的 $H=1.5$ m，进水管直径 $D=25$ mm，喷嘴出口直径 $d_C=10$ mm，喷嘴水头损失为 0.6 m，$p_1=3\times10^5$ Pa(表压)，水管供水量为 $Q=2$ L/s，液池中的液体的相对密度为 1.2，问能否将液池中的液体吸入。

解　取Ⅰ、C 断面列能量方程为

$$\frac{p_1}{\rho g}+\frac{v_1^2}{2g}=\frac{p_C}{\rho g}+\frac{v_C^2}{2g}+h_{w_{Ⅰ-C}}$$

由已知条件得

$$A_1 = \frac{\pi}{4}D^2 = \frac{\pi}{4}\times(25\times10^{-3})^2 = 0.49\times10^{-3}(\mathrm{m^3})$$

$$v_1 = \frac{Q}{A_1} = \frac{2\times10^{-3}}{0.49\times10^{-3}} = 4.1\ (\mathrm{m/s})$$

$$A_C = \frac{\pi}{4}d_C^2 = \frac{\pi}{4}\times(10\times10^{-3})^2 = 0.0785\times10^{-3}(\mathrm{m^3})$$

$$v_C = \frac{Q}{A_C} = \frac{2\times10^{-3}}{0.0785\times10^{-3}} = 25.5\ (\mathrm{m/s})$$

将已知数据代入方程得

$$\frac{3\times10^5}{1000\times9.8}+\frac{4.1^2}{2\times9.8} = \frac{p_C}{\rho g}+\frac{25.5^2}{2\times9.8}+0.6$$

$$\frac{p_C}{\rho g} = -2.94\ \mathrm{m}$$

因此，喷嘴出口处的压力为

$$p_C = -1000\times9.8\times2.94 = -28\ 812(\mathrm{Pa})$$

这样的真空度把密度为 $\rho=1.2\times10^3\ \mathrm{kg/m^3}$ 的液体吸上的高度为

$$H' = \frac{p_C}{\rho g} = \frac{28\ 812}{1200\times9.8} = 2.45\ (\mathrm{m})$$

此值大于实际安装高度 $H=1.5$ m，因此，可以将液池中的液体吸上来。

6. 虹吸

虹吸是指液体由管道从较高液位的一端经过高出液面的管段自动流向较低液位的另一端的作用，如图 3-29 所示，所用的管道称为虹吸管。虹吸管的工作原理是：2-3 管段中的液体借重力往下流动时，会在截面 2 处形成一定的真空，从而把管段 1 中的液体吸上来，显然，该处的真空值越高，吸上高度也越大。但是截面 2 处的压力最低不能低于液体在其所处温度下的饱和蒸汽压力，否则液体将要汽化，破坏真空，从而也就破坏了虹吸作用。为确保虹吸现象的正常进行，通常吸水的虹吸管的吸水高度 H_1 一般不超过 7 m。

【例 3-5】 如图 3-29 所示，20℃的水通过虹吸管从水箱吸至 3 口。已知虹吸管管径 $d=60$ mm，当 $H_1=2$ m，$H_2=4$ m时，在不计水头损失条件下，试求流量和 2 点的压力。

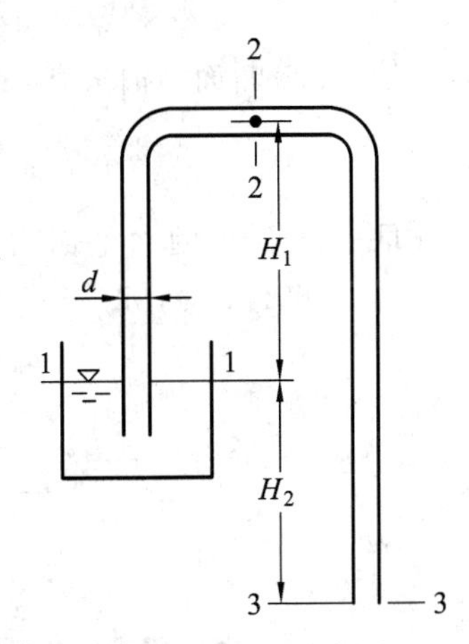

图 3-29　虹吸现象

解　(1) 求通过虹吸管的流量。

以 3-3 断面为基准，对 1-1 和 3-3 断面列伯努利方程，不计水头损失有

$$H_2+\frac{p_1}{\rho g}+\frac{v_1^2}{2g} = 0+\frac{p_3}{\rho g}+\frac{v_3^2}{2g}$$

式中，$p_1=p_3=0$，$v_1=0$，代入上式得

$$v_3 = \sqrt{2gH_2} = \sqrt{2\times9.8\times4} = 8.86\ (\mathrm{m/s})$$

因此，通过虹吸管的体积流量为

$$Q = v_3A_3 = 8.86\times\frac{1}{4}\times3.14\times0.06^2 = 0.025\ (\mathrm{m^3/s})$$

(2) 求 2 点的压力。

以 3 - 3 断面为基准，对 2 - 2 和 3 - 3 断面列伯努利方程，并将已知代入得

$$H_1 + H_2 + \frac{p_2}{\rho g} + \frac{v_3^2}{2g} = 0 + 0 + \frac{v_3^2}{2g}$$

$$p_2 = -\rho g(H_1 + H_2) = -1000 \times 9.8 \times (2 + 4) = -58\,800(\text{Pa})$$

负号表示 2 点处的压力低于当地大气压，处于真空状态。就是在这个真空状态下，才可将水箱中的水吸起 H_1 的高度。

7. 一般的水力计算

【例 3 - 6】 一救火水龙带，喷嘴和泵的相对位置如图 3 - 30 所示。泵的出口 A 点的压力为 1.96×10^5 Pa(表压)。泵排出管断面直径为 0.05 m，喷嘴出口 C 的直径为 0.02 m，水龙带的水头损失为 0.5 m，喷嘴水头损失为 0.1 m。试求喷嘴出口流速、泵的排量及 B 点压力。

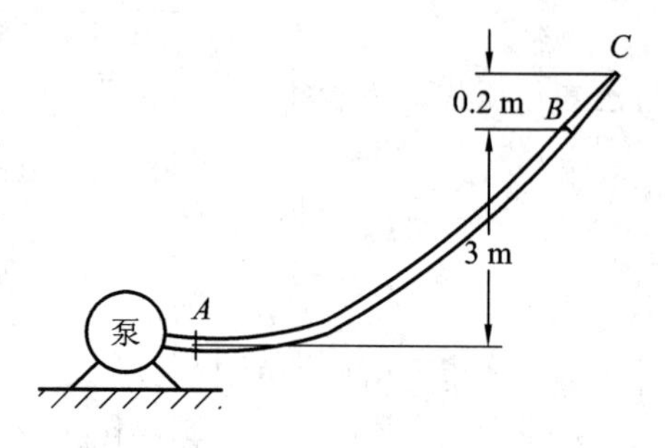

图 3 - 30　例 3 - 7 图

解　在 A、C 两断面间列伯努利方程

$$z_A + \frac{p_A}{\rho g} + \frac{v_A^2}{2g} = z_C + \frac{p_C}{\rho g} + \frac{v_C^2}{2g} + h_{w_{A-C}}$$

取通过 A 点的水平面为基准面，则 $z_A = 0$，$z_C = 3.2$ m，$p_A = 1.96 \times 10^5$ Pa，$p_C = 0$(出流到大气中)，$h_{w_{A-C}} = 0.5 + 0.1 = 0.6$ m。

由连续性方程得

$$v_A = v_C \frac{A_C}{A_A} = v_C \left(\frac{d_C}{d_A}\right)^2 = v_C \left(\frac{0.02}{0.05}\right)^2 = 0.16 v_C$$

将上面各值代入方程得

$$0 + \frac{1.96 \times 10^5}{1000 \times 9.8} + \frac{(0.16 v_C)^2}{2 \times 9.8} = 3.2 + 0 + \frac{v_C^2}{2g} + 0.6$$

可解出 $v_C = 18.06$ m/s，而泵的流量，即管内的流量为

$$Q = v_C \cdot A_C = 18.06 \times 0.25 \times 3.14 \times 0.02^2 = 5.68 \times 10^3 (\text{m}^3/\text{s})$$

取 B、C 断面列伯努利方程，即

$$z_B + \frac{p_B}{\rho g} + \frac{v_B^2}{2g} = z_C + \frac{p_C}{\rho g} + \frac{v_C^2}{2g} + h_{w_{B-C}}$$

取通过 B 点的水平面为基准面，则 $z_B = 0$，$z_C = 0.2$ m，$v_B = v_A = 0.16 v_C = 0.16 \times 18.06 = 2.89$(m/s)，$h_{w_{B-C}} = 0.1$m。则

$$0 + \frac{p_B}{1000 \times 9.8} + \frac{2.89^2}{2 \times 9.8} = 0.2 + 0 + \frac{18.06^2}{2 \times 9.8} + 0.1$$

$$\frac{p_B}{1000 \times 9.8} = \frac{18.06^2 - 2.89^2}{2 \times 9.8} + 0.3 = 16.5(\text{m})$$

$$p_B = 16.5 \times 9800 = 161\,700(\text{Pa})$$

3.4.3　水力坡度与水头线

沿流程单位管长上的水头损失称为水力坡度，用 i 表示，即

$$i = \frac{h_w}{L} \tag{3-43}$$

前面已经介绍过伯努利方程的几何意义，方程中的每一项都表示一个液柱高度，z 叫做位置水头，表示从某基准面到该点的位置高度；$\frac{p}{\rho g}$叫做压力水头，表示按该点的压力换算的高度；$\frac{v^2}{2g}$叫做流速水头，表示动能转化为位置势能时的折算高度；h_{w1-2}也代表一个高度，叫做水头损失。所以，可以沿流程把它们以曲线的形式描绘出来。图 3-31 为一定常管流的水头线，其中图 3-31(a)为一个等直径管线的水头线示意图，图 3-31(b)为一个变直径管线的水头线示意图。图中位置水头的连线就是位置水头线；压力水头加在位置水头之上，其顶点的连线是测压管水头线；测压管水头线再加上流速水头，其顶点的连线就是总水头线；阴影部分反应的是水头损失。

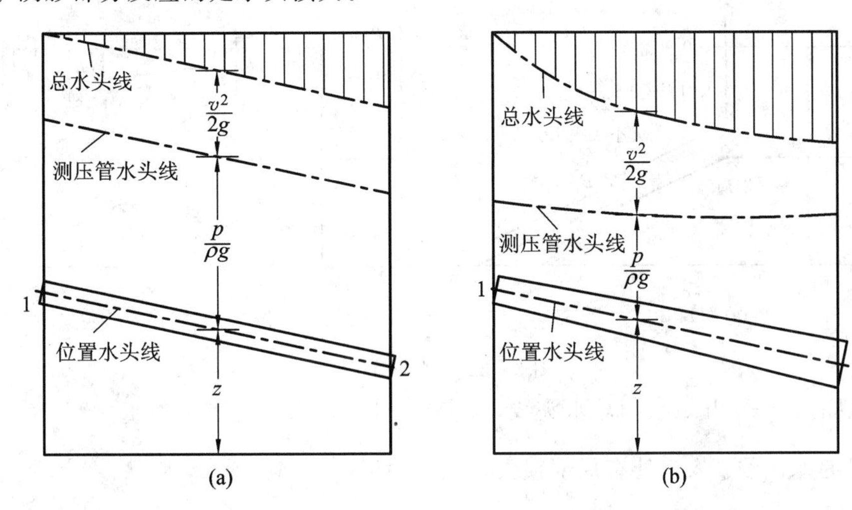

图 3-31　水头线示意图

水头线的画法大致可分成以下几步：

(1) 画出矩形边线。

(2) 根据各断面的位置水头画出位置水头线，位置水头线也就是管线的轴线。

(3) 根据水头损失的计算结果画出总水头线，总水头线一定要正确地反映出水力坡度的变化情况，即管线小管径处的水力坡度一定要大于大管径处的水力坡度，见图 3-31(b)，反之亦然。

(4) 再依据压力水头的大小画出测压管水头线，这时一定要注意以下两点：一是测压管水头线与总水头线的高差必须能够反映出流速水头的变化情况，二是测压管水头线与位置水头线之间的高差必须能够正确地反映出压力水头的变化情况，见图 3-31(b)。

(5) 给出必要的标注。

【例 3-7】　水流由水箱经前后相接的两管流出大气中。大小管断面的比例为 2∶1。全部水头损失的计算式如图 3-32(a)所示。

求：(1) 出口流速 v_2；

(2) 绘制总水头线和测压管水头线。

解　(1) 在 0-0、C 两断面间应用伯努利方程，即

$$z_0+\frac{p_0}{\rho g}+\frac{\alpha_0 v_0^2}{2g}=z_C+\frac{p_C}{\rho g}+\frac{\alpha_C v_2^2}{2g}+h_{w0-C}$$

取通过出口 C 点的水平面为基准面，则 $p_0=p_C=0$，$z_0=8.2\text{m}$，$v_0=0$，$h_{w0-C}=0.5\times\frac{v_1^2}{2g}+0.1\times\frac{v_2^2}{2g}+2\times\frac{v_2^2}{2g}+3.5\times\frac{v_1^2}{2g}=4\times\frac{v_1^2}{2g}+2.1\times\frac{v_2^2}{2g}$，未知数有 v_1 和 v_2 两个，由连续性方程可得

$$v_1=v_2\frac{A_2}{A_1}=0.5v_2$$

将已知数及关系式代入伯努利方程得

$$8.2=4.1\times\frac{v_2^2}{2g}$$

则

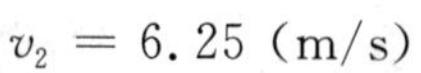

$$v_2=6.25\ (\text{m/s})$$

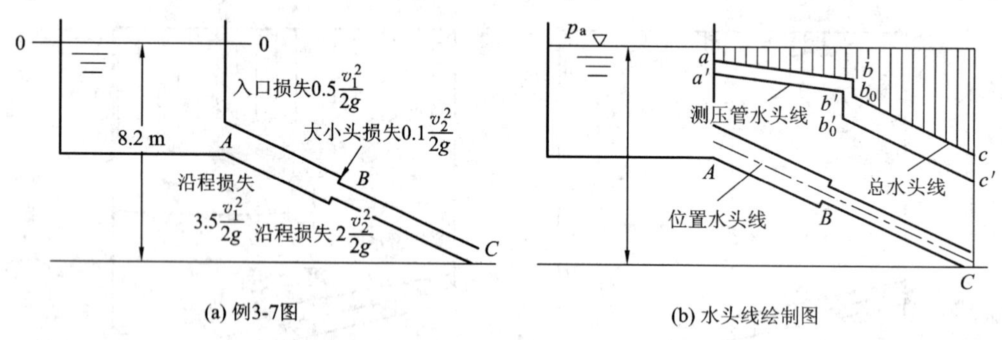

(a) 例3-7图　　(b) 水头线绘制图

图 3-32　例 3-7 图

(2) 从断面 0-0 开始绘制总水头线，如图 3-32(b)所示，水箱静水面高 $H=8.2$ m，总水头线就是水平线。入口处有局部损失，$h_{jA}=0.5\times\frac{v_1^2}{2g}=0.25$ m，则从 0-0 面铅直向下长度为 0.25 m 得 a 点；从 A 到 B 的沿程损失为 $h_{fAB}=3.5\times\frac{v_1^2}{2g}=1.75$ m，则 b 点低于 a 点的铅直距离为 1.75 m；变径局部损失 $h_{jB}=0.1\times\frac{v_2^2}{2g}=0.2$ m，b 点竖直向下 0.2 m 得 b_0 点；B 到 C 的沿程损失为 $h_{fBC}=2\times\frac{v_2^2}{2g}=3.91$ m，则 c 低于 b_0 的竖直距离为 3.91 m。

测压管水头线在总水头线之下，距总水头线的铅直距离：在 $A-B$ 管段为$\frac{{v_1}^2}{2g}=0.5$ m，在 $B-C$ 管段的距离为$\frac{v_2^2}{2g}=2$ m，由于断面不变，流速水头不变，分别与管段的总水头线平行。

位置水头线为管轴线。

3.5　伯努利方程的扩展

3.5.1　重力、离心力联合场的伯努利方程

前面讨论了重力场中的伯努利方程，在实际工程中，如泵或风机的运行，还会有离心

力力场，甚至离心力力场远远大于重力场。本节讨论有离心力场，定常的不可压缩流体的伯努利方程。

1. 流体在叶轮中流动的运动分析

流体在离心式叶轮机械(泵或风机)中的运动是一个复合运动。如图 3-33(a)所示，叶轮带着液体一起作旋转运动，称为牵连运动，其速度用 $\boldsymbol{u}$ 表示，当叶轮叶片以等角速度 ω 作旋转运动时，其牵连速度 $\boldsymbol{u}=\omega \boldsymbol{r}$；在离心力的作用下，流体由叶轮中心向外运动，流体沿叶轮流道的运动，称为相对运动，其速度以 $\boldsymbol{w}$ 表示，如图 3-33(b)所示。叶轮中的液体相对于地面的运动称为绝对运动，其速度以 $\boldsymbol{v}$ 表示。实际上，液体质点既对叶轮有相对速度 $\boldsymbol{w}$，同时又随叶轮旋转，有一圆周速度 $\boldsymbol{u}$，所以，它相对于固定的泵壳所具有的绝对速度 $\boldsymbol{v}$ 是圆周速度 $\boldsymbol{u}$ 和相对速度 $\boldsymbol{w}$ 的矢量和，即 $\boldsymbol{v}=\boldsymbol{u}+\boldsymbol{w}$。这个矢量和可以通过矢量合成的速度三角形(或平行四边形)表示出来，如图 3-33(c)所示。

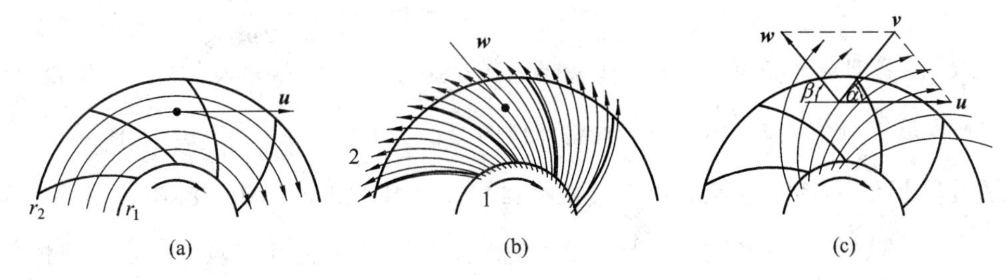

图 3-33　液体质点在叶轮内的运动情况

2. 联合力场的伯努利方程

将坐标系固定在叶轮上，假设流体为理想定常流体，叶片无限多、无限薄，流体质点沿叶片运动，如图 3-33(b)所示，任取一流线 1-2，在该流线上做一长度为 ds、截面积为 dA 的圆柱形流体微团沿流线 s 运动，θ 为重力与流线 s 的反向夹角，α 为离心力与流线的夹角，如图 3-34 所示。根据牛顿定律，并应用达朗贝原理，沿流线 s 列出圆柱形流体微团的运动方程：

$$p\mathrm{d}A-\left(p+\frac{\partial p}{\partial s}\mathrm{d}s\right)\mathrm{d}A+r\omega^2\ \rho\mathrm{d}A\mathrm{d}s\cos\alpha-\rho g\,\mathrm{d}A\mathrm{d}s\cos\theta=\rho\mathrm{d}A\mathrm{d}s\,\frac{\mathrm{d}w}{\mathrm{d}t}=\rho\mathrm{d}A\mathrm{d}s\left(\frac{\partial w}{\partial t}+w\,\frac{\partial w}{\partial s}\right) \tag{a}$$

式中，w 表示流体质点沿流线 1-2 上的运动速度，由几何关系得

$$\cos\alpha=\frac{\partial r}{\partial s};\ \cos\theta=\frac{\partial z}{\partial s}$$

对于定常流，$\dfrac{\partial w}{\partial t}=0$，$\dfrac{\partial w}{\partial s}\mathrm{d}s=\mathrm{d}w$，$\dfrac{\partial p}{\partial s}\mathrm{d}s=\mathrm{d}p$，将式(a)两边除以 d$A$，并将以上数值代入式(a)，得

$$-\mathrm{d}p+r\omega^2\ \rho\mathrm{d}r-\rho g\,\mathrm{d}z=\rho w\mathrm{d}w$$

式中，ω 为常数，牵连速度 $u=\omega r$，流体为定常流，不可压缩的理想流体，并移项上式有

$$g\mathrm{d}z-\frac{1}{2}\ \mathrm{d}\omega^2 r^2+\frac{\mathrm{d}p}{\rho}+\frac{1}{2}\mathrm{d}w^2=0$$

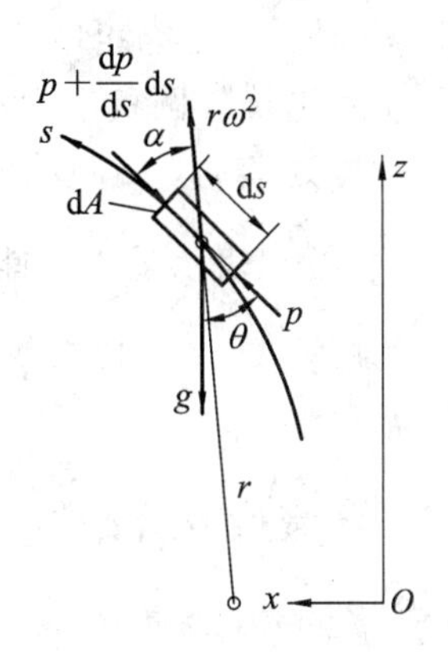

图 3-34　离心力场运动方程

所以有

$$g\mathrm{d}z-\frac{\mathrm{d}u^2}{2}+\frac{\mathrm{d}p}{\rho}+\frac{\mathrm{d}w^2}{2}=0$$

对上式积分，并在方程两边除以 g，得

$$\left[z+\left(-\frac{u^2}{2g}\right)\right]+\frac{p}{\rho g}+\frac{w^2}{2g}=C \tag{3-44a}$$

对于图 3-33(b)上的流线上任意两点 1、2，有

$$\left[z_1+\left(-\frac{u_1^2}{2g}\right)\right]+\frac{p_1}{\rho g}+\frac{w_1^2}{2g}=\left[z_2+\left(-\frac{u_2^2}{2g}\right)\right]+\frac{p_2}{\rho g}+\frac{w_2^2}{2g} \tag{3-44b}$$

3. 几何意义

当相对速度 $w=0$ 时，流体相对叶轮叶片是静止的，式(3-44b)可写为

$$\left[z_1+\left(-\frac{u_1^2}{2g}\right)\right]+\frac{p_1}{\rho g}=\left[z_2+\left(-\frac{u_2^2}{2g}\right)\right]+\frac{p_2}{\rho g} \tag{3-45}$$

式中，u_1、u_2 分别是半径为 r_1、r_2 处坐标系的运动速度。式(3-45)与式(2-7)比较知，叶轮旋转产生离心力场，离心力场使叶片将流体的位置水头提高了$\left(-\frac{u^2}{2g}\right)$，这样可以将匀速旋转的叶轮提供了离心力场后，看做是不运动的，因此在该场中，流体的位置水头为 $z+\left(-\frac{u^2}{2g}\right)$。$\frac{p}{\rho g}$的几何意义同 2.2 节一致。下面就来讨论$\frac{w^2}{2g}$的几何意义。由物理学可知，相对于某物体，以初速度 w 竖直向上抛物时，物体所能上升的高度(相对于某物体而言)恰好是$\frac{w^2}{2g}$，流体也是如此。由此可见，$\frac{w^2}{2g}$也代表一个高度，这个高度是相对于叶片的高度。由于这个高度是由流体相对的流动速度决定的，所以也称之为速度水头，单位为 m。因此由式(3-44)知，重力、离心力联合场的伯努利方程的几何意义是：沿流线总水头为常数。

4. 物理意义

由式(3-44)知，离心力场中的比位能项应为$-\frac{u^2}{2g}$，比位能的大小与所处的位置(半径)有关。这里比位能项有负号，说明最大比位能的位置在旋转中心点，$r=0$，$-\frac{u^2}{2g}=0$，而当 $r>0$ 时，其比位能均为负值，且 r 越大，其比位能越小。这用生活经验可以证明，比如一个水平旋转圆板上的小球，小球必然会从靠近中心处向外圆滚动，即由高比位能向低比位能处运动，如同小球在重力场中由高处向低处下落一样。因此，在式(3-44)中，$z+\left(-\frac{u^2}{2g}\right)$表示重力位能和离心力位能减少之和。$\frac{w^2}{2g}$表示在离心力场中所观察的比动能。因此由式(3-44)知，重力、离心力联合场的伯努利方程的物理意义是：沿流线总比能为常数。

3.5.2 分流量或合流量的伯努利方程

有分流量情况，如图 3-35 所示，应按总能量平衡列能量方程。

$$e_1\rho gQ_1=(e_2+h_{w1-2})\rho gQ_2+(e_3+h_{w1-3})\rho gQ_3 \tag{3-46a}$$

式中：

$$e_1 = z_1 + \frac{p_1}{\rho g} + \frac{v_1^2}{2g}$$

$$e_2 = z_2 + \frac{p_2}{\rho g} + \frac{v_2^2}{2g}$$

$$e_3 = z_3 + \frac{p_3}{\rho g} + \frac{v_3^2}{2g}$$

h_{w1-2}为流体从截面 1 到截面 2 的能量损失；h_{w1-3}为流体从截面 1 到截面 3 的能量损失。

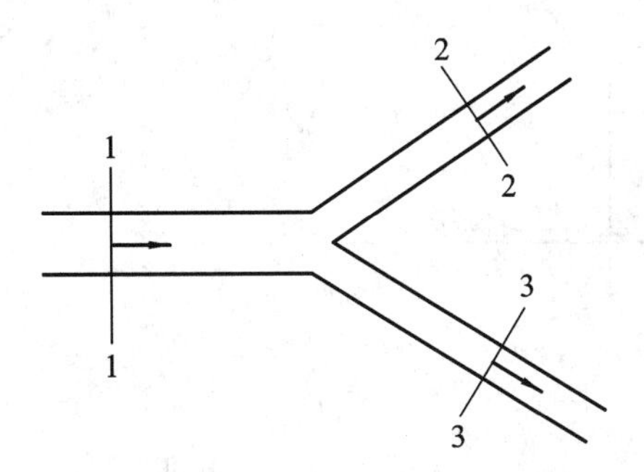

图 3－35　有流量分出的管道

由连续性方程知：

$$Q_1 = Q_2 + Q_3 \tag{3-46b}$$

将式(3－46b)代入式(3－46a)的左边项，则有

$$e_1\,\rho g Q_2 + e_1\,\rho g Q_3 = (e_2 + h_{w1-2})\rho g Q_2 + (e_3 + h_{w1-3})\rho g Q_3$$

对比上式两端可得单位重力作用下流体沿流程的能量关系：

$$e_1 = e_2 + h_{w1-2},\quad e_1 = e_3 + h_{w1-3}$$

由此可见，对于两断面间有流量分出的流动(分流)，列能量方程时，只需考虑所列两断面的能量损失，而不需考虑另一股分出能量的能量损失。以类似的方法也可列出流量合入(合流)时的能量方程。

分流和合流的情况在实际进行水力计算时会经常遇到，例如：给水管网的水力计算、供热管网的水力计算和通风除尘管道的水力计算等。所以，读者应特别注意这两种情况的计算方法，以便于实际应用。

3.5.3　过流断面间有能量的输入和输出的伯努利方程

如果所取的断面之间有机械能的输入(水泵、风机)或输出(水轮机)等装置，如图 3－36 所示。流体流经水泵或风机时获得能量，而流经水轮机时将失去能量。设流体获得或失去的水头为 H，根据能量守恒定律，则总流的伯努利方程为

$$z_1 + \frac{p_1}{\rho g} + \frac{\alpha_1 v_1^2}{2g} \pm H = z_2 + \frac{p_2}{\rho g} + \frac{\alpha_2 v_2^2}{2g} + h_{w1-2} \tag{3-47}$$

式中，$\pm H$ 前面的正、负号，流体流动过程中获得能量(输入)取正($+H$)，失去能量(输出)取负($-H$)。

对水泵而言 H 称为扬程。扬程 H 的几何意义说明如下：如图 3－37 所示，假设一个水泵安装在水面上，其排出口竖直朝上，且吸水管路和压水管路都极短，可以忽略水头损失，假设泵工作时能将液体扬起的最大高度为 h，在图示的两个计算断面间，应用有机械能输入的伯努利方程，由式(3－47)，则有

$$z_1+\frac{p_1}{\rho g}+\frac{\alpha_1 v_1^2}{2g}+H=z_2+\frac{p_2}{\rho g}+\frac{\alpha_2 v_2^2}{2g}+h_{w1-2}$$

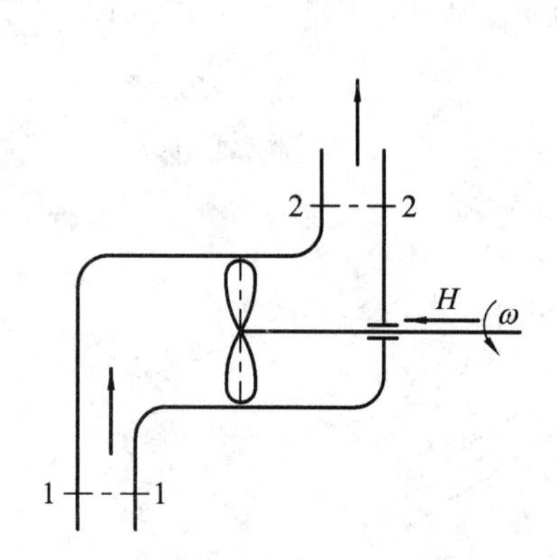

图 3－36　有能量输入和输出的系统

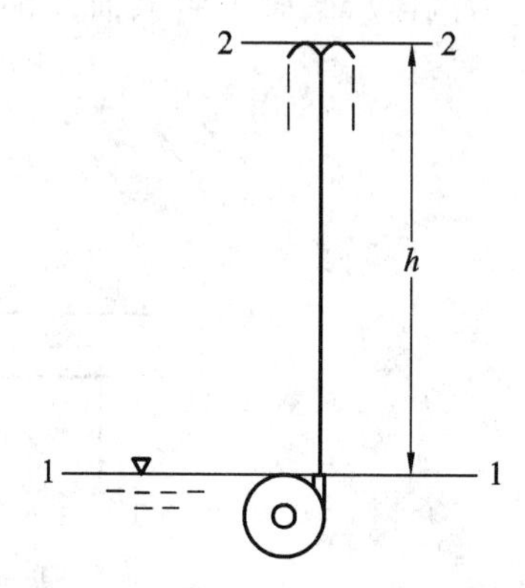

图 3－37　水泵扬程的几何意义

取通过 1－1 面的水平面为基准面，则 $z_1=0$，$z_2=h$；由于液面面积很大，$v_1=0$，当液体被泵扬到最高点 2 时，速度为零，所以，$v_2=0$；1－1 面和 2－2 面敞开在大气中，因此 $p_1=p_2=0$(表压)，将上面各值代入方程，则

$$0+0+0+H=h+0+0+0$$

液体被扬起的最大高度为

$$h=H$$

因此，泵的能量 H 也称为扬程。

泵在单位时间内对液流所做的功(或加给液流的能量)叫做泵的输出功率，也称为泵的有效功率，用 N 表示，单位为 W(N·m/s)。

$\mathrm{d}t$ 时间内通过泵的流体的重量为

$$\mathrm{d}G=\rho gQ\mathrm{d}t$$

$\mathrm{d}t$ 时间内泵对液体所做的有效功为

$$\mathrm{d}W=\mathrm{d}G\cdot H=\rho gQ\mathrm{d}t\cdot H$$

则泵的有效输出功率为

$$N=\frac{\mathrm{d}W}{\mathrm{d}t}=\rho gQH \tag{3-48}$$

式(3－48)给出了泵的有效输出功率与流量和扬程的关系。

【例 3－8】 如图 3－38 所示的水泵抽排水管路系统，吸入管直径 $d_1=300$ mm，排出管直径 $d_2=200$ mm，流量为 20L/s，真空表和压力表之间的高度差为 1 m，真空表读数 $p_v=6.5\times10^4$ Pa，压力表读数 $p_g=25\times10^4$ Pa，两表之间的管路损失为 0.5 m，求泵的扬程 H 和有效功率 N。

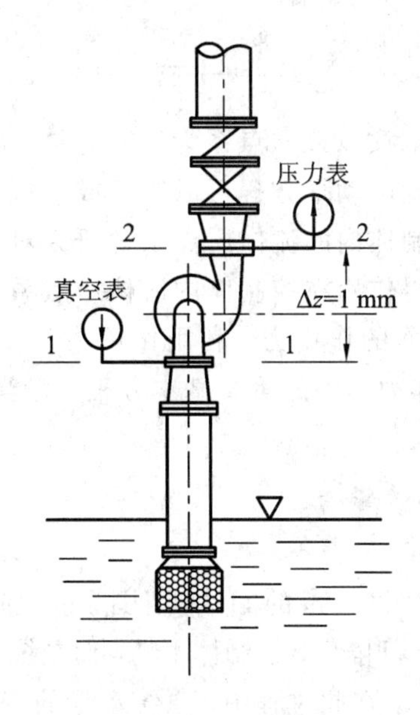

图 3-38　例 3-8 图

解　在 1-1 和 2-2 断面之间，列式(3-47)给出的带有输入机械能的伯努利方程，则

$$z_1+\frac{p_1}{\rho g}+\frac{\alpha_1 v_1^2}{2g}+H=z_2+\frac{p_2}{\rho g}+\frac{\alpha_2 v_2^2}{2g}+h_{w1-2}$$

取 $\alpha_1=\alpha_2\approx1$，由题意知：

$$p_1=-6.5\times10^4\ \text{Pa},\ p_2=25\times10^4\ \text{Pa}$$

$$z_2-z_1=1\ \text{m},\ h_{w1-2}=0.5\ \text{m}$$

$$v_1=\frac{4Q}{\pi d_1^2}=\frac{4\times20\times10^{-3}}{3.14\times0.3^2}=0.283(\text{m/s})$$

$$v_2=\frac{4Q}{\pi d_2^2}=\frac{4\times20\times10^{-3}}{3.14\times0.2^2}=0.637(\text{m/s})$$

$$\begin{aligned}H&=z_2-z_1+\frac{p_2-p_1}{\rho g}+\frac{\alpha_2 v_2^2-\alpha_1 v_1^2}{2g}+h_{w1-2}\\&=1+\frac{25-(-6.5)}{1000\times9.8}\times10^4+\frac{0.637^2-0.2837^2}{2\times9.8}+0.5\\&=1.5+32.1+0.02=33.62(\text{m})\end{aligned}$$

水泵的有效输出功率为

$$N=\rho gQH=1000\times9.8\times20\times10^{-3}\times33.62=6589.52\ (\text{W})$$

3.6　动量和动量矩方程

欧拉运动微分方程对其进行积分可以得到流场中压力和速度的分布。但由于数学求解上的困难，大大限制了该方程的实际应用。在很多情况下人们关心的是流体和外界的相互作用，而不必知道流体内部的压力和速度分布的详细情况，此时可将刚体力学中的动量定理应用于流体质点系。刚体力学的动量定理是：质点的动量对时间的变化率等于作用在质点上的合外力，即

$$\sum \boldsymbol{F} = \frac{\mathrm{d}\left(\sum m\boldsymbol{v}\right)}{\mathrm{d}t} \tag{3-49}$$

刚体力学中的动量定理是以质点或质点系为研究对象，在流体力学中即为拉格朗日的研究方法。针对流体质点系所列的动量方程可以改换成欧拉方法来表示，即采用欧拉方法选取一定空间为控制体，以控制体内的流体质点系为研究对象列动量方程，再改写成欧拉方法描述的形式，这样可以求得作用在控制体内流体质点系上的外力。在工程当中经常需要解决控制体内流体对固体壁面的作用力，利用作用力与反作用力的关系可解决此类问题。因此，流体动量方程是流体力学中的重要基本方程，有着广泛的工程应用。

3.6.1 定常流动量方程

1. 动量方程的建立

在不可压缩定常总流中，取图 3-39 的 11221 所围成的空间为控制体，取时刻 t 所占据控制体的流体为系统，经过时间 $\mathrm{d}t$ 间隔后，控制体不动，而系统移到新的位置 $1'1'2'2'1'$，构成图示的Ⅰ、Ⅱ、Ⅲ三个空间区域。在此过程中，系统动量的变化值为

$$\mathrm{d}\boldsymbol{M} = \boldsymbol{M}_{t+\mathrm{d}t} - \boldsymbol{M}_t = (\boldsymbol{M}_{\mathrm{II}} + \boldsymbol{M}_{\mathrm{III}})_{t+\mathrm{d}t} - (\boldsymbol{M}_{\mathrm{I}} + \boldsymbol{M}_{\mathrm{III}})_t$$

由于是定常流，运动参数只与空间位置有关，与时间无关，所以时间下标可以去掉，$\boldsymbol{M}_{\mathrm{III}}$ 的动量，尽管不是同一部分流体，但它们位置相同，流速大小与方向不变，密度也不变，因此动量相等，可以去掉，则

$$\mathrm{d}\boldsymbol{M} = \boldsymbol{M}_{\mathrm{II}} - \boldsymbol{M}_{\mathrm{I}}$$

式中，

$$\boldsymbol{M}_{\mathrm{I}} = \int_{A_1} \boldsymbol{u}_1 \mathrm{d}m_1 = \int_{A_1} \boldsymbol{u}_1\, \rho \mathrm{d}Q_1 \cdot \mathrm{d}t$$

$\boldsymbol{M}_{\mathrm{I}}$ 为流入控制体内流体所具有的动量；

$$\boldsymbol{M}_{\mathrm{II}} = \int_{A_2} \boldsymbol{u}_1 \mathrm{d}m_2 = \int_{A_2} \boldsymbol{u}_2\, \rho \mathrm{d}Q_2 \cdot \mathrm{d}t$$

$\boldsymbol{M}_{\mathrm{II}}$ 为流出控制体内流体所具有的动量。

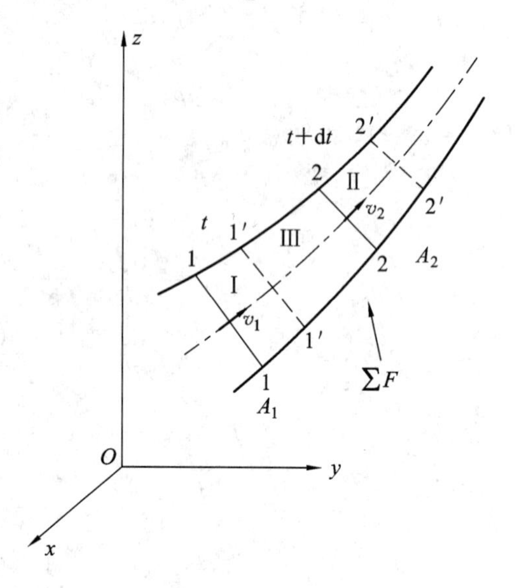

图 3-39 总流动量变化

由于实际流体具有黏性，在某一断面上各点的流速分布不均匀，所以直接用断面平均流速来计算动量与用实际流速计算的动量是不同的，因此，需要引入一个系数加以修正，该系数用 β 来表示，称为动量修正系数，它是流体的实际动量与按平均流速计算的动量之比，即

$$\beta = \frac{\int_A \rho u \mathrm{d}t \cdot \mathrm{d}A \cdot u}{\rho v \mathrm{d}t \cdot A \cdot v} = \frac{\int_A u^2 \mathrm{d}A}{v^2 A}$$

因此上述动量用平均流速可表示为

$$\boldsymbol{M}_{\mathrm{I}} = \beta_1 \rho_1 Q_1 \mathrm{d}t \cdot \boldsymbol{v}_1\text{；}\ \boldsymbol{M}_{\mathrm{II}} = \beta_2 \rho_2 Q_2 \mathrm{d}t \cdot \boldsymbol{v}_2$$

考虑到不可压缩定常流的连续性方程有

$$\rho_1 Q_1 = \rho_2 Q_2 = \rho Q$$

则有

$$\mathrm{d}\boldsymbol{M} = \rho Q \mathrm{d}t(\beta_2 \boldsymbol{v}_2 - \beta_1 \boldsymbol{v}_1)$$

两端同除以 $\mathrm{d}t$，可得

$$\frac{\mathrm{d}\boldsymbol{M}}{\mathrm{d}t} = \rho Q(\beta_2 \boldsymbol{v}_2 - \beta_1 \boldsymbol{v}_1)$$

由动量定理式(3-49)得

$$\sum \boldsymbol{F} = \rho Q(\beta_2 \boldsymbol{v}_2 - \beta_1 \boldsymbol{v}_1) \tag{3-50}$$

β 值的大小也取决于过流断面上的流速分布，流速分布越不均匀，β 值就越大，反之越小。对圆管层流 $\beta=1.33$，紊流 $\beta=1.005\sim1.05$，对于一般工业管，$\beta=1.02\sim1.05$。在本书中，若计算中要求精度不高，无特殊说明，一般取 $\beta=1$。此时，式(3-50)可写成下式：

$$\sum \boldsymbol{F} = \rho Q(\boldsymbol{v}_2 - \boldsymbol{v}_1) \tag{3-51}$$

式(3-51)为一元定常流动的动量方程。其物理意义是：在一元定常流中，作用在控制体上的合外力等于单位时间内流出与流入控制体的动量差。

式(3-51)是矢量式，在计算中常将力和流速在空间直角坐标 x、y、z 三个轴向投影，则可得三个代数方程，由它们所组成的方程组与式(3-51)是等价的，即

$$\sum F_x = \rho Q(v_{2x} - v_{1x}) \tag{3-52a}$$

$$\sum F_y = \rho Q(v_{2y} - v_{1y}) \tag{3-52b}$$

$$\sum F_z = \rho Q(v_{2z} - v_{1z}) \tag{3-52c}$$

式中，$\sum F_x$、$\sum F_y$、$\sum F_z$ 为合外力在三个坐标轴上投影的代数和；v_{1x}、v_{1y}、v_{1z} 为动量变化前的流速在三个坐标轴上的投影；v_{2x}、v_{2y}、v_{2z} 为动量变化后的流速在三个坐标轴上的投影。代数方程表明，单位时间内流体在某一方向的动量变化，等于同一方向作用在流体外力的合力。当某一轴向和某两个轴向没有动量变化时，上述方程组则可简化为两个或一个方程，因为没有动量变化那个方向上外力投影的代数和为零，所以可不作分析。

2. 应用动量方程的注意事项

1) 选取控制体

在流场中，某一确定的空间区域称为控制体，这个区域的周界面称为控制面。控制体的形状是根据流动情况和边界位置任意选定的，但一旦选定后，其边界就不能随着流体的流动而变化，控制体的形状和位置相对于所选定的坐标系统来讲是固定不变的。在动量方程的推导过程中所选的控制体就是由渐变流过流断面和固体壁面为边界所包围的流体段。取断面是为便于计算断面平均流速和作用在断面上的压力。

2) 受力分析

作用在控制体上的外力包括质量力和表面力。表面力中有两端断面上的压力、固体边壁对流体的压力、固体边壁附近的摩擦阻力(通常略去不计)。作用在控制体内部的内力，如流体相互间的压力和相对运动流层间的内摩擦力一一抵消，均无须计算。因大气压随处存在，一律采用相对压力计算总压力。要选出计算过程中的坐标系，列方程时，和坐标轴同向的力为正，和坐标轴反向的力为负；待求力的方向可先设出，如结果为正，则说明假

设正确。

3）求动量变化

此动量变化值必须是流出控制体的动量值减去流入控制体的动量值。流速投影的正负与力投影的规定相同，即与坐标轴正向一致时为正，反之为负。

综合上述可知，应用定常流动量方程时要注意：

(1) 选择一个合适的控制体，使两个过流断面，既紧接动量变化的急速的急变流段，又都在缓变流区域，以便应用伯努利方程计算 p_1、p_2。在计算过程中只涉及控制面上的流动参数，而不考虑控制体内部的流动状态。

(2) 动量方程不同于连续性方程和伯努利方程，它是一个矢量方程，应建立一个坐标系，应用投影解题比较方便。

(3) 用动量方程求解，往往要与连续性方程和伯努利方程联合使用。

(4) 方程中的 $\sum \boldsymbol{F}$ 是外界对流体的力，而不是流体对固体的力。流体对固体的力和固体对流体的力是一对作用力与反作用力。

下面结合实例来说明动量方程的应用。

3. 动量方程的应用

1）液流对弯管的作用力

【例 3-9】 如图 3-40 所示，水平放置的输水弯管，$\theta=60°$，直径由 $d_1=200$ mm 变为 $d_2=150$ mm。已知弯管前断面的压力为 $p_1=1.8\times10^4$ Pa，输水流量为 $Q=0.1\ \text{m}^3/\text{s}$，不计损失，求水流对弯管的作用力。

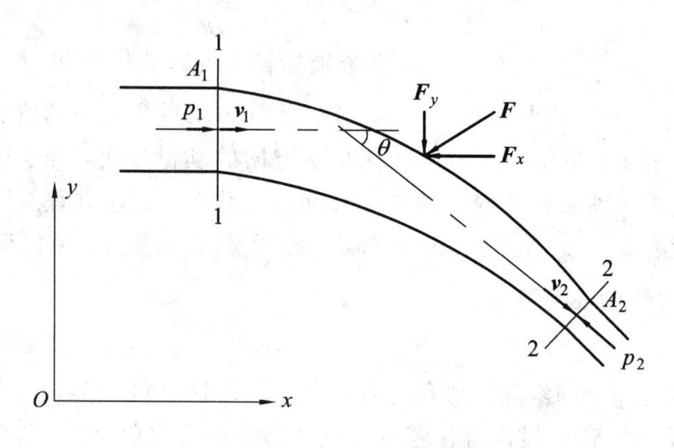

图 3-40　例 3-9 图

解　(1) 取控制体。

首先建立坐标系，如图 3-40 所示，在弯管的前后取过流断面 1-1、2-2 及管壁所围成的空间作为控制体。

(2) 受力分析。

重力垂直于坐标平面，故其投影为零。弯管对水流的作用力为 $\boldsymbol{F}$，用两个方向上的分力 $\boldsymbol{F}_x$、$\boldsymbol{F}_y$ 表示，两断面的压力为 p_1、p_2，按静压力特性将方向标于图中；两断面的流速方向也标于图中。

(3) 列出动量方程，求解 $\boldsymbol{F}_x$ 和 $\boldsymbol{F}_y$。

x 轴向：$p_1A_1 - p_2A_2\cos60° - F_x = \rho Q(v_2\cos60° - v_1)$　　(a)

y 轴向：$p_2A_2\sin60° - F_y = \rho Q(v_2\sin60° - 0)$　　(b)

由连续性方程可算出：

$v_1 = \dfrac{4Q}{\pi d_1^2} = \dfrac{4\times0.1}{3.14\times0.2^2} = 3.18(\text{m/s})$；$v_2 = \dfrac{4Q}{\pi d_2^2} = \dfrac{4\times0.1}{3.14\times0.15^2} = 5.66(\text{m/s})$

列 1 - 2 断面的伯努利方程，不计损失，则有

$$p_2 = p_1 + \frac{\rho}{2}(v_1^2 - v_2^2) = 1.8\times10^4 + \frac{1000}{2}(3.18^2 - 5.66^2) = 7.03(\text{kPa})$$

将计算出的数据代入式(a)和(b)，分别解出

$$F_x = 538\text{N};\ F_y = 598\text{N}$$

(4) 水流对弯管的作用力。

上面求出的 F_x 和 F_y 均为正值，表明假设的方向是正确的。将两者合成，则可得弯管对水流的作用力。

$$F = \sqrt{F_x^2 + F_y^2} = \sqrt{538^2 + 598^2} = 804(\text{N})$$

水流对弯管的作用力 R 与 F 大小相等、方向相反，并且作用在同一直线上。

2) *射流对固体壁面的冲击力*

一股均匀射流正面冲击图示 3 - 41(a)所示的固体壁面，由于控制体内流程很短，水流阻力较其他外力很微小，可忽略不计。因此，一般可认为：① 控制体内的能量损失为零；② 水平射流与壁面在接触后，射流只改变方向不改变大小；③ 由于壁面的对称性，水平射流的反作用力 $\boldsymbol{F}$ 平行于射流方向。

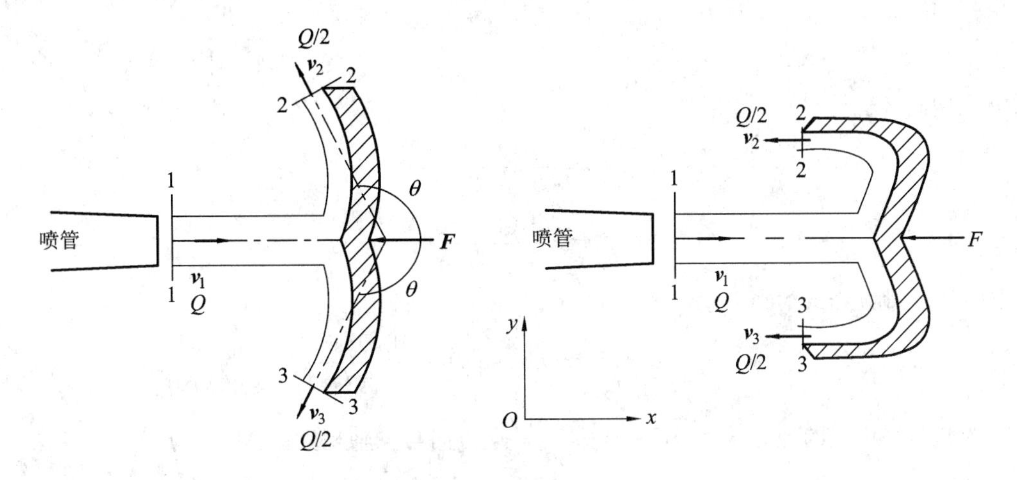

图 3 - 41　例 3 - 10 图

【例 3 - 10】 求图 3 - 41(a)所示的射流对曲面的作用力。

解　如图 3 - 41(a)所示，取过流断面 1 - 1、2 - 2、3 - 3 及挡板壁面围成的空间为控制体，曲面板对水的作用力(即射流对平面板冲击力的反作用力)为 $\boldsymbol{F}$。控制体四周为大气压，作用相互抵消，同时射流方向水平，重力可以不考虑。略去射流运动的机械能损失，由伯努利方程可得 $v_1 = v_2 = v_3 = v$。假设水平射流的流量为 Q，因曲面对称且正迎着射流，则两股流量可以认为相等，等于 $Q/2$。x 方向的动量方程为

$$-F=-\rho\frac{Q}{2}v\cos(180^\circ-\theta)-\rho\frac{Q}{2}v\cos(180^\circ-\theta)-\rho Qv$$

$$F=\rho Qv(1-\cos\theta)$$

所以射流对壁面的作用力为

$$R=-F=-\rho Qv(1-\cos\theta)\quad \text{方向与 } x \text{ 轴同向}$$

射流冲击的分析是冲击式水轮机转动的理论基础。从上式可知：当 $\theta=90^\circ$时，$R=\rho Qv$；当 $\theta=180^\circ$时，$R=2\rho Qv$，曲面所受冲击为最大，如图 3-41(b)所示。

【例 3-11】 如图 3-42 所示，流量为 Q_0 的水平射流，冲击铅直放置并与之成 θ 角的光滑平面壁，冲击后液流分散，设液流密度为 ρ。求：(1) 流量 Q_1 和 Q_2 的分配；(2) 若测得来流的直径为 d_0，射流对平面壁的冲力 $\boldsymbol{R}$ 是多少？

解 如图 3-42 所示，取过流断面 0-0、1-1、2-2 及斜板面围成的空间为控制体，平面板对水的作用力(即射流对平面板冲击力的反作用力)为 $\boldsymbol{F}$。控制体四周为大气压，作用相互抵消，同时射流方向水平，重力可以不考虑。设射流的初始速度为 $\boldsymbol{v}_0$，因为壁面光滑，水平射流的速度改变方向不改变大小；光滑壁面对射流的反力 $\boldsymbol{F}$ 垂直于壁面，合外力在 x 方向上为 0，列 x 方向的动量方程可得

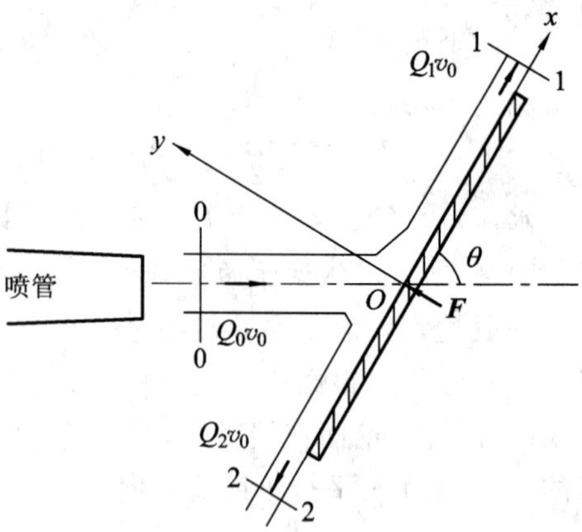

$$0=(\rho Q_1v_0-\rho Q_2v_0)-\rho Q_0v_0\cos\theta$$

由连续性方程得

$$Q_0=Q_1+Q_2$$

图 3-42 例 3-11 图

联立上两式，解得

$$Q_1=\frac{Q_0(1+\cos\theta)}{2}$$

$$Q_2=\frac{Q_0(1-\cos\theta)}{2}$$

y 方向的动量方程式为

$$F=0-(-\rho Q_0v_0\sin\theta)=\frac{4\rho Q_0^2\sin\theta}{\pi d_0^2}$$

射流对平面壁的冲力 $R=-F=-\dfrac{4\rho Q_0^2\sin\theta}{\pi d_0^2}$，方向与 y 轴相反。

3) 射流的反推力

许多航天器都是利用气流的反推力获得飞行动力的。图 3-43 为一个简化后的火箭模型。为了方便起见，取与火箭一起运动的相对坐标系，取火箭本身的外壳表面和喷管出口平面为控制面，喷管出口截面积为 A，流体相对于发射火箭喷出的速度为 $\boldsymbol{v}$，流量为 Q，流体的密度为 ρ，气流受力为 $\boldsymbol{F}$，方向如图所示，列飞行方向的动量方程有

$$F=-\rho Qv-0=-\rho Av^2(\downarrow)$$

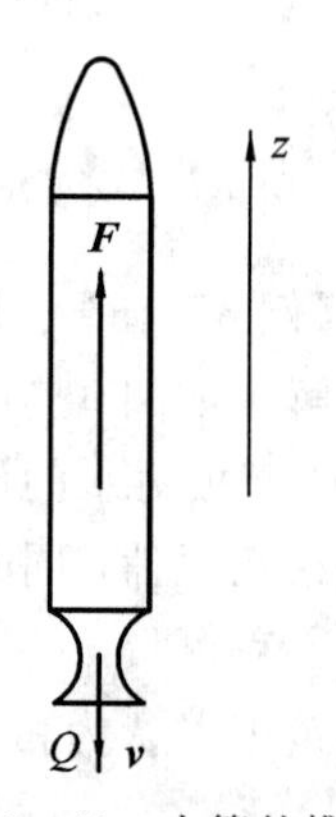

图 3-43 火箭的推力

火箭所获得的推力与气流的受力方向相反，即

$$R=-F=\rho Av^2(\uparrow)$$

由此可见，由于推力与喷管出口的流速的平方成正比，所以使火箭获得较大推力的最有效方法是尽量提高喷管出口的速度。

4）稳态液动力

稳态液动力是当液压阀的阀芯开启或关闭时产生的一种作用相反的力。图3-44为简化后的滑阀模型，求油液作用在滑阀上的轴向液动力 $\boldsymbol{R}$。取1-1、2-2及阀芯和阀体之间的液体作为控制体。设阀芯对液体的作用力为 $\boldsymbol{F}$，方向如图所示。对于图3-44(a)，控制体内液流进口速度在 x 向方向的分量为 $v\cos\theta$，液流出口速度在 x 向方向分量为0，对控制体沿 x 方向列动量方程，则

$$-F=-\rho Q[0-(-v\cos\theta)]=-\rho Qv\cos\theta$$

液体对阀芯的作用力应为 $R=-F=-\rho Qv\cos\theta$，方向与图示方向相反。液体产生的力可阻止阀口打开。

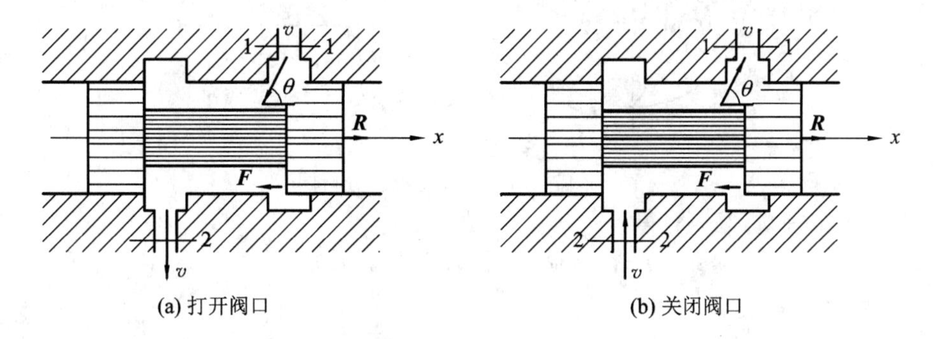

图3-44　滑阀的稳态液动力

同理，对于图3-44(b)情况，有

$$-F=\rho Q(v\cos\theta-0)=\rho Qv\cos\theta$$

$R=-F=\rho Qv\cos\theta$，方向与图示方向相同。液体产生的力阻止阀口关闭。

由两图分析可知，阀芯受到轴向方向作用力 $\boldsymbol{R}$，力图使阀芯打开阀口(见图3-44(a))或关闭阀口(见图3-44(b))。此力称为稳态液动力，流量越大，此稳态液动力也越大。

3.6.2　动量矩方程及应用

在刚体力学中，一个物体单位时间内对转动轴的动量矩变化，等于作用于物体上的所有外力对同一轴的力矩之和，即动量矩定理。

1. 动量矩方程的建立

用动量方程式(3-49)两端对流场中某一固定参考点 O 取矩，令 $\boldsymbol{r}_1$、$\boldsymbol{r}_2$、$\boldsymbol{r}$ 分别代表从固定参考点到过流断面1、2及外力作用点的矢径，可得动量矩方程

$$\boldsymbol{T}=\sum\boldsymbol{F}\times\boldsymbol{r}=\rho Q(\boldsymbol{v}_2\times\boldsymbol{r}_2-\boldsymbol{v}_1\times\boldsymbol{r}_1) \tag{3-53}$$

式(3-53)表明：单位时间内流出、流入控制面的动量矩之差等于作用在控制体内流体上所有外力对同一参考点力矩的矢量和。

注：上述 $\boldsymbol{v}\times\boldsymbol{r}$ 是用工程数学的矢量叉积来表示的，其大小为 $|\boldsymbol{v}|\cdot|\boldsymbol{r}|\cdot\sin\theta$，$\theta$ 是 $\boldsymbol{v}$ 和

$\boldsymbol{r}$ 的夹角，$|\boldsymbol{v}|$和$|\boldsymbol{r}|$是其值的大小，$\boldsymbol{v}\times\boldsymbol{r}$ 的方向垂直于 $\boldsymbol{v}$ 和 $\boldsymbol{r}$ 所确定的平面，按右手规则从 $\boldsymbol{v}$ 转向 $\boldsymbol{r}$ 来确定。

2. 叶片式流体机械的动量矩方程

水流通过水泵或水轮机等流体机械时，水流对叶片有作用力，受水流作用的转轮叶片绕某一固定轴旋转。以水流通过泵叶轮的流动情况为例，设一离心泵叶轮如图 3-45 所示，水流从叶轮内周进入，从外周流出。假设叶轮中叶片无穷多，液体无黏性，则相对运动是定常的。

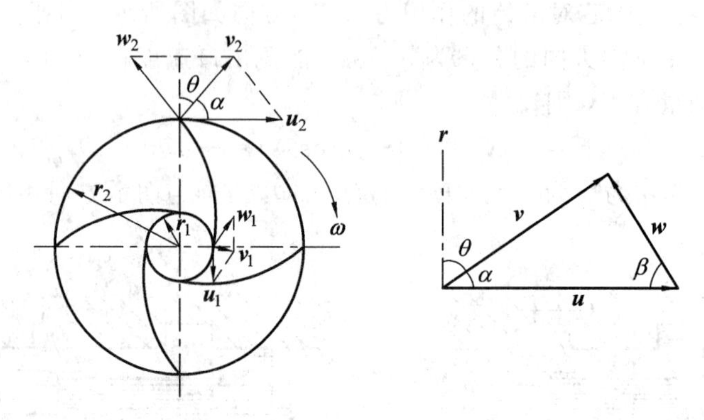

图 3-45 离心泵叶轮液流分析图

由动量矩定理式(3-53)得

$$\boldsymbol{T} = \rho Q(\boldsymbol{v}_2 \times \boldsymbol{r}_2 - \boldsymbol{v}_1 \times \boldsymbol{r}_1)$$

由速度三角形得

$$|\boldsymbol{v} \times \boldsymbol{r}| = vr\sin\theta = vr\sin(90° - \alpha) = vr\cos\alpha$$

将该值代入上式，并将力矩写成标量形式，则

$$T = \rho Q(r_2 v_2 \cos\alpha_2 - r_1 v_1 \cos\alpha_1) \tag{3-54}$$

【例 3-12】 图 3-46 所示为一洒水器，水从转水在旋转轴心沿轴向进入一个具有两条转臂的流体机械内，然后由转臂喷嘴流出。若喷嘴直径 $d=10$ mm，转臂长度 $r=0.3$ m，出口射流与旋转圆周切线夹角 $\theta=30°$，进入流体机械的流量为 $Q=2.5$ L/s，不计摩擦。求洒水器的转动角速度 ω。

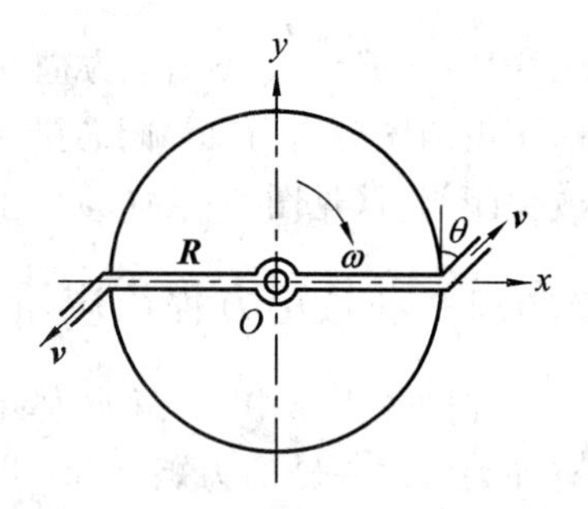

图 3-46 洒水器工作

解 不计摩擦力，转臂所受的外力矩为零，建立静止坐标系。设 w 为液流离开喷嘴的速度，则

$$w = \frac{Q}{2A} = \frac{2Q}{\pi d^2} = \frac{2 \times 2.5 \times 10^{-3}}{\pi \times 0.01^2} = 16\ (\text{m/s})$$

由图 3-45 的速度三角形分析知：

$$v_2\cos\alpha_2 = \omega r_2 - w\cos\theta$$

$$r_2 = r = 0.3\ \text{m},\ r_1 = 0$$

由动量矩方程式(3-54)得

$$T = \rho Q(r_2 v_2 \cos\alpha_2 - r_1 v_1 \cos\alpha_1) = \rho Q[r(\omega r - w\cos\theta) - 0] = 0$$

$$\omega = \frac{w}{r}\cos\theta = \frac{16}{0.3} \times \cos 30° = 46.2\ (\text{rad/s})$$

3.7　流体微团运动分析

3.7.1　流体微团运动分解

流体的运动方式除了有与刚体运动相同的平移运动和旋转运动外，通常还具有十分复杂的变形运动。变形运动包括线变形和角变形两种。所以，一般情况下流体微团的运动可以分解为平动、转动、线变形和角变形等四种运动方式，如图 3-47 所示。这四种运动都可以用运动速度来表示，现在分析如下。

在流场中取出如图 3-47 所示的长方形流体微团 $ABCD$ 来分析，流体微团的平动如图 3-47(a)所示，在这一运动过程中流体微团的大小和形状均未发生变化，仅仅是产生了位移；比较图 3-47(a)和图 3-47(d)便可以看出流体微团的旋转过程，与转动之前相比，其位置和形状也未发生变化，仅仅旋转了一个角度；当流体微团发生了线变形之后，其边长发生了变化，所以其形状也发生了变化，线变形后的流体微团如图 3-47(b)所示；角变形后的流体微团如图 3-47(c)所示，角变形也称为剪切变形，剪切变形是引起黏性切应力的主要因素。至此，已经了解了流体微团在流动过程中可能发生的各种运动，即平动、旋转、线变形和角变形。

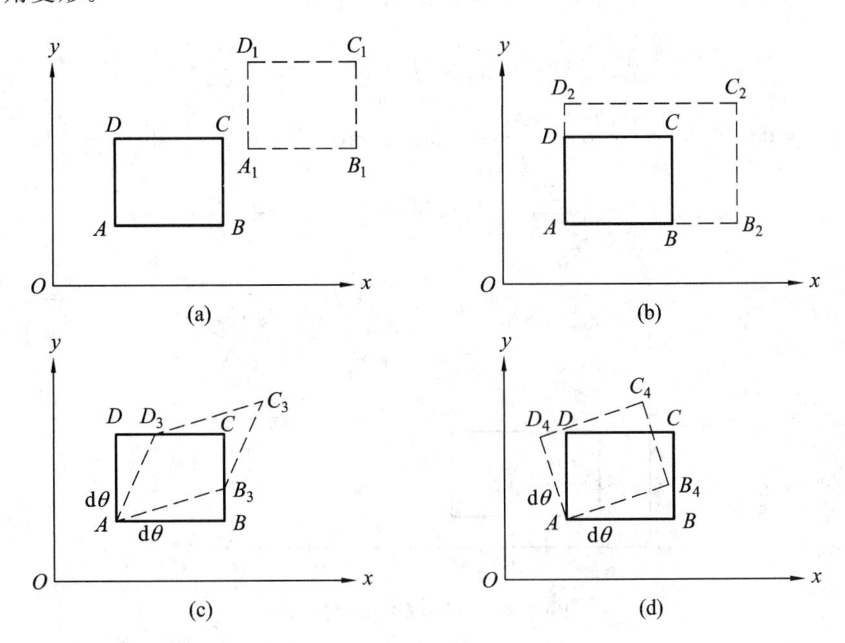

图 3-47　流体微团运动形式

3.7.2　流体微团变形和旋转的特征量

1. 流体微团运动

为简化分析，先以平面流动为例来分析，取如图 3-48 所示长方形流体微团 $ABCD$ 来分析，建立图示的 xOy 坐标系，假设其边长分别为 $\mathrm{d}x$ 和 $\mathrm{d}y$，则初始时刻 $ABCD$ 各点的坐

标为

$$A(x,\ y)、B(x+\mathrm{d}x,\ y)、C(x+\mathrm{d}x,\ y+\mathrm{d}y)、D(x,\ y+\mathrm{d}y)$$

假设 A 点的速度为 $\boldsymbol{u}=(u_x,\ u_y)$，则其各点的速度如图 3-48 所示。

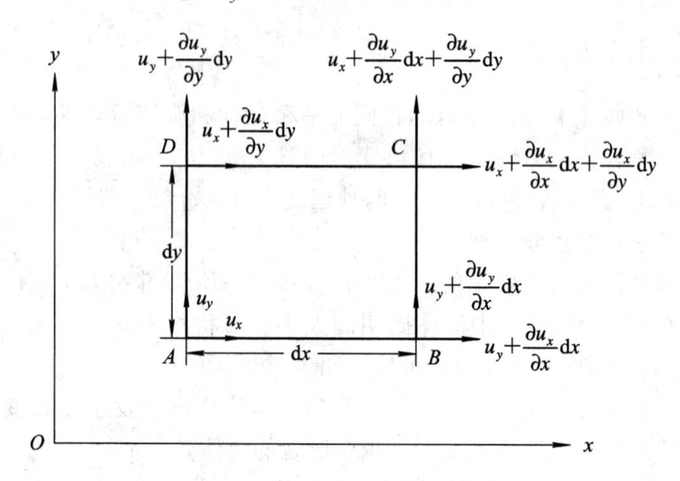

图 3-48　流体微团运动分析

经过了 $\mathrm{d}t$ 时间间隔后，流体微团运动至 $A'B'C'D'$，见图 3-49，则 $A'B'C'D'$ 的坐标为

$$A'(x+u_x\mathrm{d}t,\ y+u_y\mathrm{d}t)$$

$$B'\left[x+\mathrm{d}x+\left(u_x+\frac{\partial u_x}{\partial x}\mathrm{d}x\right)\mathrm{d}t,\ y+\left(u_y+\frac{\partial u_y}{\partial x}\mathrm{d}x\right)\mathrm{d}t\right]$$

$$C'\left[x+\mathrm{d}x+\left(u_x+\frac{\partial u_x}{\partial x}\mathrm{d}x+\frac{\partial u_x}{\partial y}\mathrm{d}y\right)\mathrm{d}t,\ y+\mathrm{d}y+\left(u_y+\frac{\partial u_y}{\partial x}\mathrm{d}x+\frac{\partial u_y}{\partial y}\mathrm{d}y\right)\mathrm{d}t\right]$$

$$D'\left[x+\left(u_x+\frac{\partial u_x}{\partial y}\mathrm{d}y\right)\mathrm{d}t,\ y+\mathrm{d}y+\left(u_y+\frac{\partial u_y}{\partial y}\mathrm{d}y\right)\mathrm{d}t\right]$$

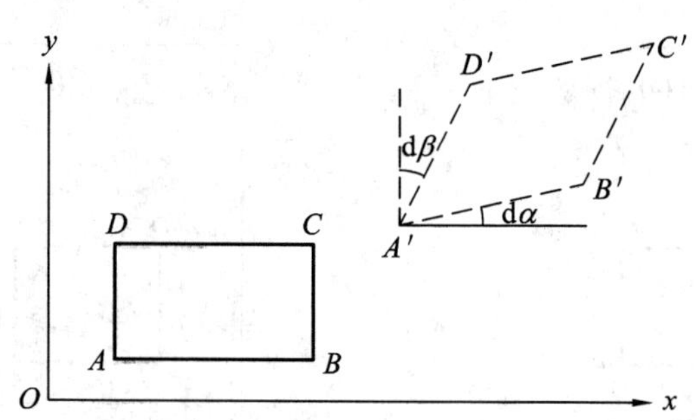

图 3-49　流体微团运动与变形

2. 线变形特征量

流体微团在 x 方向的线变形速率定义为：单位时间内单位长度所产生的线变形，用 ε_{xx} 来表示，则有

$$\varepsilon_{xx}\approx\frac{(A'B')_x-(AB)_x}{(AB)_x\mathrm{d}t}=\frac{\left(\mathrm{d}x+\frac{\partial u_x}{\partial x}\mathrm{d}x\mathrm{d}t\right)-\mathrm{d}x}{\mathrm{d}x\mathrm{d}t}=\frac{\partial u_x}{\partial x}\tag{3-55a}$$

同理，另外两个方向上的线变型率为

$$\varepsilon_{yy} = \frac{\partial u_y}{\partial y} \tag{3-55b}$$

$$\varepsilon_{zz} = \frac{\partial u_z}{\partial z} \tag{3-55c}$$

在三元流动中，一个正六面体的体积膨胀率可表示为

$$\frac{\left(\mathrm{d}x + \frac{\partial u_x}{\partial x}\mathrm{d}x\mathrm{d}t\right)\left(\mathrm{d}y + \frac{\partial u_y}{\partial y}\mathrm{d}y\mathrm{d}t\right)\left(\mathrm{d}z + \frac{\partial u_z}{\partial z}\mathrm{d}z\mathrm{d}t\right) - \mathrm{d}x\mathrm{d}y\mathrm{d}z\mathrm{d}t}{\mathrm{d}x\mathrm{d}y\mathrm{d}z\mathrm{d}t} = \frac{\partial u_x}{\partial x} + \frac{\partial u_y}{\partial y} + \frac{\partial u_z}{\partial z}$$
$$= \varepsilon_{xx} + \varepsilon_{yy} + \varepsilon_{zz} = \mathrm{div}\boldsymbol{u}$$

即速度的散度等于三个相互垂直方向上的线变形速率之和，也等于体积膨胀速率。现在再来回想一下不可压缩流体空间流动的连续性方程 $\mathrm{div}\boldsymbol{u}=0$，它表明不可压缩流体在流动过程中可以平动，可以转动，也可以变形，但体积绝不会发生变化。

3. 角变形速度

流体力学中，将流体微团上 xy 平面内的任意直角的变形速度的一半定义为角变形速度，用 ε_{xy} 来表示。则图 3-49 中 $\angle BAD$ 的角变形速度可表述为

$$\varepsilon_{xy} = \frac{1}{2}\frac{\angle BAD - \angle B'A'D'}{\mathrm{d}t} = \frac{1}{2}\frac{\frac{\pi}{2} - \left[\frac{\pi}{2} - (\mathrm{d}\alpha + \mathrm{d}\beta)\right]}{\mathrm{d}t} = \frac{1}{2}\left(\frac{\mathrm{d}\alpha}{\mathrm{d}t} + \frac{\mathrm{d}\beta}{\mathrm{d}t}\right)$$

而 $\mathrm{d}\alpha \approx \tan\mathrm{d}\alpha$，则有

$$\mathrm{d}\alpha \approx \sin\mathrm{d}\alpha = \tan\mathrm{d}\alpha = \frac{(A'B')_y}{(A'B')_x} = \frac{\frac{\partial u_y}{\partial x}\mathrm{d}x\mathrm{d}t}{\left(\mathrm{d}x + \frac{\partial u_x}{\partial x}\mathrm{d}x\mathrm{d}t\right)}\mathrm{d}t = \frac{\partial u_y}{\partial x}\frac{1}{\left(1 + \frac{\partial u_x}{\partial x}\mathrm{d}t\right)}\mathrm{d}t$$

由于 $\mathrm{d}t \ll 1$，所以可以忽略分母中的小量，两端同除以 $\mathrm{d}t$ 得

$$\frac{\mathrm{d}\alpha}{\mathrm{d}t} = \frac{\partial u_y}{\partial x}$$

同理可得

$$\frac{\mathrm{d}\beta}{\mathrm{d}t} = \frac{\partial u_x}{\partial y}$$

所以

$$\varepsilon_{xy} = \varepsilon_{yx} = \frac{1}{2}\left(\frac{\partial u_x}{\partial y} + \frac{\partial u_y}{\partial x}\right) \tag{3-56a}$$

$$\varepsilon_{yz} = \varepsilon_{zy} = \frac{1}{2}\left(\frac{\partial u_y}{\partial z} + \frac{\partial u_z}{\partial y}\right) \tag{3-56b}$$

$$\varepsilon_{xz} = \varepsilon_{zx} = \frac{1}{2}\left(\frac{\partial u_x}{\partial z} + \frac{\partial u_z}{\partial x}\right) \tag{3-56c}$$

4. 旋转角速

流体力学中，将流体微团上 xy 平面内的任意两条直角边旋转角速度的平均值，或者把任意两条直角边的对角线的旋转角速度定义为流体微团绕 z 轴的旋转角速度，用 ω_z 来表示。通过刚才的分析已经得到了图 3-49 中 $\angle BAD$ 的两条直角边的旋转角速度分别为

$$\omega_1 = \frac{\mathrm{d}\alpha}{\mathrm{d}t} = \frac{\partial u_y}{\partial x},\ \omega_2 = \frac{\mathrm{d}\beta}{\mathrm{d}t} = \frac{\partial u_x}{\partial y}$$

这里需要注意的是，在推导角变形速度时没有强调旋转方向，即不考虑 $d\alpha$ 和 $d\beta$ 的正负问题。但是，旋转角速度和角变形速度不同，旋转角速度是有方向性的。与物理学中的规定一样，逆时针方向旋转时为正，顺时针旋转时为负，则

$$\omega_z = \frac{1}{2}(\omega_1 - \omega_2) = \frac{1}{2}\left(\frac{\partial u_y}{\partial x} - \frac{\partial u_x}{\partial y}\right) \tag{3-57a}$$

$$\omega_x = \frac{1}{2}\left(\frac{\partial u_z}{\partial y} - \frac{\partial u_y}{\partial z}\right) \tag{3-57b}$$

$$\omega_y = \frac{1}{2}\left(\frac{\partial u_x}{\partial z} - \frac{\partial u_z}{\partial x}\right) \tag{3-57c}$$

式(3－57)的矢量形式为

$$\boldsymbol{\omega} = \omega_x \boldsymbol{i} + \omega_y \boldsymbol{j} + \omega_z \boldsymbol{k} = \frac{1}{2}\mathrm{rot}\boldsymbol{u} = \frac{1}{2}\nabla \times \boldsymbol{u} \tag{3-58}$$

流体力学中，把 $\boldsymbol{\omega}=0$ 的流动称为无旋流动，把 $\boldsymbol{\omega}\neq 0$ 的流动称为有旋流动。

3.8 流体的有旋流动

流体的流动大多数是有旋的，会有明显的漩涡形式出现，如桥墩背流面的漩涡区、船只运动时船尾后形成的漩涡、大气中形成的龙卷风等。但在更多的情况下，流体运动的有旋性并不是一眼就能看得出来的，如当流体绕流物体时，在物体表面附近形成的速度梯度很大的薄层内，每一点都有漩涡，而这些漩涡用肉眼却是观察不到，至于工程中大量存在着流运动，更是充满着尺度不同的大小漩涡。

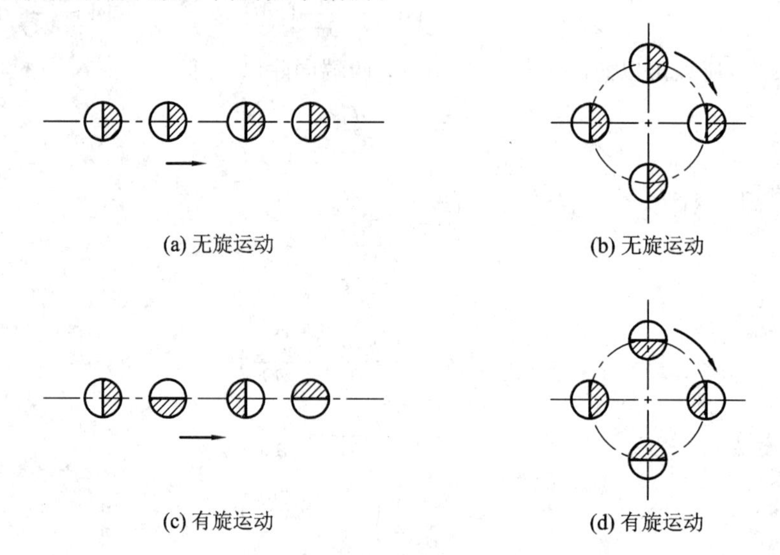

图 3－50　流体微团的运动

若流体在流动，流场中有若干处的流体微团发生绕通过其自身轴线的旋转运动，则流动为有旋流动；反之，则为无旋流动。判断流体流动是有旋流动还是无旋流动，仅由流体微团本身是否绕自身轴线作旋转运动来定义，与流体微团的运动轨迹无关。图 3－50 所示的流体微团运动中，图 3－50(a)、(c)的运动轨迹是直线，图 3－50(a)是无旋流，图 3－50(c)是有旋流；图 3－50(b)、(d)的运动轨迹是圆周，图 3－50(b)是无旋流，图 3－50(d)是

有旋流。判断流体微团无旋流动的条件是：流体中每一个流体微团都满足

$$\omega_x=\omega_y=\omega_z=0$$

流体做有旋流动时，流体微团点存在旋转，称为涡流。为了便于讨论，我们这里研究二维平行涡流情况。设流体绕垂直轴作定常恒压旋转，所有流线都在同一同心圆上。取一微团，半径 r 处的宽度为 dr、厚度为 dz 的矩形横截面的环形流管，如图3－51 所示。这个微团同样满足伯努利方程，设 u_θ 为圆周方向上的速度，p 为静压力，p_t 为全压，则

$$\rho\frac{u_\theta^2}{2}+p=p_t \tag{3-59}$$

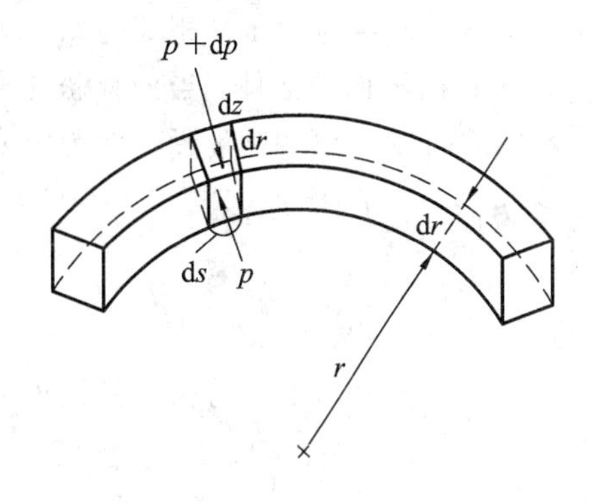

图 3－51　矩形横截面的环形流管

在这里，p_t 沿流线为常数，圆周速度和方向一定。同心圆的流线上，不同的半径有不同的恒定值，对上式求 r 微分，则

$$\frac{dp_t}{dr}=\rho u_\theta\frac{du_\theta}{dr}+\frac{dp}{dr} \tag{3-60}$$

在图 3－51 中取一长度为 ds 的微团，其体积为 $drdzds$，在半径方向上，该微团所受到的离心力和压差平衡，则

$$\rho drdzds\frac{u_\theta^2}{r}=dpdzds$$

故

$$\frac{dp}{dr}=\rho\frac{u_\theta^2}{r} \tag{3-61}$$

将式(3－61)代入式(3－60)，得

$$\frac{dp_t}{dr}=\rho\left(u_\theta\frac{du_\theta}{dr}+\frac{u_\theta^2}{r}\right) \tag{3-62}$$

3.8.1　强制涡流

如图 3－52 所示，流体质点的圆周速度 u_θ 与旋转半径 r 成正比的运动，称为强制涡流(forced vortex)，即

$$u_\theta=\omega r,\quad \frac{du_\theta}{dr}=\omega\ (\text{常数}) \tag{3-63}$$

在此情况下，流体微团一起以相同的方式作为刚体，围绕中心轴 O 旋转，流体微团的回转角速度为 ω。将式(3－63)代入式(3－62)，则

$$\frac{dp_t}{dr}=\rho\left(\omega r\cdot\omega+\frac{(\omega r)^2}{r}\right)=2\rho\omega^2 r$$

对上式积分，并且有 $r=0$ 时，$p_t=0$，则

$$p_t=\rho\omega^2 r^2=\rho u_\theta^2 \tag{3-64}$$

式(3－64)与式(3－59)比较得

$$p=\frac{1}{2}\rho u_\theta^2=\frac{1}{2}\rho\omega^2 r^2 \tag{3-65}$$

式(3-65)表明，在转轴中心，流体的压力(静压力)为零，并且流体的压力与半径 r 的平方成正比，静压与动压是相等的。

对于自由表面的液体，当液体被迫做涡旋运动时，如图 3-53 所示，假设半径 $r=0$ 处，液面的高度 $z=0$，则半径 r 处的压力为 p，由式(3-65)得 $p=(\rho\omega^2 r^2)/2$，因此图中距 A 点的液面高度 $\left(z=\dfrac{p}{\rho g}\right)$ 为

$$z=\frac{\omega^2 r^2}{2g} \tag{3-66}$$

式(3-66)与式(3-23)讨论的结论一致。

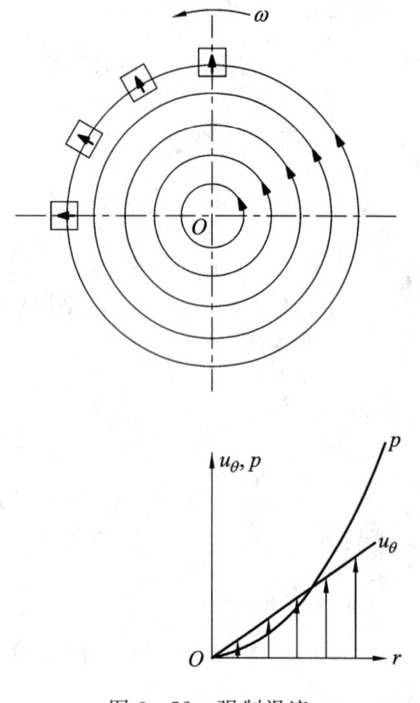

图 3-52　强制涡流

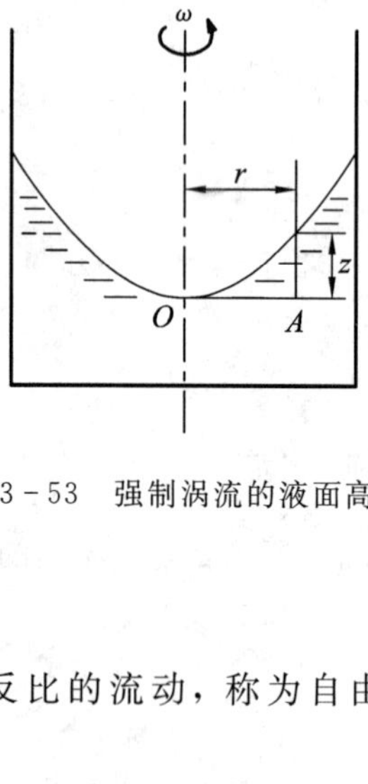

图 3-53　强制涡流的液面高度

3.8.2　自由涡流

流体质点的圆周速度 u_θ 与到旋转中心的距离成反比的流动，称为自由涡流(free vortex)，即

$$u_\theta=\frac{k}{r}\quad(k\text{ 为常数}) \tag{3-67}$$

在此状态下流动，如图 3-54 所示，流体微团不旋转，它沿圆形流线的运动(微团四边形流体剪切变形和移动)，因此，在这种情况下，是无旋流动。由式(3-67)得

$$\frac{\mathrm{d}u_\theta}{\mathrm{d}r}=-\frac{k}{r^2}$$

将上式代入式(3-62)，则

$$\frac{\mathrm{d}p_{\mathrm{t}}}{\mathrm{d}r}=\rho\left(\frac{k}{r}\left(-\frac{k}{r^2}\right)+\frac{1}{r}\left(\frac{k}{r}\right)^2\right)=0$$

由上式可知，流体的全压 p_t 是一个与半径无关的常数。在第 3.8.1 节中所述的强制涡流，流体微团是在以相同的方式圆周运动。虽然在各流线上满足伯努利方程，但在不同的流线上，这一常数是不同的。但对于本节的自由涡流，这一常数处处相同。

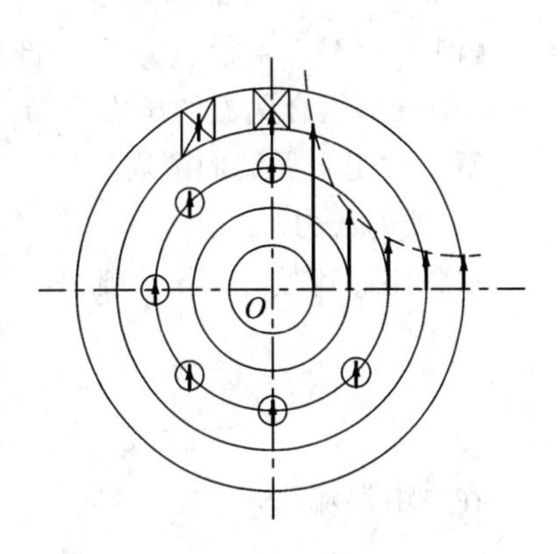

从式(3-67)的流速分布可以看出，流体的速度与流体所处的运动半径 r 的乘积是常数。特别是，考虑到圆周速度和圆周周长 $2\pi r$ 的乘积，这是一个在圆形运动情况下的速度环量 Γ，即

$$\Gamma = 2\pi r u_\theta \tag{3-68}$$

因此，由式(3-68)可得圆周速度 u 与半径 r 之间的关系为

$$u_\theta = \frac{\Gamma}{2\pi}\frac{1}{r} \tag{3-69}$$

由此可知，在自由涡流点上的压力为 p，在无限远($r \to \infty$)处的压力为 p_∞，由伯努利方程可得

$$\frac{\rho}{2}\left(\frac{\Gamma}{2\pi r}\right)^2 + p = 0 + p_\infty$$

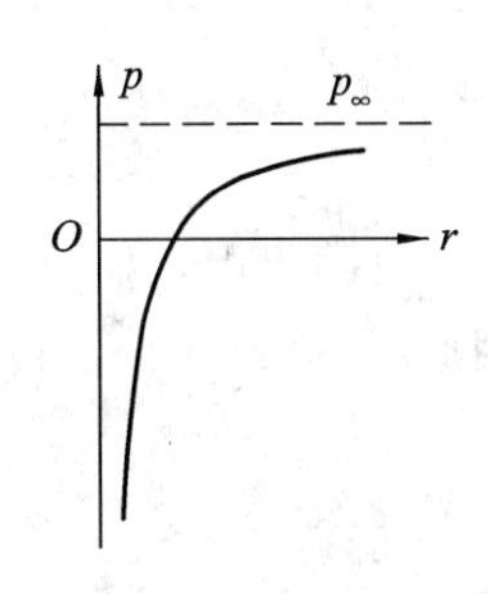

图 3-54　自由涡流

则

$$p = p_\infty - \frac{\rho}{8\pi^2}\frac{\Gamma^2}{r^2} \tag{3-70}$$

由式(3-70)可以看出，$r=0$ 时，压力为负无穷大($p=-\infty$)。

3.8.3　组合涡流

半径 r 小于 r_1 部分的为强制涡流，大于 r_1 部分的为自由涡流，称为兰金组合涡流(Rankine's compound vortex)，如图 3-55 所示。

圆周速度 u 和压力 p 在 $r=r_1$ 是连续的。实际液体积聚的漩涡是许多接近这个组合的漩涡。这样认为的理由是，在 3.8.2 节中提到在一个自由涡流的中心附近，其速度梯度 du_θ/dr 变得特别大，实际流体受黏度的影响非常强烈，因此在此附近，接近刚性体旋转运动。

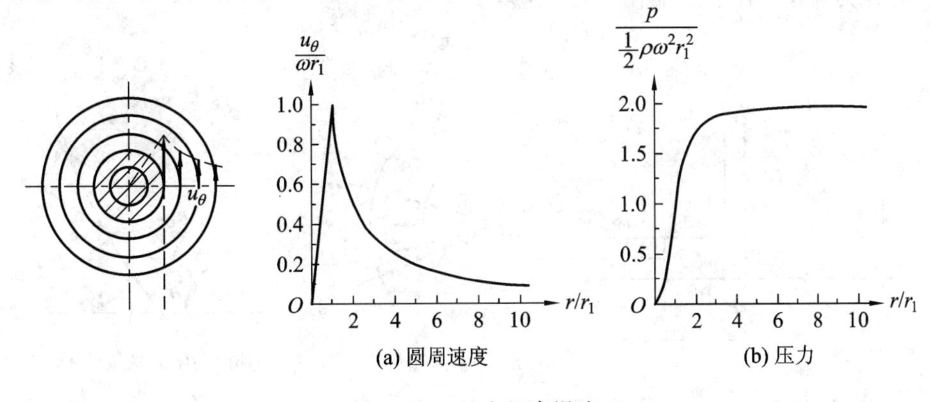

图 3-55　兰金组合涡流

【例 3-13】 半径 r 小于 r_1 部分的为强制涡流，大于 r_1 部分的为自由涡流，求用半径 r 表示的兰金组合涡流的压力分布。

解 设组合涡流的圆周速度为 u_θ、压力为 p、角速度为 ω、速度环量为 Γ，p_∞ 为无限远 $(r\to\infty)$ 处的压力。

在强制涡流处，$r\leqslant r_1$，则

$$\begin{cases} u_\theta = \omega r \\ p = \dfrac{1}{2}\rho u^2 \end{cases}$$

在自由涡流处，$r\geqslant r_1$，则

$$\begin{cases} u_\theta = \dfrac{\Gamma}{2\pi}\dfrac{1}{r} \\ p = p_\infty - \dfrac{\rho}{8\pi^2}\dfrac{\Gamma^2}{r^2} \end{cases}$$

在边界上，即 $r=r_1$ 处，强制涡流的速度与压力和自由涡流的速度和压力是连续的，因此有

$$\frac{\Gamma}{2\pi} = \omega r_1^2$$

$$p_\infty = \rho\omega^2 r_1^2$$

根据上式，组合压力的分布为

$$p(r) = \frac{1}{2}\rho\omega^2 r^2 \qquad (r\leqslant r_1)$$

$$p(r) = p_\infty - \frac{\rho}{8\pi^2}\frac{\Gamma^2}{r^2} = \rho\omega^2 r_1^2 - \frac{1}{2}\rho\omega^2\frac{r_1^4}{r^2} = \rho\omega^2 r_1^2\left(1-\frac{r_1^2}{2r_2^2}\right) \qquad (r\geqslant r_1)$$

3.8.4 放射流和自由涡流的组合

在图 3-56(a)中，当所述流体沿单元厚度的径向流道水平流出，除中心部分外，其余流动属于二维流动。在这种情况下，点在距离中心的半径为 r_1 和 r_2 处的速度分别为 u_{r1} 和 u_{r2}，根据连续性条件有

$$2\pi r_1 u_{r1} = 2\pi r_2 u_{r2} = Q \qquad (Q = 常数)$$

上式 Q 为流量，在任意半径 r 处，速度 u_r 为

$$u_r = \frac{Q}{2\pi r} \tag{3-71}$$

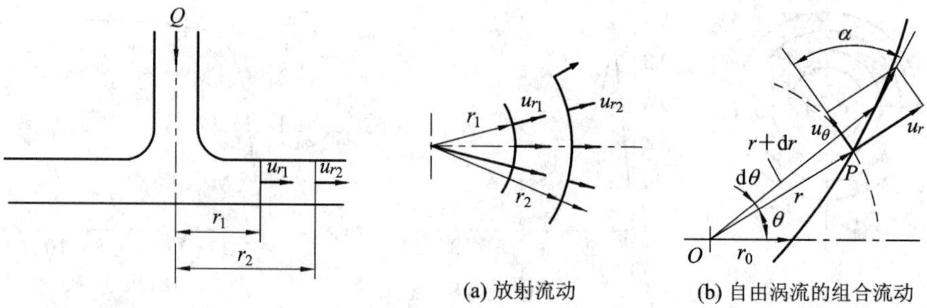

(a) 放射流动　　(b) 自由涡流的组合流动

图 3-56　放射流和自由涡流的组合

如果径向流和一个自由涡流按上述的组合，如图 3-56(b)所示，在流线上 P 点的分速度分别为径向速度 u_r 和圆周速度 u_θ，则在 $\mathrm{d}t$ 时间内流体移动的径向位移和周向位移为

$$\mathrm{d}r = u_r \mathrm{d}t,\ r\mathrm{d}\theta = u_\theta \mathrm{d}t$$

将上两式相除，得到 u_r 和 u_θ 的比值，将式(3-71)和式(3-69)代入后得

$$\frac{\mathrm{d}r}{r\mathrm{d}\theta} = \frac{u_r}{u_\theta} = \frac{Q}{2\pi r}\frac{2\pi r}{\Gamma} = \frac{Q}{\Gamma} = \text{常数}$$

另一方面，在图 3-56(b)中，取合成速度与周向速度 u_θ 的夹角为 α，则 $u_r/u_\theta = \tan\alpha$，此式的 α 也为常数，所以

$$\frac{\mathrm{d}r}{r\mathrm{d}\theta} = \tan\alpha$$

故

$$\frac{\mathrm{d}r}{r} = \tan\alpha \cdot \mathrm{d}\theta$$

对上式积分，并代入边界条件：$\theta=0$ 时，$r=r_0$，则有

$$\ln\frac{r}{r_0} = \theta\tan\alpha,\ r = r_0 \mathrm{e}^{\theta\tan\alpha} \tag{3-72}$$

式(3-72)表明的是一条对数螺旋曲线，α 是该曲线与圆周方向的夹角。

龙卷风和台风的空气流、浴缸放水口处的水流、如涡流潮一样的流体旋转运动，都属于这样的组合涡流。

3.9　黏性流体的运动微分方程

3.9.1　纳维-斯托克斯方程的建立

1. 以应力表示的黏性流体运动微分方程

在黏性流场中取一个如图 3-57 所示微团，通过分析其受力便可利用牛顿第二定律建立起黏性流体的运动微分方程。

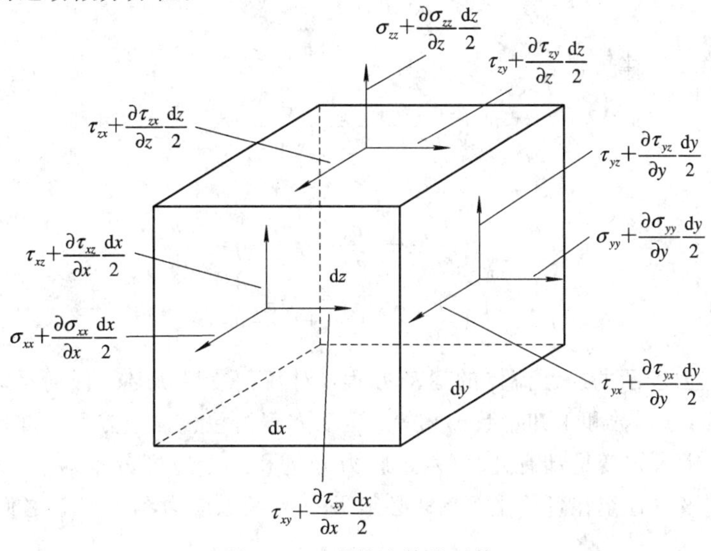

图 3-57　黏性流体微元体

黏性流体的流动比理想流体的流动复杂。由于黏性切应力的存在，黏性流场中的表面力不再垂直于作用面。作用在垂直于 x 轴的表面上的应力可分解为 τ_{xx}、τ_{xy}、τ_{xz} 三个分量，作用在垂直于 y 轴的表面上的应力可分解为 τ_{yx}、τ_{yy}、τ_{yz} 三个分量，作用在垂直于 z 轴的表面上的应力可分解为 τ_{zx}、τ_{zy}、τ_{zz} 三个分量。沿作用面法线方向的应力称为法向应力或正应力(无黏流场中的压力)，以符号 σ 表示，当其方向与作用面的外法线方向相同时为正，否则为负。沿作用面切线方向的应力称为切向应力或偏应力，以符号 τ 表示，当其方向与坐标轴的方向相同时为正，否则为负。每一个应力分量有两个下标，其中第一个代表作用面的法线方向，第二个代表应力的方向，例如 τ_{xy} 表示作用在与 x 轴相垂直的面上的应力在 y 方向上的分量。这九个应力分量构成了应力张量，即

$$\boldsymbol{T}=\begin{bmatrix}\sigma_{xx} & \tau_{xy} & \tau_{xz}\\ \tau_{yx} & \sigma_{yy} & \tau_{yz}\\ \tau_{zx} & \tau_{zy} & \sigma_{zz}\end{bmatrix}$$

一般情况下，微团的应力状态由 $\boldsymbol{T}$ 的九个应力分量决定，其中三个法向应力分量，六个切向应力分量。通过复杂的理论分析可以证明、应力张量具有对称性，即 $\tau_{ij}=\tau_{ji}$。

作用在微团上的所有表面力在二方向上的合力为

$$\left[\left(\sigma_{xx}+\frac{\partial_{xx}}{\partial x}\frac{\mathrm{d}x}{2}\right)-\left(\partial_{xx}-\frac{\sigma_{xx}}{\partial x}\frac{\mathrm{d}x}{2}\right)\right]\mathrm{d}y\mathrm{d}z \quad \text{（在垂直于 } x \text{ 轴的面上的合力）}$$

$$+\left[\left(\tau_{yx}+\frac{\partial\tau_{yx}}{\partial y}\frac{\mathrm{d}y}{2}\right)-\left(\tau_{yx}-\frac{\partial\tau_{yx}}{\partial y}\frac{\mathrm{d}y}{2}\right)\right]\mathrm{d}x\mathrm{d}z \quad \text{（在垂直于 } y \text{ 轴的面上的合力）}$$

$$+\left[\left(\tau_{zx}+\frac{\partial\tau_{zx}}{\partial z}\frac{\mathrm{d}z}{2}\right)-\left(\tau_{zx}-\frac{\partial\tau_{zx}}{\partial z}\frac{\mathrm{d}z}{2}\right)\right]\mathrm{d}x\mathrm{d}y \text{（在垂直于 } z \text{ 轴的面上的合力）}$$

简化后可得

$$\left(\frac{\partial\sigma_{xx}}{\partial x}+\frac{\partial\tau_{yx}}{\partial y}+\frac{\partial\tau_{zx}}{\partial z}\right)\mathrm{d}x\mathrm{d}y\mathrm{d}z$$

作用在微元体上的惯性力在 x 方向上的分量为

$$\rho\mathrm{d}x\mathrm{d}y\mathrm{d}z\frac{\mathrm{d}u_x}{\mathrm{d}t}$$

根据牛顿第二定律可得

$$f_x+\frac{1}{\rho}\left(\frac{\partial\sigma_{xx}}{\partial x}+\frac{\partial\tau_{yx}}{\partial y}+\frac{\partial\tau_{zx}}{\partial z}\right)=\frac{\mathrm{d}u_x}{\mathrm{d}t} \tag{3-73a}$$

同理可得

$$f_y+\frac{1}{\rho}\left(\frac{\partial\tau_{xy}}{\partial x}+\frac{\partial\sigma_{yy}}{\partial y}+\frac{\partial\tau_{zy}}{\partial z}\right)=\frac{\mathrm{d}u_y}{\mathrm{d}t} \tag{3-73b}$$

$$f_x+\frac{1}{\rho}\left(\frac{\partial\sigma_{xx}}{\partial x}+\frac{\partial\tau_{yx}}{\partial y}+\frac{\partial\tau_{zx}}{\partial z}\right)=\frac{\mathrm{d}u_z}{\mathrm{d}t} \tag{3-73c}$$

这就是以应力表示的黏性流体的运动方程，对任何黏性流体、任何运动状态都适用。但式(3-73)中的方程数和未知量数不相等，运动方程组包含三个方程，加上一个连续性方程共四个，而其中未知变量却有九个(六个应力分量和三个速度分量)，所以，这组方程是不封闭的。为使该方程组在理论上可解，必须进一步考虑应力和应变率之何的关系，补足所需的方程。

2. 广义牛顿定律

从数学上分析，以应力表示的运动方程是不封闭的；从物理上分析，这一组方程只描述了流体运动时力和加速度之间的关系，适用于任何流体，但它没有反映出不同属性的流体受力之后的不同流动特性，这种特性是由流体的应力和应变率(剪切速率)之间的关系式来描述的。因此，通过建立这种关系式，可以补充方程，使方程组封闭。

牛顿流体的应力与应变率之间具有最简单的线性关系，见式(1－10)，由此关系出发，推导具有普遍意义的广义牛顿定律，需作如下假定：

(1) 静止时应力各向同性；

(2) 流体中一点的应力，仅与该点的瞬时变形率有关，亦即仅仅取决于瞬时应变率，而与变形的历程无关；

(3) 应力与应变率有线性关系；

(4) 考虑流体为不可压缩，仅用物性常数——流体黏度 μ 来表示流体的特性。

在这些假定的基础上，可导出切应力、法向应力与应变率之间的关系式。

牛顿体的切应力与切变率关系式(1－10)，可改写成 $\tau_{xy}=\tau_{yx}=2\mu\varepsilon_{yx}$，若流体的黏度具有各向同性，可将牛顿定律推广到一般情况。根据线变形和角变形率的表达式(3－56)可得

$$\tau_{xy}=\tau_{yx}=\mu\left(\frac{\partial u_x}{\partial y}+\frac{\partial u_y}{\partial x}\right) \tag{3-74a}$$

$$\tau_{yz}=\tau_{zy}=\mu\left(\frac{\partial u_y}{\partial z}+\frac{\partial u_z}{\partial y}\right) \tag{3-74b}$$

$$\tau_{xy}=\tau_{yx}=\mu\left(\frac{\partial u_x}{\partial z}+\frac{\partial u_z}{\partial x}\right) \tag{3-74c}$$

法向力不仅对流体造成作用力方向的压缩(拉伸)，而且引起与作用力垂直方向的拉伸(压缩)，因而法向应力和应变率的关系比较复杂。在此不作严格推导，仅应用上述假定，并考虑到流体静止时能承受均匀压力，可写出法向应力和应变率的线性关系式：

$$\sigma_{xx}=-p+2\mu\frac{\partial u_x}{\partial x} \tag{3-75a}$$

$$\sigma_{yy}=-p+2\mu\frac{\partial u_y}{\partial y} \tag{3-75b}$$

$$\sigma_{zz}=-p+2\mu\frac{\partial u_z}{\partial z} \tag{3-75c}$$

3. 黏性流体中的压力

在式(3－75)中引入的 $-p$ 为法向应力分量中的各向同性部分，若流体质点间无相对运动时在数值上等于流体静压力。其中负号是因为压力与作用力在流体上的法向应力的正方向相反。将式(3－75)中的三个方程相加，并根据不可压缩流体的连续性方程 $\mathrm{div}\boldsymbol{u}=0$，可得

$$p=-\frac{\sigma_{xx}+\sigma_{yy}+\sigma_{zz}}{3} \tag{3-76}$$

即黏性流体中的压力可看做是：通过给定点的任意三个相互垂直的微元面上法向应力的算术平均值，并取相反的符号。三个方向的法向应力彼此未必相等，但三者之和是一个

不变量。

将式(3-74)、式(3-75)和式(3-76)代入式((3-73)的三个方程中，可得

$$f_x-\frac{1}{\rho}\frac{\partial p}{\partial x}+\nu\left(\frac{\partial^2 u_x}{\partial x^2}+\frac{\partial^2 u_x}{\partial y^2}+\frac{\partial^2 u_x}{\partial z^2}\right)=\frac{\mathrm{d}u_x}{\mathrm{d}t} \tag{3-77a}$$

$$f_y-\frac{1}{\rho}\frac{\partial p}{\partial y}+\nu\left(\frac{\partial^2 u_y}{\partial x^2}+\frac{\partial^2 u_y}{\partial y^2}+\frac{\partial^2 u_y}{\partial z^2}\right)=\frac{\mathrm{d}u_y}{\mathrm{d}t} \tag{3-77b}$$

$$f_z-\frac{1}{\rho}\frac{\partial p}{\partial z}+\nu\left(\frac{\partial^2 u_z}{\partial x^2}+\frac{\partial^2 u_z}{\partial y^2}+\frac{\partial^2 u_z}{\partial z^2}\right)=\frac{\mathrm{d}u_z}{\mathrm{d}t} \tag{3-77c}$$

这便是不可压缩牛顿流体层流流动的运动微分方程式，由纳维和斯托克斯共同得到的，所以这个方程又称纳维一斯托克斯(Navier-Stokes)方程，简称 N-S 方程。将式(3-77)的三个方程分别乘以 $\boldsymbol{i}$、$\boldsymbol{j}$、$\boldsymbol{k}$ 后相加可得其矢量形式为

$$\boldsymbol{f}-\frac{1}{\rho}\nabla p+\nu\nabla^2\boldsymbol{u}=\frac{\mathrm{d}\boldsymbol{u}}{\mathrm{d}t} \tag{3-78}$$

式中，$\nabla^2=\frac{\partial^2}{\partial x^2}+\frac{\partial^2}{\partial y^2}+\frac{\partial^2}{\partial z^2}$称为拉普拉斯算子。

对无黏性流体，$\nu=0$，式(3-77)将变为空间欧拉运动微分方程(见第 3.10.1 小节式(3-81))，即

$$f_x-\frac{1}{\rho}\frac{\partial p}{\partial x}=\frac{\mathrm{d}u_x}{\mathrm{d}t}$$

$$f_y-\frac{1}{\rho}\frac{\partial p}{\partial y}=\frac{\mathrm{d}u_y}{\mathrm{d}t}$$

$$f_z-\frac{1}{\rho}\frac{\partial p}{\partial z}=\frac{\mathrm{d}u_z}{\mathrm{d}t}$$

对静止流体，所有速度项都为零，上式变为欧拉平衡微分方程(见式(2-3))。

$$f_x-\frac{1}{\rho}\frac{\partial p}{\partial x}=0$$

$$f_y-\frac{1}{\rho}\frac{\partial p}{\partial y}=0$$

$$f_z-\frac{1}{\rho}\frac{\partial p}{\partial z}=0$$

3.9.2 在简单边界条件下纳维-斯托克斯方程的精确解

黏性流体运动的纳维一斯托克斯方程为一很难解的二阶非线性偏微分方程。另外，在工程中常遇到的黏性流动都有很复杂的流动边界，而且在流场中的流动参数往往都随时间与空间位置的不同而发生着相互影响的变化。所以在用纳维一斯托克斯方程即相应的初始条件及边界条件寻求流场中的速度、压力、温度等流动参数的分布时，往往会产生数学上的困难，只能求助于数值解。但一些流动边界较简单，可变流动参数的数目较少的黏性流动的解析解还是可以得到的。有一些这样的流动，其本身在工程上就具有使用意义。

1. 平行平板间的纯剪切流

图 3-58 中的两平行平板间充满牛顿流体，上板以速度 u_0 作水平方向的匀速运动，下板不动，流体在上板的带动下，仅有 x 方向的运动速度，即 $u=u_x(y)$，$u_y=u_z=0$，并设此

时在 x 方向无压力变化，即 $\mathrm{d}p/\mathrm{d}x=0$，此时的 N-S 方程(3-77a)可简化为

$$\nu\frac{\mathrm{d}^2u}{\mathrm{d}y^2}=0$$

积分两次后可得

$$u=C_1y+C_2$$

根据边界条件 $y=0$，$u=0$，$y=h$，$u=u_0$，可求的积分常数为 $C_1=u_0/h$，$C_2=0$，所以有

$$u=\frac{u_0}{h}y$$

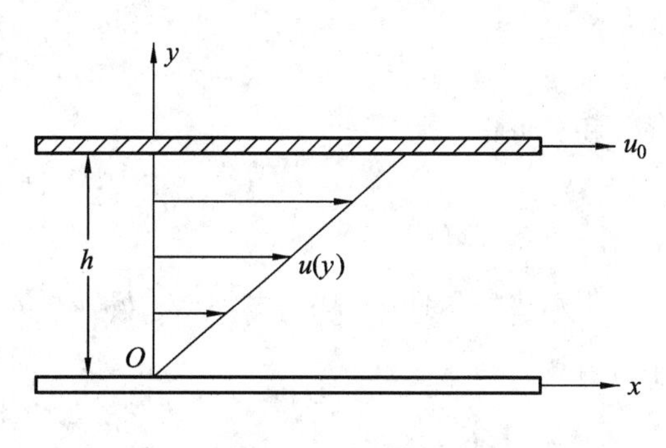

图 3-58　纯剪切流

这时的速度分布为线性，如图 3-58 所示。

2. 平行平板间的泊谡叶流

图 3-59 中的两平行平板间充满牛顿流体，上下板均不动，流体在 x 方向的压力梯度 $\mathrm{d}p/\mathrm{d}x$ 的作用下流动，运动速度与剪切流相似，速度可表示为 $u=u_x(y)$，此时的 N-S 方程(3-77a)可简化为

$$\nu\frac{\mathrm{d}^2u}{\mathrm{d}y^2}=\frac{1}{\rho}\frac{\mathrm{d}p}{\mathrm{d}x}$$

积分可得

$$u=\frac{1}{2\mu}\frac{\mathrm{d}p}{\mathrm{d}x}y^2+C_1y+C_2$$

根据边界条件 $y=0$，$u=0$，$y=h$，$u=0$，可求的积分常数为 $C_1=-\frac{1}{2\mu}\frac{\mathrm{d}p}{\mathrm{d}x}h$，$C_2=0$，所以有

$$u=\frac{1}{2\mu}\frac{\mathrm{d}p}{\mathrm{d}x}(y^2-hy)$$

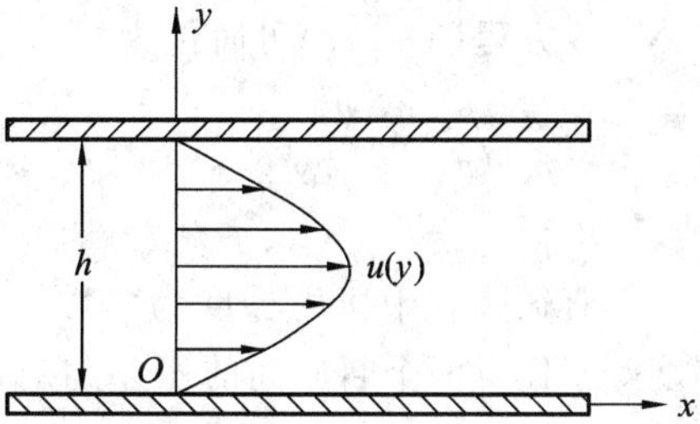

图 3-59　平板间的泊谡叶流

此为平行平板间的泊谡叶流的速度分布。

3. 平行平板间的库特流

图 3-60 中的两平行平板间充满牛顿流体，上板以速度 u_0 作水平方向的匀速运动，下板不动，流体在 x 方向的压力梯度动和上板的带动下流动，即平板间的库特流，速度也可表示为 $u=u_x(y)$，此时的 N-S 方程(3-77a)可简化为

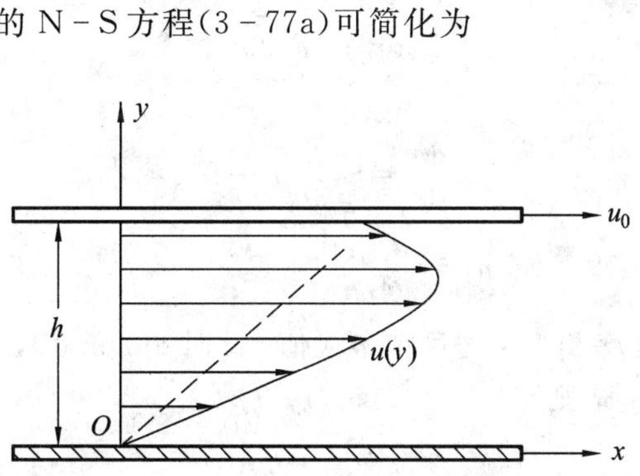

图 3-60　平板间库特流

$$\nu \frac{\mathrm{d}^2 u}{\mathrm{d}y^2}=\frac{1}{\rho}\frac{\mathrm{d}p}{\mathrm{d}x}$$

积分可得

$$u=\frac{1}{2\mu}\frac{\mathrm{d}p}{\mathrm{d}x}y^2+c_1 y+c_2$$

根据边界条件 $y=0$，$u=0$，$y=h$，$u=u_0$，可求的积分常数为 $c_1=\frac{u_0}{h}-\frac{1}{2\mu}\frac{\mathrm{d}p}{\mathrm{d}x}h$，$c_2=0$，所以有

$$u=\frac{u_0}{h}y+\frac{1}{2\mu}\frac{\mathrm{d}p}{\mathrm{d}x}(y^2-hy)$$

此两平行平板间库特流的速度分布不难看出，库特流的速度为纯剪切流和泊谡叶流速度的叠加。

4. 圆管中层流的流速分布

在圆管中取一段层流管段，并建立图 3-61 所示的坐标系。层流中流体质点只有沿轴向的流动，则 $u_x=u(y,z)$，$u_y=u_z=0$，此时的 $N-S$ 方程(3-77a)可简化为

$$-\frac{1}{\rho}\frac{\partial p}{\partial x}+\nu\left(\frac{\partial^2 u_x}{\partial y^2}+\frac{\partial^2 u_x}{\partial z^2}\right)=0 \tag{3-79}$$

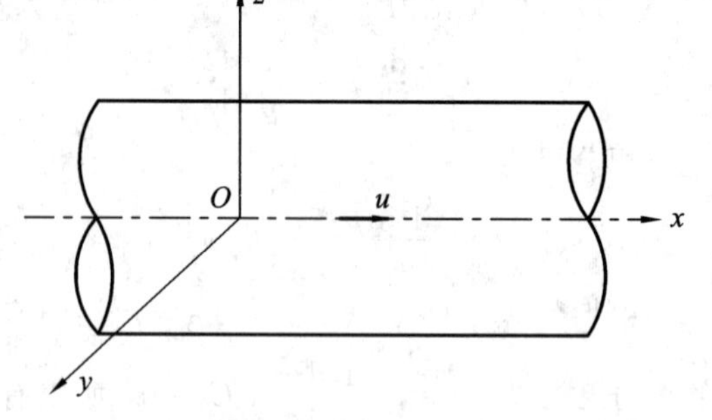

图 3-61　圆管层流分析

等直径圆管中压力梯度为常数，即压力梯度等于任意两个断面间的压差与对应的管长之比。所以有

$$\frac{\partial p}{\partial x}=-\left(\frac{p_1-p_2}{l}\right)=-\frac{\Delta p}{l}$$

此外，由于圆管内的流动是轴对称的，所以 y 和 z 坐标都等价于径向坐标 r，即 $u_x=u(r)$，则有

$$\frac{\partial^2 u_x}{\partial y^2}=\frac{\partial^2 u_x}{\partial z^2}=\frac{\partial^2 u}{\partial r^2}=\frac{d^2 u}{\mathrm{d}r^2}$$

所以式(3-79)可简化为

$$\frac{\mathrm{d}^2 u}{\mathrm{d}r^2}=-\frac{\Delta p}{2ul}$$

积分得

$$\frac{\mathrm{d}u}{\mathrm{d}r}=-\frac{\Delta p}{2\mu l}r+C_1$$

$$u=-\frac{\Delta p}{4\mu l}r^2+C_1 r+C_2$$

根据边界条件 1，当 $r=0$ 时，速度取最大值，此时 $\mathrm{d}u/\mathrm{d}r=0$，则 $C_1=0$；根据边界条件 2，当 $r=r_0$ 时，速度 $u=0$，则有

$$C_2=\frac{\Delta p}{4\mu l}r_0^2$$

所以，圆管层流的速度分布为

$$u=\frac{\Delta p}{4\mu l}(r_0^2-r^2) \tag{3-80}$$

3.10　欧拉运动方程与平面势流

无黏性流体模型是最早提出的流体物理模型之一，在分析机翼升力和波浪运动中有重要应用。

3.10.1　空间欧拉运动方程

在 3.3 节中讨论了一元欧拉运动方程。空间欧拉运动方程建立的方法是在理想流体的流场中任取如图 3-62 所示的微元正六面体，三个棱长依次为 dx、dy、dz，并建立图示的直角坐标系。设六面体中心点 A 处的静压力为 $p(x, y, z)$，速度 $\boldsymbol{u}=u_x\boldsymbol{i}+u_y\boldsymbol{j}+u_z\boldsymbol{k}$，密度为 $\rho(x, y, z)$。现以 x 方向为例分析这个六面体内流体的受力，建立 x 方向上的运动方程。

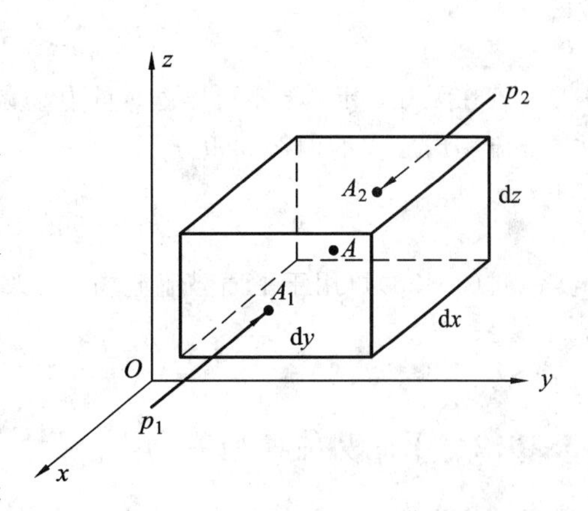

图 3-62　微元六面体受力分析

在理想流体中，表面力中没有切向力，仅有压力，运用与 2.2 节中分析静止流体所受的表面力相似的方法，可得作用在六面体内流体上的表面力：

$$\left(p-\frac{\partial p}{\partial x}\frac{\mathrm{d}x}{2}\right)\mathrm{d}y\mathrm{d}z-\left(p+\frac{\partial p}{\partial x}\frac{\mathrm{d}x}{2}\right)\mathrm{d}y\mathrm{d}z$$

同时，作用在微元体内流体所受的质量力在 x 方向上的分力为 $f_x\rho\mathrm{d}x\mathrm{d}y\mathrm{d}z$。

根据牛顿第二定律，作用在微元六面体内流体上 x 方向上的合力应等于六面体内流体的质量与 x 方向上的加速度的乘积，即

$$f_x\rho\mathrm{d}x\mathrm{d}y\mathrm{d}z+\left(p-\frac{\partial p}{\partial x}\frac{\mathrm{d}x}{2}\right)\mathrm{d}y\mathrm{d}z-\left(p+\frac{\partial p}{\partial x}\frac{\mathrm{d}x}{2}\right)\mathrm{d}y\mathrm{d}z=\rho\mathrm{d}x\mathrm{d}y\mathrm{d}z\frac{\mathrm{d}u_x}{\mathrm{d}t}$$

等式两边同除以微元六面体质量 $\rho\mathrm{d}x\mathrm{d}y\mathrm{d}z$，得

$$f_x-\frac{1}{\rho}\frac{\partial p}{\partial x}=\frac{\mathrm{d}u_x}{\mathrm{d}t} \tag{3-81a}$$

同理，可得

$$f_y-\frac{1}{\rho}\frac{\partial p}{\partial y}=\frac{\mathrm{d}u_y}{\mathrm{d}t} \tag{3-81b}$$

$$f_z-\frac{1}{\rho}\frac{\partial p}{\partial z}=\frac{\mathrm{d}u_z}{\mathrm{d}t} \tag{3-81c}$$

对于静止流体来说，$u_x=\mathrm{d}u_y=u_z=0$，式(3-81)则变为欧拉平衡方程式(2-3)。把式(3-81)中的三个方程分别乘以 $\boldsymbol{i}$、$\boldsymbol{j}$、$\boldsymbol{k}$，然后相加可得理想流体运动微分方程的矢量形式，即

$$\boldsymbol{f}-\frac{1}{\rho}\nabla p=\frac{\mathrm{d}\boldsymbol{u}}{\mathrm{d}t} \tag{3-82}$$

式(3-81)和式(3-82)就是理想流体运动的微分方程式，也叫欧拉运动方程。由欧拉在1755年首先导出。在3.3节中曾推导了欧拉运动方程沿流线的一维形式，此处是三维形式。当补充气体状态方程后，该方程也适用于可压缩流体的运动。

欧拉运动方程是研究理想流体运动规律的基础，适用于所有的理想流体流动。虽然欧拉运动方程比N-S方程少了黏性项，仍是非线性偏微分方程，对稍复杂一点的边界条件仍无法求解析解，但在加上一些条件后从欧拉运动方程可得到一些非常有用的积分方程。通常将在加上定常条件后沿流线积分得到的方程称为伯努利积分。特别是再加上不可压缩和重力场条件后，将伯努利积分直接求出为伯努利方程，见式(3-26)，即

$$z+\frac{p}{\rho g}+\frac{u^2}{2g}=C\text{（沿流线）}$$

若在无黏、定常、不可压缩、重力场条件上再加无旋流动条件，伯努利方程可拓展为在全流场均成立的伯努利积分

$$p+\frac{\rho u^2}{2}+z\rho g=C\text{（全流场）}\tag{3-83}$$

式(3-83)可用于平面势流流场，可改写为

$$p+\frac{\rho u^2}{2}=C\text{（平面势流流场）}\tag{3-84}$$

3.10.2 平面势流模型

理论流体力学家们发现有一种特殊的无黏性流动，无须直接求解欧拉运动方程，利用运动学条件就能获得其速度场，这种流动称为平面势流。平面势流是无黏性流动中的一个重要模型，其条件是无黏性、不可压缩、无旋(角速度为零)和平面流动。某些实际流动可以用平面势流模型来描述。例如，当一个较长机翼(横截平面上符合平面流动条件)在静止的、无界的(实际只需要比较宽阔的空间)空气或水中作横向平移运动时，离物体稍远的区域内就满足平面势流条件。当平面流场满足无旋条件时，在直角坐标系中，由式(3-57a)得

$$\omega_z=\frac{1}{2}(\omega_1-\omega_2)=\frac{1}{2}\left(\frac{\partial u_y}{\partial x}-\frac{\partial u_x}{\partial y}\right)=0\tag{3-85}$$

由数学分析知道，式(3-85)是使$u_x\mathrm{d}x+u_y\mathrm{d}y$为某一标量函数$\varphi$的全微分的充分和必要条件。因此，无旋流动中必然存在一个标量函数$\varphi(x,y)$满足

$$\mathrm{d}\varphi=\frac{\partial\varphi}{\partial x}\mathrm{d}x+\frac{\partial\varphi}{\partial y}\mathrm{d}y=u_x\mathrm{d}x+u_y\mathrm{d}y\tag{3-86}$$

则

$$u_x=\frac{\partial\varphi}{\partial x},\ u_y=\frac{\partial\varphi}{\partial y}\tag{3-87a}$$

或

$$\boldsymbol{u}=\mathbf{grad}\varphi\tag{3-87b}$$

$\varphi(x,y)$称为速度势函数或速度势，该平面流场称为平面势流。因此，无旋流动也称为有势流动。另外，一个流场的势函数加上任意一个常数所描述的流场不变，这是因为$\boldsymbol{u}=\mathbf{grad}(\varphi+c)=\mathbf{grad}\varphi$。对有势流动，只要求出速度势，即可由式(3-87b)求出速度场。下

面介绍势函数、流函数的概念。

1. 势函数

由式(3-87b)及场论中梯度的定义可知：

$$\frac{\partial \varphi}{\partial s} = \mathbf{grad}\varphi \cdot \boldsymbol{s} = \boldsymbol{u} \cdot \boldsymbol{s} = u_s$$

即势函数在任一方向上的方向导数等于该方向上的速度分量。

在势流条件下，沿任何一条曲线 AB 的速度环量为

$$\begin{aligned} \Gamma &= \int_A^B (u_x \mathrm{d}x + u_y \mathrm{d}y) = \int_A^B \left(\frac{\partial \varphi}{\partial x}\mathrm{d}x + \frac{\partial \varphi}{\partial y}\mathrm{d}y \right) \\ &= \int_A^B \mathrm{d}\varphi = \varphi_B - \varphi_A \end{aligned} \tag{3-88}$$

这就是说，沿 AB 曲线上的速度环量等于曲线上势函数之差，且与曲线形状无关；若 A 点和 B 点重合，即为封闭曲线的情况下，而且当势函数 φ 为单值时，环量为零。

将速度与势函数的关系 $\boldsymbol{u}=\mathbf{grad}\varphi$ 代入不可压缩流体平面流动的连续性方程 $\mathrm{div}\boldsymbol{u}=0$ 可得

$$\mathrm{div}\boldsymbol{u} = \mathrm{div}(\mathbf{grad}\varphi) = \nabla \cdot \nabla \varphi = 0$$

即

$$\nabla^2 \varphi = 0 \tag{3-89}$$

式中：

$$\nabla^2 = \frac{\partial^2}{\partial x^2} + \frac{\partial^2}{\partial y^2}$$

上式为拉普拉斯算子。即在不可压缩流体的有势流动中，势函数满足拉普拉斯方程。因为凡是满足拉普拉斯方程的函数在数学分析中称为调合函数，所以势函数又是一个调合函数。这样，求解不可压缩流体无旋流体的问题，便归纳为根据边界条件和起始条件求解拉普拉斯方程的问题。

2. 流函数

对于不可压缩流体的平面流动，还可以由不可压缩流体平面流动连续性方程引出另一个描述流场的函数。由

$$\frac{\partial u_x}{\partial x} + \frac{\partial u_y}{\partial y} = 0$$

可得

$$\frac{\partial u_x}{\partial x} = -\frac{\partial u_y}{\partial y} = \frac{\partial(-u_y)}{\partial y} \tag{3-90}$$

平面流动的流线方程为

$$u_x \mathrm{d}y - u_y \mathrm{d}x = 0 \tag{3-91}$$

根据数学分析可知：式(3-90)成立是式(3-91)成为某一函数 $\psi(x, y)$ 全微分的充要条件，即

$$\mathrm{d}\psi = \frac{\partial \psi}{\partial x}\mathrm{d}x + \frac{\partial \psi}{\partial y}\mathrm{d}y = -u_y \mathrm{d}x + u_x \mathrm{d}y$$

$$u_x = \frac{\partial \psi}{\partial y},\ u_y = -\frac{\partial \psi}{\partial x} \tag{3-92}$$

在流线上有 $d\psi=0$ 或 $\psi=$常数。在每条流线上函数 ψ 都有不同的值，故 ψ 被称为流函数，在引出流函数时，并未涉及流体的黏性和是否为有势流动，只要是不可压缩流体的平面流动，就必然存在流函数。在三维流动中一般不存在流函数，轴对称流动除外。

在平面势流中，将速度与流函数的关系式(3-92)代入无旋条件

$$\omega_z=\frac{1}{2}\left(\frac{\partial u_y}{\partial x}-\frac{\partial u_x}{\partial y}\right)=0$$

可得

$$\frac{\partial^2\psi}{\partial x^2}+\frac{\partial^2\psi}{\partial y^2}=\nabla^2\psi=0 \tag{3-93}$$

即流函数也满足拉普拉斯方程，也是调和函数。同势函数一样，求解平面不可压缩流体无旋流体的问题，也可归纳为根据边界条件和起始条件求解拉普拉斯方程的问题。

拉普拉斯方程的特点是其解叠加后仍满足方程，因此可确定一些基本流动的解作为平面势流基本解。根据所求问题的边界条件挑选若干个基本解，这几个基本解叠加后满足给定的边界条件，则叠加后的解就是所求问题的解。在 Oxy 直角坐标平面或 $Or\theta$ 极坐标平面上，最常用的平面势流基本流动有以下几种：

1）均匀流

流体作等速直线运动，流场中各点速度的大小和方向都相同的流动称为均匀流，如图 3-63 所示。设均匀流的速度为 U_∞，取坐标轴 Ox 的方向与相同，则 $u_x=U_\infty$，$u_y=0$。求得其势函数和流函数分别为：$\varphi=U_\infty x$，$\psi=U_\infty y$。

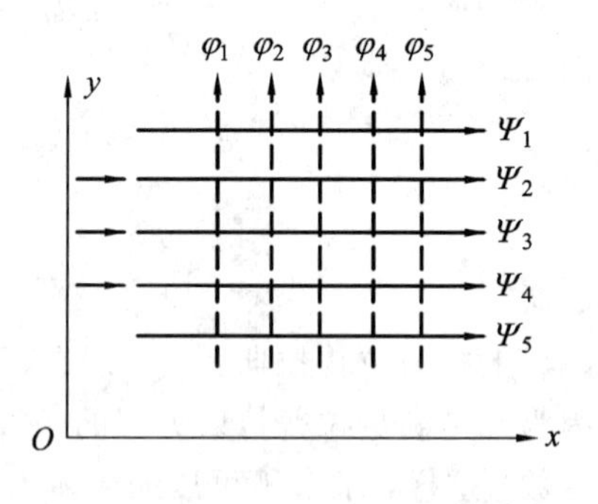

图 3-63　均匀流

2）点源和点汇流

若流体从某点向四周呈直线均匀径向流出，则这种流动称为点源，这个点称为源点；若流体从四周往某点呈直线均匀径向流入，则这种流动称为点汇，这个点称为汇点(见图 3-64)。设源点或汇点位于坐标原点，显然在这样的流动中，从源点流出和向汇点流入的都只有径向速度 u_r，而无切向速度 u_θ。根据流动的连续性条件，不可压缩流体通过任一圆柱面的流量 Q 都应该相等。所以，通过半径为 r 的单位长度圆柱面流出或流入

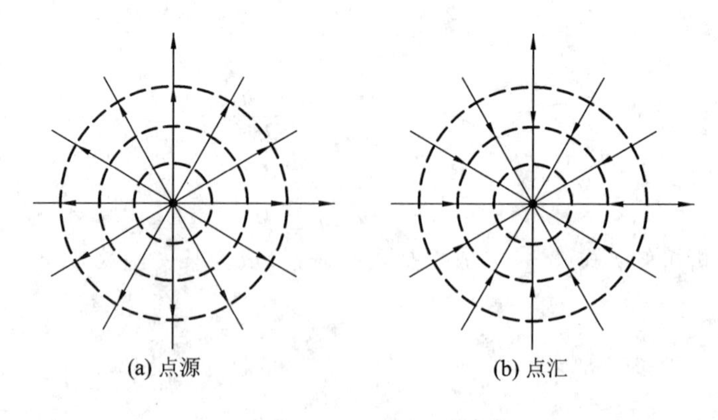

图 3-64　均匀流

的流量为 $2\pi r u_r = \pm Q$，所以 $u_r = Q/2\pi r$，$u_\theta = 0$。求得其势函数和流函数分别为：$\varphi = \pm\dfrac{Q}{2\pi}\ln r$，$\psi = \pm\dfrac{Q}{2\pi}\ln\theta$。$Q$ 是点源或点汇流出或流入的流量，称为点源或点汇的强度。

若为无限大水平平面，则根据全流场伯努利方程式(3-84)可得

$$p + \frac{\rho u_r^2}{2} = p_\infty$$

式中，p_∞ 是无穷远处来流的压力，无穷远处速度等于 0，将 u_r 以 Q 表示，则解出流场内压力为：$p = p_\infty - \dfrac{\rho u_r^2}{2} = p_\infty - \dfrac{\rho Q^2}{8\pi^2 r^2}$，可见，压力 p 随半径 r 的减小而降低。

3）*点涡流*

流体质点沿着同心圆的轨迹运动，且其速度大小与向径 r 成反比的流动称为点涡，如图 3-65 所示，点涡又称为自由涡(见 3.8.2 节)。将坐标原点置于点涡处，设点涡的强度为 Γ，则任一半径 r 处流体的速度可由斯托克斯定理求得 $\Gamma = 2\pi r u_\theta$，于是 $u_\theta = \dfrac{\Gamma}{2\pi}r$，$u_r = 0$。求得其势函数和流函数分别为：$\psi = \dfrac{\Gamma}{2\pi}\theta$，$\psi = -\dfrac{\Gamma}{2\pi}\ln r$。

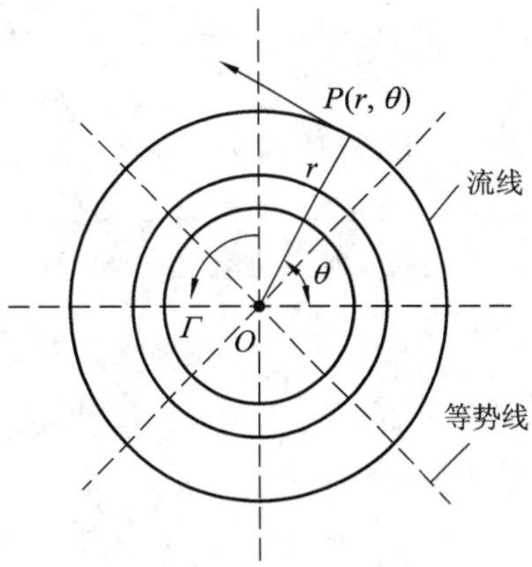

图 3-65　点涡

对于复杂的势流，可使用势流的叠加原理。设有两个势流，其势函数分别为 φ_1 和 φ_2，即拉普拉斯方程的两个解。由于拉普拉斯方程是线性微分方程，所以两者之和 $\varphi = \varphi_1 + \varphi_2$ 也应是拉普拉斯方程的解。同样，新复合流动的流函数为 $\psi = \psi_1 + \psi_2$，亦即等于两个原始流动流函数的代数和。

4）*螺旋流——点汇和点涡*

按势流叠加原理，为点源(2)和点涡流(3)的两个简单流动的叠加，即

$$\varphi = \varphi_1 + \varphi_2 = \frac{Q}{2\pi}\ln r + \frac{\Gamma}{2\pi}\theta,\ \psi = \psi_1 + \psi_2 = \frac{Q}{2\pi}\theta - \frac{\Gamma}{2\pi}\ln r$$

显然，等势线方程为

$$Q\ln r + \Gamma\theta = C \quad 或 \quad r = e^{\frac{C-\Gamma\theta}{Q}} \qquad (3-94)$$

流线方程为

$$Q\theta - \Gamma\ln r = C \quad 或 \quad r = e^{\frac{C+Q\theta}{Q}} \qquad (3-95)$$

显然流线是一族对数螺旋线。等势线是与流线正交的螺旋线，如图 3-66 所示。离心式水泵的导轮内流体的流动是符合式(3-95)的规律的。因为当泵不转而供水管照常供水时，水泵导轮内的流动显然是一个点源流动。当泵轮转动，而供水管不供水时，导轮内的流动为纯点涡运动。当泵轮转动，供水管又照常供水时，导轮内的流动为点源流动与点涡运动的叠加。为了防止流体在导轮

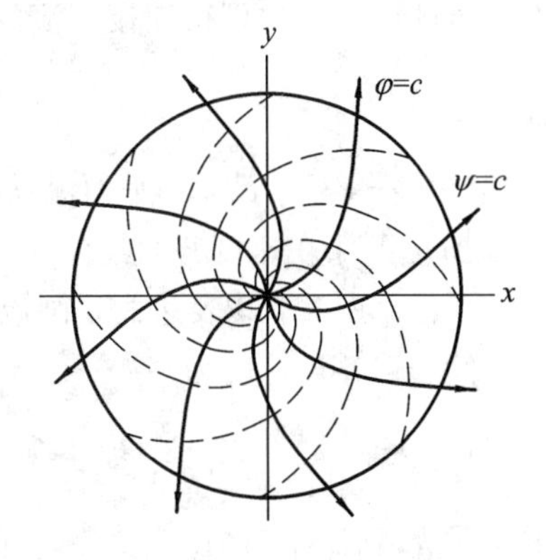

图 3-66　螺旋流动

内流动时与导轮发生碰撞，离心泵的导轮叶片应当作成式(3-95)所示的流线型式。

切向速度： $v_\theta=\dfrac{1}{r}\dfrac{\partial\varphi}{\partial\theta}=\dfrac{\Gamma}{2\pi r}$

径向速度： $v_r=\dfrac{\partial\varphi}{\partial r}=\dfrac{Q}{2\pi r}$

合速度： $v=\sqrt{v_\theta^2+v_r^2}=\dfrac{1}{2\pi r}\sqrt{\Gamma^2+Q^2}$

将上式代入伯努利方程式(3-84)，得流场中的压力分布为

$$p_1=p_2-\frac{\rho}{8\pi^2}(\Gamma^2+Q^2)\left(\frac{1}{r_1^2}-\frac{1}{r_2^2}\right)$$

5）偶极子流——点源和点汇流

图3-67所示为一位于A点$(-a,0)$的点源和一位于B点$(a,0)$的点汇叠加后的流动图形。假定点源和点汇的强度相等，即$Q_A=Q_B=Q$，则叠加后任意点$M(x,y)$处的势函数为

$$\varphi=\varphi_1+\varphi_2=\frac{Q}{2\pi}\ln r_1-\frac{Q}{2\pi}\ln r_2=\frac{Q}{2\pi}\ln\frac{r_1}{r_2}$$

流动的流函数为

$$\psi=\psi_1+\psi_2=\frac{Q}{2\pi}(\theta_1-\theta_2)$$

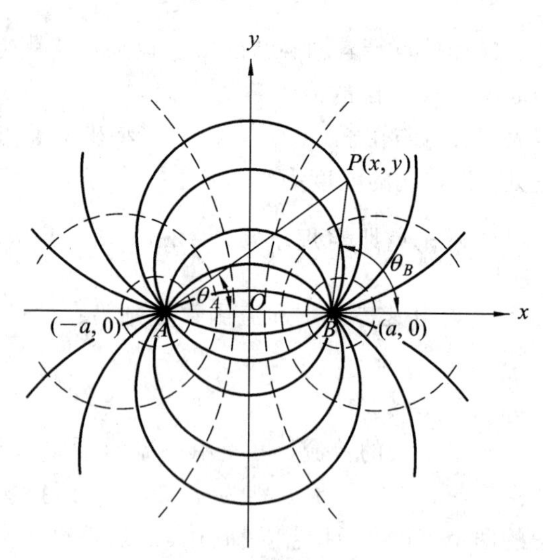

图3-67 点源和点汇的叠加

如果源和汇无限接近，即$2a\to0$，若强度Q不变，则点汇将点源中流出的流体全部吸掉而不发生任何流动；但若在$2a$逐渐缩小，强度Q逐渐增大，当$2a$减小到零时，Q应增加到无穷大，以使$2aQ\to M$，保持一个有限值，即

$$\lim_{\substack{2a\to0\\Q\to\infty}}(2aQ)=M(\text{常数})$$

这一极限状态下的流动称为偶极子流，M为偶极矩，这是一个矢量，方向从点汇到点源。通过数学推导可得偶极子流的势函数和流函数分别为

$$\varphi=\frac{M}{2\pi r}\cos\theta,\ \psi=-\frac{M}{2\pi r}\sin\theta$$

【例3-14】 已知：平面流动的速度分布式为$u_x=-kx$，$u_y=ky$(k为常数)。(1) 判断该流场是否存在速度势，若存在，求其表达式并画等势线图；(2) 判断该流场是否存在流函数，若存在，求其表达式并画流线图。

解 (1) 角速度为

$$\omega_z=\frac{1}{2}\left(\frac{\partial u_y}{\partial x}-\frac{\partial u_x}{\partial y}\right)=\frac{1}{2}(0-0)=0$$

说明是无旋流动，存在速度势。由式(3-92a)得

$$\frac{\partial\varphi}{\partial x}=u_x=-kx,\ \varphi=-\frac{1}{2}kx^2+f(y)$$

$$\frac{\partial \varphi}{\partial y} = f'(y) = u_y = ky,\ f(y) = \frac{1}{2}ky^2 + C$$

式中，C 为常数。所以速度势函数为

$$\varphi = \frac{1}{2}k(y^2 - x^2) + C$$

等势线方程为 $y^2 - x^2 =$常数。等势线是分别以第一、三象限角平分线和第二、四象限角平分线为渐近线的双曲线簇，如图 3-68 中的虚线所示。

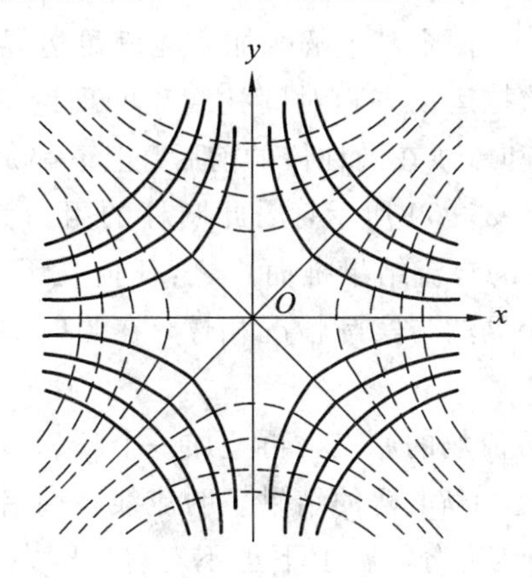

图 3-68　例 3-14

(2) 因$\frac{\partial u_x}{\partial x} + \frac{\partial u_y}{\partial y} = -k + k = 0$，说明数不可压缩的流动，存在流函数。由式(3-92)得

$$\frac{\partial \psi}{\partial y} = u_x = -kx,\ \psi = -kxy + g(x)$$

$$\frac{\partial \psi}{\partial x} = -ky + g'(x) = -u_y = -ky,\ g'(x) = 0,\ g(x) = C$$

式中，C 为常数。流函数为

$$\psi = -kxy + C$$

流线方程为 $xy =$常数。流线是分别以 x、y 轴为渐近线的双曲线簇，如图 3-68 中的实线所示。x，y 轴也是流线，称为零流线。流线簇与等势线簇正交。

【例 3-15】　距台风中心 8000 m 处的风速为 13.33 m/s，气压表读数为 98 200 Pa，试求距台风中心 800 m 处的风速和风压，假定流场为自由涡诱导流动(空气密度取 1.29 kg/m^3)。

解　自由涡的强度是

$$\Gamma = 2\pi r u_\theta = C_1$$

即

$$r u_\theta = \frac{C_1}{2\pi} = C$$

已知 $r_0 = 8000$ m 处的 $u_{\theta 0} = 13.33$ m/s，则 $r = 800$ m 处的速度为

$$u_\theta = \frac{r_0 u_{\theta 0}}{r} = \frac{8000 \times 13.33}{800} = 133.3(\text{m/s})$$

由伯努利方程式(3-84)得

$$p = p_0 + \frac{\rho}{2}(v_0^2 - v^2) = 98\ 200 + \frac{1.29}{2} \times (133.3^2 - 13.33^2) = 86\ 853(\text{Pa})$$

3.10.3 平面势流的应用

1. 绕圆柱的平面势流

当不可压缩无黏性流体以均匀流 $u_x=U_\infty$ 绕一个无限长的、半径为 r 的圆柱体流动时，边界条件是圆柱表面是一条流线(壁面滑移)，无穷远处是均匀流。在原点位于圆柱中心、x 轴沿流动方向的平面坐标系中，选择两个基本解分别为均匀流(代表速度 U_∞)一定强度的偶极子流(表征圆柱体的大小)。两个基本解叠加后能满足边界条件，因此代表了绕圆柱的平面势流流场。这个解就是欧拉运动方程对圆柱绕流的理论解(若直接求解只能用数值方法)。解的结果表明速度分布和流线在圆柱体的前后、上下都是对称的。用伯努利方程求得的压力分布也是对称的，如图 3-69 所示，因此圆柱的阻力为零。达朗贝尔(d'Alembert paradox，1752)将圆柱体前后的势流结果推而广之：任何在无黏性流体中作匀速运动的物体所受到的阻力为零。此结论显然与实际情况相悖，在当时被称为“达朗贝尔悖论”(参见 7.4 节)。

在上述绕圆柱的平面势流流场的原点上再叠加一个环量为 Γ 的点涡流，三个基本解叠加后的解称为有环量圆柱绕流的解。解的结果表明流线在前后仍是对称的，但在上下不对称，如图 3-70 所示。相应的压力分布在上下也不对称，压力合成后形成一个向上的升力($L=\rho U_\infty \Gamma$)。此现象可以得到实验验证。例如在平摊的左手手心上横放一根圆棒，右手手心压住圆棒向前方快速搓动，圆棒在空中旋转的同时将向上升起，通常称此现象为马格努斯效应。根据同样原理，在足球运动中如果足球在前进过程中发生横向旋转，产生的侧向升力使足球路线发生侧向弯曲，称为香蕉球。

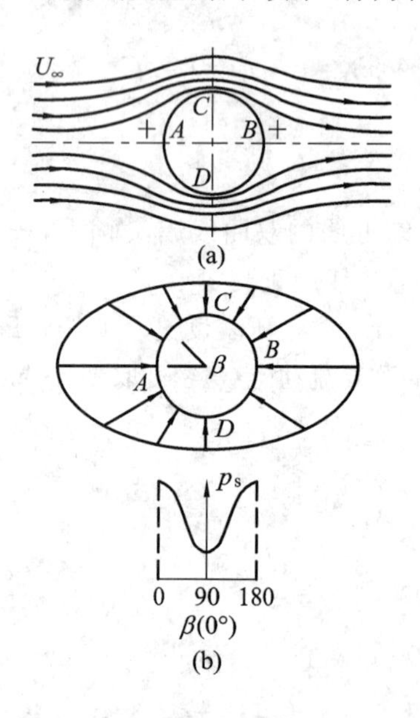

图 3-69 绕圆柱的平面势流

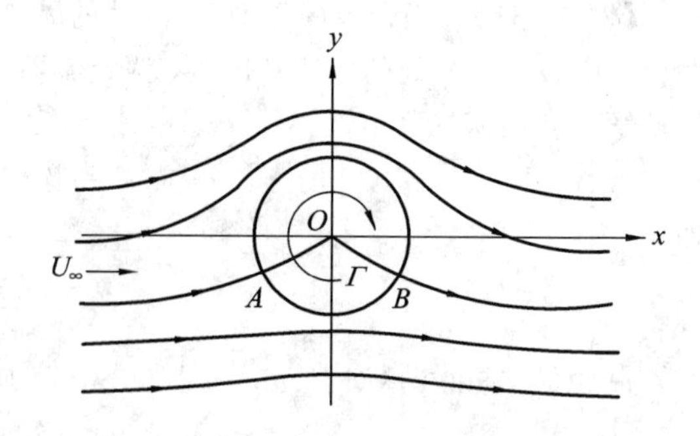

图 3-70 绕有环流圆柱的平面势流

2. 绕机翼的平面势流

儒可夫斯基(N. Joukowski，1906)运用拉格朗日的复变函数理论，引入一个变换函数

(儒可夫斯基变换)将圆柱变换为机翼，并证明机翼获得与旋转圆柱相同的升力。此升力大小为

$$L = \rho U_{\infty} \Gamma \tag{3-96}$$

式(3-96)称为儒可夫斯基升力定律。式中，Γ 称为机翼环量，表征绕机翼的环流大小(由机翼的形状和来流速度决定)。式(3-96)表明升力与流体密度、来流速度和绕机翼的环量成正比。儒可夫斯基升力定律得到实验的支持，是现代飞机设计机翼理论线型并估算机翼升力大小的基础公式。更为详细的分析见 7.6 节。

思　考　题

3-1　什么是定常流动？什么是非定常流动？试举例说明。

3-2　什么是流线？流线有什么特征？

3-3　理想流体微元流管伯努利方程式各项的物理意义、几何意义及导出条件是什么？基准为什么要取水平面？

3-4　何为缓变流？为何引入此概念？

3-5　应用实际流体总流努利方程式应注意哪些问题？

3-6　何为水头线？何为水力坡度？

3-7　动量方程能解决哪些问题？

3-8　流体微团的运动包括几种？它与固体的运动有何区别？

3-9　何谓势流？它有什么特点？

3-10　速度势和流函数各有哪些性质？

3-11　何谓偶极流？何谓偶极矩？

习　　题

3-1　如图 3-71 所示，变径管路以 18 m^3/min 的流量流动。试求每秒流量以及内径为 300 mm 和 200 mm 管中的平均速度。

3-2　如图 3-72 所示，从空气流动管壁的侧面打通了许多小孔，小孔和管道侧面成 30°，一部分空气从这里流出，全体小孔的总面积是 1 m^2，求空气从小孔流出的平均流速。

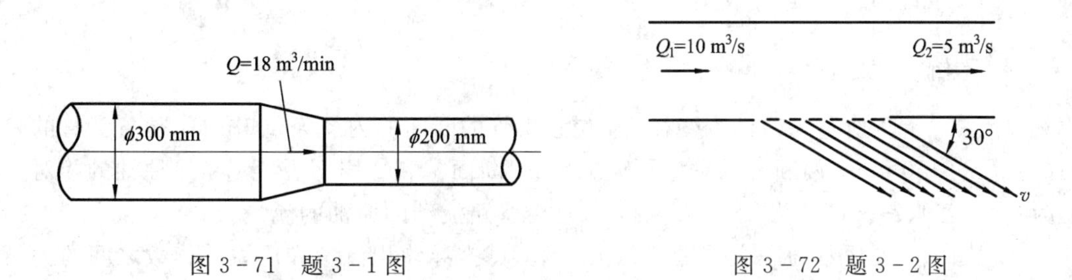

图 3-71　题 3-1 图　　图 3-72　题 3-2 图

3-3　如图 3-73 所示，已知流量 Q_1=25 L/min，小活塞杆直径 d_1=20 mm，小活塞直径 D_1=75 mm，大活塞杆直径 d_2=40 mm，大活塞直径 D_2=125 mm，不考虑泄漏流量，

求大、小活塞的运动速度 v_1、v_2 和流量 Q_2。

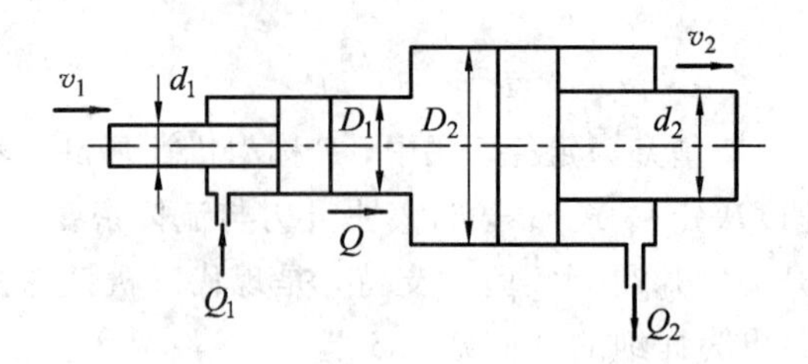

图 3-73　题 3-3 图

3-4　如图 3-74 所示，虹吸管的内径为 50 mm，喷嘴出口内径为 25 mm 时，求流出的水的流量和图中点 B、C、D 和 E 的压力，忽略所有损失。

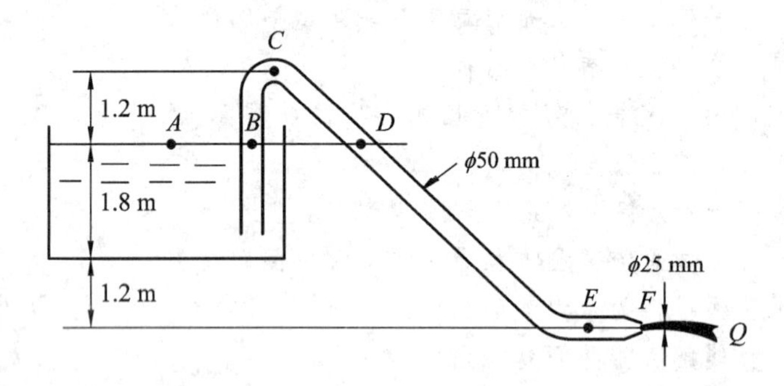

图 3-74　题 3-4 图

3-5　图 3-75 所示为大容器侧壁小孔细水喷流，求水越过前下方墙的最低水位 H。

3-6　如图 3-76 所示，喷嘴出口处插入一管，和水银 U 形管压力计连接，当水银柱高差为 750 mm 时，求此时喷嘴的水流出流量。水银的相对密度为 13.6。

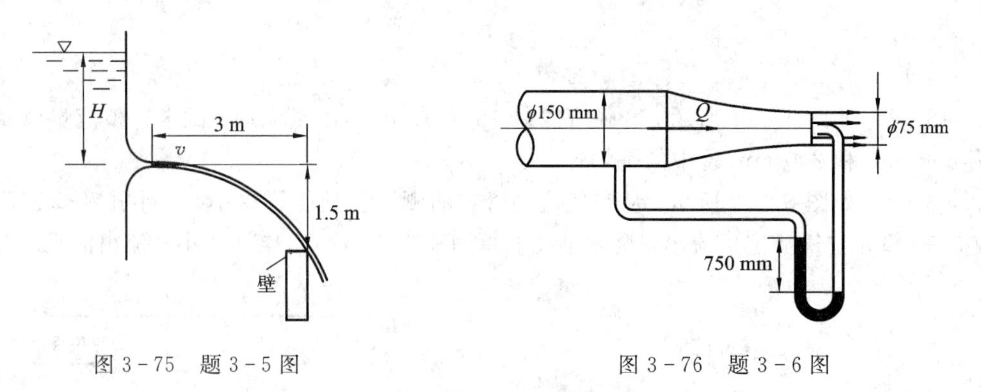

图 3-75　题 3-5 图　　　　图 3-76　题 3-6 图

3-7　图 3-77 所示为原油流变径管，位置①管的断面的内径为 300 mm，位置②管的断面的内径为 150 mm，两断面的垂直距离 1.5 m。断面①和②用 U 形管连接，原油的相对密度为 0.8。当水银柱高差为 480 mm 时，求这个管路流动的原油的流量。

3-8　图 3-78 所示为一文丘里管和压力计，试推导体积流量和压力计读数之间的关系式。当 $z_1=z_2$，$\rho=1000\ \mathrm{kg/m^3}$，$\rho_{\mathrm{Hg}}=13\ 600\ \mathrm{kg/m^3}$，$d_1=500$ mm，$d_2=50$ mm，$H=0.4$ m，流量系数 $\alpha=0.9$，求 $Q=$？

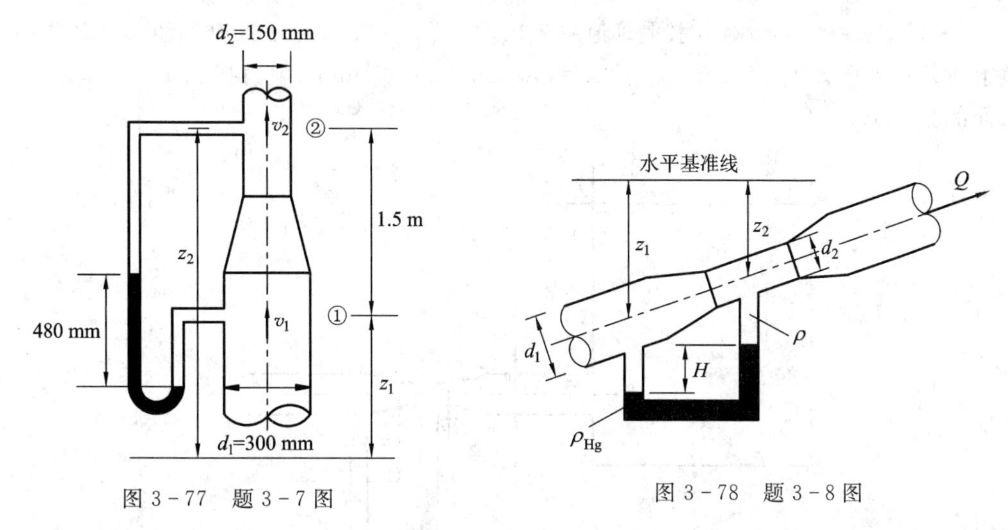

图 3 - 77　题 3 - 7 图　　　　图 3 - 78　题 3 - 8 图

3 - 9　如图 3 - 79 所示，管路阀门关闭时，压力表读数为 49.8 kPa，阀门打开后，读数降至 9.8 kPa。设从管路进口至装表处的水头损失为流速水头的 2 倍，求管路中的平均流速。

3 - 10　图 3 - 80 所示为一变直径的管段 AB，直径 $d_A=0.2$ m，$d_B=0.4$ m，高差 $\Delta H=1$ m，用压力表测得 $p_A=70$ kPa，$p_B=40$ kPa，用流量计测得流量 $Q=0.3\ \mathrm{m^3/s}$。试判断水在管段中流动的方向。

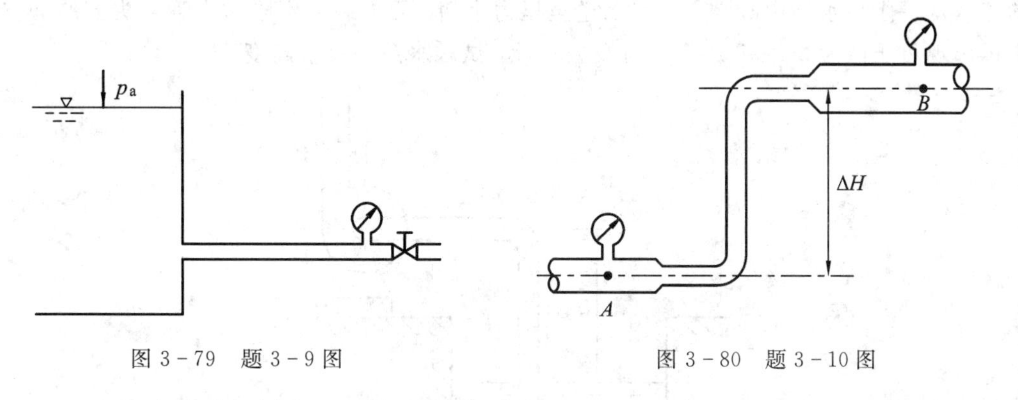

图 3 - 79　题 3 - 9 图　　　　图 3 - 80　题 3 - 10 图

3 - 11　泄水管路如图 3 - 81 所示，已知直径 $d_1=125$ mm，$d_2=100$ mm，$d_3=75$ mm。汞比压力计读数 $\Delta h=175$ mm，不计阻力，求流量和压力表读数。

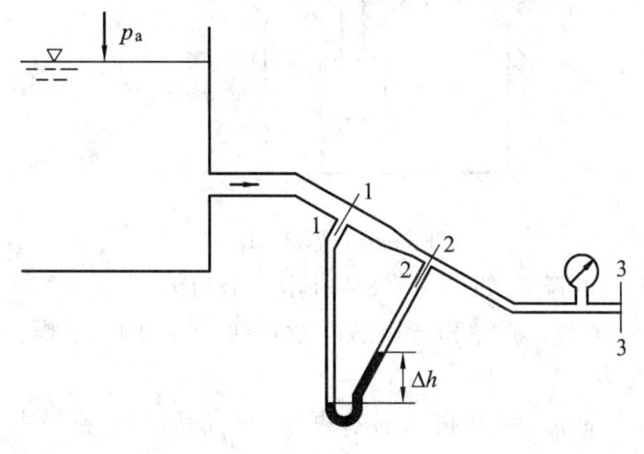

图 3 - 81　题 3 - 11 图

3-12 有一水箱，水由水平管道中流出，如图 3-82 所示。管道直径 $D=50$ mm，管道上收缩处差压计中 $h=1$ m，$\rho_{Hg}g\Delta h=40$ kPa，$d=25$ mm。阻力损失不计，试求水箱中水面的高度 H。

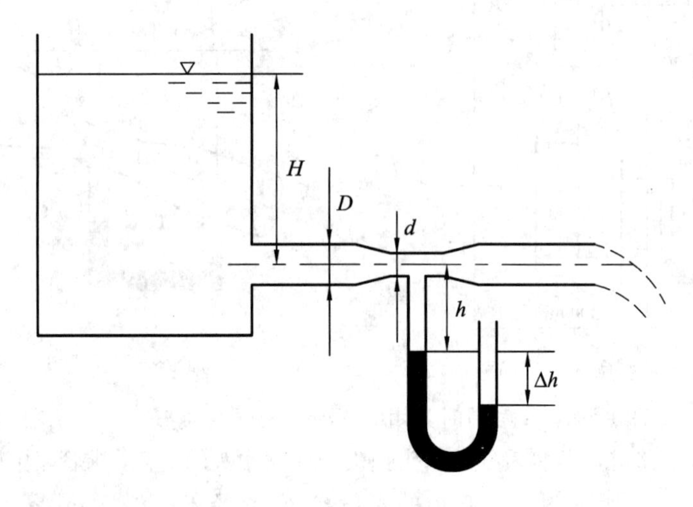

图 3-82 题 3-12 图

3-13 如图 3-83 所示，离心式水泵通过一内径 $d=150$ mm 的吸水管以 $Q=60$ m^3/h 的流量从一敞口水槽中吸水，并将水送至压力水箱。假设装在水泵与水管接头上的真空计指示出现负压值为 39 997 Pa。水力损失不计，试求水泵的吸水高度 H_S。

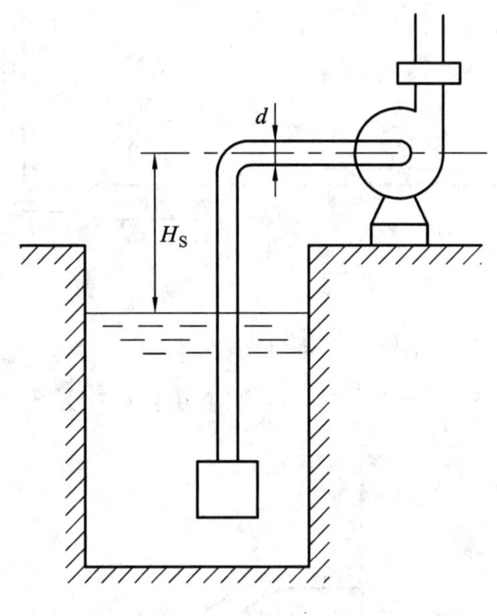

图 3-83 题 3-13 图

3-14 高压管末端的喷嘴如图 3-84 所示，出口直径 $d=100$ mm，管端直径 $D=400$ mm，流量 $Q=0.4$ m^3/s，喷嘴和管以法兰盘连接，共用 12 个螺栓，不计水和管嘴的重量，求每个螺栓受力为多少？

3-15 如图 3-85 所示，导叶将入射水束作 180°的转弯，若最大的支撑力是 F_0，试求最高水速。

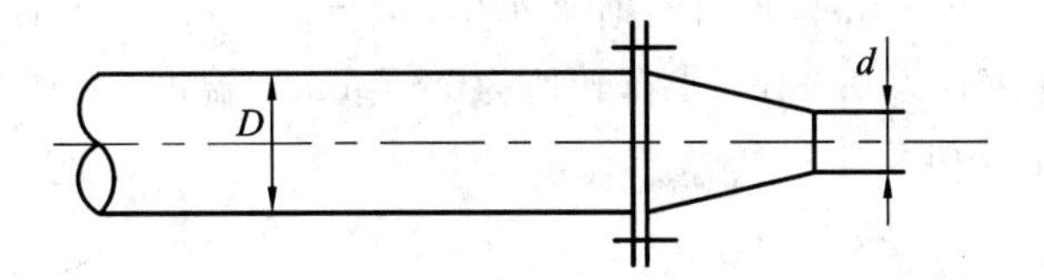

图 3-84　题 3-14 图

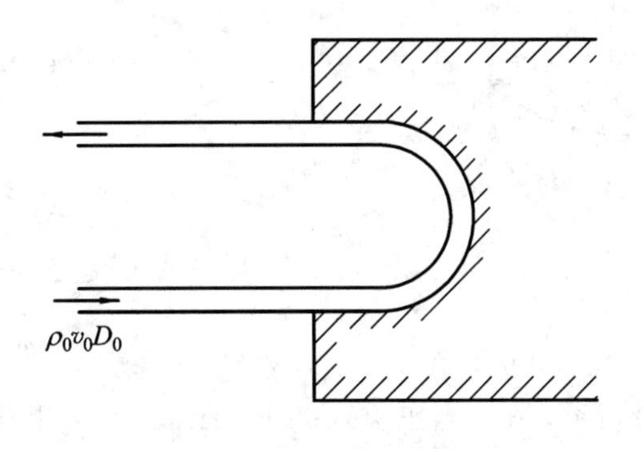

图 3-85　题 3-15 图

3-16　如图 3-86 所示，在水平放置的入口①内径为 300 mm、出口②内径为 200 mm 的 60°弯管中，水以 200 L/s 的流量流动，入口的压力为 150 kPa 时，试求水对弯管产生冲力的大小和方向。

3-17　旋转式喷水器由三个均匀分布在水平平面上的旋转喷嘴组成(见图 3-87)，总供水量为 Q，喷嘴出口的截面积为 A，旋臂长为 R，喷嘴出口的速度方向与旋臂的夹角为 θ。试求：(1)旋臂的旋转角速度 ω；(2)如果使已经有 ω 角速度的旋臂停止，需要施加多大的外力矩(不计摩擦阻力)。

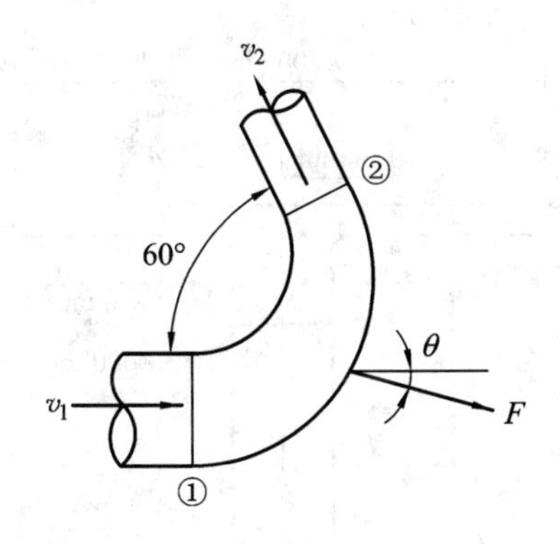

图 3-86　题 3-16 图

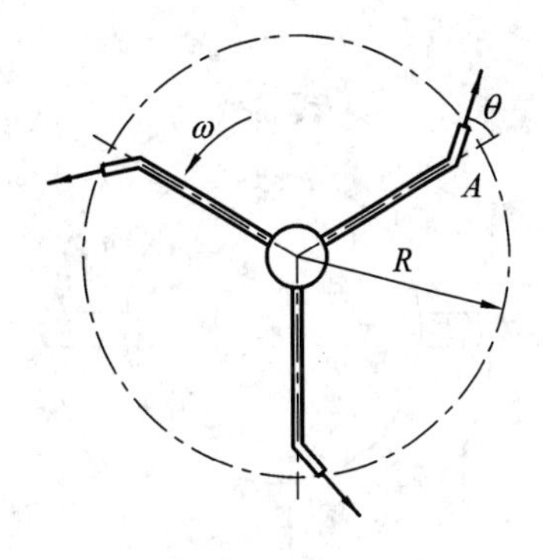

图 3-87　题 3-17 图

3-18　图 3-88 所示为一水泵叶轮，内径 d_1= 20 cm，外径 d_2=40 cm，叶片宽度(即垂直于纸面方向)b=4 cm，水在叶轮入口处沿径向流入，在出口处与径向成 30° 流出，已知质量流量 Q_m=92 kg/s，叶轮转速 n=1450 r/min。求水在叶轮入口与出口处的流速 v_1、v_2 及输入水泵的功率(不计损失)。

3-19　如图 3-89 所示的弗朗西斯水车中，r_1=1.5 m，r_2=1.0 m，β_1=90°，β_2=150°，叶轮的轴方向宽度为 0.3 m，水车转速为 72 r/min，温度 5℃的水以 10 m^3/s 的流量流入，求叶轮的转矩及功率。

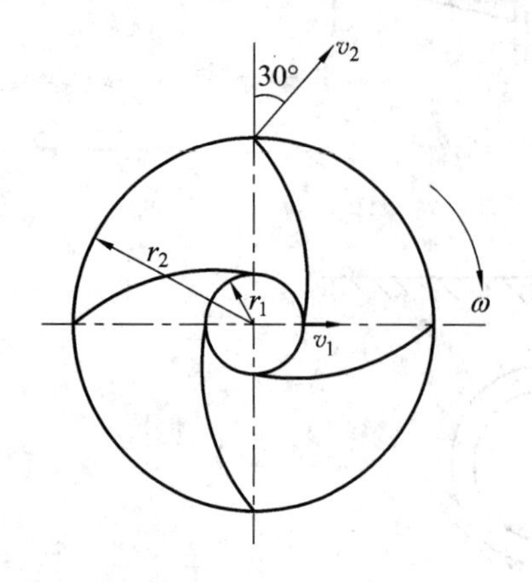

图 3-88　题 3-18 图

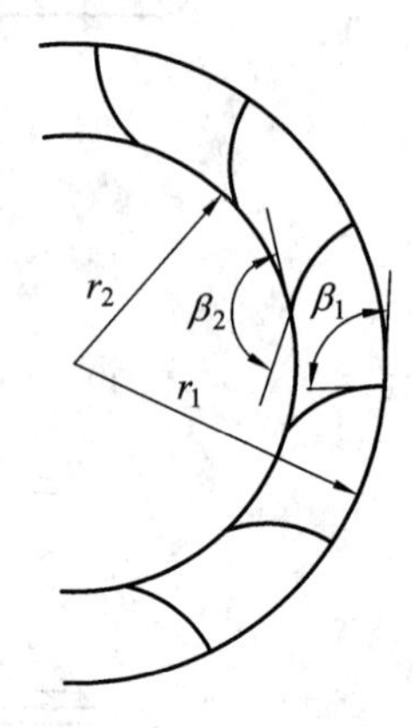

图 3-89　题 3-19 图

3-20　如图 3-90 所示，在一台巴克水磨机(Barker's mill)中，4 根喷嘴的内径都是 25 mm，各喷管都以 7 L/s 流量喷出，水车转速为 100 r/min 时，求水车的功率。

3-21　半径为 2 m 的圆筒形容器盛有深度 75 mm 的液体，容器绕中心轴以 5 r/m 的转速旋转，得到与图 3-53 一样的液面形状。求该液面的形状。

3-22　在自由涡流中，流动在各处的总压力始终恒定，按此规律求出一个自由涡流的速度分布，并计算每个自由涡和强制涡的环量。

3-23　速度环量为 5 m^2/s 的自由旋涡的流动，求距中心半径 0.5 m、1.0 m、1.5 m 位置的速度。

3-24　图 3-91 是盘面间隙为 1.6 mm、水放射状喷出外径 600 mm 的圆盘的纵向剖面图，水在 A 点速度为 3 m/s 时，求 A、B 和 C 点的压力。

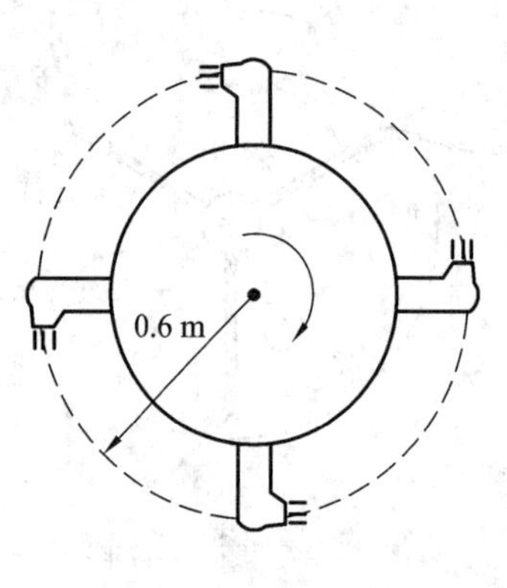

图 3-90　题 3-20 图

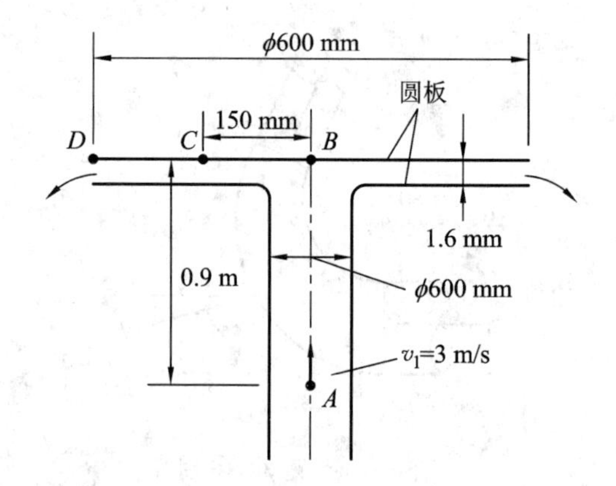

图 3-91　题 3-21 图

3-25　已知平面流势流的流函数 $\psi=xy+2x-3y+10$，求势函数与速度分量。

3-26　已知势函数 $\varphi=xy$，求速度分量和流函数。

第 4 章　量纲分析与相似理论

理论流体力学是流体力学重要的组成部分，其研究思路是通过对物理模型的分析和简化，建立流体运动的基本方程及边界条件，然后再通过数学方法求解这些方程，以得出流动规律。但是，由于流体运动方程及边界条件的复杂性，求解这些方程常常会遇到在数学上难以克服的困难，很多问题不得不依靠实验方法寻求答案。此外，许多理论分析结果也要通过实验来验证。因此，实验研究是发展流体力学理论，验证流体力学假说，解释流动现象，解决流体力学问题必不可少的研究手段。

考虑到流动实验的经济性，通常将研究对象按照一定的比例尺缩小成实验模型，然后在模型上进行实验研究。这样就会引出以下两个问题：如何设计制造模型以及如何制定试验方案；如何从纷繁复杂的实验数据中总结出流动规律。相似原理是用来解答第一个问题的，即用来指导模型设计和实验方案的制定，实现模型流动与实际流动之间的相似，进而找出相关规律。量纲分析则可以帮助我们寻求各物理量之间的关系，建立关系式的结构。本章简要地阐述和实验有关的一些理论性知识，包括量纲分析和相似原理的基本概念、基本原理和分析方法，为今后的学习和研究奠定基础。

4.1　量 纲 分 析

量纲分析是与相似理论密切相关的另一种通过实验去探索流动规律的重要方法，特别是对那些很难从理论上进行分析的流动问题，更能显示出其优越性。

量纲分析常用的有瑞利法和 π 定理，它们都是通过对流动中有关物理量的量纲进行分析的，使各量函数关系中的自变量减为最少，以使实验大大简化。

1. 单位和量纲

在工程中大多数物理量是有单位的，例如速度的单位取为米/秒(m/s)。

在流体力学中，量纲是物理单位的种类。例如，小时、分、秒是时间的不同单位，但这些单位属于同一个种类，即皆为时间单位。毫米、尺、码同属长度的单位，吨、千克、克同属质量单位。量纲可用量纲符号加方括号来表示，如长度、时间和质量的量纲依次可表示为$[L]$、$[T]$和$[M]$。

物理量的量纲分为基本量纲和导出量纲，通常流体力学中取长度、时间和质量的量纲$[L]$、$[T]$、$[M]$为基本量纲，在与温度有关的问题中，还要增加温度的量纲$[K]$为基本量纲。基本量纲必须相互独立，一个基本量纲不能用其他的量纲表示出来，其他物理量的量纲可由这些基本量纲按照其定义或者物理定律推导出来，称为导出量纲。导出量纲有：速度$[v]=[LT^{-1}]$，加速度$[a]=[LT^{-2}]$，密度$[\rho]=[ML^{-3}]$，力$[F]=[MLT^{-2}]$，压力$[p]=[ML^{-1}T^{-2}]$，切应力$[\tau]=[ML^{-1}T^{-2}]$，动力黏度$[\mu]=[ML^{-1}T^{-1}]$，运动黏度

$[\nu]=[L^2\ T^{-1}]$。

【例 4-1】 试用国际单位制表示流体动力黏度的量纲。

解 由牛顿内摩擦定理 $\tau=\mu\dfrac{\mathrm{d}v}{\mathrm{d}y}$，可知

$$[\mu]=\frac{[\tau][L]}{[v]}$$

因此有

$$[\mu]=\frac{[ML^{-1}\ T^{-2}][L]}{[LT^{-1}]}=[ML^{-1}\ T^{-1}]$$

2. 量纲和谐原理及瑞利法

一个正确、完整地反映客观规律的物理方程中，各项的量纲是一致的，这就是量纲和谐原理，或称量纲一致性原理。如连续性方程 $v_1A_1=v_2A_2$ 中的每项的量纲均为$[L^3\ T^{-1}]$，伯努利方程 $z+p/\rho g+v^2/2g=C$ 中的每一项量纲皆为$[L]$等。如果一个物理方程中的各项不满足量纲和谐原理，就可以判定该方程是不正确的。

瑞利法就是利用量纲的和谐原理建立物理方程的一种量纲分析方法。如果对某一物理现象 y 经过大量的观察、实验、分析，找出影响该物理现象的主要因素 x_1，x_2，…，x_n。它们之间待定的函数关系为

$$y=f(x_1,\ x_2,\ \cdots,\ x_n) \tag{4-1}$$

瑞利(Rayleigh)法是用物理量 x_1，x_2，…，x_n 的某种幂次乘积的函数来表示物理量 y 的，即

$$y=kx_1^{\alpha_1}\ x_2^{\alpha_2}\cdots x_n^{\alpha_n} \tag{4-2}$$

式中，k 是无量纲系数，由实验确定；α_1，α_2，…，α_n 为待定指数，根据量纲和谐性原理确定。

下面通过例题介绍瑞利法的解题步骤。

【例 4-2】 流动有两种状态：层流和紊流，流态相互转变时的流速称为临界流速。实验指出，稳定有压管流下临界流速 v_{cr}与管径 d、流体密度 ρ 和流体动力黏度 μ 有关。试用瑞利法求出它们的函数关系。

解 首先写出待定函数形式：

$$v_{cr}=f(d,\ \rho,\ \mu)$$

按瑞利法，将上式写成幂次乘积的形式，即

$$v_{cr}=kd^{\alpha_1}\rho^{\alpha_2}\ \mu^{\alpha_3}$$

用基本量纲表示方程中各物理量的量纲，写成量纲方程，则

$$[LT^{-1}]=[L]^{\alpha_1}[ML^{-3}]^{\alpha_2}[ML^{-1}\ T^{-1}]^{\alpha_3}$$

根据物理方程量纲和谐原理：

$$\begin{aligned}
&[L] \qquad 1=\alpha_1-3\alpha_2-\alpha_3\\
&[M] \qquad 0=\alpha_2+\alpha_3\\
&[T] \qquad -1=-\alpha_3
\end{aligned}$$

求解这一方程组，可得 $\alpha_1=-1$，$\alpha_2=-1$，$\alpha_3=1$。将这些数值代入幂次关系乘积式中得

$$v_{cr}=k\frac{\mu}{\rho d}$$

将上式化为无量纲的形式后，有

$$k = \frac{\rho v_{cr} d}{\mu}$$

这一无量纲系数 k 称为临界雷诺数，用 Re_{cr} 表示，即

$$Re_{cr} = \frac{\rho v_{cr} d}{\mu}$$

根据雷诺实验，该值在稳定有压圆管流动中为 2320，可用来判别层流与紊流。

雷诺数可表示为

$$Re = \frac{\rho v d}{\mu} = \frac{v d}{\nu} \tag{4-3}$$

应用瑞利法应注意以下两点：

(1) 瑞利法只不过是一种量纲分析方法，所推得的物理方程是否正确与之无关，成败关键还在于对物理现象所涉及的物理量考虑的是否全面。在上例中，如果忽略了黏度 μ，就不可能得到正确的雷诺数公式。但是考虑了多余的变量不会对推导结果产生任何的影响。

(2) 瑞利法对涉及物理量的个数少于 5 个的物理现象是非常方便的，对于涉及 5 个以上(含 5 个)变量的物理现象虽然也是适用的，但不如 π 定理方便。

3. π 定理

如果一个物理现象包含 n 个物理量、m 个基本量，则这个物理现象可由这 n 个物理量组成的 $n-m$ 个无量纲量所表达的关系式来描述。因为这些无量纲量用 π 来表示，就把这个定理称为 π 定理。

π 定理的实质就是，将以有量纲的物理量表示的物理方程化为以无量纲量表述的关系式，使其不受单位制选择的影响。假设一个物理过程涉及 n 个物理量：x_1，x_2，…，x_n，则这些量的函数关系可以表示为

$$f(x_1,\ x_2,\ \cdots,\ x_n) = 0 \tag{4-4}$$

设这 n 个物理量中包含 m 个基本量，则可用由 n 个物理量组成的 $n-m$ 个无量纲数 π_1，π_2，…，π_{n-m} 组成的关系式来描述这一物理现象，即

$$F(\pi_1,\ \pi_2,\ \cdots,\ \pi_{n-m}) = 0 \tag{4-5}$$

现在介绍应用 π 定理作量纲分析的步骤：

(1) 根据对研究对象的认识，确定影响这一物理现象的所有物理量，写成式(4-4)的形式。这里所说的有影响的物理量，是指对研究对象起作用的所有的物理量，包括流体的物性参数、流场的几何参数、流场的运动参数和动力学参数等，既包括变量也包括常量。这些物理量列举的是否全面，将直接影响分析结果。由此可见，这一步是非常重要的，也是比较困难的，这主要取决于对研究对象的认识程度。

(2) 从所有的 n 个物理量中选取 m(流体力学中一般取 $m=3$)个基本物理量，作为 m 个基本量纲的代表。通常取比较具有代表性的几何特征量，流体物性参量和运动参量各一个，例如研究黏性流体管流时，取流体的密度 ρ、管道直径 d 和平均流速 v 作为基本量。假定选择 x_1、x_2、x_3 作为基本量，基本量的量纲公式为

$$[x_1] = [L^{a_1} T^{b_1} M^{c_1}],\ [x_2] = [L^{a_2} T^{b_2} M^{c_2}],\ [x_3] = [L^{a_3} T^{b_3} M^{c_3}]$$

这三个基本物理量在量纲上必须是独立的，它们不能组成一个无量纲量。它们的量纲相互独立时必须满足的条件是:由这三个量的量纲指数组成的行列式不为0，即

$$\begin{vmatrix} a_1 & b_1 & c_1 \\ a_2 & b_2 & c_2 \\ a_3 & b_3 & c_3 \end{vmatrix} \neq 0$$

(3) 从3个基本物理量以外的物理量中，每次轮取一个，连同三个基本物理量组合成一个无量纲的 π 项，即如下的$(n-3)$个 π 项：

$$\pi_1 = \frac{x_4}{x_1^{\alpha_1} x_2^{\beta_1} x_3^{\gamma_1}},\ \pi_2 = \frac{x_5}{x_1^{\alpha_2} x_2^{\beta_2} x_3^{\gamma_2}},\ \cdots,\ \pi_{n-3} = \frac{x_{n-3}}{x_1^{\alpha_{n-3}} x_2^{\beta_{n-3}} x_3^{\gamma_{n-3}}}$$

式中，α_i、β_i、γ_i 分别为各 π 项的待定系数。

(4) 根据量纲和谐原理求各 π 项的指数 α_i、β_i、γ_i。

(5) 写出描述物理现象的关系式，即

$$F(\pi_1,\ \pi_2,\ \cdots,\ \pi_{n-m}) = 0$$

【例 4-3】 已知流体在圆管中流动时的压差 Δp 与下列因素有关:管道长度 l、管道直径 d、动力黏度 μ、液体密度 ρ、流速 v、管壁粗糙度 Δ。试用 π 定理建立水头损失 h_w 的计算公式。

解 (1) 这一流动现象所涉及的各物理量可写成如下的函数形式：

$$f(\Delta p,\ l,\ d,\ v,\ \rho,\ \mu,\ \Delta) = 0$$

(2) 取流体的密度 ρ，流速 v 和管径 d 为基本量，它们的量纲公式为

$$[\rho] = [L^{-3} T^0 M^1],\ [v] = [L^1 T^{-1} M^0],\ [d] = [L^1 T^0 M^0]$$

它们的量纲指数行列式为

$$\begin{vmatrix} -3 & 0 & 1 \\ 1 & -1 & 0 \\ 1 & 0 & 0 \end{vmatrix} = 1 \neq 0$$

说明这三个量的量纲是独立的，可以作为基本量。

(3) 现在便可以用其他的4个量与这5个基本量组成4个无量纲量了。

$$\pi_1 = \frac{\Delta p}{\rho^{\alpha_1} v^{\beta_1} d^{\gamma_1}}$$

由于 π_1 为无量纲量，则有

$$[\Delta p] = [\rho^{\alpha_1} v^{\beta_1} d^{\gamma_1}]$$

$$[L^{-1} T^{-2} M^1] = [L^{-3\alpha_1+\beta_1+\gamma_1} T^{-\beta_1} M^{\alpha_1}]$$

量纲指数构成的代数方程为

$$\begin{cases} -3\alpha_1 + \beta_1 + \gamma_1 = -1 \\ -2 = -\beta_1 \\ 1 = \alpha_1 \end{cases}$$

可解得 $\alpha_1 = 1$，$\beta_1 = 2$，$\gamma_1 = 0$，所以有

$$\pi_1 = \frac{\Delta p}{\rho v^2}$$

同理可得

$$\pi_2 = \frac{\mu}{\rho v d},\ \pi_3 = \frac{l}{d},\ \pi_4 = \frac{\Delta}{d}$$

(4) 无量纲关系式为

$$f\left(\frac{\Delta p}{\rho v^2},\ \frac{\mu}{\rho v d},\ \frac{l}{d},\ \frac{\Delta}{d}\right) = 0$$

或

$$\frac{\Delta p}{\rho v^2} = f\left(\frac{\mu}{\rho v d},\ \frac{l}{d},\ \frac{\Delta}{d}\right)$$

或

$$\Delta p = f\left(\frac{\mu}{\rho v d},\ \frac{l}{d},\ \frac{\Delta}{d}\right)\rho v^2$$

则

$$h_{\mathrm{f}} = \frac{\Delta p}{\rho g} = f\left(\frac{\mu}{\rho v d},\ \frac{l}{d},\ \frac{\Delta}{d}\right)\frac{v^2}{2g}$$

实验表明，圆管的水头损失与 l/d 成正比，上式可写成

$$h_{\mathrm{f}} = \frac{\Delta p}{\rho g} = f\left(\frac{\mu}{\rho v d},\ \frac{\Delta}{d}\right)\frac{l}{d}\,\frac{v^2}{2g}$$

由式(4－3)知，雷诺数 $Re=\rho v d/\mu$，相对粗粗度 $\varepsilon=\Delta/d$，则

$$h_{\mathrm{f}} = f(Re,\ \varepsilon)\,\frac{l}{d}\,\frac{v^2}{2g} \tag{4-6a}$$

式(4－6a)可表示为

$$h_{\mathrm{f}} = \lambda\,\frac{l}{d}\,\frac{v^2}{2g} \tag{4-6b}$$

这就是著名的达西公式。式中 $\lambda=f(Re,\ \varepsilon)$称为阻力系数，其值可用经验公式算得，也可通过查阅相关的图表得到，或者由实验确定。

需要初学者注意，在上述推导过程中，始终使用的函数符号 f 并不表示明确的函数关系，而只是表示以其后括号里的物理量或无量纲量决定的一个量。比如 $3\sin(1/x)=\sin x$ 不一定成立，而 $f(1/Re)=2f(Re)$则成立，因为 sin 是一个具有明确含义的函数，而 f 不是确定函数，比如 $f(1/Re)$和 $2f(Re)$仅仅表示两者都是 Re 的函数而已。

4.2　相 似 理 论

流动相似的概念是几何相似概念的推广和发展。几何相似是指两个几何图形间对应的尺寸保持固定的比例关系，对应角相等。把一个图形的任一长度乘以它们之间的比例，就能得到另一个图形的相应长度。

把几何相似的概念推广到流动现象，就可以得到流动相似的概念：如果两个流动的相应点上，所有表征流动状况的各物理量都保持各自的固定比例关系，则称这两个流动是相似的。

1. 工程流体力学的相似

在工程流体力学中，两个相似的流动包含几何相似、运动相似和动力相似。

1）几何相似

几何相似是指两个流动对应的线段成比例，对应角度相等，对应的边界性质(指固体边界的粗糙度或者自由液面)相同。图 4-1 为两个相似的翼型。以下标 md 代表模型，无下标的代表原型，两个流动的长度比例尺可表示为

$$\lambda_l = \frac{l}{l_{md}} \tag{4-7}$$

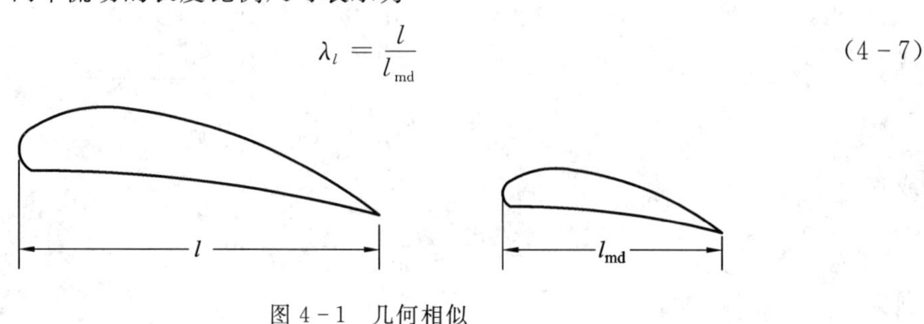

图 4-1 几何相似

面积比例尺和体积比例尺可表示为

$$\lambda_A = \frac{A}{A_{md}} = \lambda_l^2 \tag{4-8}$$

$$\lambda_V = \frac{V}{V_{md}} = \lambda_l^3 \tag{4-9}$$

由此可知，长度比例尺是几何相似的基本比例尺，其他的比例尺均可用长度比例尺来表示，长度比例尺的选择也是设计实验方案的第一步，通常在 10～100 之间取值。如果原型与模型的各方向上的尺寸都取同一比例尺，则称为正态模型，否则称为变态模型。例如，在模拟长输管线内的流动时，如果按正态模型设计的话，一方面模型管径将会非常小，改变了流动性质；另一方面，这类实验只需模拟出单位管长上的压降等参数，无须模拟整个管道的压降等。因此，这类实验均采用变态模型进行实验。

几何相似只是流动相似的必要条件，只有实现了几何相似才能在原型和模型间找到对应点，但流动是否相似还需满足其他的条件。

2）运动相似

运动相似是指两个流动对应点处的同名运动学量成比例。这里主要是指速度矢量 $\boldsymbol{v}$ 和加速度矢量 $\boldsymbol{a}$ 相似，即对应点的速度或加速度方向相同、大小成比例，如图 4-2 所示的绕翼型流动，流场中任一点 A 处，速度 $\boldsymbol{v}$ 大小成比例、方向相同。

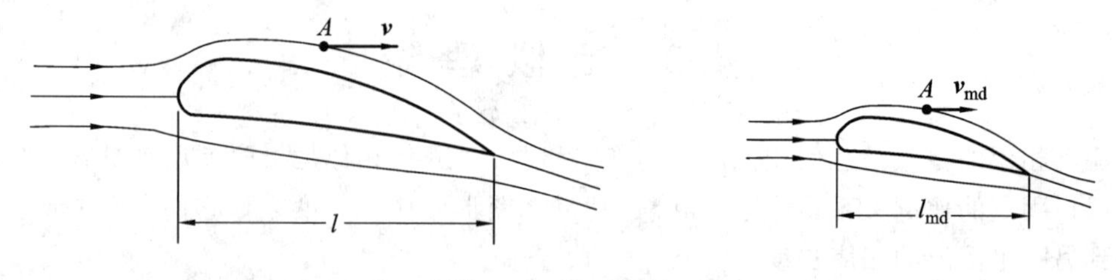

图 4-2 运动相似

在两个运动相似的流动间，对应流体质点的运动轨迹也应满足几何相似，且流过对应轨迹线上对应线段的时间也应成比例。所以，时间比例尺、速度比例尺和加速度比例尺可表示为

$$\lambda_t = \frac{t}{t_{md}} \tag{4-10}$$

$$\lambda_v = \frac{v}{v_{md}} = \frac{l/t}{l_{md}/t_{md}} = \frac{\lambda_l}{\lambda_t} \tag{4-11}$$

$$\lambda_a = \frac{a}{a_{md}} = \frac{l/t^2}{l_{md}/t_{md}^2} = \frac{\lambda_l}{\lambda_{md}^2} \tag{4-12}$$

作为加速度的特例，重力加速度比例尺为

$$\lambda_g = \frac{g}{g_{md}}$$

如果原型与模型均在地球上，则 $\lambda_g=1$。这就限制了我们模型比例尺的选择范围。

运动相似也是流动相似的必要条件，只有在两个几何相似和运动相似的流动之间，实现了动力相似才真正实现了流动相似。因为动力相似才是流动相似的主导因素，是流动相似的充分条件。

3）动力相似

动力相似是指两个流动对应点上的同名动力学量大小成比例，方向相同。对图4－2中的绕翼型流动，作用在翼型上的重力 G、黏性力 T、压力 p、惯性力 I 等大小成比例，方向相同，矢量力多边形几何相似，如图4－3所示，所以力的比例尺可表示为

$$\lambda_F = \frac{F}{F_{md}} = \frac{G}{G_{md}} = \frac{T}{T_{md}} = \frac{p}{p_{md}} = \frac{I}{I_{md}} \tag{4-13}$$

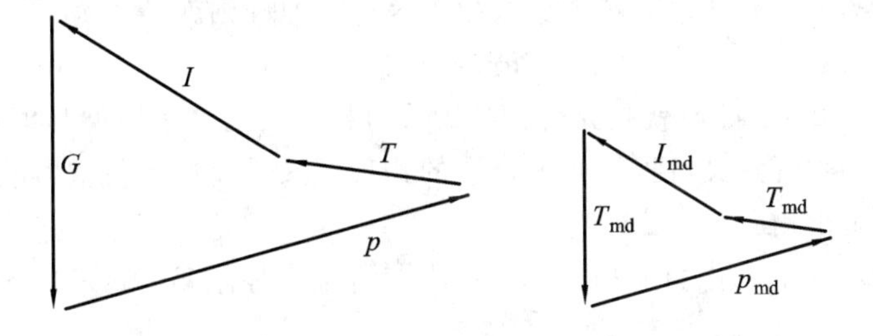

图4－3 动力相似

2. 牛顿一般相似原理

设作用在流体上的合外力为 $\boldsymbol{F}$，流体的加速度为 $\boldsymbol{a}$，流体的质量为 m。由牛顿第二定律 $\boldsymbol{F}=m\boldsymbol{a}$ 可知，力的比例尺 λ_F 可表示为

$$\lambda_F = \frac{F}{F_{md}} = \frac{ma}{m_{md}a_{md}} = \frac{\rho Va}{\rho_{md}V_{md}a_{md}} = \lambda_\rho \lambda_l^3 \lambda_l \lambda_t^{-2} = \lambda_\rho \lambda_l^2 \lambda_v^2$$

或

$$\lambda_F = \frac{F}{F_{md}} = \frac{\rho l^2 v^2}{\rho_{md} l_{md}^2 v_{md}^2} \tag{4-14}$$

也可写为

$$\frac{F}{\rho l^2 v^2} = \frac{F_{md}}{\rho_{md} l_{md}^2 v_{md}^2} \tag{4-15}$$

式中，$\dfrac{F}{\rho l^2 v^2}=\dfrac{F}{ma}=\dfrac{\text{合外力}}{\text{惯性力}}$为无量纲数，表示作用在流体上的合外力与惯性力之比，称为牛顿数，以 Ne 表示，即

$$Ne = \frac{F}{\rho l^2 v^2} \tag{4-16}$$

则式(4-15)可写为

$$Ne = Ne_{\mathrm{md}} \tag{4-17}$$

由此可得，动力相似的判据为牛顿数相等，这就是牛顿一般相似原理。在两个动力相似的流动中的无量纲数称为相似准数，例如牛顿数。作为判断流动是否动力相似的条件称为相似准则，如牛顿数相等这一条件。因此，牛顿一般相似原理也可称为牛顿相似准则。

3. 相似准则

若两个流动完全满足牛顿相似准则，作用在流体上的各种力保持同一比例尺，则这种相似称为完全动力相似，实现完全动力相似是不可能的。实践证明，实现完全动力相似也是没有必要的，这是因为针对某一具体的流动，各种力所起的作用也不尽完全相同，起主导作用的往往只有一种力。因此，在设计实验时，只要实现了这个起主导作用的力的相似就可以了，这种相似称为部分动力相似。下面将分别介绍几种力的相似准则。

1) 重力相似准则

当作用在流体上的合外力中重力起主导作用时，则有 $F=G=\rho gV=\rho gl^3$，则牛顿数可表示为

$$Ne = \frac{F}{\rho l^2 v^2} = \frac{\rho gV}{\rho l^2 v^2} = \frac{\rho g l^3}{\rho l^2 v^2} = \frac{gl}{v^2} \tag{4-18}$$

引入弗劳德数 $Fr=v/\sqrt{gl}$，则牛顿数相等这一相似准则就转化为

$$Fr = Fr_{\mathrm{md}} \tag{4-19}$$

由此可见，重力相似准数就是弗劳德数，重力相似准则就是原型与模型的弗劳德数相等。由式(4-17)的物理意义可推断弗劳德数的物理意义是惯性力与重力的比值。

2) 黏性力相似准则

当作用在流体上的合外力中黏性力起主导作用时，则有 $F=T=A\mu \mathrm{d}u/\mathrm{d}y$，牛顿数可表示为

$$Ne = \frac{T}{\rho l^2 v^2} = \frac{\mu \dfrac{v}{l} l^2}{\rho l^2 v^2} = \frac{\mu}{\rho l v} \tag{4-20}$$

引入雷诺数 $Re=\rho l v/\mu$，则牛顿数相等这一相似准则就转化为

$$Re = Re_{\mathrm{md}} \tag{4-21}$$

由此可见，黏性力相似准数就是雷诺数，黏性力相似准则就是原型与模型的雷诺数相等。对于圆管内的流动，可取管径 d 作为特征尺度，这时的雷诺数可表示为

$$Re = \frac{\rho l v}{\mu} = \frac{vd}{\nu} \tag{4-22}$$

雷诺数的物理意义是惯性力与黏性力的比值。

3) 压力相似准则

当作用在流体上的合外力中压力起主导作用时，则有 $F=pA$，牛顿数可表示为

$$Ne = \frac{pA}{\rho l^2 v^2} = \frac{pl^2}{\rho l^2 v^2} = \frac{p}{\rho v^2} \tag{4-23}$$

引入欧拉数 $Eu=p/\rho v^2$，则牛顿数相等这一相似准则就转化为

$$Eu = Eu_{\mathrm{md}} \tag{4-24}$$

由此可见，压力相似准数就是欧拉数，压力相似准则就是原型与模型的欧拉数相等。欧拉

数的物理意义是压力与惯性力的比值。

4.3 模型实验

1. 模型实验的概念

实验方案设计时，首先要解决原型与模型之间各种比例尺的选择问题，即所谓模型律问题。无论采用哪一种模型律，几何相似是必要条件。因此，长度比例尺的选择是首要的。在保证实验结果正确的前提下，考虑实验的经济性，模型宜做得小一些，即长度比例尺应大一些。长度比例尺确定之后，就要依据流动中起主导作用的力选择对应的相似准则。例如，当黏滞力为主时，选用雷诺准则设计模型，称为雷诺模型；当重力为主时，选用弗劳德准则设计模型，称为弗劳德模型。

2. 雷诺模型

在雷诺模型中，要求原型和模型的雷诺数相等，即 $Re = Re_{md}$。由此可以推得流速的比例尺为

$$\lambda_v = \frac{\lambda_\nu}{\lambda_l} \tag{4-25}$$

一般来讲，设计完全封闭的流场内的流动(如管道、流量计、泵内的流动等)或物体绕流(潜水艇、飞机和建筑物的绕流等)的实验方案设计，应采用雷诺模型。

【例 4-4】 利用内径 0.05 m 的管子通过水流来模拟内径为 0.5 m 管子内的标准空气流，若气流速度为 2 m/s，空气的运动黏度 0.15 cm^2/s，水的运动黏度为 0.01 cm^2/s，为保持动力相似，求模型管中的水流速度。

解　依题意有 $Re = Re_{md}$，或

$$\frac{vd}{\nu} = \frac{v_{md} d_{md}}{\nu_{md}}$$

由此可得

$$v_{md} = v\frac{\nu_{md} d}{\nu d_{md}} = 2 \times \frac{0.01}{0.15} \times \frac{0.5}{0.05} = 1.33(\text{m/s})$$

3. 弗劳德模型

在弗劳德模型中，要求原型和模型的弗劳德数相等，即 $Fr = Fr_{md}$。当原型与模型同在地球上时 $\lambda_g = 1$，可以推得流速的比例尺为

$$\lambda_v = \lambda_2^{1/2} \tag{4-26}$$

将式(4-26)与式(4-25)对照可以发现，通常情况下，这两种模型对速度比例尺与长度比的要求不可能同时满足，即完全动力相似不可能实现。

一般来讲，设计与重力波有关(如波浪理论、水面船舶兴波阻力理论、气液两相流体力学等)的实验方案设计，应采用弗劳德模型。

【例 4-5】 水上坦克模型，几何尺寸缩小为原型的 1/5。欲使模型运动速度与原型在水上航速 10 km/h 相似，则模型航速应为多少？

解　欲保持重力相似应维持弗劳德数相等，即

$$Fr = Fr_{md}$$

或

$$\frac{v^2}{gl} = \frac{v_{md}^2}{g_{md} l_{md}}$$

所以有

$$v_{md} = v\sqrt{\frac{g_{md} l_{md}}{gl}} = 10 \times \sqrt{\frac{1}{5}} = 4.47(\mathrm{km/h})$$

即模型的速度应保持 4.47 km/h。

思考题

4-1　什么是量纲？

4-2　何谓量纲和谐原理？有什么用处？

4-3　简述 π 定理的内容和应用步骤。

4-4　什么是相似准数和相似准则？

4-5　雷诺数和弗劳德数的物理意义是什么？

4-6　什么叫雷诺模型和弗劳德模型？

习题

4-1　试用量纲分析法分析自由落体在重力影响下降落距离 s 的公式为 $s=kgt^2$，假设 s 与物体质量 m、重力加速度 g 和时间 t 有关。

4-2　检查以下各综合数是否为无量纲数：

(1) $\sqrt{\frac{\Delta p}{\rho}} \cdot \frac{Q}{l^2}$；(2) $\frac{\rho Q}{\Delta p l^2}$；(3) $\frac{\rho l}{\Delta p \cdot Q^2}$；(4) $\frac{\Delta p \cdot lQ}{\rho}$；(5) $\sqrt{\frac{\rho}{\Delta p}} \cdot \frac{l^2}{Q}$

4-3　假设泵的输出功率 N 是液体密度 ρ、重力加速度 g、流量 Q 和扬程 H 的函数，试用量纲分析法建立其关系。

4-4　假设理想液体通过小孔的流量 Q 与小孔的直径 d，液体密度 ρ 以及压差 Δp 有关，用量纲分析法建立理想液体的流量表达式。

4-5　有一直径为 D 的圆盘，沉没在密度为 ρ 的液池中，圆盘正好沉于深度为 H 的池底，用量纲分析法建立液体作用于圆盘面上的总压力 F 的表达式。

4-6　用一圆管直径为 20 cm，输送 $\nu=4\times10^{-5}\ \mathrm{m^2/s}$ 的油品，流量为 12 L/s。若在实验室内用 5 cm 直径的圆管作模型试验，假如采用(1) 20℃的水，(2) $\nu=17\times10^{-6}\ \mathrm{m^2/s}$ 的空气，则模型流量各为多少时才能满足黏滞力的相似？

4-7　一长为 3 m 的模型船以 2 m/s 的速度在淡水中拖曳时，测得的阻力为 50 N，试求：

(1) 若原型船长 45 m，以多大的速度行驶才能与模型船动力相似；

(2) 当原型船以上面(1)中求得的速度在海中航行时，所需的拖曳力(海水密度为淡水的 1.025 倍，仅考虑船体的兴波阻力相似，不需考虑黏滞力相似，即仅考虑重力相似。)

第 5 章　黏性流体的管内流动

管内流体流动是流体传送的主要形式。供水排水系统、供油输油管路、供热空调送风系统及生物工程上的血液循环系统等，都是通过管内流动方式实现的。

黏性流体在流动过程中要克服黏性阻力而消耗的机械能称为水头损失。在工程流体力学中，通常将水头损失 h_w 分为沿程水头损失 h_f 和局部水头损失 h_j 两种。

流体沿均一直径的直管段流动时所产生的阻力，称为沿程阻力。克服沿程阻力所产生的水头损失称为沿程水头损失 h_f。在管道流动中，沿程水头损失由式(4－6b)确定的达西公式计算，即

$$h_f = \lambda \frac{l}{d} \frac{v^2}{2g} \tag{5-1}$$

式中，λ 为沿程阻力系数，它与流体的黏度、流速、管壁的内经和管壁的粗糙度有关，是一个无因次系数；d 为管道的内径，m；l 为管道长度，m；$\frac{v^2}{2g}$为单位重力作用下流体的动压头，m。

流体流经边界发生急剧变化的局部障碍(如流经管道突然扩大，或流经弯管、阀门等处等)时所产生的阻力，称为局部阻力。克服局部阻力所产生的水头损失称为局部水头损失 h_j。局部水头损失的计算公式为

$$h_j = \zeta \frac{v^2}{2g} \tag{5-2}$$

式中，ζ 为局部阻力系数，是一个无因次系数，根据不同的管件，由实验确定。

局部能量损失也可以被看做是在一段长度为 l_d 的管道上由沿程摩擦阻力造成的，长度 l_d 称为局部损失的当量管长，沿程阻力系数与和局部损失相邻的管道内的 λ 相等，因此

$$h_f = \lambda \frac{l_d}{d} \frac{v^2}{2g}$$

如果管道由若干等直管段和一些管道附件等连接在一起组成，管道总的水头损失等于各段的沿程水头损失和各处的局部水头损失之和，即

$$h_w = \sum h_f + \sum h_j \tag{5-3}$$

5.1　流体流动的两种流动状态

1883 年英国科学家雷诺进行了流动阻力实验。实验发现水头损失与速度的关系之所以不同，是因为流动存在两种不同的流动状态——层流和紊流。

1. 雷诺实验

图 5－1 所示为雷诺实验装置示意图，由稳压水箱、实验管道、测压管以及有色液体注

入管等组成，实验管道前后装有测压管，两测压管的高度差等于此管段的沿程水头损失。水箱内装有溢流隔板，使水位保持恒定，管道出口装有调节流量的阀门 F_3、流量由体积法测量。

为了观察管中水流的形态，将有色液体通过细管注入实验管道的水流中。实验时，先打开阀门 F_1 向水箱注水，当水箱中水从隔板溢流后，水位稳定，稍微打开阀门 F_3 和有色液体控制阀门 F_2，清楚地观察到管中的有色液体为一条直线，说明管中的流体质点以一种规律相同、互不混杂的形式作分层流动，这种流动称为层流，如图 5-1(a)所示。

继续开大阀门 F_3，流速逐渐增大，这时观察到有色液体线发生波动、弯曲，随着流速的增大，波动、弯曲程度增强，这种状态称为过渡状态，如图 5-1(b)所示。

当流速超过某一值时，波动加剧，有色液体线发生断裂，变成许多大大小小的漩涡，有色液体和周围水体混掺。说明尽管流体质点的运动方向仍指向出口，但流体质点的轨迹曲折、混乱，各流层的流体质点相互混掺，这种流动称为紊流，如图 5-1(c)所示。通常将介于层流和紊流之间极不稳定的过渡状态归入紊流。

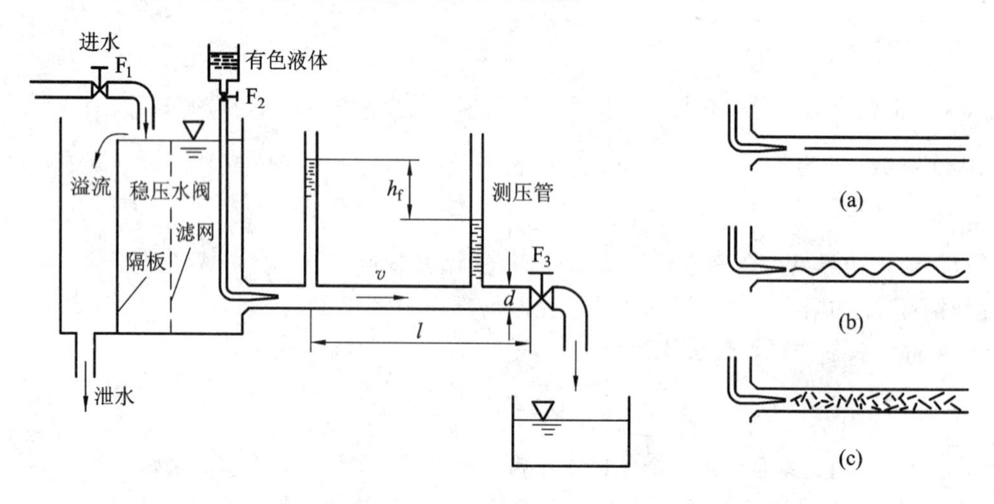

图 5-1　雷诺实验装置示意图

当流动状态变为紊流后，如果逐渐关小阀门 F_3，有色液体线慢慢变得清晰，当流速降为某个值时，有色液体线又呈一条直线，说明流动状态从紊流又恢复为层流。

将流动状态转换时的流速称为临界流速。由层流变为紊流的流速称为上临界流速 v'_{cr}，由紊流变为层流时的流速称为下临界流速 v_{cr}，且上临界流速大于下临界流速，即 $v'_{cr}>v_{cr}$。上临界流速 v'_{cr}随外界条件的变化，变化较大，下临界速度却不变。在实际工程中，扰动是普遍存在的，所以上临界流速没有实际意义，以后所指的临界流速即是下临界流速。

实验表明，无论是液体还是气体，实际流体的流动总是存在两种流动状态：层流和紊流。层流和紊流在速度分布、沿程水头损失等方面都有很大的差别。

在雷诺实验装置中(见图 5-1 所示)，在实验段的前后断面安装测压管。对这两个断面列伯努利方程可得

$$h_f = \frac{p_1 - p_2}{\rho g} = \frac{\Delta p}{\rho g} \tag{5-4a}$$

$$\Delta p = \lambda \frac{l}{d} \frac{\rho v^2}{2} \tag{5-4b}$$

由此可见，测压管中的水柱高差即为前后过流断面之间的沿程损失。该实验表明，沿程损失与流动状态的关系密切。因此，要计算各种流体通道的沿程损失，必须先判别流体的流动状态。

2. 流动状态判别

通过实验分析，判别流体的流动状态，仅仅靠临界速度很不方便，因为随着流体的黏度 μ、密度 ρ 以及流道线性尺寸的不同，临界速度也在变化。雷诺根据大量的实验归纳出一个由流速、黏度、密度以及管径组成的无量纲数——雷诺数作为判别流体流动状态的判据。雷诺数以 Re 表示，其表达式为

$$Re = \frac{\rho v l}{\mu} = \frac{v l}{\nu} \tag{5-5}$$

式中，l 为流体通道的特征尺寸，Re 为雷诺数；v 为流速(m/s)；ν 为流体的运动黏滞系数($\mathrm{m^2/s}$)；μ 为动力黏度(Pa·s)。对于直径为 d 的圆截面管道有

$$Re = \frac{\rho v d}{\mu} = \frac{v d}{\nu} \tag{5-6}$$

式中，d 为管道直径(m)。

雷诺数是无量纲参数，反映了惯性力与黏性力之比，$Re=\frac{\rho v d}{\mu}=\frac{\rho v^2}{\mu v/d}=$惯性力/黏性力。黏性力是分子间吸引力，使流动稳定，而惯性力使流体质点分离，使流动不稳定。因此雷诺数越大，惯性力越大，流动越不稳定，流动将趋向于紊流。

对应于临界流速的雷诺数用临界雷诺数表示为

$$Re_{\mathrm{cr}} = \frac{\rho v_{\mathrm{cr}} d}{\mu} = \frac{v_{\mathrm{cr}} d}{\nu} \tag{5-7}$$

实验结果指出，不论流体的性质和管径如何变化，下临界雷诺数 $Re_{\mathrm{cr}}=2320$，上临界雷诺数可达 $Re'_{\mathrm{cr}}=13\,800$，甚至更高。由于上临界值易随实验条件而变化，不是个固定值，对工程来说，没有实际指导意义。工程上一般取下临界雷诺数 Re_{cr} 作为判别层流还是紊流的准则。

工程实际中，为计算偏于安全起见，一般取圆管的临界雷诺数 $Re_{\mathrm{cr}}=2000$。当 $Re\leqslant 2000$ 时，流动为层流；当 $Re>2000$ 时，流动为紊流。

对于非圆形截面管，关键是合理选择相当于圆管直径的特征长度。常用的方法是引入水力直径作为特征长度，定义为

$$d_{\mathrm{h}} = \frac{4A}{s} \tag{5-8}$$

式中，A 为流道截面(又称过流断面)的面积；s 为流道截面处流体与固壁接触的周长(在水力学中称为湿周长)。对充满流体的直径为 d 的圆管，水力直径与圆管直径之间的关系为

$$d_{\mathrm{h}} = \frac{4A}{s} = 4 \cdot \frac{1}{4}\frac{\pi d^2}{\pi d} = d$$

类似于圆管雷诺数，用水力直径表示的雷诺数为

$$Re_{\mathrm{h}} = \frac{v d_{\mathrm{h}}}{\nu} \tag{5-9}$$

几种非圆形管道的临界雷诺数见表 5-1。

表 5-1　几种非圆形管道的临界雷诺数

管道截面形状	正方形 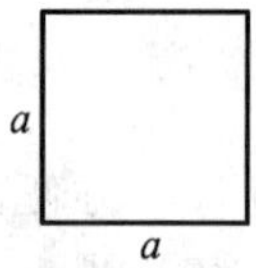	正三角形 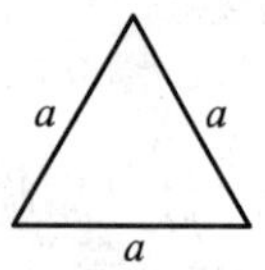	同心缝隙 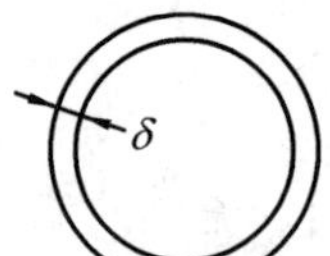	偏心缝隙 
$Re_h=\dfrac{vd_h}{\nu}$	$\dfrac{va}{\nu}$	$\dfrac{va}{\sqrt{3}\nu}$	$\dfrac{2v\delta}{\nu}$	$\dfrac{v(D-d)}{\nu}$
$Re_{h.cr}$	2070	1930	1100	1000

【例 5-1】 水在直径 $d=50$ mm 的水管中流动，流速 $v=0.5$ m/s，水的运动黏度 $\nu=1\times10^{-6}$ m²/s。试问水在管中呈何种流态？若管中流体是油，运动黏度 $\nu=31\times10^{-6}$ m²/s，流速不变，试问油在管中又呈何种流态？

解　水的雷诺数为

$$Re=\frac{vd}{\nu}=\frac{0.5\times0.05}{1\times10^{-6}}=2.5\times10^4>2000$$

故水在管中呈紊流状态。

油的雷诺数为

$$Re=\frac{vd}{\nu}=\frac{0.5\times0.05}{31\times10^{-6}}=805<2000$$

故油在管中呈层流状态。

【例 5-2】 某送风管道，输送 30℃的空气，风管截面为正方形，边长为 200 mm，试求风管的临界流速。

解　30℃空气的 $\nu=16.6\times10^{-6}$ m²/s，$Re_{h.cr}=2070$。

$$d_h=\frac{4A}{s}=4\cdot\frac{a^2}{4a}=a=0.2(\text{m})$$

$$v_{cr}=\frac{\nu Re_{h.cr}}{d_h}=\frac{16.6\times10^{-6}\times2070}{0.2}=0.172(\text{m/s})$$

5.2　圆管中的层流流动

管路内的层流通常发生在黏度较高或速度较低的情况下，例如在石油输送、化工管道、地下水渗流以及机械工程中的液压传动、润滑等技术问题中都会遇到流体的层流流动，在本节中，讨论黏性流体在圆截面管道中的流动，分析圆管层流速度分布的特点，得出沿程阻力系数的表达式。

1. 圆管中层流的流速分布

圆管中层流的流速分布可直接用式(3-80)计算，也可按下面的方式推导。

黏性流体在长直圆管中作稳定、均匀流动。由于流体具有黏性，在管道壁面上，流体速度为零。对于均匀流动，管道任一过流断面上的速度分布都相同。由于流动的对称性，取一个以管轴为中心、长度为 l、半径为 r 的圆柱体作为控制体进行分析，如图 5-2 所示。

流体在等直径圆管中作稳定、均匀流动，加速度为 0，作用在圆柱体上的外力平衡，即

$$(p+\Delta p)\pi r^2 - p\pi r^2 - 2\pi r l \tau = 0$$

即

$$\tau = \frac{r}{2l}\Delta p \tag{5-10}$$

流体在圆管中作层流运动，满足牛顿内摩擦定律。如图 5-3 所示，在距管轴心线 r 处，流体质点的速度为 u，距管壁的距离 $y=r_o-r$（r_o 为管的内半径），由式(1-10)得

$$\tau = \mu\frac{\mathrm{d}u}{\mathrm{d}y} = -\mu\frac{\mathrm{d}u}{\mathrm{d}r} \tag{5-11}$$

将式(5-11)代入式(5-10)，整理得

$$\frac{\mathrm{d}u}{\mathrm{d}r} = -\frac{\Delta p}{2\mu l}r$$

积分得

$$u = -\frac{\Delta p}{4\mu l}r^2 + C$$

根据管壁的边界条件，当 $r=r_o$ 时，$u=0$，$C=\frac{\Delta p}{4\mu l}r_o^2$，因此有

$$u = \frac{\Delta p}{4\mu l}(r_o^2 - r^2) \tag{5-12}$$

式(5-12)表明黏性流体在圆管内作稳定、均匀流动时，过流断面上的速度 u 分布为旋转抛物线面，如图 5-3 所示。

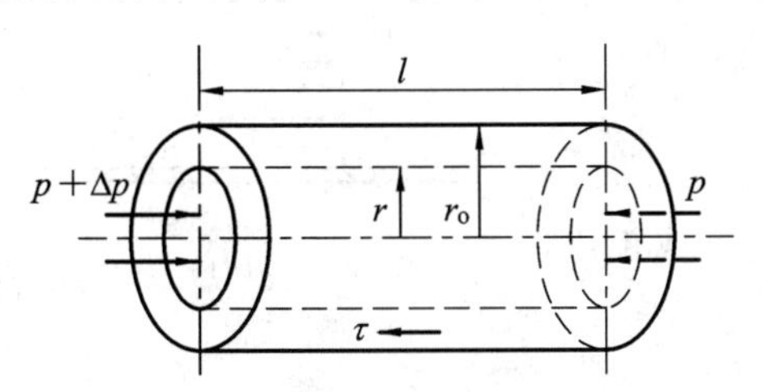

图 5-2　圆管层流中的受力分析

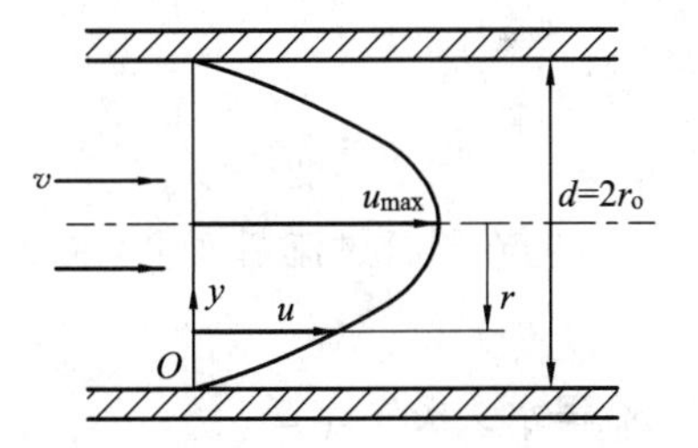

图 5-3　圆管层流中的速度分布

2. 流量与平均速度

在过流断面 r 处取一个厚度为 $\mathrm{d}r$ 的微小圆环，如图 5-4 所示，此圆环面积的流量为 $\mathrm{d}Q=u2\pi r\mathrm{d}r$，在整个过流断面上积分后可得出管中的流量为

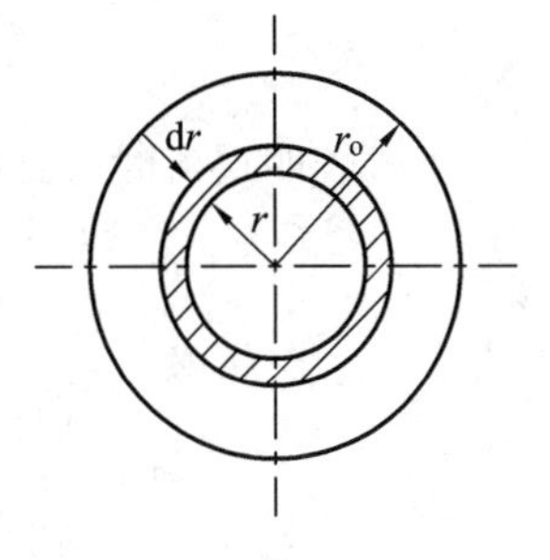

图 5-4　微元圆环面积

$$Q = \int_A \mathrm{d}Q = \int_A u2\pi r\mathrm{d}r$$

$$= 2\pi\int_0^{r_o}\frac{\Delta p}{4\mu l}(r_o^2 - r^2)r\mathrm{d}r = \frac{\Delta p\pi}{8\mu l}r_o^4$$

设管内径为 d，所以流量为

$$Q = \frac{\Delta p\pi}{128\mu l}d^4 \tag{5-13}$$

此公式称为哈根-泊谡叶定律。它表明层流流动时，管中流量与管径的四次方成正比。哈根-泊谡叶定律也是测量液体黏度的依据，从式(5-13)中解出

$$\mu=\frac{\Delta p\pi}{128Ql}d^4$$

在图 5 - 1 中，在层流状态下，测出直径为 d、长度为 l 的管道两端的压差 Δp，用体积法测出流量 Q，按上式可求出液体的动力黏度 μ。

由平均流速定义可得

$$v=\frac{Q}{A}=\frac{\frac{\Delta p\pi}{8\mu l}r_o^4}{\pi r_o^2}=\frac{\Delta p}{8\mu l}r_o^2=\frac{\Delta p}{32\mu l}d^2$$

$$\Delta p=\frac{32\mu l v}{d^2} \tag{5-14}$$

当 $r=0$ 时，管轴处的速度为最大，由式(5 - 12)得

$$u_{\max}=\frac{\Delta p}{4\mu l}r_o^2=2v$$

$$v=\frac{u_{\max}}{2} \tag{5-15}$$

流体在圆管中作层流流动时，过流断面上的平均流速等于轴线上最大速度的一半。利用这一特性，对于层流用皮托管测出圆管轴线上的速度，可求得流量。

3. 剪应力分布

在管壁 $r=r_o$ 处黏性切应力取极值 τ_o，代入式(5 - 10)即

$$\tau_o=\frac{\Delta p}{2l}r_o$$

则

$$\tau=\frac{\Delta p}{2l}r_o\frac{1}{r_o}r=\frac{\tau_o}{r_o}r$$

上式表明在圆管过流断面上，黏性切应力与 r 成正比，如图 5 - 5 所示。

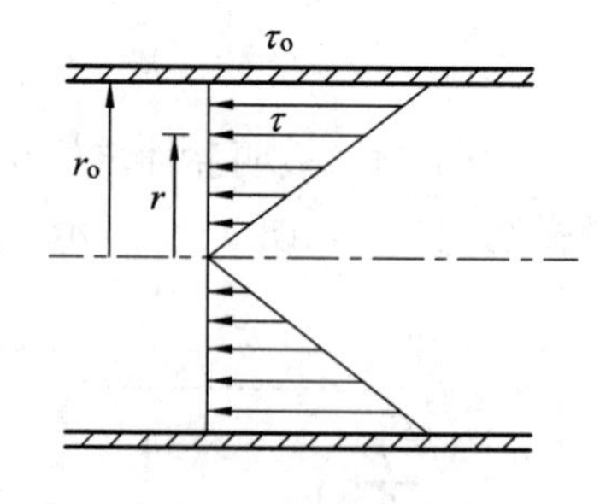

图 5 - 5 切应力分布

4. 沿程水头损失计算

由式(5 - 4a)及式(5 - 14)可得

$$h_f=\frac{p_1-p_2}{\rho g}=\frac{\Delta p}{\rho g}=\frac{32\mu l v}{\rho g d^2}$$

上式表明层流时管路沿程水头损失与平均流速成正比，将上式代入达西公式(5 - 1)有

$$\frac{32\mu l v}{\rho g d^2}=\lambda\frac{l}{d}\frac{v^2}{2g}$$

则

$$\lambda=\frac{64\mu}{\rho v d}=\frac{64}{\frac{\rho v d}{\mu}}=\frac{64}{Re} \tag{5-16}$$

式中，λ 为圆管层流的沿程阻力系数或水力摩阻系数。

在圆管层流中，沿程阻力系数只与 Re 有关，而与管道壁面的粗糙度无关。因为在层流时，壁面粗糙度产生的扰动完全被黏性所抑制。

功率损失 ΔN 为

$$\Delta N = \rho g Q h_{\rm f} = Q\Delta p = \frac{128\mu l Q^2}{\pi d^4} \tag{5-17}$$

液体的黏度随温度的增加而降低，从式(5-17)可知，在层流状态下输送一定流量的液体时，适当提高温度或降低黏度，可降低管道中输送液体所需的功率。石油工程上的热力开采技术就是利用这一原理。

【例 5-3】 圆管的直径 d=20 mm，流速 v=0.12 m/s，水温 t=10℃，试求 20 m 管长的沿程水头损失和功率损失。

解 查得水在 10℃时的运动黏度系数 $\nu=1.3\times10^{-6}$ m²/s，流动的雷诺数为

$$Re = \frac{vd}{\nu} = \frac{0.12\times0.02}{1.3\times10^{-6}} = 1846 < 2000$$

故为层流，求沿程阻力系数为

$$\lambda = \frac{64}{Re} = \frac{64}{1846} = 0.0347$$

沿程损失为

$$h_{\rm f} = \lambda\frac{l}{d}\frac{v^2}{2g} = 0.0347\times\frac{20}{0.02}\times\frac{0.12^2}{2\times9.8} = 0.025({\rm m})$$

功率损失 ΔN 为

$$\Delta N = \rho g Q h_{\rm f} = 1000\times9.8\times0.785\times0.02^2\times0.025 = 0.077({\rm W})$$

【例 5-4】 在管径 d=0.01 m，管长 l=5 m 的圆管中，冷冻机润滑油做层流运动，测得流量 $Q=0.8\times10^{-4}$ m³/s，水头损失 $h_{\rm f}$=30 m，求润滑油的运动黏度。

解 润滑油的平均流速为

$$v = \frac{Q}{A} = \frac{4Q}{\pi d^2} = \frac{4\times0.8\times10^{-4}}{3.14\times0.01^2} = 1.02\ ({\rm m/s})$$

沿程阻力系数为

$$\lambda = \frac{h_{\rm f}}{\dfrac{l}{d}\dfrac{v^2}{2g}} = \frac{30}{\dfrac{5}{0.01}\times\dfrac{1.02^2}{2\times9.8}} = 1.13$$

因为是层流，$\lambda=\dfrac{64}{Re}$，所以有

$$Re = \frac{64}{\lambda} = \frac{64}{1.13} = 56.6$$

再由雷诺数的定义可得润滑油的运动黏度为

$$\nu = \frac{vd}{Re} = \frac{1.02\times0.01}{56.6} = 1.82\times10^{-4}({\rm m^2/s})$$

5.3　圆管中的紊流流动

由雷诺实验可知，当管内流体流动的雷诺数超过临界值时，流体质点作复杂的无规律的运动，呈现紊流状态。紊流有许多与层流不同的特性，本节将讨论紊流的一些基本特点。

5.3.1　紊流的产生和脉动性

设流体原来作直线层流动。层流受扰动后，当黏性的稳定作用起主导作用时，扰动就

受到黏性的阻滞而衰减下来，层流就是稳定的。当扰动占上风时，黏性的稳定作用无法使扰动衰减下来，于是流动便变为紊流。

紊流中由于流体质点的互相掺混、碰撞、交换并形成涡旋，因而在紊流中，对任何一空间点来说，不同时刻通过的不同质点，其速度、压力等运动参数都在无规则地变化，并围绕某一个平均值上下跳动。运动参数的这种跳动称为紊流的脉动。图 5-6 是用测速仪测出的管道中某点的瞬时轴向速度随时间的变化情况。

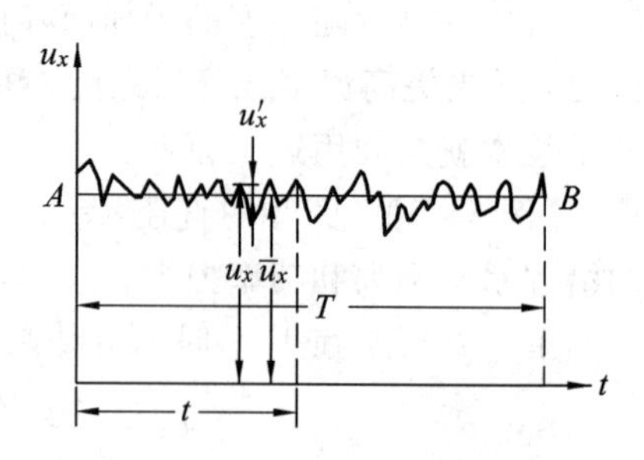

图 5-6　紊流的时均流动与脉动

紊流的脉动不仅在轴向上存在，垂直于运动方向也有横向脉动。对于横向瞬时速度以及压力，也可以得到与图 5-6 类似的曲线。

由于紊流的脉动，紊流实际上是一种不稳定流动。虽然在某一瞬时，紊流的运动规律仍然服从于黏性流体的运动方程，但脉动现象的存在，使得直接求解这些方程是不可能的。为解决这一困难，流体力学中采用运动参数时均化的方法。所谓运动参数时均化，即是用一定时间间隔内流体运动参数的平均值代替瞬时值。由图 5-6 可以看到，紊流中某点的实际流速尽管是脉动的，但在时间间隔 T 内，它总是围绕着一个平均值上下波动的。如在时段 T 内，作一与时间轴平行的直线 AB，使其与横轴所包围的面积，等于同一时段内，u_x 曲线与横轴所包围的面积，则 AB 线的纵坐标 $\bar{u}_x$ 与 T 的长短无关。$\bar{u}_x$ 称为时均速度，可以表示为

$$\bar{u}_x = \frac{1}{T}\int_0^T u_x \mathrm{d}t \tag{5-18}$$

流体瞬时速度 u_x 可分成两部分：时均速度 $\bar{u}_x$ 和脉动速度 u_x'。

$$u_x = \bar{u}_x + u_x' \tag{5-19}$$

流速的脉动必然导致密度、切应力和压力等其他的流动参数也产生脉动，其瞬时值也可用类似的方法求得时均值。应该指出，时均速度 $\bar{u}_x$ 与断面平均速度 v 是两个不同的速度概念，后者是指某流道断面上各点流体瞬时速度的几何平均值。

用时均值来代替紊流流动中的瞬时值，可把复杂的紊流运动简化为简单的时均流动。前面所建立的一些概念及分析流体运动规律的方法在紊流中仍然适用，如紊流中的流线、定常流等概念对紊流来说只是都具有“时均”的意义。虽然从单个流体质点瞬时运动状态看，紊流属于非定常流动，但如果流场中的所有运动参数的时均值均不随时间变化，仍可看做是定常流，根据定常流导出的流体动力学基本方程同样适用于时均定常流。

5.3.2　紊流附加应力和混合长度理论

流动为紊流时，由于流体质点的脉动，其内部的摩擦切应力不仅仅是由于黏性引起的黏性应力。紊流的脉动性会使得各个流体层之间质点横向掺混加剧，所以，在两流层的接触面上，除存在黏性切应力以外还存在因质点掺混而引起的附加切应力，这种附加切应力称为紊流附加应力或雷诺应力(Reynolds stress)，因此，紊流流动时流体内部的切应力可表示为

$$\tau = \mu\frac{\mathrm{d}u}{\mathrm{d}y} + \tau_{\mathrm{R}} \tag{5-20}$$

式中，τ 为紊流流体的切应力，称为有效切应力；τ_R 为紊流附加应力；$\mu\dfrac{du}{dy}$为通常意义的黏性切应力。

紊流附加应力的计算采用普朗特(Prandtl)混合长度理论(也称动量传递理论)计算。

如图 5-7(a)所示，设紊流内某一空间点 A 处质点沿 x 方向的瞬时流速为 $u_x=\bar{u}_x+u_x'$，横向脉动流速为 u_y'。因横向脉动，该处质点以 u_y' 速度通过流层间微小面积 ΔA 进入邻层，见图 5-7(a)，从而把本身所具有的动量传递给邻层。在 Δt 时段内，通过 ΔA 随质点转移，在流动方向上动量的变化(沿 y 方向移走的那部分动量)为

$$\Delta M=\rho\Delta A u_y'\Delta t(\bar{u}_x+u_x')$$

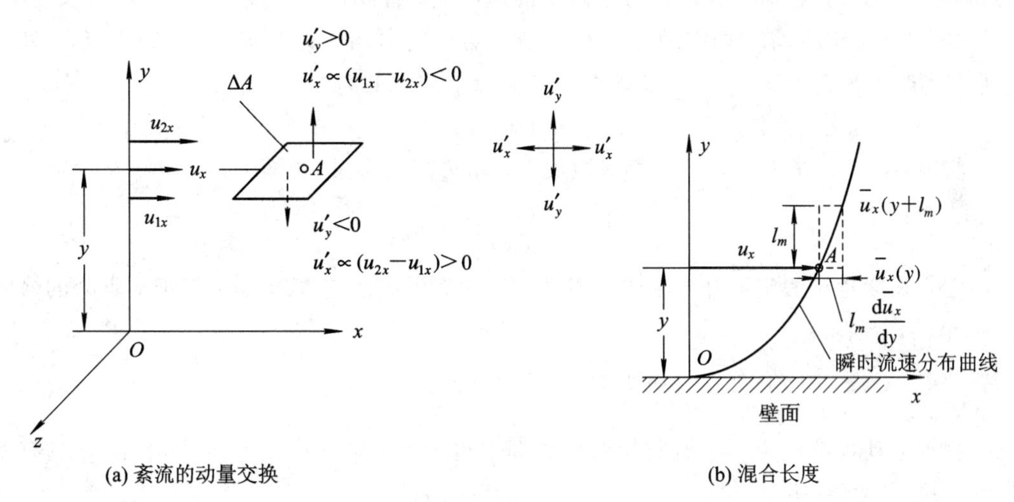

图 5-7　紊流附加应力

引用质点的动量定理：ΔM 等于 Δt 时段内作用在 ΔA 面上切力 ΔT 的冲量，即

$$\Delta T\Delta t=\rho\Delta A u_y'\Delta t(\bar{u}_x+u_x')$$

在 ΔA 面上紊流附加应力为

$$\tau'=\frac{\Delta T}{\Delta A}=\rho u_y'(\bar{u}_x+u_x')$$

其时间平均值为

$$\tau_R=\frac{1}{T}\int_0^T\tau'\,dt=\rho\frac{1}{T}\int_0^T u_y'(\bar{u}_x+u_x')\,dt=\rho\frac{1}{T}\int_0^T u_y'\bar{u}_x\,dt+\rho\frac{1}{T}\int_0^T u_y'u_x'\,dt$$

因脉动速度的时间平均值 $\overline{u_y'}=\dfrac{1}{T}\displaystyle\int_0^T u_y'\,dt=0$，故

$$\rho\frac{1}{T}\int_0^T u_y'\bar{u}_x\,dt=\rho\frac{1}{T}\bar{u}_x\int_0^T u_y'\,dt=0$$

则

$$\tau_R=\rho\frac{1}{T}\int_0^T u_y'u_x'\,dt=\rho\overline{u_x'u_y'}$$

因为 $u_y'>0$，$u_x'<0$，$u_y'<0$，$u_x'>0$，所以上式需加一负号，即

$$\tau_R=-\rho\overline{u_x'u_y'}\tag{5-21}$$

式(5-21)是用脉动流速表示的紊流附加切应力表达式。该公式表明，附加切应力 τ_R

与黏滞切应力不同，只与液体的密度和脉动速度有关，与液体的黏滞性无关。τ_R 又称为雷诺应力或惯性切应力。式(5-21)中脉动流速 u_x' 和 u_y' 随时间无规则地变化，此式不便于直接应用。因为各流层流速的差别是掺混和动量交换产生的原因，显然，脉动流速和有效断面上的流速分布有一定的联系。如能找到这一联系，便可通过对断面流速分布的研究来确定附加切应力。

普朗特认为紊流的速度脉动与流体团的混合有关：当某层的邻近存在速度梯度时，通过流体团的混合造成了速度脉动。普朗特用类似于分子平均自由程的“混合长度”来描述这种机制：某层流体团带着原有速度作移动，经过某个长度 l_m 到达具有另一速度的邻近层，引起邻近层的速度脉动，脉动值等于两层的速度差。普朗特将长度 l_m 称为“混合长度”。

如图 5-7(b)所示，如空间点 A 处质点 x 方向的时均流速为 $\bar{u}_x(y)$，距 A 点 l_m 处质点 x 方向的时均流速为 $\bar{u}_x(y+l_m)$，这两个空间点上质点的时均流速差为

$$\Delta\bar{u}_x = \bar{u}_x(y+l_m) - \bar{u}_x(y)$$

将 $\bar{u}_x(y+l_m)$ 在 y 点处按泰勒级数展开，略去高阶小量，可得

$$\Delta\bar{u}_x = \left[\bar{u}_x(y) + \frac{du_x}{dy}l_m\right] - \bar{u}_x(y) = l_m\frac{du_x}{dy}$$

混合长度理论假定，由于流体微团横向运动而引起的速度差 $\Delta\bar{u}_x$ 等于 y 点处的横向脉动速度 u_x'，故有

$$u_x' = l_m\frac{d\bar{u}_x}{dy} \tag{5-22}$$

根据运动连续假说，u_x' 必将导致 y 方向上也产生脉动速度 u_y'，而且 u_x' 与 u_y' 具有相同的数量级，且符号相反，即

$$u_y' = -ku_x' = -kl_m\frac{d\bar{u}_x}{dy} \tag{5-23}$$

式中，k 为比例常数。将式(5-22)与式(5-23)相乘并取时间平均可得

$$\overline{u_x'u_y'} = -kl_m^2\left(\frac{d\bar{u}_x}{dy}\right)^2 \tag{5-24}$$

将式(5-24)与式(5-21)比较，则可得

$$\tau_R = \rho kl_m^2\left(\frac{d\bar{u}_x}{dy}\right)^2 \tag{5-25}$$

式中，常数 k 可归并到尚未确定的混合长度 l_m 中去，又由于在本书中所提到的流体紊流运动速度都是时均速度，为了便于书写，可用 u 替代 x 方向的时均速度 $\bar{u}_x$，因此，式(5-25)可改写为

$$\tau_R = \rho l_m^2\left(\frac{du}{dy}\right)^2 \tag{5-26}$$

式(5-26)就是由混合长度理论得到的附加应力表达式。式中 l_m 也称混合长度，但已无直接的物理意义。

将式(5-26)代入式(5-20)得出紊流的切应力应为

$$\tau = \mu\frac{du}{dy} + \rho l_m^2\left(\frac{du}{dy}\right)^2 \tag{5-27}$$

式(5-27)中两部分应力的大小随流动情况而有所不同。在雷诺数较小，紊动较弱时，

前者占主要地位。雷诺数增加，紊流程度加剧，后者逐渐加大。雷诺数很大时，在紊流已充分发展了的紊流中，黏滞性切应力与附加切应力相比甚小，可以忽略不计，则式(5-27)简化为

$$\tau = \rho l_m^2 \left(\frac{\mathrm{d}u}{\mathrm{d}y}\right)^2 \tag{5-28}$$

混合长度不是流体的物性参数，而由当地的运动状况决定。例如，在壁面附近和自由射流中它的分布规律不同，可通过实验测定。普朗特的混合长度假设是针对壁面紊流特点提出的一种“紊流模型”，属于雷诺方程低阶封闭模式。该模型虽然不够完善，但在用于对壁面平行紊流(管道、渠道、平板边界层流动等)和自由紊流流场作半经验性理论分析中获得成功，并在工程上得到广泛应用，因此被称为“混合长度理论”。当然，对于更复杂的流动及为了揭示紊流的物理本质还需要建立更完善的模型。

5.3.3　圆管紊流的速度分布和紊流的结构

圆管中紊流的速度(指时均速度，下同)分布不同于层流。由于紊流中横向脉动所引起的流层之间的动量交换，使得管流中心部分的速度分布比较均匀；而在靠近固体壁面的地方，由于脉动运动受到壁面的限制，黏性的阻滞作用使流速急剧下降。这样，便形成了中心部分较平坦而近壁面处的速度梯度较大的速度分布剖面，如图 5-8 所示。流体在圆管中紊流流动时，绝大部分的流体处于紊流状态。但是，紧贴固体壁面有一层很薄的流体由于受到壁面的限制，脉动运动完全消失，仍能保持着层流状态。这一保持层流的薄层称为层流底层，其厚度用 δ 表示。

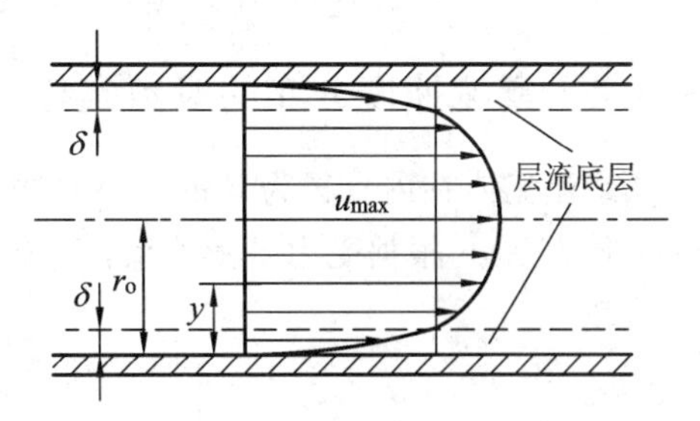

图 5-8　圆管紊流的速度分布

紊流流动可分为三部分，即紧靠壁面的层流底层部分，紊流充分发展的中心部分以及由层流到紊流充分发展的过渡部分。由于过渡部分也很薄，一般不单独考虑，而把它和中心部分合在一起统称为紊流核心部分。

在层流底层中，流动属于层流流动，紊流附加切应力为零，流体受到的切应力只有黏性切应力，$\tau=\mu\dfrac{\mathrm{d}u}{\mathrm{d}y}=\rho\nu\dfrac{\mathrm{d}u}{\mathrm{d}y}$。因层流底层很薄，$\tau$ 近似用壁面上的切应力 τ_o 表示，积分得

$$u = \frac{\tau_o}{\rho\nu} y \tag{5-29}$$

式中，y 为离壁面的距离。在层流底层中速度近似成直线规律，这是层流抛物线分布在层流底层中的近似结果。

层流底层的厚度很薄，通常只有几分之一毫米，但是它对紊流流动的能量损失以及流体与壁面间的换热等物理现象，有着重要影响。这种影响与管壁面的粗糙程度直接有关。对任何一个实际的管道，由于材料、加工方法、使用条件及年限等因素的影响，壁面有不同程度的凹凸不平，将凸出部分的平均高度称为绝对粗糙度，用符号 Δ 表示。绝对粗糙度 Δ 与管径 d 的比值 Δ/d 称为相对粗糙度，用符号 ε 表示相对粗糙度。

根据层流底层厚度 δ 和管壁粗糙度 Δ 之间的相互关系，将管道分为水力光滑管和水力粗糙管。

当 $\delta>\Delta$ 时，管壁的粗糙凸起部分完全被层流底层所淹没，粗糙度对紊流核心几乎没有影响，流动类似在光滑壁面上的流动，称为水力光滑管，如图 5-9(a)所示。

当 $\delta<\Delta$ 时，紊流核心部分和管壁粗糙面直接接触，流体流过凸起部分时会产生漩涡，加剧紊乱，造成新的能量损失，这时管壁粗糙度对紊流流动产生较大影响，称为水力粗糙管，如图 5-9(b)所示。

计算黏性底层厚度的半经验公式为

$$\delta=\frac{32.8d}{Re\sqrt{\lambda}} \tag{5-30}$$

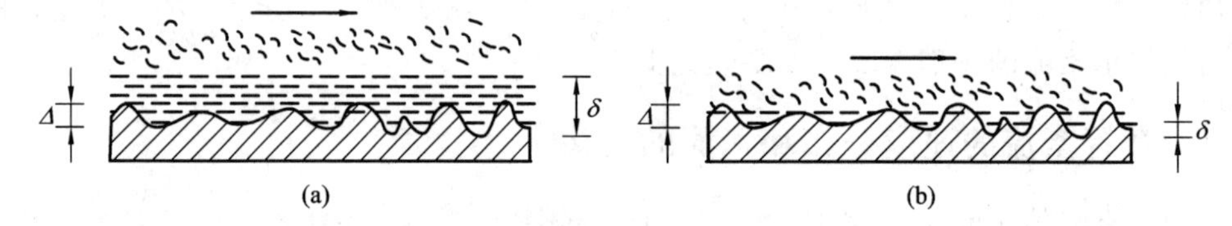

图 5-9 水力光滑管与水力粗糙管

5.3.4 紊流速度分布的对数定律

紊流流体在内直径为 d 的光滑管中流动，作用在管壁上的剪应力为 τ_o，相距为 l 两点的压降为 Δp，根据受力平衡关系，则有

$$\frac{\pi}{4}d^2\Delta p=\pi dl\tau_o$$

如果管内的平均流速为 v，由式(5-4b)得 $\Delta p=\lambda\left(\frac{l}{d}\right)\cdot\left(\frac{\rho v^2}{2}\right)$，代入上式，则

$$\tau_o=\frac{\lambda}{8}\rho v^2 \tag{5-31}$$

上式表示了管壁剪切应力 τ_o 和摩擦阻力系数 λ 之间的关系，将上式变换为 $\tau_o/\rho=(\lambda/8)v^2$，$\lambda$ 是无量纲量，因此，$\sqrt{\tau_o/\rho}$ 为速度量纲，则令

$$u_*=\sqrt{\frac{\tau_o}{\rho}} \tag{5-32}$$

式中，u_* 称为摩擦速度(friction velocity)。

根据尼古拉兹的实验结果，普朗特假设混合长度 l_m 与质点到管壁的距离成正比，即

$$l_m=ky$$

式中，k 为实验确定的常数，称为卡门通用常数；y 为从管壁算起的径向距离。

根据混合长度理论，将 $l_m=ky$ 代入式(5-26)，则得出壁面附近的紊流附加切应力为

$$\tau_R=\rho k^2y^2\left(\frac{du}{dy}\right)^2$$

普朗特假设壁面附近的附加切应力与壁面切应力相等，即 $\tau_R=\tau_o$，则

$$\tau_o=\rho k^2y^2\left(\frac{du}{dy}\right)^2$$

将上式开方整理，有

$$\frac{du}{dy}=\frac{1}{k}\sqrt{\frac{\tau_o}{\rho}}\frac{1}{y}=\frac{u_*}{ky} \tag{5-33}$$

式中，u_* 是一个与 y 无关的恒定数。对式(5-33)积分得

$$u = \frac{u_*}{k}\ln y + C \tag{5-34}$$

式(5-34)就是由混合长度理论得到的在管壁附近紊流流速分布规律，称为普朗特—卡门对数分布规律。紊流有效断面上流速的对数分布，同层流有效面上流速的抛物分布相比，紊流的流速分布要均匀得多。

在层流底层，由式(5-29)得

$$\frac{\tau_0}{\rho} = \nu\frac{u}{y}$$

将上式代入式(5-32)，得

$$u_*^2 = \nu\frac{u}{y}$$

即

$$\frac{u}{u_*} = \frac{u_*}{\nu}y \tag{5-35}$$

将式(5-34)化为无量纲形式：

$$\frac{u}{u_*} = \frac{1}{k}\ln y + \frac{C_1}{u_*} = \frac{1}{k}\left\{\ln\left(\frac{u_*}{\nu}\right) + \ln y - \ln\left(\frac{u_*}{\nu}\right)\right\} + \frac{C_1}{u_*}$$

$$= \frac{1}{k}\ln\left(\frac{u_*}{\nu}y\right) + \frac{C_1}{u_*} - \frac{1}{k}\ln\left(\frac{u_*}{\nu}\right)$$

令 $C=\frac{C_1}{u_*}-\frac{1}{k}\ln\left(\frac{u_*}{\nu}\right)$，有

$$\frac{u}{u_*} = \frac{1}{k}\ln\left(\frac{u_*}{\nu}y\right) + C \tag{5-36}$$

式(5-34)和式(5-36)称为光滑壁面紊流普适速度分布律，式(5-35)称为层流底层普适速度分布律。式(5-35)和式(5-36)是无量纲形式：u/u_* 为无量纲速度，$\frac{u_*}{\nu}y$ 为壁面无量纲坐标，常数 k、C 由实验确定。积分常数 C 与壁面条件(光滑或粗糙)有关，摩擦速度反映了外部流动条件。

根据尼古拉兹的实验结果，在光滑圆管中速度分布对数定律不仅适用于近壁区域，而且直到管轴线的整个紊流核心区都适用。实验测得的常数为 $k=0.4$，$C=5.5$。将式(5-36)以常用对数的形式来表示，则光滑圆管速度分布式为

$$\frac{u}{u_*} = 5.75\lg\left(\frac{u_*}{\nu}y\right) + 5.5 \tag{5-37}$$

式(5-37)是圆管内流体速度分布的对数定律(logarithmic law)。当 $y=r_0$ 时，$u=u_{max}$，代入式(5-37)得

$$\frac{u_{max}}{u_*} = 5.75\lg\left(\frac{u_*}{\nu}r_0\right) + 5.5 \tag{5-38}$$

将式(5-38)与式(5-37)相减，则

$$\frac{u_{max}-u}{u_*} = 5.75\left\{\lg\left(\frac{u_*}{\nu}r_0\right) - \lg\left(\frac{u_*}{\nu}y\right)\right\} = 5.75\lg\left(\frac{r_0}{y}\right) \tag{5-39}$$

5.3.5　紊流速度分布的指数定律

在平均速度 v 相同的情况下，光滑管内流体的紊流运动的速度分布如图 5-10 中的实线所示，层流的速度分布为抛物线状，如图 5-10 的虚线所示。

层流的平均速度 v 在 5.2 节中已经得到计算，为最大速度 u_{max} 的 0.5 倍。实验证明紊流的平均速度 v 为最大速度 u_{max} 的 0.8 倍。

将紊流的速度分布实验结果绘制在对数坐标纸上，如图 5-11 所示。在从管壁到管轴中心距离的范围内，流速与管壁的距离成线性关系，并且其斜率为 $1/n$，即

$$\lg u = \frac{1}{n}\lg y + C \tag{5-40}$$

由图 5-10 知，当 $y=r_o$ 时，$u=u_{max}$，代入式(5-40)，有

$$C = \lg u_{max} - \frac{1}{n}\lg r_o$$

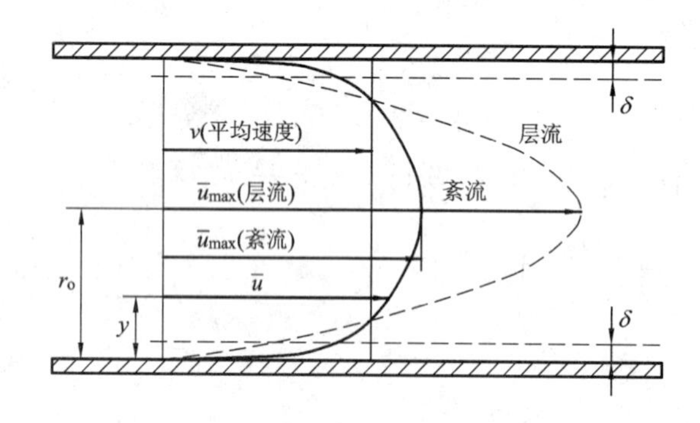

图 5-10　圆管层流和紊流的速度分布

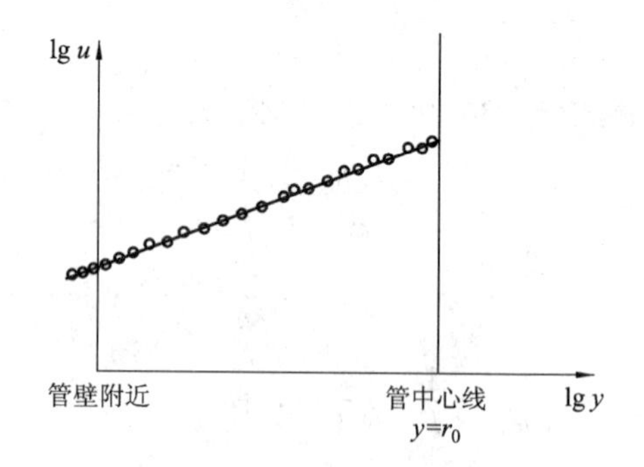

图 5-11　紊流的速度

将 C 代入式(5-40)，得

$$\lg u = \frac{1}{n}\lg y + \lg u_{max} - \frac{1}{n}\lg r_o = \lg u_{max}\left(\frac{y}{r_o}\right)^{1/n}$$

所以

$$u = u_{max}\left(\frac{y}{r_o}\right)^{1/n} \tag{5-41}$$

式(5-41)是速度分布的指数定律。

普朗特分析了尼古拉兹的实验结果后指出：勃拉休斯(Blasius)阻力系数公式(5-42)是对应于 1/7 指数速度分布式的结果，只适用于 $Re \leqslant 1.2\times10^5$ 范围，对更高的雷诺数，则需要用更大的 n 值。

$n=6$ ($Re=4\times10^3$)

$n=7$ ($Re=10^4\sim1.2\times10^5$)

$n=8$ ($Re=2\times10^5\sim4\times10^5$)

5.4　管路紊流的沿程水头损失

对紊流中沿程损失的计算，关键要确定紊流中的沿程阻力系数 λ。由式(4-6)可知，在一

般情况下，$\lambda=f(Re,\ \Delta/d)$，即 λ 值不仅取决于流动的雷诺数 Re，而且还取决于管壁相对粗糙度 Δ/d。现有确定沿程阻力系数的公式可分为两类：其一是根据紊流的沿程水头损失的实验数据综合而成的纯经验公式；其二是以紊流理论为基础，结合实验结果得到的半经验公式。

5.4.1　尼古拉兹实验

1. 尼古拉兹实验曲线

为了揭示管道流动沿程阻力系数 $\lambda=f(Re,\ \Delta/d)$ 的变化规律，尼古拉兹(J. Nikuradse)进行了一系列管道流动的阻力实验，并在 1933 年发表了他的实验成果。

尼古拉兹采用人工粗糙的方法，用颗粒大小均匀的砂粒粘结在管道内壁上得到人工粗糙管。砂粒直径代表粗糙度 Δ，选用的六种相对粗糙度分别为

$$\Delta/d：1/30，1/61.2，1/120，1/252，1/504，1/1014$$

实验的雷诺数范围为 $Re=500\sim10^6$。实验时测量管中的平均流速 v 和实验管段的沿程损失 h_f，由达西公式(5-1)反求出 λ。对各种相对粗糙度 Δ/d 的管道分别进行实验，得出 $\lambda=f(Re,\ \Delta/d)$ 的关系。将实验结果绘在 λ 和 Re 的对数坐标上，得到图 5-12 所示的尼古拉兹实验曲线。

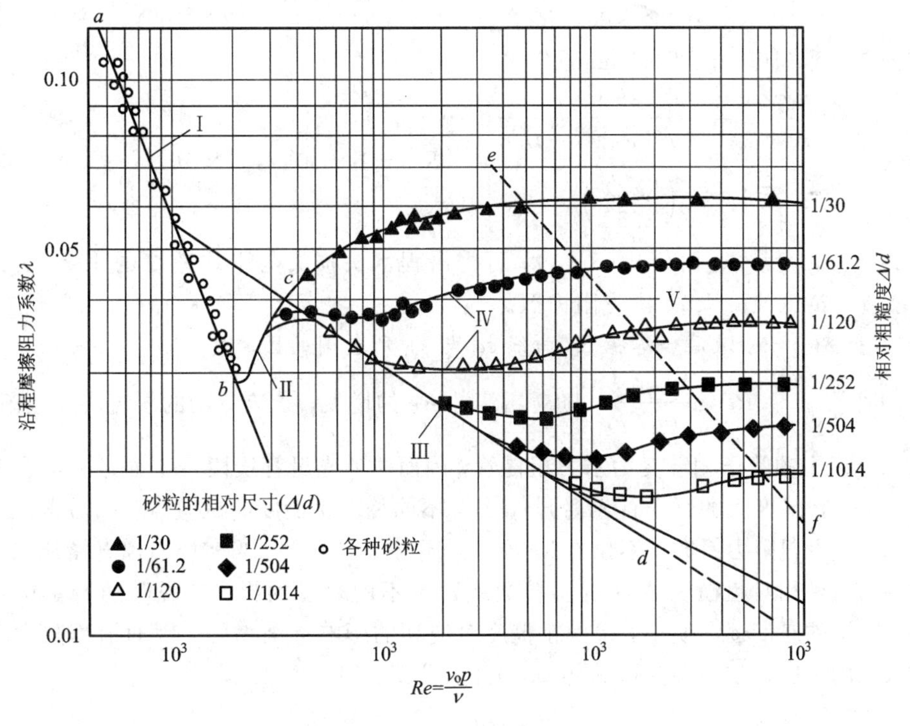

图 5-12　尼古拉兹实验曲线

2. 实验结果分析

尼古拉兹实验结果反映了圆管流动中的全部情况，将尼古拉兹曲线分五个区域加以分析。

1) 第Ⅰ区——层流区

当 $Re<2000$ 时，所有的实验点，无论其相对粗糙度如何，都集中在一条直线 ab 上。b 点对应的雷诺数 $Re=2000$，即下临界雷诺数。层流时沿程阻力系数 λ 与相对粗糙度 Δ/d 无

关，只是 Re 的函数，且与理论分析得到的层流沿程阻力系数公式 $\lambda=64/Re$ 相符。

2）第Ⅱ区——层流到紊流过度区

在 $2000<Re<4000$ 范围内，是层流向紊流的转变过程。六种相对粗糙度 Δ/d 的实验点都离开直线 ab 而落在曲线 bc 上。λ 随 Re 增大而增大，而与相对粗糙度无关。由于过度流动状态极不稳定，因此实验点较分散。

3）第Ⅲ区——紊流光滑区

在 $4000<Re<26.98\left(\frac{d}{\Delta}\right)^{8/7}$ 范围内，不同相对粗糙的实验点，起初都集中在曲线 cd 上。随着 Re 的加大，相对粗糙度较大的管道，其实验点在较低的 Re 时就偏离曲线 cd。而相对粗糙度较小的管道，其实验点要在较大的 Re 时才偏离光滑区。这是由于层流底层的厚度较大，淹没了管壁的粗糙度，但 $\Delta/d=1/30$ 的管壁较粗糙，实验曲线几乎没有紊流水力光滑区。在本区内常用以下经验公式计算 λ。

勃拉休斯(Blasius)公式：

$$\lambda=\frac{0.3164}{Re^{0.25}}\quad(Re=3\times10^{3}\sim1\times10^{5})\tag{5-42}$$

尼古拉兹(Nikuradse)公式：

$$\lambda=0.0032+0.21Re^{-0.237}\quad(Re=1\times10^{5}\sim3\times10^{6})\tag{5-43}$$

普朗特—卡门(Prandtl-Karman)公式：

$$\left.\begin{aligned}\sqrt{\lambda}&=\frac{1}{2\lg(Re\sqrt{\lambda})-0.8}\\ \text{或}\quad\sqrt{\lambda}&=2\lg\left(\frac{Re\sqrt{\lambda}}{2.52}\right)\end{aligned}\right\}\quad(Re=1\times10^{5}\sim1\times10^{7})\tag{5-44}$$

将式(5-42)代入达西公式(5-1)，可得沿程水头损失与平均速度的 1.75 次方成正比，故紊流光滑区又称 1.75 次方阻力区。

4）第Ⅳ区——紊流混合摩擦区(曲线 cd 与 ef 所包围的区域)

$26.98\left(\frac{d}{\Delta}\right)^{8/7}<Re<\frac{200}{\sqrt{\lambda}(\Delta/d)}$，随着雷诺数 Re 的增大，紊流流动的层流底层逐渐减薄，原先为水力光滑的管子相继变为水力粗糙管，因而脱离光滑管线段 cd，而进入混合摩擦区Ⅳ，图中相对粗糙度大的管子首先离开 cd 线，不同相对粗糙度的试验点各自分散成一条条波状的曲线。沿程阻力系数 λ 不仅与 Re 有关，还与 Δ/d 有关。当实验点离开紊流水力光滑管区之后，各种相对粗糙度 Δ/d 的实验曲线都有不同程度的提升，说明随着雷诺数的增大，层流底层的厚度逐渐变小，壁面粗糙度对流动的影响逐渐增强，因而沿程阻力系数也逐渐增大。此区用科尔布鲁克(Colebrook)经验公式，即

$$\frac{1}{\sqrt{\lambda}}=-2\lg\left(\frac{2.51}{Re\sqrt{\lambda}}+\frac{\Delta/d}{3.7}\right)\tag{5-45}$$

罗斯(H. Rouse，1943)分析了过渡粗糙区与完全粗糙区的分界，提出过渡区的临界雷诺数为

$$Re_{cr*}=\frac{200}{\sqrt{\lambda}(\Delta/d)}$$

当 $Re>Re_{cr*}$ 时，流动进入完全粗糙区。

5）第Ⅴ区——紊流粗糙区

$Re \geqslant \frac{200}{\sqrt{\lambda}\Delta/d}$时，图 5-10 的直线 ef 右侧区域，在这个区域里，不同相对粗糙度的实验点，分别落在一些与横坐标平行的直线上。随着雷诺数的增大，紊流充分发展，流动能量的损失主要取决于脉动运动。黏性的影响可以忽略不计。因此沿程阻力系数 λ 与雷诺数 Re 无关，只与相对粗糙度 Δ/d 有关，流动进入区域Ⅴ。在这一区间流动的能量损失与流速的平方成正比，也称此区域为平方阻力区。紊流混合区Ⅳ与紊流粗糙区Ⅴ以图中的虚线为分界线。此区用尼古拉兹公式，即

$$\lambda = \left(1.74 + 2\lg\frac{d}{2\Delta}\right)^{-2} \tag{5-46}$$

由实验可知，流动在不同区域内，沿程阻力系数 λ 的计算公式不同。因此在计算沿程损失时，应先判别流动所在的区域，然后选择相应的计算公式计算 λ 值。

尼古拉兹实验揭示了管道流动能量损失的规律，给出了沿程阻力系数 λ 以相对粗糙度 Δ/d 为参变量而随雷诺数 Re 的变化曲线，这样，就为这类管道的沿程阻力的计算提供了可靠的实验基础。但是，尼古拉兹实验曲线是人工把均匀的砂粒粘贴在管道内壁的情况下得出的，而工业上所用的管道内壁的粗糙度则是自然的、非均匀的、高低不平的。

5.4.2　莫迪图

前面已将圆管紊流三个区域的理论阻力系数公式导出，形成了较完整的理论体系，并被实验证明可用于工业管道。但是式(5-44)和式(5-45)纵坐标和横坐标变量过于复杂，不便于工程师们实际应用。直到 1944 年美国普林斯顿大学的莫迪(Moody)完成了最后的转化工作。

莫迪做了两件事：一是在布拉修斯坐标系($\lambda-Re$)中绘制阻力曲线，将相对粗糙度 Δ/d 作为每条曲线的参数。由管道流动雷诺数和相对粗糙度通过阻力曲线可直接确定阻力系数；二是通过实验在紊流完全粗糙区中测定各种常用材料工业圆管的粗糙度数据，将其称为等效粗糙度，并制成了工业圆管等效粗糙度图线，便于工程师查询。

1. 等效粗糙度

尼古拉兹实验采用人工粗糙度，实际使用的工业管道与人工粗糙管有很大的区别。工业管道的粗糙度大小、形状、分布是不规则的，因此提出等效粗糙度的概念。

对工业管道进行实验，把具有相同沿程阻力系数 λ 的人工粗糙管的粗糙度 Δ 作为管道的粗糙度，称为等效粗糙度。表 5-2 给出了常用工业管道的等效粗糙度。

表 5-2　常用工业管道的等效粗糙度

管道材料	Δ/mm	管道材料	Δ/mm
玻璃管	0.01	镀锌铁管(新)	0.15
无缝钢管(新)	0.014	镀锌铁管(旧)	0.5
无缝钢管(旧)	0.20	铸铁管(新)	0.3
焊接钢管(新)	0.06	铸铁管(旧)	1.2
焊接钢管(旧)	1.0	水泥管	0.5

2. 莫迪图

莫迪将除层流-紊流过渡区外四个区的理论阻力公式，即式(5－16)、式(5－42)～式(5－46)组合绘制在布拉修斯双(常用)对数坐标系中，将壁面等效粗糙度作为参数，得到了λ-$Re(\Delta/d)$图，被称为莫迪图，如图5－13所示。图中的纵坐标为达西阻力系数λ，横坐标是圆管流动雷诺数$Re=vd/\nu$，雷诺数范围为$600<Re<10^8$。曲线参数是等效相对粗糙度Δ/d，从10^{-6}～0.05分了20挡。图中包括层流区、紊流光滑区、紊流过渡粗糙区和紊流完全粗糙区，并标明紊流过渡粗糙区向完全粗糙区转变的临界雷诺数线(虚线)。

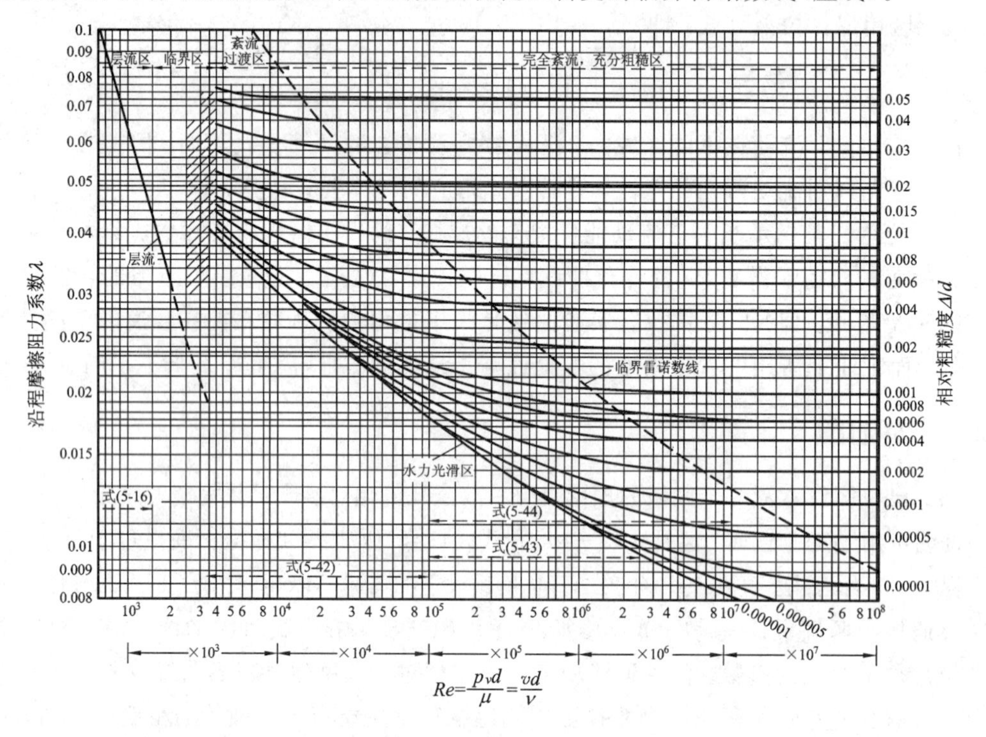

图5－13　莫迪(Moody)图

莫迪图被认为是流体力学中最著名的工程图之一，不仅适用于圆形管，而且可用于非圆形管以及明渠流。

3. 工业管道的水头损失的计算方法

科学工作者们用实际工业管道进行了大量的实验，得出了一些经验公式，由于实验条件不同，所得的结果也有出入。因此，各种文献上介绍的经验公式的形式和流态区域的划分标准也不尽相同，现将我国石油部门常用的经验公式综合为表5－3。

表5－3　沿程阻力的计算公式

流体形态		Re范围($\varepsilon=\Delta/R=2\Delta/d$)	阻力系数经验公式
层流		$Re<2000$	$\lambda=64/Re$
紊流	水力光滑	$2000<Re<59.7/\varepsilon^{8/7}$	$\lambda=0.3164/Re^{0.25}$
	混合摩擦	$59.7/\varepsilon^{8/7}<Re<(665-765\lg\varepsilon)/\varepsilon$	$1/\sqrt{\lambda}=-1.8\lg[6.8/Re+(\Delta/3.7d)^{1.11}]$
	粗糙	$Re>(665-765\lg\varepsilon)/\varepsilon$	$\lambda=1/[2\lg(3.7d/\Delta)]^2$

除了利用表5－3给出的经验公式计算工业管的沿程阻力系数外，还可用图5－13所示

的莫迪图来查沿程阻力系数。

【例 5-5】 已知：用直径为 20 cm、长为 3000 m 的旧无缝钢管，输送密度为 900 kg/m^3 的原油，质量流量为 90 t/h。设原油的运动黏度(ν)在冬天为 1.092×10^{-4} m^2/s，夏天为 0.355×10^{-4} m^2/s。求：冬天和夏天的沿程损失 h_f。

解　(1) 计算 Re。

$$Q=\frac{Q_m}{3600\rho}=\frac{90}{3600\times0.9}=0.0277(m^3/s)$$

$$v=\frac{4Q}{\pi d^2}=\frac{4\times0.0277}{3.14\times0.2^2}=0.884(m/s)$$

冬天：
$$Re_1=\frac{vd}{\nu_1}=\frac{0.884\times0.2}{1.092\times10^{-4}}=1619<2000\qquad(层流)$$

夏天：
$$Re_2=\frac{vd}{\nu_2}=\frac{0.884\times0.2}{0.355\times10^{-4}}=4980>2000\qquad(紊流)$$

(2) 冬天的沿程损失。

$$h_{f1}=\lambda_1\frac{l}{d}\frac{v^2}{2g}=\frac{64}{Re_1}\frac{l}{d}\frac{v^2}{2g}=\frac{64}{1619}\times\frac{3000}{0.2}\times\frac{0.884^2}{2\times9.8}=23.6(m)\qquad(油柱)$$

(2) 夏天的沿程损失。查得旧无缝钢管等效粗糙度 $\Delta=0.2$ mm，$\Delta/d=0.001$，查莫迪图得 $\lambda_2=0.0385$。

$$h_{f2}=\lambda_2\frac{l}{d}\frac{v^2}{2g}=0.0385\times\frac{3000}{0.2}\times\frac{0.884^2}{2\times9.8}=23.0(m)\quad(油柱)$$

【例 5-6】 在管径 $d=0.1$ m、管长 $l=300$ m 的圆管中流动着 10℃的水，其雷诺数 $Re=80\ 000$，分别求下列三种情况下的水头损失：(1) 绝对粗糙度为 0.15 mm 的人工粗糙管；(2) 光滑铜管；(3) 绝对粗糙度为 0.15 mm 时的工业管道。

解　(1) 根据 $Re=80000$ 和 $\Delta/d=0.0015$。查图 5-12 得，$\lambda=0.02$，再由 $Re=vd/\nu$，得

$$v=\frac{\nu Re}{d}=\frac{1.3\times10^{-6}\times80\ 000}{0.1}=10.4(m/s)$$

所以有

$$h_f=\lambda\frac{l}{d}\frac{v^2}{2g}=0.02\times\frac{300}{0.1}\times\frac{10.4^2}{2\times9.8}=3.31(m)$$

(2) $Re<10^5$ 时可用勃拉休斯公式(5-42)计算 λ，即

$$\lambda=\frac{0.3164}{Re^{0.25}}=\frac{0.3164}{80\ 000^{0.25}}=0.0188$$

$$h_f=\lambda\frac{l}{d}\frac{v^2}{2g}=0.0188\times\frac{300}{0.1}\times\frac{10.4^2}{2\times9.8}=3.12(m)$$

(3) $\varepsilon=\frac{2\Delta}{d}=\frac{2\times0.15}{100}=0.003$。

说明：此处要使用表 5-3 的沿程阻力计算公式，这里规定相对粗糙度 $\varepsilon=\Delta/R=2\Delta/d$。如果查莫迪图或尼古拉兹实验曲线图求 λ 值，应使用 $\varepsilon=\Delta/d$ 计算相对粗糙度。

$$\frac{59.7}{\varepsilon^{8/7}}=\frac{59.7}{0.003^{8/7}}=45\ 631$$

$$\frac{665-765\ \lg\varepsilon}{\varepsilon}=\frac{665-765\ \lg0.003}{0.003}=865\ 000$$

$$\frac{59.7}{\varepsilon^{8/7}} < Re < \frac{665 - 765\lg\varepsilon}{\varepsilon}$$

故流动为紊流的混合摩擦，则

$$1/\sqrt{\lambda} = -1.8\lg[6.8/Re + (\Delta/3.7d)^{1.11}]$$
$$= -1.8\lg[6.8/80\ 000 + (0.15/(3.7 \times 100))^{1.11}]$$

解得 $\lambda = 0.024$，所以

$$h_f = \lambda \frac{l}{d} \frac{v^2}{2g} = 0.024 \times \frac{300}{0.1} \times \frac{10.4^2}{2 \times 9.8} = 3.97(\text{m})$$

5.4.3　非圆形截面管流动沿程水头损失

利用式(5-8)水力直径和式(5-9)雷诺数的概念，达西公式可直接应用于非圆截面管的流动，即

$$h_f = \lambda \frac{l}{d_h} \frac{v^2}{2g} \tag{5-47}$$

其中沿程阻力系数 λ 仍可由莫迪图决定，相对粗糙度取为 Δ/d_h。但要注意用水力直径计算非圆形截面管的沿程阻力时会有一定误差，截面形状偏离圆形越大者误差也越大，必要时应对沿程阻力系数 λ 作修正，可查阅有关工程手册。用水力直径的概念计算非圆形截面管道流动雷诺数和沿程阻力的方法，既适用于液体也适用于气体。在明渠流动中过水截面也是非圆形的，可借鉴上述方法，用水力平均深度表示雷诺数和阻力损失，阻力系数按明渠流动的实验数据确定。

【例 5-7】 已知：用截面为 $b \times h = 30\ \text{cm} \times 20\ \text{cm}$ 的矩形光滑管输送标准状态的空气，管长为 $l = 400\ \text{m}$，流量为 $Q = 0.24\ \text{m}^3/\text{s}$，$\nu = 1.6 \times 10^{-5}\ \text{m}^2/\text{s}$，$\rho = 1.23\ \text{kg/m}^3$。求：沿程损失 h_f 和压力降 Δp。

解　矩形管的水力直径为

$$d_h = \frac{2bh}{b+h} = \frac{2 \times 0.3 \times 0.2}{0.3 + 0.2} = 0.24(\text{m})$$

平均速度为

$$v = \frac{Q}{A} = \frac{0.24}{0.3 \times 0.2} = 4(\text{m/s})$$

由式(5-9)求水力直径雷诺数，即

$$Re_h = \frac{vd_h}{\nu} = \frac{4 \times 0.24}{1.6 \times 10^{-5}} = 6 \times 10^4$$

按光滑管在莫迪图中查得 $\lambda = 0.0198$，所以沿程损失为

$$h_f = \lambda \frac{l}{d_h} \frac{v^2}{2g} = 0.0198 \times \frac{400}{0.24} \times \frac{4^2}{2 \times 9.8} = 26.9(\text{m}) \quad (\text{空气柱})$$

压力降为

$$\Delta p = \rho g h_f = 1.23 \times 9.8 \times 26.9 = 325(\text{N/m}^2)$$

5.5　局部水头损失

实际工程中的管路，需安装阀门、弯头和变截面管件等管道附件，在液流断面急剧变

化以及液流方向转变的地方会产生局部阻力，引起局部水头损失。管道上安装的各种管件虽然多种多样，但产生局部水头损失的原因包括：① 液流中流速的重新分布；② 在漩涡中黏性力做功；③ 液体质点的混掺引起的动量变化。

从理论上计算局部阻力系数是较困难的，仅有极少量的局部阻力系数可用理论分析方法推得，而绝大多数的局部阻力都需用实验方法来确定。

5.5.1　断面积急速变化的水头损失

1. 管路断面积急速扩大的水头损失

图 5-14 所示流体经过断面突然扩大处，由于流体质点具有惯性，流体不能按照管道形状突然转弯扩大，在管壁拐角处流体与管壁脱离形成旋涡区，消耗流体的一部分机械能。在距突然扩大处(5～8) d_2 的下游，旋涡消失，流线接近平行。

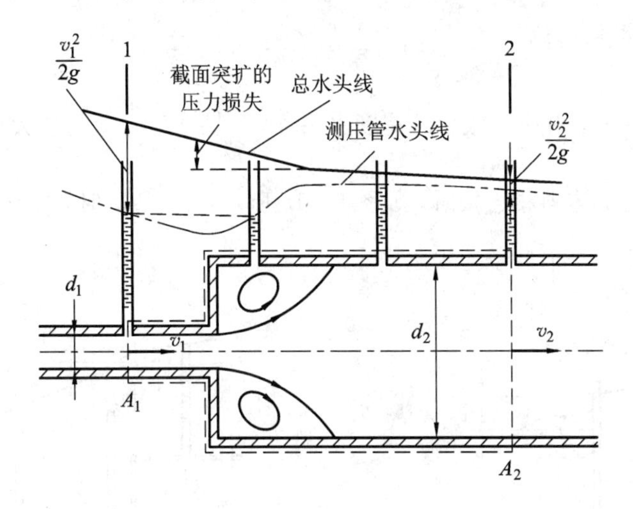

图 5-14　截面突然扩大

设流体作定常流动，对图 5-14 所示的 1、2 两缓变流断面列伯努利方程，不计沿程水头损失，即

$$z_1+\frac{p_1}{\rho g}+\frac{\alpha_1 v_1^2}{2g}=z_2+\frac{p_2}{\rho g}+\frac{\alpha_2 v_2^2}{2g}+h_j$$

取 $z_1=z_2$，$\alpha_1=\alpha_2=1.0$，则

$$h_j=\frac{p_1-p_2}{\rho g}+\frac{v_1^2-v_2^2}{2g} \tag{5-48}$$

对 1、2 断面及管壁所组成的控制体内流体(图中虚线所示)列沿流向的动量方程，即

$$\sum F_x=\rho Q(v_2-v_1)$$

实验证明，分离区的压力近似等于 p_1(图中虚线所示)，作用在流体与壁面四周的切应力忽略不计，考虑连续性方程，$A_1 v_1=A_2 v_2=Q$，得

$$p_1 A_1+p_1(A_2-A_1)-p_2 A_2=\rho v_2 A_2(v_2-v_1)$$

整理得

$$\frac{p_1-p_2}{\rho g}=\frac{v_2}{g}(v_2-v_1) \tag{5-49}$$

将式(5-49)代入式(5-48)，整理得

$$h_j = \frac{(v_2 - v_1)^2}{2g} \tag{5-50}$$

此式称为波达定理。它表明圆管液流突然扩大的局部水头损失等于损失速度折算成的水头。

由连续性方程得

$$v_1 = v_2 \frac{A_2}{A_1} \quad 或 \quad v_2 = v_1 \frac{A_1}{A_2}$$

则式(5-50)可以写成

$$h_j = \left(1 - \frac{v_2}{v_1}\right)^2 \frac{v_1^2}{2g} = \left(1 - \frac{A_1}{A_2}\right)^2 \frac{v_1^2}{2g} = \zeta_1 \frac{v_1^2}{2g} \tag{5-51}$$

或

$$h_j = \left(\frac{v_1}{v_2} - 1\right)^2 \frac{v_2^2}{2g} = \left(\frac{A_2}{A_1} - 1\right)^2 \frac{v_2^2}{2g} = \zeta_2 \frac{v_2^2}{2g} \tag{5-52}$$

式中，$\zeta_1 = \left(1 - \frac{A_1}{A_2}\right)^2$，对应小截面的速度水头；$\zeta_2 = \left(\frac{A_2}{A_1} - 1\right)^2$，对应大截面的速度水头。

当管道出口与大容器相连接时，如图5-15所示，$A_2 \gg A_1$ 时，$\zeta_1 \approx 1$，$h_j \approx \frac{v_1^2}{2g}$，即管道中水流的速度水头完全消散于池水之中。

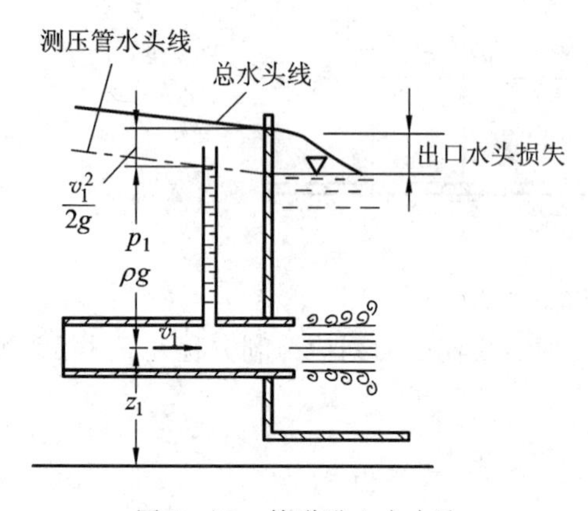

图5-15　管道进入大水池

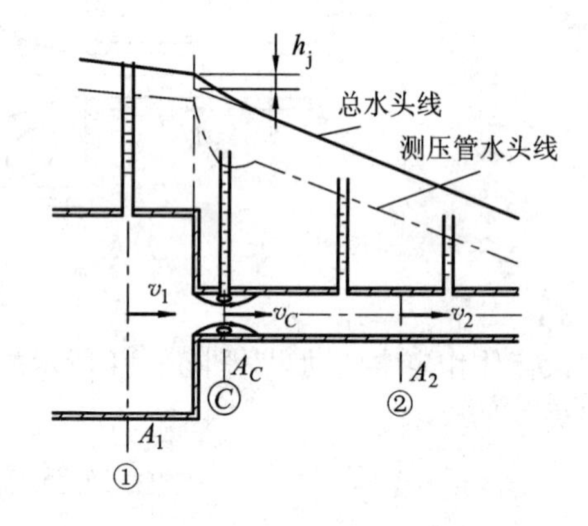

图5-16　管道急速缩小水头损失

2. 管路断面急速缩小的水头损失

如图5-16所示，管路的内径突然缩小，流体在两管的连接部暂时收缩后又急速扩大，与图5-14情况类似。截面 A_2 管充满速度为 v_2，管流收缩断面 C 处的速度和截面面积分别为 v_C 和 A_C，收缩流断面 C 到下游断面②处产生的水头损失，由式(5-52)得

$$h_2 = \left(\frac{A_2}{A_C} - 1\right)^2 \frac{v_2^2}{2g}$$

管的上游断面①到突然缩小的时候的损失为 $h_{j1} = \zeta' \frac{v_2^2}{2g}$，这个水头损失与缩流后的相比非常小，$\zeta'$ 与 $\left(\frac{A_2}{A_C} - 1\right)^2$ 相比可以忽略。因此，管路断面急速缩小的水头损失为

$$h_j = \zeta \frac{v_2^2}{2g}$$

式中，$\zeta = \left(\frac{A_2}{A_C} - 1\right)^2$。

收缩断面面积 A_C 与管路断面面积 A_2 的比值称为收缩系数，用 ε 表示，即

$$\varepsilon = \frac{A_c}{A_2} \tag{5-53}$$

因此局部阻力系数 ζ 可表示为

$$\zeta = \left(\frac{1}{\varepsilon} - 1\right)^2$$

上式表明，ε 的值越小，局部损失系数 ζ 的值越大。两个管路断面的比值对这个值还有很大的影响。表 5-4 给出了突缩管损失的实验结果。

表 5-4　突缩管损失的实验结果

A_2/A_1	0.1	0.2	0.3	0.4	0.5	0.6	0.7	0.8	0.9	1.0
ε	0.61	0.62	0.63	0.65	0.67	0.70	0.73	0.77	0.84	1.00
ζ	0.41	0.38	0.34	0.29	0.24	0.18	0.14	0.089	0.036	0

大容器流入管路时，$A_2/A_1 \to 0$，一般 ε 的值此时是最小的。这个时候，管路入口的形状不同，损失系数的值不同，如图 5-17 所示。

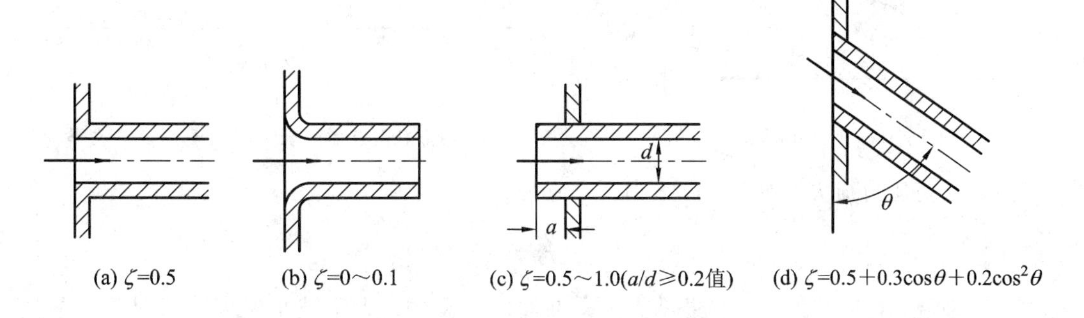

图 5-17　入口形状和入口损失(ζ 的损失系数)

5.5.2　断面渐扩管的水头损失

如图 5-18 所示，截面缓慢扩大管路，与泵和风机的扩散器(diffuser)一样，经常使用它将部分流动的速度能转换为压力能。入口断面①中的速度，压力和截面面积为分别为 v_1、p_1 和 A_1，管截面扩大后，压力最大地方的断面②的值分别为 v_2、p_2 和 A_2。

在一开始，如果没有损失，扩大后的断面②的理论压力为 p_2'，根据伯努利的公式和连续的条件，有

$$p_2' - p_1 = \frac{\rho}{2}(v_1^2 - v_2^2) = \frac{\rho}{2} v_1^2 \left\{1 - \left(\frac{A_1}{A_2}\right)^2\right\} \tag{5-54}$$

其测压管水头线如图 5-18 虚线所示。但是，实际的黏性流体流动，有流动的损失，产生扩大后流动的上升压力是图 5-18 实线所示的 p_2。这个压力上升值与式(5-54)的理论压力上升值之比，用 η 表示，则

$$\eta=\frac{p_2-p_1}{p_2'-p_1}=\frac{p_2-p_1}{\frac{\rho}{2}v_1^2\left\{1-\left(\frac{A_1}{A_2}\right)^2\right\}} \tag{5-55}$$

式(5-55)表明了在管的截面积逐渐扩大的流程中，速度头减少压力头恢复的比例，或者说是运动动能减少，压力能增加而被回收所占比例，因此称 η 为扩散管的效率(diffuser efficiency)或压力恢复率。

如图 5-19 所示，渐扩管的 η 值，因断面形状和扩散角而异，扩散角 $\theta=5^\circ\sim10^\circ$的时，渐扩管效率 $\eta=0.85\sim0.94$。随着扩散角 θ 增加，η 值逐渐变小。

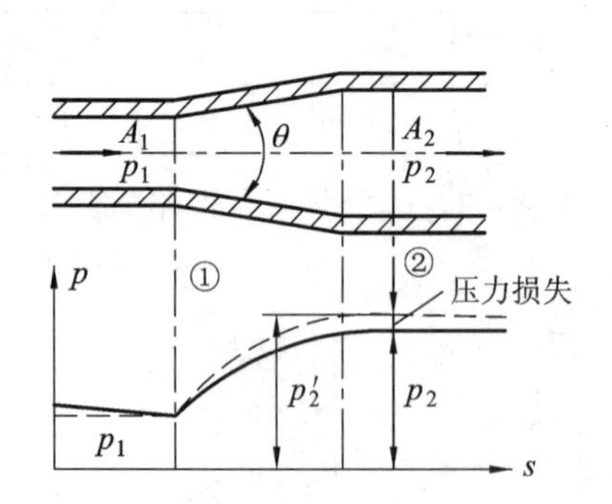

图 5-18　断面渐扩管

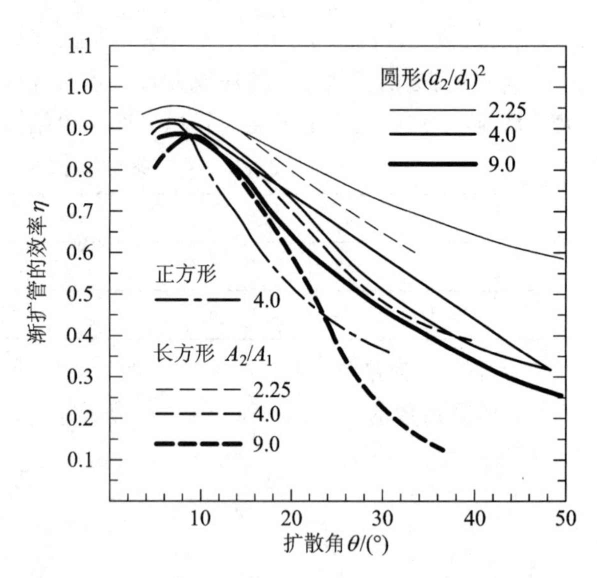

图 5-19　圆形、正方形及长方形的渐扩管的效率

渐扩管内压力损失，如图 5-18 所示，应为 $p_2'-p_2$，则

$$h_j=\frac{p_2'-p_2}{\rho g} \tag{5-56}$$

一般来说，管道突然扩大的损失较大，在实际工程中，为了减小速度降低过程中的能量损失，一般用渐扩管，损失将大大减少。实验表明流体流经渐扩管时，沿程损失不可忽略，扩散角 θ 小，流动方向的压力上升不大，如图 5-20(a)所示，流动管路充满流体，只伴随摩擦损失产生，截面面积比 A_2/A_1一定时，扩散段越长，沿程损失就越大。

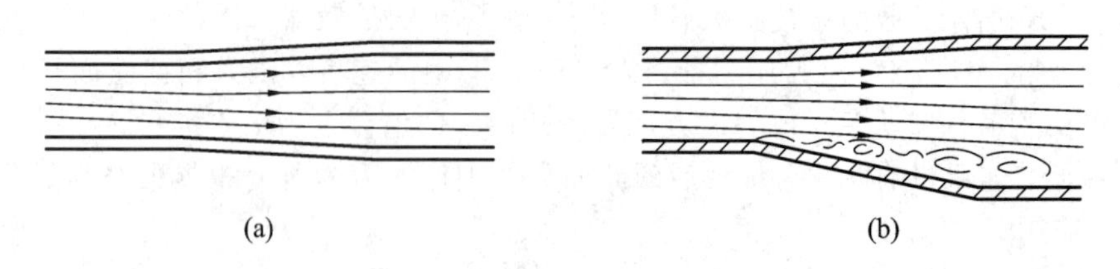

图 5-20　扩散管内流体的流动

扩散角 θ 变大，压力上升也大，如图 5-20(b)所示，这样流体与管壁分离，产生漩涡，使损失增大。扩散角的最大角如果小于 8°，将不会产生这种漩涡。

在工程上，渐扩管损失可以表示为

$$h_j = \zeta \frac{v_1^2}{2g} \quad (\text{对应小头的参数}) \tag{5-57}$$

其局部阻力系数如表 5-5 所示。表中 $\theta=180°$为渐扩管的特例突扩管。$d_1/d_2=0$ 对应于管道出流到大容器的出口损失。

表 5-5　渐扩管局部阻力系数

d_1/d_2	0.0	0.20	0.40	0.60	0.80
$\zeta(\theta=20°)$		0.30	0.25	0.15	0.10
$\zeta(\theta=180°)$	1.00	0.87	0.70	0.41	0.15

5.5.3 弯管的水头损失

1. 弯管

如图 5-21(a)所示，观察缓慢变化的弯管(bend pipe)的流体流动，因为离心力的作用，弯曲中央的断面 AB 使外侧的压力变高，内侧的压力反而变低。在弯管前直管段的截面 DC 处压力是均一的。流体流入弯管后，外侧由 D 到 B 的流动为增压过程(压力梯度为正)，B 点压力最高。从 B 到 F 压力逐渐下降；内侧由 C 到 A 的流动为减压过程(压力梯度为负)，A 点压力最低。从 A 到 E 压力逐渐上升，直至流入直管段的截面 EF 处，流体的压力又趋于均一。在 DB 和 AE 这两段增压过程中，都有可能因边界层能量被黏滞力消耗而出现边界层分离(见 7.2.2 节)，形成漩涡，造成损失。

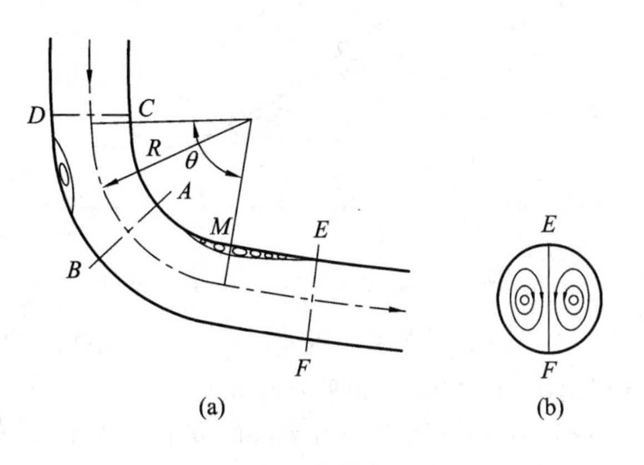

图 5-21　弯管的流动

在管流的弯曲段中，由于受到离心力的作用，使弯管外侧压力增大，内侧压力减小，从而引起一对从属于主流的涡流，如图 5-21(b)所示，一对面对的涡流的横截面就产生了，称之为二次流(secondary flow)。二次流与主流结合在一起称之为双螺旋流动，加大了弯管的能量损失，并可向下游延续较远距离。双螺旋流动必然在主流之外增加了局部流速，从而增加了额外的损耗。

弯管的总水头损失包括弯管的沿程阻力损失、弯管的流动分离和二次流造成的局部损失，即

$$h_j = \zeta \frac{v^2}{2g} = \left(\lambda \frac{l}{d} + \zeta_b'\right)\frac{v^2}{2g} \tag{5-58}$$

式中，ζ 是全损失系数，λ 是弯管沿程阻力系数，ζ_b' 因弯管而造成的损失系数，l 是弯管的中心线的长度，d 是弯管的内径。

ζ 值随雷诺数、弯曲的角度、曲率和管内的粗糙度等因素的不同而变化。中心线的曲率半径为 R 的 90°弯曲，在 $0.5<d/R<2.5$ 的范围内，根据魏兹巴赫(Weisbach)的实验结果得

$$\zeta_b' = 0.131 + 0.163\left(\frac{d}{R}\right)^{3.5} \quad (90°\ \text{弯曲}) \tag{5-59}$$

如图 5-22 所示，为矩形断面的 90°弯曲，在 $1.5<R/h<4.0$ 的范围内，ζ 值用下面的有效经验公式来计算：

$$\zeta = C_1\left(\frac{R}{h}\right) + C_2\left(\frac{R}{h}\right)^{-2} \tag{5-60}$$

式中，C_1、C_2 的值由图 5-22 求得。

另外，如图 5-23 所示，弯曲部分的高度减小，宽度变厚，截面不变的情况下，二次流减弱，损失将会减少。

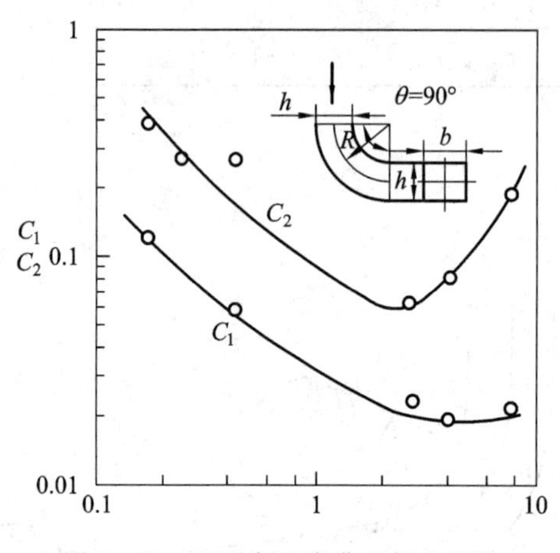

图 5-22　矩形断面弯曲的损失系数

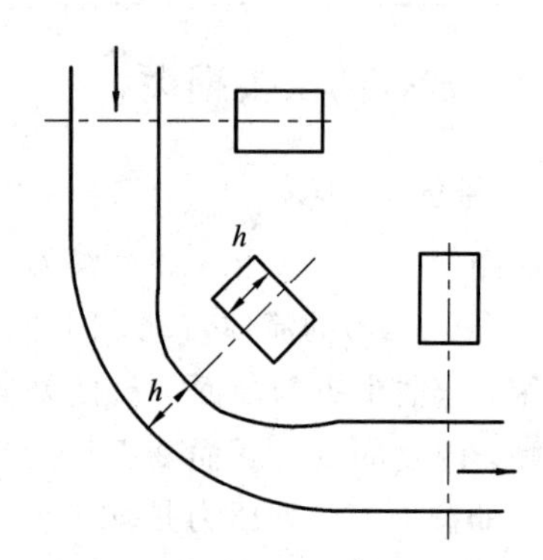

图 5-23　相同断面积的管路

为了减小弯管流动损失，可以用导流叶片抑制二次流的形成和发展，损失明显减轻，如图 5-24 所示。导流叶片的数量太多，速度的一致性变好了，但叶片表面摩擦损失加大，所以应根据不同目的选择导叶的数量。另外，具有翼型剖面的导叶效果更好。

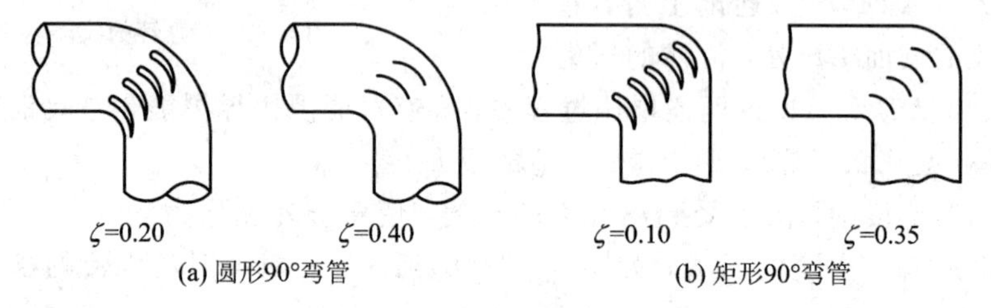

图 5-24　直角弯管内的导流叶片

2. 弯头

图 5-25 所示是急速转弯的弯头(elbow)。弯头流体与管壁分离部分增大，因此造成比弯管更大的损失。弯头的损失为

$$h_{\mathrm{j}} = \zeta \frac{v^2}{2g}$$

式中，损失系数 ζ 与弯曲角 θ 的关系，如图 5-26 所示。图中的曲线 A 是矩形断面，D 是正方形断面，曲线 B_{r}、B_{s} 是圆形截面的情况，下标 r、s 分别表示粗糙面和光滑表面。

曲线 C：

$$\zeta = 0.946\sin^2\left(\frac{\theta}{2}\right) + 2.05\sin^4\left(\frac{\theta}{2}\right) \tag{5-61}$$

式(5-61)是针对弯头的魏兹巴赫(Weisbach)经验公式。

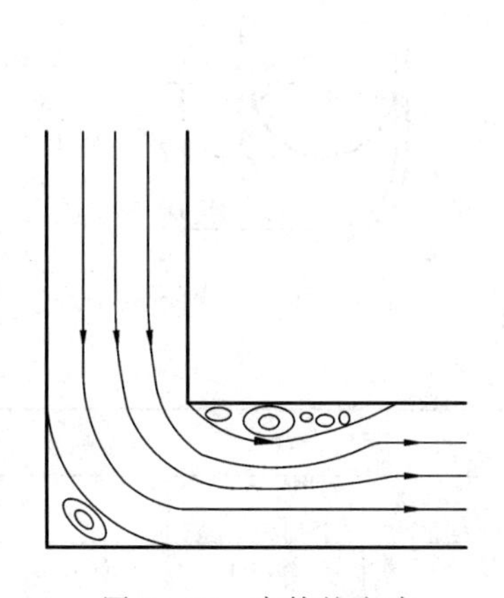

图 5－25　弯管的流动

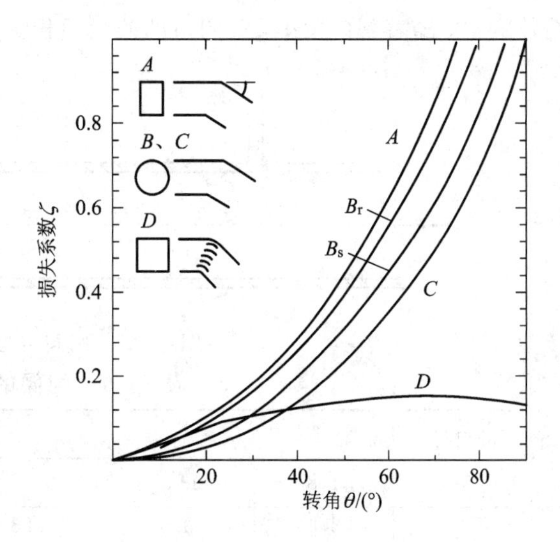

图 5－26　弯管的损失系数

【例 5－8】　内径为 50 mm 的管路中，安装有直角弯头，管的沿程阻力系数为 0.03，求直角弯头的当量长度 l_d。当这个管路的流量为(0.005 m³)/s 时，求弯头单位时间损失的能量。

解　弯头的损失系数 ζ，由式(5－61)的魏兹巴赫经验公式得

$$\zeta = 0.946\sin^2\left(\frac{90^\circ}{2}\right) + 2.05\sin^4\left(\frac{90^\circ}{2}\right) = 0.986$$

设弯头中的平均流速为 v，弯头损失 h_j 等于相当于管长为 l_d 的管路沿程损失，则

$$0.986\frac{v^2}{2g} = \lambda\frac{l_d}{d}\frac{v^2}{2g}$$

解得 $l_d = 1.6$ m。

单位时间内弯头的能量损失 N 为

$$N = \rho gQh_j = \rho gQ\zeta\frac{v^2}{2g} = \frac{\rho Q\zeta v^2}{2}$$

根据连续性方程，管路水流的平均流速 v 为

$$v = \frac{Q}{(\pi/4)d^2} = \frac{0.005}{(\pi/4)0.05^2} = 2.55(\text{m/s})$$

将上述值代入 N 中得

$$N = \frac{1000\times 0.005\times 0.986\times 2.25^2}{2} = 16.0\ \text{W}$$

5.5.4　阀门的水头损失

按用途分，阀门有各种各样的类型。这些阀门在管路上仍按 $h_j = \zeta v^2/2g$ 计算发生的损失。当管道完全关闭时，ζ 值无限大，全开的时候这个值最小。这些损失头，与阀门的开度和水流的方向变化有关，非常复杂，因此，大多是通过实验获得正确的 ζ 值。下面分别予以介绍。

1. 闸阀

图 5－27 所示是圆形截面的闸阀(sluice valve)的结构示意图。表 5－5 表示该阀开时损

失系数的值。随着阀口关小，关闭口的截面面积扩大而产生的损失也增大。

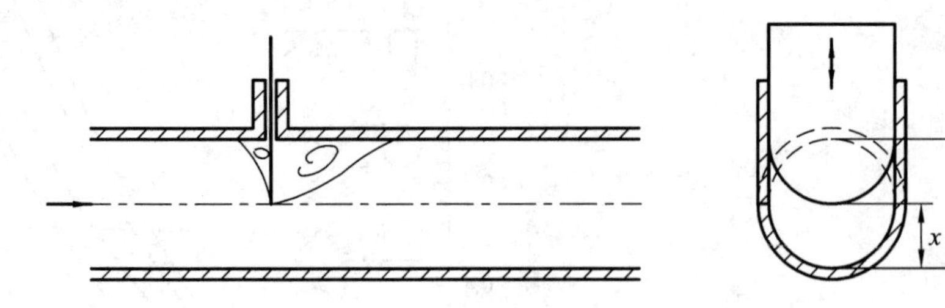

图 5-27　闸阀结构示意图

表 5-6　闸阀的 ζ 值

闸阀的口径/mm	开度 x/d					
	1/8	1/4	3/8	1/2	3/4	1
15	374	53.6	18.26	7.74	2.204	0.808
25	211	40.3	10.15	3.54	0.882	0.233
50	146	22.5	7.15	3.22	0.739	0.175
100	67.2	13.0	4.62	1.93	0.412	0.164
150	87.3	17.1	6.12	2.64	0.522	0.145
200	66.0	13.5	4.92	2.19	0.464	0.103
300	96.2	17.4	5.61	2.29	0.414	0.047

2. 截止阀

图 5-28 所示为截止阀(stop valve)的结构示意图。关闭时截止阀圆锥体贴紧阀座(valve seat)，旋转手柄上下移动阀芯，阀全开时的损失系数 ζ 大多数在 2 以上。图 5-29 表示了闸阀和截止阀 ζ 曲线的变化。

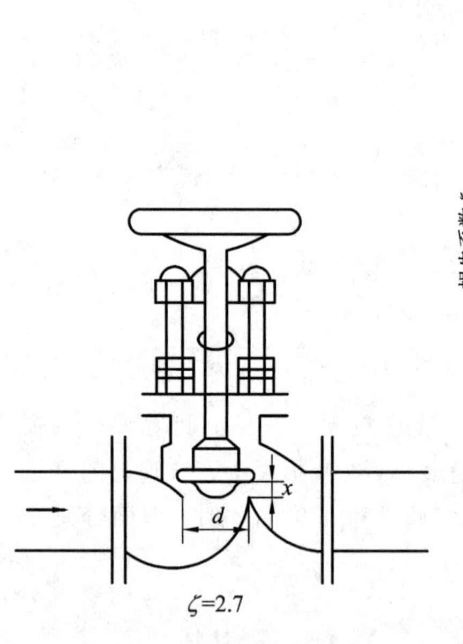

图 5-28　截止阀全开时 ζ 值

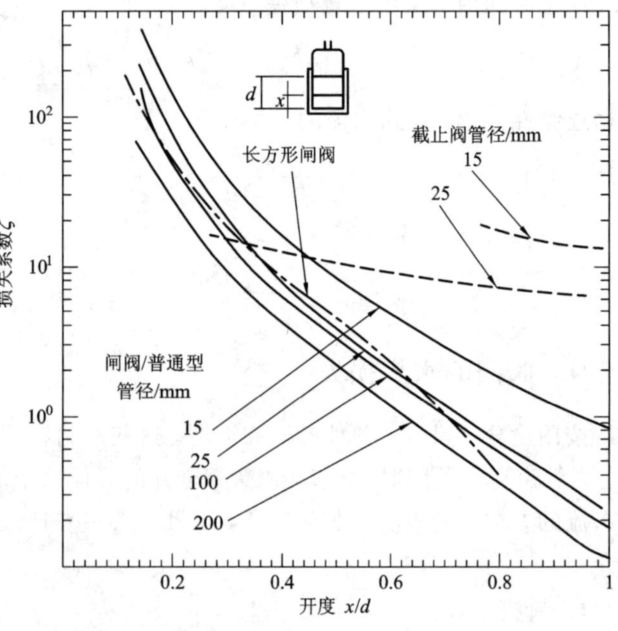

图 5-29　闸阀和截止阀的损失系数值

3. 蝶形阀和球阀

如图 5-30 所示，如果蝶形阀的阀板(valve plate)与管轴线倾斜，损失系数将急剧增加。其损失系数变化如图 5-31 所示。蝶形阀的特征是结构比较简单，全开时的损失很小，与其他阀门相比旋转力矩大，阀门的开度会产生一定的力矩。为了克服这个力矩，需要外加一个平衡力矩，还有就是流动完全截止也比较难的。

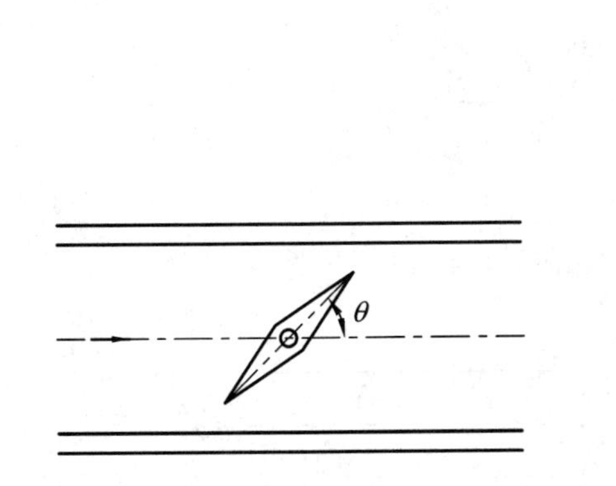

图 5-30　蝶形阀

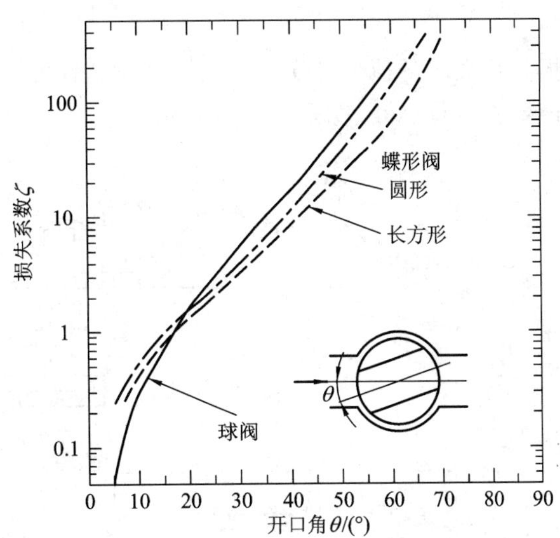

图 5-31　蝶形阀和球阀的损失系数值 ζ

圆形蝶形阀全开时($\theta=0°$)，其阻力系数值与阀瓣的厚度有关，即 $\zeta \approx t/d$，t 为阀瓣的厚度，d 为阀瓣的直径。ζ 值一般在 0.15～0.25 左右。

球阀与蝶形阀特性类似，如图 5-31 所示。球阀开关非常方便，关闭时泄漏可以完全制止。当回转角 θ 增大时，与蝶形阀一样，ζ 值会急剧增加。

5.5.5　分支管、合流管的水头损失

如图 5-32 所示，一条管道有两条以上的分支，或因为管路合流，导致了流动速度的大小和方向发生变化而产生了损失。分支管中，管路的损失是主管①到支管②流向弯曲的损失，主管①到主管③产生的流向扩展损失。合流管中，主管①流向主管③产生缩小的损失，支管②流向主管③产生的弯曲损失。确定分支管或合流管的局部损失系数 ζ 时，应指明哪两个对应支管之间的损失，根据具体情况查阅有关工程手册或直接由实验测定。这些

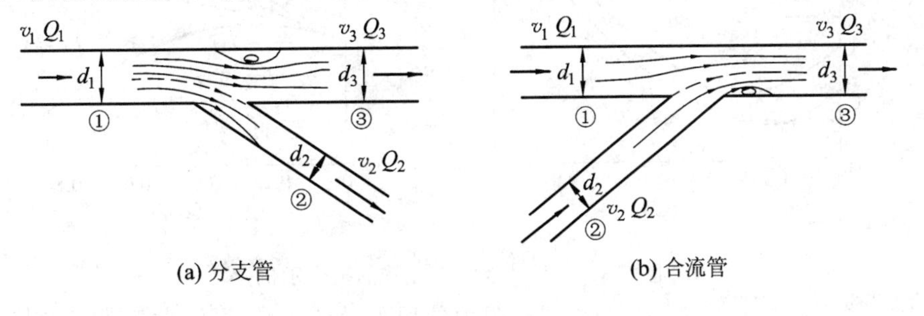

图 5-32　分支管与合流管

损失一般表述如下：

分支管

$$h_{1-2}=\zeta_{1-2}\frac{v_1^2}{2g},\ h_{1-3}=\zeta_{1-3}\frac{v_1^2}{2g} \tag{5-62}$$

合流管路

$$h_{1-3}=\zeta_{1-3}\frac{v_3^2}{2g},\ h_{2-3}=\zeta_{2-3}\frac{v_3^2}{2g} \tag{5-63}$$

损失系数 ζ 的值，与分支角或汇合角 θ 有关，并随分支或合流管道的直径不同而异，准确值要从实验获得，如图 5-33 所示。

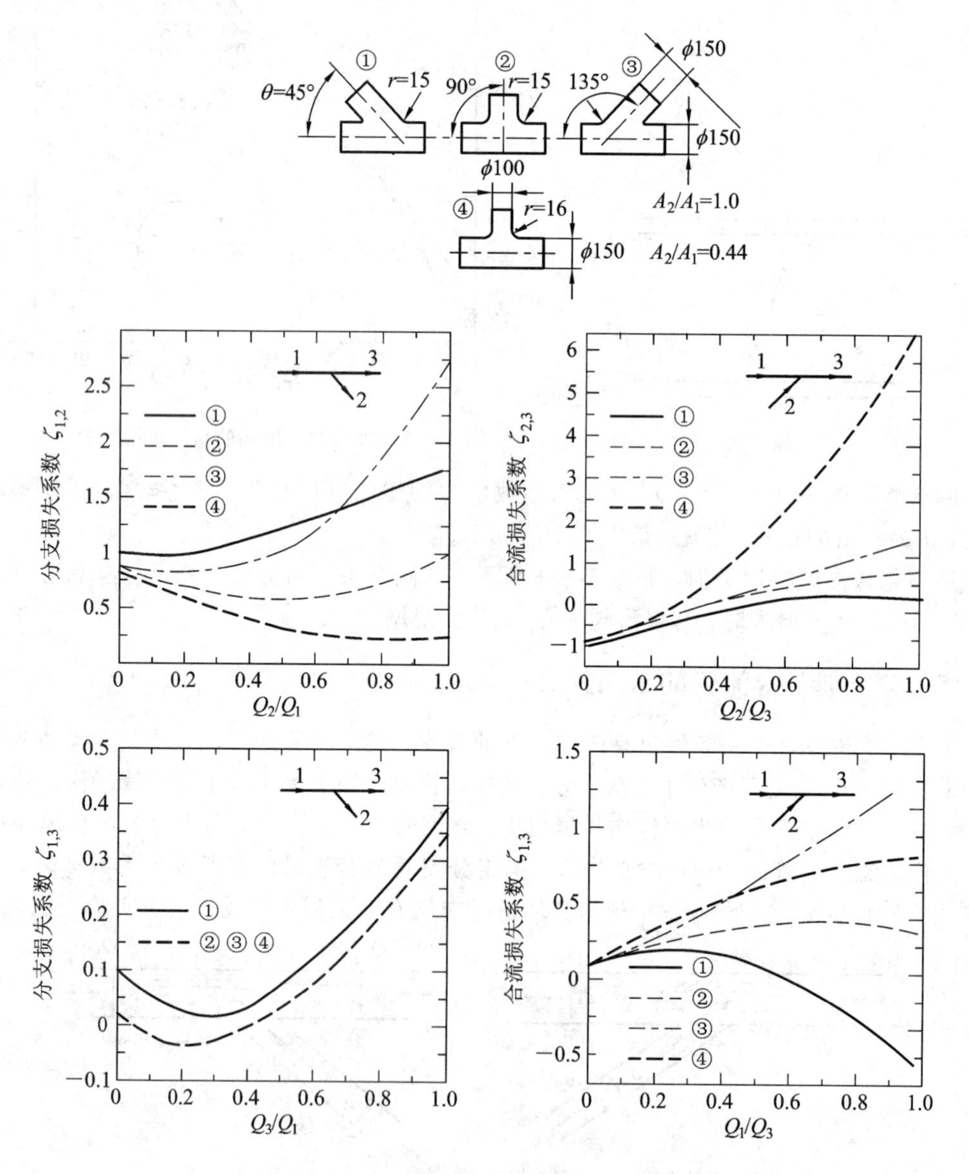

图 5-33 分支管与合流管的损失示例

由于局部装置的类型繁多，产生局部阻力的原因及流动情况不尽相同，欲得到较精确局部阻力系数，必须亲自进行实验，各种文献和手册中介绍的数据只能作参考。

5.6　管路的水力计算

由各种不同尺寸的管路及不同用途的管件组成的输送流体的管路系统称为管路。对管路系统的设计和计算简称为管路计算。管路内的流体分为不可压缩流体与可压缩流体，本节仅讨论不可压缩牛顿流体(如水)在管路中的定常流动，称为管路水力计算，并介绍工程上常用的计算方法。

5.6.1　管路工程计算简介

1. 管路的分类

按结构的复杂性，管路分为简单管路和复杂管路两类。

简单管路指一根等截面管分成数段，中间连接各种管件组成的管路，又称为单通道管路。简单管路一般既有沿程损失又有局部损失，只有沿程损失的称为简单长管。

复杂管路是指用许多简单管路通过各种连接方式组成的较复杂的系统。按连接方式的不同可将复杂管路分为串联管路、并联管路、枝状管路和网状管路四种形态，如图5-34所示。两根或两根以上管道的共同连接点称为节点。图5-34(d)中的A、B、C、D节点均为3根管道的节点，图5-34(b)中的A、B节点均为4根管道的节点。

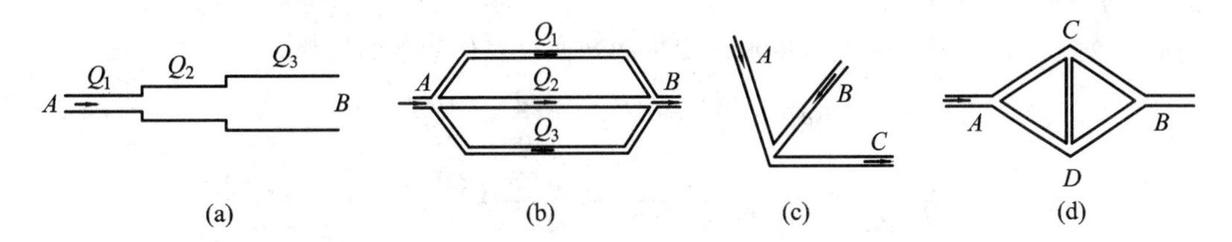

图5-34　管路的分类

2. 管路水力计算的原则

不论哪种类型管路的水力计算其遵循的原则都是一致的，主要包括：

(1) 质量守恒原则：在每一根简单管路中连续性方程为

$$Q = Av = C(\text{常数})$$

在每一节点上流入节点的流量(记为正)与流出节点的流量(记为负)的代数和为零，即净流量为零

$$\sum Q_i = 0 \tag{5-64}$$

(2) 水头唯一性原则：管路中的每一点(即每一截面)的能量用总水头表示(单位重量流体的能量值)，称为能头或水头。每一点(包括节点)只能有一个水头值。

(3) 能量守恒原则：沿程任意两点(节点)的总水头满足沿总流的伯努利方程式，即式(3-37)。

$$z_1 + \frac{p_1}{\rho g} + \frac{\alpha_1 v_1^2}{2g} = z_2 + \frac{p_2}{\rho g} + \frac{\alpha_2 v_2^2}{2g} + h_{w1-2}$$

式中，h_{w1-2}为两节点间的水头损失；若不指明则通常取$\alpha_1 = \alpha_2 = 1$。

(4) 两节点间水头损失的计算：两节点间的水头损失为这两个节点的水头之差，并等

于该两点之间任意一条通路上所有沿程损失和局部损失之和，即

$$h_{w1-2} = \sum h_f + \sum h_j = \sum \lambda \frac{l}{d} \frac{v^2}{2g} + \sum \zeta \frac{v^2}{2g} \tag{5-65}$$

在工程实际中，为了便于把局部水头损失和沿程水头损失合并计算，常常把局部水头损失换算为相当于 l_d 管长的沿程水头损失，写成

$$h_j = \zeta \frac{v^2}{2g} = \lambda \frac{l_d}{d} \frac{v^2}{2g},\ l_d = \zeta \frac{d}{l_d} \tag{5-66}$$

将管路中所有部件均化为当量圆管后，整个管路只需要按沿程损失进行计算。

3. 管路计算的一般方法

在工程实际中，简单长管的设计计算问题可归结为以下三类：

(1) 已知地形 z、流体的性质 μ、管径 d、流量 Q，计算管路系统中的阻力损失 h_f；

(2) 已知地形 z、流体的性质 μ、管径 d、阻力损失 h_f，计算管路系统通过流体的能力 Q；

(3) 已知地形 z、流体的性质 μ、流量 Q，管长 l，设计计算最佳管径 d。

对于第一类问题，根据已知条件可以直接计算得到结果。对于后两类问题，由于输送量或者管径未知，无法求取流体流动的雷诺数，既无法判断流态又不能确定摩擦系数 λ，需要采用试算法或迭代法求解。

4. 管路的工程计算式

为了便于工程计算，常把沿程水头损失的达西公式作如下的转换：

$$Re = \frac{vd}{\nu} = \frac{\rho vd}{\mu} = \frac{4Q}{\pi d\nu} = \frac{4\rho Q}{\pi d\mu} \tag{5-67}$$

$$h_f = \lambda \frac{l}{d} \frac{v^2}{2g} = \lambda \frac{l}{d} \frac{Q^2}{(\pi d^2/4)^2 2g} = \frac{8}{\pi^2 g} \lambda \frac{Q^2 l}{d^5} = 0.0826 \lambda \frac{Q^2 l}{d^5} \tag{5-68}$$

(1) 对于层流流动，有

$$\lambda = \frac{64}{Re} = \frac{64}{\dfrac{4Q}{\pi d\nu}} = \frac{16\pi d\nu}{Q}$$

将上式代入式(5-68)，可得

$$h_f = 0.0826 \frac{16\pi d\nu}{Q} \frac{Q^2 l}{d^5} = 4.15 \frac{Q\nu l}{d^4} \tag{5-69}$$

(2) 对于紊流的水力光滑区，由勃拉休斯(Blasius)公式(5-42)得

$$\lambda = \frac{0.3164}{Re^{0.25}} = 0.3164 \left(\frac{16\pi d\nu}{Q}\right)^{0.25} \quad (Re = 3\times10^3 \sim 1\times10^5)$$

将上式代入式(5-68)，可得

$$h_f = 0.0826 \times 0.3164 \left(\frac{16\pi d\nu}{Q}\right)^{0.25} \frac{Q^2 l}{d^5} = 0.0246 \frac{Q^{1.75} \nu^{0.25} l}{d^{4.75}} \tag{5-70}$$

如果光滑区的雷诺数不在 $Re=3\times10^3 \sim 1\times10^5$ 范围内，需用式(5-43)或式(5-44)代入计算，计算复杂，在这里不做讨论。

综合式(5-68)～式(5-70)得

$$h_f = \beta \frac{Q^{2-m} \nu^m l}{d^{5-m}} \tag{5-71}$$

式中，系数 β 和指数 m 的数值可根据流态由表 5-7 查得。

表 5-7　不同流态的系数 β 和指数 m 的数值

流动状态	β	m
层流	4.15	1
紊流水力光滑区	0.0246	0.25
紊流混合摩擦区、完全粗糙区	0.0826λ	0

5.6.2　简单长管的水力计算

所有复杂管路都可看做由简单管路组合而成，因此简单管路计算是复杂管路计算的基础。由 5.6.1 节知简单管路的计算类型分为三类，下面通过相应的例题，分别介绍简单长管(忽略局部损失)的三种类型计算，对简单管路(含有局部损失)的计算，按式(5-66)处理后，也可按简单长管进行计算。

1. 已知流体的性质 μ、管径 d、流量 Q，计算管路系统中的阻力损失 h_f

解决这类问题的计算步骤如下：

(1) 根据给定的流量、管径和流体的性质，算出雷诺数，确定流动状态；

(2) 根据管壁的相对粗糙度和雷诺数，找出阻力系数 λ，计算阻力损失 h_f。

【例 5-9】 水平的铸铁管线，长度 $l=800$ m，内径 $d=0.5$ m，绝对粗糙度 $\Delta=1.2$ mm，以 $Q=1000\ \mathrm{m^3/h}$ 的输送量输水($\mu=0.001$ Pa·s)，试求压降。

解　根据已知条件可得

$$Q=\frac{1000}{3600}=0.2778(\mathrm{m^3/s})$$

$$Re=\frac{4\rho Q}{\pi d\mu}=\frac{4\times1000\times0.2778}{3.14\times0.5\times0.001}=7.077\times10^5$$

$$\varepsilon=\frac{\Delta}{d}=\frac{1.2}{500}=0.0024$$

查莫迪图可得 $\lambda=0.025$，则

$$h_f=0.0826\lambda\frac{Q^2l}{d^5}=0.0826\times0.025\times\frac{0.2778^2\times800}{0.5^5}=4.08\ (\mathrm{m})$$

压降为

$$\Delta p=\rho gh_f=1000\times9.8\times4.08=39\ 984(\mathrm{Pa})$$

注意：本题雷诺数 $Re=7.077\times10^5$，虽然在 $1\times10^5\sim1\times10^7$ 范围内，但是，因为

$$26.98\left(\frac{d}{\Delta}\right)^{\frac{8}{7}}=26.98\times\left(\frac{500}{1.2}\right)^{8/7}=2.7\times10^4<7.077\times10^5$$

此时不在紊流光滑区，因此不能用式(5-43)或式(5-44)求解 λ。

2. 已知流体的性质 μ、管径 d、阻力损失 h_f，计算管路系统通过流体的能力 Q

由于流量是未知数，无法确定流态，因此可用试算法，解决这类问题的计算步骤如下：

(1) 假设流态，选一个阻力系数 λ 值，然后用式(5-64)求出流量 Q；

(2) 验算流态，如果假设正确，则求得的输送量为正确值，否则重新假设流态。

【例 5-10】 用 $\phi108\times4$ mm，长度为 2000 m，绝对粗糙度 $\Delta=0.2$ mm 的水平管道输

送密度为 850 kg/m³，黏度为 5.0×10^{-3} Pa·s的原油，设允许的压降为 0.2 MPa，试求原油的输送量。

解 依题意有

$$h_f=\frac{\Delta p}{\rho g}=\frac{0.2\times10^6}{850\times9.8}=24\ (\mathrm{m})$$

由试算法，设 $\lambda=0.03$，式(5-64)可写为

$$24=0.0826\times0.03\times\frac{Q^2\times2000}{0.1^5}$$

解之可得 $Q=0.006\ 96\ \mathrm{m^3/s}$，则

$$Re=\frac{4\rho Q}{\pi d\mu}=\frac{4\times850\times0.0696}{3.14\times0.1\times0.005}=15\ 072$$

$$\varepsilon=\frac{\Delta}{d}=\frac{0.2}{100}=0.002$$（$\phi108\times4$ mm 中的 108 mm 为管道外径，壁厚为 4 mm）

查莫迪图可得 $\lambda=0.031$，与假设的初值不同，故需重新试算

$$24=0.0826\times0.031\times\frac{Q^2\times2000}{0.1^5}$$

解之可得，$Q=0.006\ 84\ \mathrm{m^3/s}$，则

$$Re=\frac{4\rho Q}{\pi d\mu}=\frac{4\times850\times0.0684}{3.14\times0.1\times0.005}=14\ 813$$

查莫迪图可得 $\lambda=0.031$，与假设的值相同，原油的输送量为

$$Q=0.006\ 84\ \mathrm{m^3/s}=24.6\ \mathrm{m^3/h}$$

3. 已知流体的性质 μ、流量 Q，管长 l，设计计算最佳管径 d

在这类问题中，由于管径和压降都是未知数，在一定的流量下，管径的大小和流动状态的变化，也将影响压降。

如果选择较小的管径，则所用的管材成本低，而且轻便，易于运输和安装，能降低工程造价；但因管径较小，管中流速较大，水头损失也大，这就需要管路起点有较大的压头，从而增加了设备费和维护费等。

如果选择较大的管径，则所用的管材成本高，而且重量大，运输和安装都不便，管路的工程造价较高；但因管径较大，管中流速较小，水头损失较小，管路起点所需要的压头较小，设备投资和运行维护费等可以降低。

此外，管中流体的流速过大，不但使管子易于磨损，而且在迅速关闭阀门时，易于产生较大的水击压力，造成管子爆裂；反之，如果管中流速过小，液体中的杂质在管中沉淀，侵蚀管壁并增大摩擦阻力。因此管径的选择，必须考虑各方面利弊，既要保持一定的流速，又要符合经济要求，使操作管理方便，输液成本尽可能节省。

【例 5-11】 管路总长为 70 m，要求输水量为 30 m³/h，允许的水头损失为 4.5 m。管道的绝对粗糙度 $\Delta=0.2$ mm，水的 $\mu=0.001$ Pa·s，求管径。

解 由已知条件可得

$$Q=\frac{30}{3600}=0.008\ 33(\mathrm{m^3/s})$$

假设 $\lambda=0.025$，由式(5-64)可得

$$4.5 = 0.0826 \times 0.025 \times \frac{0.008\ 33^2 \times 70}{d^5}$$

解之可得，$d=0.074$ m，则

$$Re = \frac{4\rho Q}{\pi d\mu} = \frac{4 \times 1000 \times 0.008\ 33}{3.14 \times 0.074 \times 0.001} = 143\ 035$$

$$\varepsilon = \frac{\Delta}{d} = \frac{0.2}{74} = 0.0027$$

查莫迪图可得 $\lambda=0.027$，与假设的初值不同，故需以此 λ 值重新试算

$$4.5 = 0.0826 \times 0.027 \times \frac{0.008\ 33^2 \times 70}{d^5}$$

解之可得，$d=0.075$ m，则

$$Re = \frac{4\rho Q}{\pi d\mu} = \frac{4 \times 1000 \times 0.008\ 33}{3.14 \times 0.075 \times 0.001} = 141\ 300$$

重新查莫迪图可得 $\lambda=0.027$，与假设的初值相同，故管径的计算结果为 75 mm，按照管道规格，可选尺寸为 $\phi 88.5\times4$ mm 的 3in 管道。内径为 80.5 mm，此管可满足水头损失不超过 4.5 m 的要求。

5.6.3　复杂管路的水力计算

由不同直径的管段依序连接而成的管路称为串联管路。自一点分支，而又汇合于另一点的两条及以上的管路称为并联管路。这两种管路是计算复杂管路的基础。

1. 串联管路

图 5-34(a)所示为三种不同直径的简单管路串联而成的串联管路。按质量守恒原则，每一根简单管路中的流量均相同，即

$$Q_1 = Q_2 = Q_3 = Q$$

A、B 段之间的总水头损失为各段水头损失的总和，即

$$h_w = h_{w1} + h_{w2} + h_{w3} \tag{5-72}$$

式中，h_{w1}、h_{w2}、h_{w3} 分别按简单管路计算。

【例 5-12】　如图 5-35 所示，已知：两水箱之间由三根直径依次减小的圆管组成的串联管连接。管径分别为 $d_1=0.4$ m，$d_2=0.2$ m，$d_3=0.1$ m；管长均为 $l_1=l_2=l_3=l=60$ m，管壁粗糙度均为 $\Delta=2$ mm。设水位差 $H=15$ m，水的运动黏度 $\nu=10^{-6}$ m²/s，不计局部损失。求：通过圆管的流量 Q。

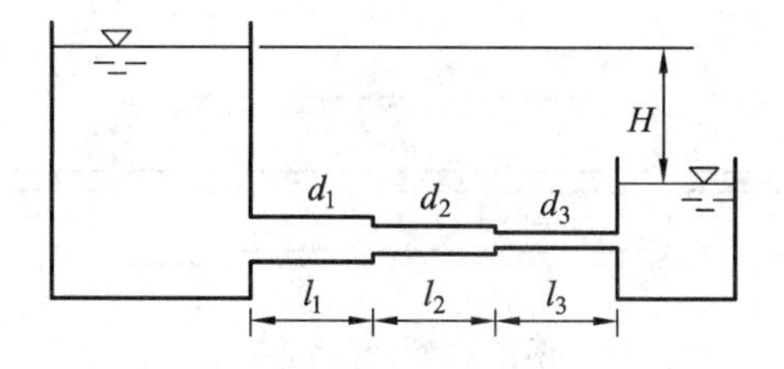

图 5-35　例 5-12 图

解　三根串联圆管的流量均相同，即

$$\frac{1}{4}\pi d_1^2 v_1 = \frac{1}{4}\pi d_2^2 v_2 = \frac{1}{4}\pi d_3^2 v_3 = Q \tag{a}$$

由式(5-68)和式(5-72)可得，三根串联圆管的总沿程损失水头等于三根支管的沿程损失水头之和，由式(3-37)可得三根直管的水头损失，列两水箱液面的伯努利方程，即

$$H = 0.0826\lambda_1 \frac{Q^2 l_1}{d_1^5} + 0.0826\lambda_2 \frac{Q^2 l_2}{d_2^5} + 0.0826\lambda_3 \frac{Q^2 l_3}{d_3^5}$$

则

$$Q^2 = \frac{H}{0.0826l\left(\frac{\lambda_1}{d_1^5} + \frac{\lambda_2}{d_2^5} + \frac{\lambda_3}{d_3^5}\right)} \tag{b}$$

用迭代法求流量。由$\frac{\Delta_1}{d_1}=0.05$，$\frac{\Delta_2}{d_2}=0.01$，$\frac{\Delta_3}{d_3}=0.02$，根据莫迪图的完全粗糙区，设$\lambda_1=0.03$，$\lambda_2=0.038$，$\lambda_3=0.048$，将已知值代入式(b)，解得$Q=0.0248\ \text{m}^3/\text{s}$。

由式(a)计算出速度，并计算出相应的Re，即

$$v_1 = 0.2\ \text{m/s},\ Re_1 = 8\times10^4$$

$$v_2 = 0.79\ \text{m/s},\ Re_2 = 1.58\times10^5$$

$$v_3 = 3.16\ \text{m/s},\ Re_3 = 3.16\times10^5$$

再查莫迪图可得$\lambda_1=0.03$，$\lambda_2=0.038$，$\lambda_3=0.048$，与原取值一致。从而确定所求流量为

$$Q = 0.0248\ \text{m}^3/\text{s}$$

讨论：本例属于管路水力计算的第二种类型，要用迭代法求解。先分别预设三根支管的λ值后计算各管的速度，然后验算所取的λ值，若不一致就要再迭代。由于三根管中的流动几乎都处于完全粗糙区，λ随Re数变化很小，迭代法计算收效很快。

2. 并联管路

如图5-36所示，AB段为三条管路的并联。其水力特点是：

(1) 并联管内流量的总和等于自A点流入各管的总流量，即

$$Q = \sum Q_i$$

(2) 按水头唯一性原则，各并联管内的水头损失相等，即

$$h_f = h_{f1} = \cdots = h_{fi} \tag{5-73}$$

这是因为在稳定流状态下，A、B两点处的测压管水头必然维持稳定，因而能够自动调节各管的流量，使各管的水头损失都相等。

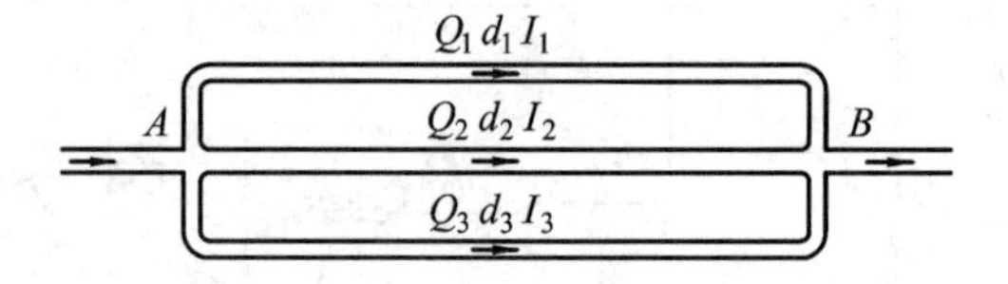

图5-36 并联管路

必须强调指出：几条管段组成的并联管路，它的水头损失等于这些管路中任一单个管路的水头损失，但这只说明各管段上单位重量的液体能量损失相等。因为并联各管段的流量并不相等，所以各管段上的总机械能损失(全部液体重量)并不相同，即流量大的管段，

其总机械能损失也大，反之亦然。

由于大管径管路上的水力坡度要比小管径的小，所以在长输管路上常在某一区间加大管径来降低水力坡度，如图5-37所示，以达到延长输送距离或加大输送量的目的。同样，铺设并联的附管也可以降低该段的水力坡度，以达到延长输送距离或加大输送量的目的。总之，使用部分加大串联管径或部分铺设并联附管的方法，都是为了降低水力坡度，达到增大流量或延长输送距离、减少中间泵站的目的。

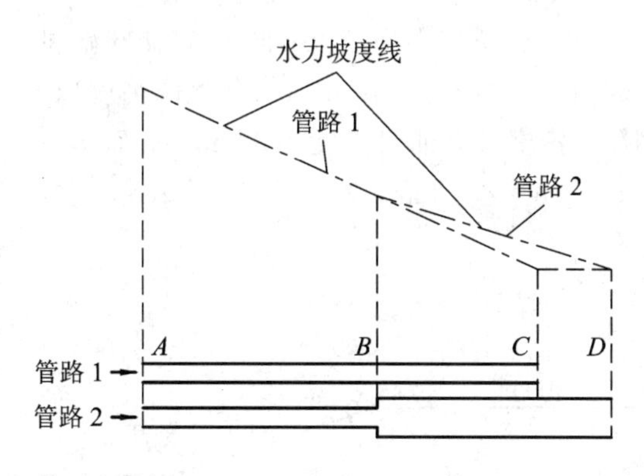

图5-37　沿输送距离增大管径

【例5-13】　有一输送原油的并联管路，已知输送量为204 m^3/h，运动黏度为 $\nu=0.42\times10^{-4}\ m^2/s$，管径分别为0.156 m和0.203 m，管长依次为10 km和8 km。试求两管内的流量及水头损失。

解　两并联管为长管，可按长管能量方程计算。由于两管的流量 Q_1、Q_2 都是未知数，流态无法确定，只能采用试算法。假设流动是在紊流水力光滑区，由式(5-70)得

$$h_{f1}=0.0246\frac{Q_1^{1.75}\nu^{0.25}l_1}{d_1^{4.75}};\ h_{f2}=0.0246\frac{Q_2^{1.75}\nu^{0.25}l_2}{d_2^{4.75}}$$

对于并联管路，由水头损失的关系式 $h_{f1}=h_{f2}$，可得

$$Q_2=\sqrt[1.75]{\frac{l_1}{l_2}\left(\frac{d_2}{d_1}\right)^{4.75}}Q_1=\sqrt[1.75]{\frac{10}{8}\left(\frac{0.203}{0.156}\right)^{4.75}}Q_1=2.33Q_1$$

再由流量关系式

$$Q=Q_1+Q_2=Q_1+2.33Q_1=3.33Q_1$$

进而得

$$Q_1=\frac{Q}{3.33}=\frac{204}{3.33\times3600}=0.017(m^3/s)$$

$$Q_2=2.33Q_2=2.33\times0.0388=0.0396(m^3/s)$$

对于输送泵油的工业管，按表5-3检查流动状态，由式(5-67)得

$$Re_1=\frac{4Q_1}{\pi d_1\nu}=\frac{4\times0.017}{3.14\times0.156\times0.42\times10^{-4}}=3300\quad 属于紊流水力光滑区$$

$$Re_2=\frac{4Q_2}{\pi d_2\nu}=\frac{4\times0.0396}{3.14\times0.203\times0.42\times10^{-4}}=5860\quad 属于紊流水力光滑区$$

通过校核，假设正确，故所求的流量可用。

确定水头损失：

$$h_{f1}=0.0246\frac{Q_1^{1.75}\nu^{0.25}l_1}{d_1^{4.75}}=0.0246\times\frac{0.017^{1.75}\times(0.42\times10^{-4})^{0.25}\times10\,000}{0.156^{4.75}}=108(\text{m})$$

3. 分支管路

在输油和输水的管路上，经常要铺设分支管线来连接油井、水井或各种储液罐。这些都属于分支管，其特点是各节点处的流量代数和为0，总的沿程水头损失等于各管段水头损失的总和。下面结合具体实例来说明其计算方法。

【例5-14】 如图5-38所示，从泵房A向三个罐区输油。设计流量为一号罐区60 m^3/h，二号罐区50 m^3/h，三号罐区50 m^3/h；各地的高度以m计，标于▽旁；各管段的长度以m计，标于图中。各罐最大油面高度为11 m，油面蒸汽压力为0.25 m油柱，油品的运动黏度为$\nu=7\times10^{-6}$ m^2/s，油品的密度为830 kg/m^3，试计算各段的直径和输液泵的出口压头。

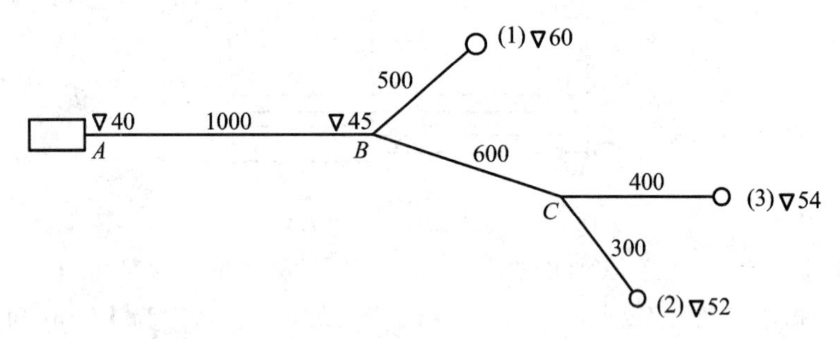

图5-38 例5-14图

解 (1) 根据管路布置，选择起点至最远点之间的管线为主线，计$ABC(3)$为主线。

(2) 选取合理的流速，确定管径，选取合理的流速$v=2$ m/s，则

$$d=\sqrt{\frac{4Q}{\pi v}}=\sqrt{\frac{4}{3.14\times2}Q}=\sqrt{0.637Q}$$

各管段的计算结果见下表：

管段	AB	BC	$B(1)$	$C(2)$	$C(3)$
流量/(m^3/s)	0.0445	0.0278	0.0167	0.0139	0.0139
$0.637Q$	0.0283	0.0177	0.0106	0.0088	0.0088
计算管径/m	0.168	0.133	0.103	0.094	0.094
选用管材管径/m 实际内径	$\phi168\times6$ 0.156	$\phi140\times5$ 0.130	$\phi108\times4$ 0.100	$\phi108\times4$ 0.100	$\phi108\times4$ 0.100

(3) 计算干线水头损失，确定压头。

① 计算流速、雷诺数，确定流态，求出水头损失，结果见下表：

管段	实际流速/(m/s)	雷诺数、流态	β	m	h_f/m
AB	2.33	51900、水力光滑	0.246	0.25	37.07
BC	2.09	38800、水力光滑	0.246	0.25	23.3
$C(3)$	1.77	25300、水力光滑	0.246	0.25	16.00

② 确定节点压头。由起点计算至终点，各点的压头列于下表：

点	z/m	h_f/m	水头$\left(z+\frac{p}{\rho g}\right)$/m	压头$\left(\frac{p}{\rho g}\right)$/m
(3)	54		54+11+0.25=65.25	65.25−54=11.25
C	50	16.00	65.25+16=81.25	81.25−50=31.25
B	45	23.2	81.25+23.20=104.45	104.45−45=59.45
A	40	37.07	104.45+37.07=141.52	141.52−40=101.52

由计算求得泵的出口压力水头为 101.52 m，其压力为 $p=830\times9.8\times101.52=825\ 764$(Pa)。

(4) 计算支线水头损失，校核管径。计算结果列于下表：

管段	流量/(m^3/s)	选用管径/mm	实际流速/(m/s)	雷诺数、流态	h_f 计算值/m	按干线水头求得的 h_f/m $\left(z_1+\frac{p_1}{\rho g}\right)-\left(z_1+\frac{p_1}{\rho g}\right)$
B(1)	0.0167	100	2.13	30 400、水力光滑	27.59	104.45−60−11−0.25=33.20
C(2)	0.0139	100	1.77	25 300、水力光滑	12.01	81.25−52−11−0.25=18.00

由上面计算结果看出，按干线水头求得的水头损失大于按所选管径计算出的水头损失，说明直线的管径可以选再小一些的。但是算出的差值并不大，在这种情况下，一般不再重选。因为管径再小的话，实际流速将超过 2 m/s 这一经济流速；再者，管径不统一也不便于安装维修，从经济上看也是不利的。

5.6.4 短管的水力计算

1. 短管的阻力系数

如图 5-39 所示，以 0-0 面为基准面，列 1-1、2-2 断面的能量方程，即

$$H+\frac{p_1}{\rho g}+\frac{v_1^2}{2g}=0+\frac{p_2}{\rho g}+\frac{v_2^2}{2g}+h_w$$

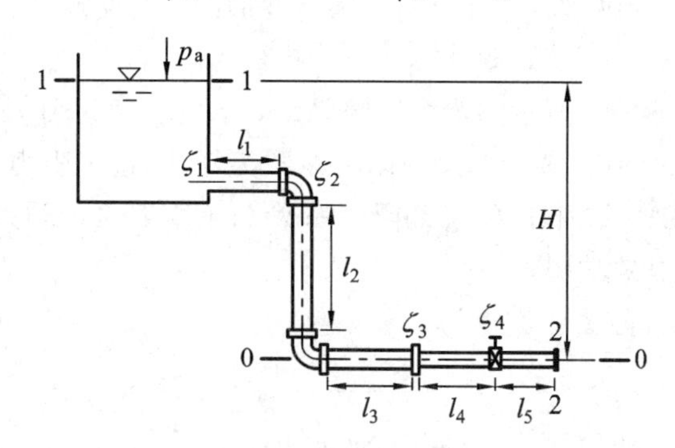

图 5-39　短管管路

当储液箱液面足够大时，$v_1=0$，则上式可简化为

$$H=\frac{v_2^2}{2g}+h_w$$

$$h_w = \left(\lambda_1 \frac{l_1}{d_1} + \lambda_1 \frac{l_2}{d_1} + \lambda_1 \frac{l_3}{d_1} + \zeta_1 + 2\zeta_2\right)\frac{v_1^2}{2g} + \left(\lambda_2 \frac{l_4}{d_2} + \lambda_2 \frac{l_5}{d_2} + \zeta_3 + \zeta_4\right)\frac{v_2^2}{2g}$$

根据连续性方程，引入 $v_1=(d_2/d_1)^2 v_2$ 后，上式可写为

$$h_w = \left[\left(\lambda_1 \frac{l_1}{d_1} + \lambda_1 \frac{l_2}{d_1} + \lambda_1 \frac{l_3}{d_1} + \zeta_1 + 2\zeta_2\right)\left(\frac{d_2}{d_1}\right)^4 + \left(\lambda_2 \frac{l_4}{d_2} + \lambda_2 \frac{l_5}{d_2} + \zeta_3 + \zeta_4\right)\right]\frac{v_2^2}{2g} = \xi \frac{v_2^2}{2g} \tag{5-74}$$

则

$$H = \frac{v_2^2}{2g} + \xi \frac{v_2^2}{2g} = (1+\xi)\frac{v_2^2}{2g}$$

由此可得

$$v_2 = \frac{1}{\sqrt{1+\xi}}\sqrt{2gH}$$

设管子出口断面的面积为 A_2，则通过的流量为

$$Q = v_2 A_2 = \frac{A_2}{\sqrt{1+\xi}}\sqrt{2gH}$$

令 $C_q=\frac{1}{\sqrt{1+\xi}}$，称 C_q 为管系的流量系数，则

$$Q = C_q A_2 \sqrt{2gH} \tag{5-75}$$

2. 管路特性曲线

将式(5-75)改写为

$$H = \frac{1}{C_q^2 A_2^2 2g} Q^2$$

令 $\alpha=\frac{1}{C_q^2 A_2^2 2g}$，则

$$H = \alpha Q^2 \tag{5-76}$$

以 Q 为横坐标，H 为纵坐标，可绘制管路特性曲线，它反映了流量与管路水头损失的关系。

【例 5-15】 如图 5-40 所示的水力循环系统，水的黏度为 10^{-6} m²/s，管子为普通镀锌管，内径均为 0.05 m，每个圆弯头局部阻力系数为 0.6，进口阻力系数为 0.5，系统内的流量为 0.2 m³/min。求：(1) 阀门的局部阻力系数 ξ；(2) 管系的阻力系数和全管路的水头损失；(3) 泵的扬程和有效功率。

解 (1) 阀门的局部阻力系数 ζ 为

$$v = \frac{4Q}{\pi d^2} = \frac{4\times 0.2/60}{3.14\times 0.05^2} = 1.7(\mathrm{m/s})$$

$$\frac{p_B - p_C}{\rho g} = \frac{(\rho_{Hg}-\rho)\Delta h}{\rho} = \frac{(13.6-1)\times 10^3\times 0.15}{1\times 10^3} = 1.89(\mathrm{m})$$

$$h_j = \zeta \frac{v^2}{2g} = \frac{p_B - p_C}{\rho g} = 1.89$$

$$\zeta = \frac{2gh_j}{v^2} = \frac{2\times 9.8\times 1.89}{1.7^2} = 12.78$$

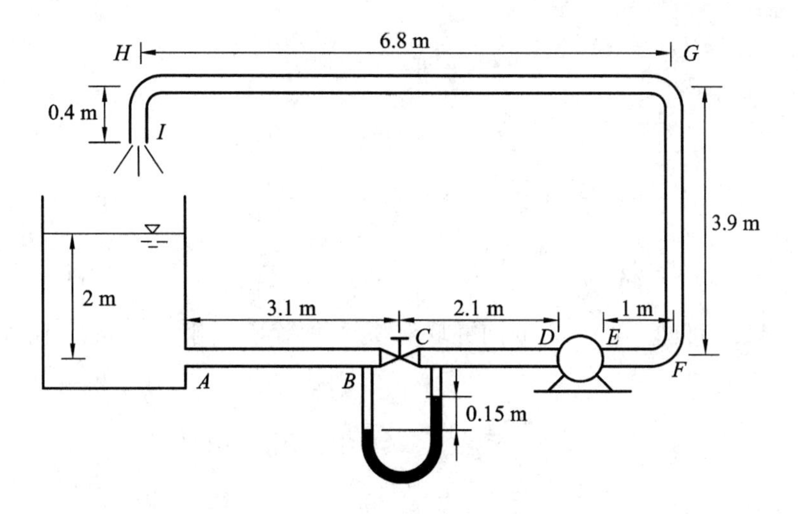

图5-40　例5-15图

(2) 全管路的水头损失为

$$Re = \frac{vd}{\nu} = \frac{1.7 \times 0.05}{10^{-6}} = 85\ 000$$

普通镀锌管的Δ=0.39 mm，查莫迪图可得λ=0.0357。管线总长l=17.3 m，管系的阻力系数为

$$\xi = 0.0357 \times \frac{17.3}{0.05} + 0.5 + 12.78 + 0.6 \times 3 = 27.43$$

则全管路的水头损失为

$$h_w = \xi \frac{v^2}{2g} = 27.43 \times \frac{1.7^2}{2 \times 9.8} = 4.04(\text{m})$$

(3) 泵的扬程H和有效功率N。

选液面为基准面，由式(3-47)，列出液面和管口I面有能量输入的伯努利方程，则

$$0 + 0 + H = (3.9 - 2 - 0.4) + 0 + \frac{v^2}{2g} + h_w$$

$$H = 1.5 + \frac{1.7^2}{2 \times 9.8} + 4.04 = 5.69(\text{m})$$

由式(3-48)可得，泵的有效功率N为

$$N = \rho g Q H = 9800 \times 0.003\ 33 \times 5.69 = 186(\text{W})$$

【例5-16】 如图5-41所示，某两层楼的供暖立管，管段1的直径为20 mm，总长为20 m，$\sum\zeta_1 = 15$。管段2的直径为20 mm，总长为10 m，$\sum\zeta_2 = 15$，管路的$\lambda = 0.025$，干管的流量$Q = 1\times10^{-3}$ m^3/s，求管段1和管段2的流量Q_1、Q_2。

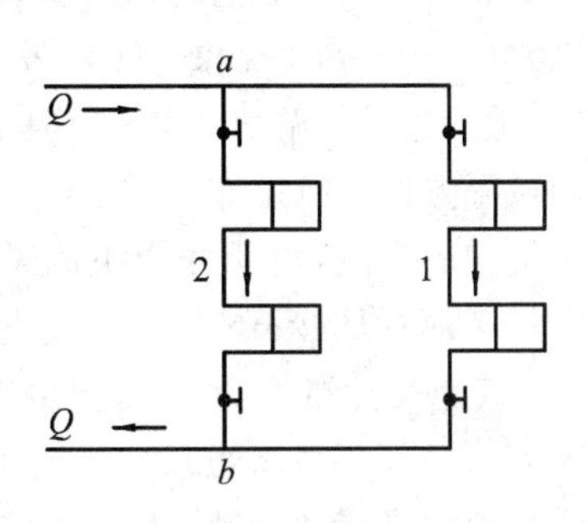

图5-41　例5-16图

解　管段1、2为短管，由式(5-74)知，管段1和管段2的总水头损失分别为

$$h_{w1} = \xi_1 \frac{v_1^2}{2g} = \xi_1 \frac{8}{\pi^2 d_1^2 g} Q_1^2$$

$$h_{w2} = \xi_2 \frac{v_2^2}{2g} = \xi_2 \frac{8}{\pi^2 d_2^2 g} Q_2^2$$

$$\xi_1 = \lambda_1 \frac{l_1}{d_1} + \sum \zeta_1 = 0.025 \times \frac{20}{20 \times 10^{-3}} + 15 = 40$$

$$\xi_2 = \lambda_2 \frac{l_2}{d_2} + \sum \zeta_2 = 0.025 \times \frac{10}{20 \times 10^{-3}} + 15 = 27.5$$

从图 5-41 中可知，节点 a、b 间并联有 1、2 两管段，则 $h_{w1} = h_{w2}$，代入已知数据，所以

$$40 \times \frac{8}{\pi^2 0.02^2 g} Q_1^2 = 27.5 \times \frac{8}{\pi^2 0.02^2 g} Q_2^2$$

则

$$Q_1 = \sqrt{\frac{27.5}{40}} Q_2 = 0.828 Q_2$$

又因为

$$Q = Q_1 + Q_2 = 0.828 Q_2 + Q_2 = 1.828 Q_2$$

故

$$Q_2 = \frac{Q}{1.828} = \frac{1 \times 10^{-3}}{1.828} = 0.55 \times 10^{-3} (\text{m}^3/\text{s})$$

$$Q_1 = 0.828 Q_2 = 0.828 \times 0.55 \times 10^{-3} = 0.45 \times 10^{-3} (\text{m}^3/\text{s})$$

5.7 气穴和汽蚀

由第 3 章的伯努利方程式知，当流体的速度增加时，压力会降低。同时也可以证明旋涡中心的压力比其周围压力低 2 倍。另一方面，液体液面低于饱和蒸汽压时，液体就会汽化，并从液相转换为气体。实用水里也存在小气泡核(平均直径小于 100 μm)，随着流速的增加，压力进一步降低。当压力降低到空气分离压力时，原先以气核形式(肉眼看不见)溶解在液体中的气体便开始游离出来，膨胀成小气泡；当压力继续降低到液体在其温度下的饱和蒸汽压力时，液体开始汽化，产生大量的小气泡，并继续产生更多的小气泡。它们将汇集成较大的气泡，泡内充满着蒸汽和游离气体。这种由于压力降低而产生气泡的现象称为气穴(cavitation)现象。气穴发生后，流体机械性能变坏，机械表面材料损坏(汽蚀，erosion)，并引起振动和噪声。但是，也有利用这种现象起积极作用的，人们正在医疗和环境领域等方面进行这些尝试。

气穴的产生，主要由以下因素造成：① 液体中有气泡核存在；② 压力足够低；③ 气泡的生长必须有足够长的时间。气泡被液流带走，当液流流到高压区时，气泡内的蒸汽迅速凝结，气泡突然溃灭。气泡溃灭的时间很短，只有几百分之一秒，产生很大的冲击力，气泡溃灭处的局部压力高达几个甚至几十兆帕，局部温度也急剧上升。大量气泡的连续溃灭将产生强烈的噪声和振动，严重影响液体的正常流动和流体机械的正常工作；如果气泡连续溃灭处发生在固体壁面，固体壁面将在这种局部压力和局部温度的反复作用下发生剥蚀，

这种现象称为汽蚀。剥蚀严重的流体机械将无法继续工作。

当压力低于蒸气压时，由于气泡核成长，气穴的发生由一个无因次数决定，定义这个无因次为气穴系数(cavitation number)，其表达式为

$$\sigma = \frac{p_\infty - p_{va}}{(1/2)\rho U_\infty^2} \tag{5-77}$$

式中，p_∞、U_∞ 为无限远处的静压力和流速，ρ 为密度，p_{va} 为蒸汽压力。σ 与压力系数 C_p(参照 7.4 节)相对，$-C_p \geqslant \sigma$ 是泡沫增长的一个必要条件。局部地产生较大的流速，或产生一个强大的涡流，是气穴有可能发生的地方。另外，该系数与物体的形状、表面粗糙度、表面的润湿性、紊流强度、液体中包含的杂质等因素相关。

图 5-42 是流体在孔口附近(参考附录 B.2 孔板流量计)的流动，并从孔的前端 BB' 处产生空化的情况下的示意图。液体流入孔中流速会增大，最大速度在孔前端 BB' 稍微靠后的地方。在孔板后部的压力几乎是恒定的($ABCA$ 和 $A'B'C'A$ 所包围的区域)，等于孔板最大流速所对应的压力。在孔的后面发生回流而产生漩涡，流速减小。从孔尖端开始，剥离的涡流沿 $BC(B'C')$ 流线形成。压力在剥离的涡流中心附近进一步降低。因此，产生气穴气泡是从孔口尖端后一个小距离的剥离涡流中心开始的。不断产生的气泡形成气泡群并沿流线流动，在管壁附近消失，汽蚀就发生在这个消失气泡的附近。因此在实际工作中，要预测气泡消失的位置，采取诸如增加此附近材料强度的必要措施。

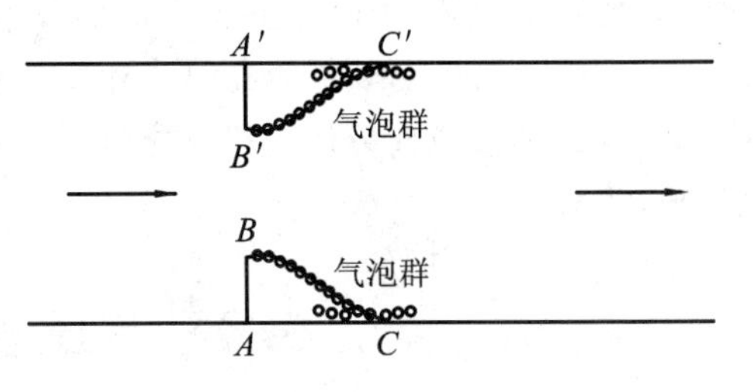

图 5-42　气穴的产生

图 5-43 是围绕翼型的气穴的示意图。由于翼型的上表面压力比下表面低，在上表面容易产生空化气泡(关于翼型的流动可参考 7.5 节)。所产生的气泡团(空腔，cavity)形成片状空腔(片状空腔，sheet cavity)。此片状空腔附近附着无数个气泡，在附着点附近变得不稳定，并流向下游形成大的气泡(气穴云，cloud cavitation)。这个气穴云腔的产生将导致噪声和振动的急剧增加。但是，这种片状空腔拉伸到翼型后面，稳定空腔在翼型后缘形成，这样状态下的超气穴(或超空腔，supercavitation)高性能的翼型已被开发出来。

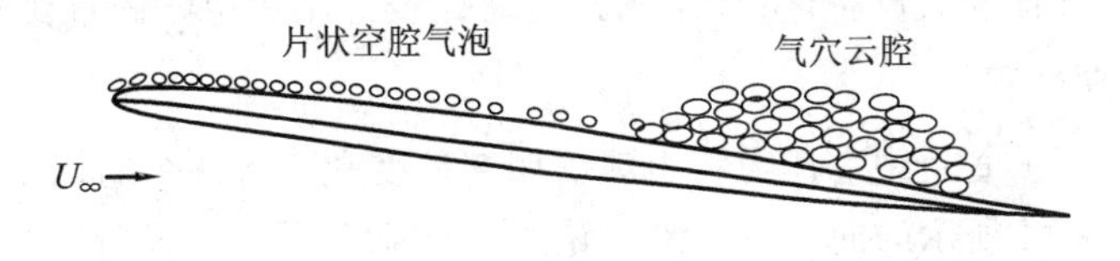

图 5-43　翼型上的气穴

【例 5-17】　在水面与大气相通的水槽内进行翼型实验，可能会发生气穴。水温为 10℃，当机翼的最小压力系数 $C_{p,min}=-1.0$ 时，求水槽内水流的均匀速度 U_∞ 为多少时发生气穴。在 10℃时，水的蒸汽压力 $p_{va}=1.2$ kPa。

解　翼型的压力系数定义为 $C_p=(p-p_\infty)/(\{(1/2)\rho U_\infty^2\}$，见式(7-34)，则翼型表面压力 p 为

$$p = p_\infty + \frac{1}{2}C_p \rho U_\infty^2$$

式中，翼型表面压力 p 的最小值小于此时水的蒸汽压力 p_{va}，则气穴现象就会发生，即

$$p_\infty + \frac{1}{2}C_{p,\min}\rho U_\infty^2 < p_{va}$$

式中，$C_{p,\min} = -1.0$，则

$$U_\infty > \sqrt{\frac{2(p_\infty - p_{va})}{\rho(-C_{p,\min})}} = \sqrt{\frac{2\times(101.3-1.2)\times 10^3}{999.7}} = 14(\text{m/s})$$

水的流速超过 14 m/s 时可能会发生气穴。发生气穴还与翼型表面的粗糙度、均匀流的紊流程度有关，这个值只是其中一个衡量值。

气穴气泡崩溃的时间（破灭时间）是以 μs 计量的，与气泡内部和外部的成熟和移动的时间相比极其短暂。因此，在破灭时的气泡内部的气体进行了绝热压缩，大气的数千倍的高压导致数千摄氏度以上的高温。这时，气泡内部气化的水分解成为游离基的 H 和 OH，根据 OH 的高反应性分解有机化合物。近年来，关于利用这种特性的环境净化有效利用的研究也很盛行。

5.8 有压管中的水击现象

当液体在压力管道中流动时，由于某种外界原因（如阀门的突然开启或关闭，或者水泵的突然停车或启动，以及其他一些特殊情况）液体流动速度突然改变，引起管道中压力产生反复、急剧的变化，这种现象称为水击（或水锤）。

水击现象发生后，引起压力升高的数值，可能达到正常压力的几十倍甚至几百倍，而且增压和减压交替频率很高，其危害性很大，会使管壁材料及管道上的设备承受很大的应力，产生变形，严重时会造成管道或附件的破裂。压力的反复变化会使管壁及设备受到反复的冲击，发出强烈的振动和噪声，犹如管道受到锤击一样，故又称为水锤。这种反复的冲击还会使金属表面损坏，打出许多麻点，轻者增大了流动阻力，重者损坏管道及设备。所以水击对各种工业管道和生活中的供水管道、水泵及其连接的有关设备的安全运行都是有害的，特别是在大流量、高流速的长管中以及输送水温高、流量大的水泵中更为严重。但水击也有可利用的一面，如水锤泵（又称水锤扬水机）就是利用水击压力变化反复工作的，且不需要任何其他动力设备。因此，水击是管路设计不容忽略的重要问题。

1. 水击的物理过程

水击现象发生后，管道中的压力将出现周期性的变化，而每个周期中又可以分为四个物理过程。用图 5-44 所示的简单管路来讨论水击的物理过程。设管路长 l，直径为 d，B 点连接水池，在出口 A 处装有阀门。当管中水流为稳定流动时，其平均速度和压力分别为 v_0 和 p_0，因讨论水击时暂不计水头损失，测压管水头线为水平线。在水击过程中，速度变化极快，需考虑液体的可压缩性和管壁的弹性。

1）水击波传播第一阶段（升压）

如图 5-44(a)所示，当阀门突然关闭时（$t=0$），紧靠阀门 A 的一层液体 dl 立即停止流动，速度 v 突变为零，在这瞬间该层液体的全部动能转化成液体的压能和管壁的变形能，被压缩液体的压力增加 Δp（$\Delta p=\rho g\Delta H$），称为水击压力。

当第一层液体在 dt 时间内停下来以后，与之相邻的第二层液体也停下来，同样受压

缩，由于液体依次序停下，并产生增压，这样就形成了一个高压区和低压区的分界面，并以速度 c 从 A 处向 B 方向传播，c 称为水击波的传播速度。它实际上接近于液体中的声速。经过 $t=l/c$ 时间后，整个管道 AB 全部处于升压状态，即全管内水流的速度 $v=0$，压力 $p=p_0+\Delta p$，管内液体的压力高于液池内的压力（$\rho g\Delta H$）。$t=0\sim l/c$ 为水击波传播的第一阶段。

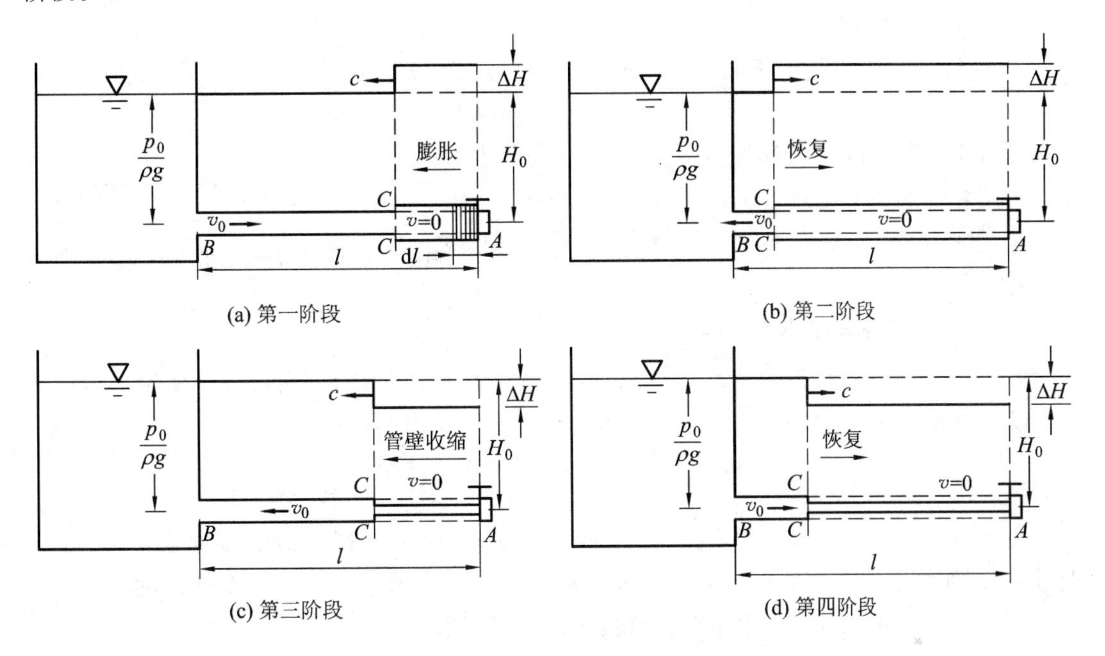

图 5-44　水击波传播的各个阶段

2）水击波传播第二阶段（压力恢复）

如图 5-44(b)所示，此时，由于管内液体的压力高于液池内的压力，管内紧靠液池的一层液体以速度 v_0 冲向液池，随之这一层液体的水击压力消失，恢复正常压力，该处管壁也随之恢复原状。从此刻开始，管中液体高、低压区分界面 $C-C$ 又将以速度 c 自 B 向 A 方向传播。在外压差 Δp 作用下，管道内液体必然以速度 v_0 向水池内倒流。使压力恢复（降低）。在 $t=2l/c$ 瞬时，这一波面 $C-C$ 正好传到阀门处，此时全管内液体的压力均恢复到 p_0，受压缩的液体和膨胀的管壁也都复原。$t=l/c\sim 2l/c$ 为水击波传播的第二阶段。

3）水击波传播第三阶段（压力降低）

如图 5-44(c)所示，在第二阶段末全管液体的密度和膨胀的管壁均已恢复原状，但由于惯性作用，紧靠阀门 A 的液体继续以速度 v_0 向液池倒流，因阀门处关闭，无液体补充，结果使阀门处液体静止，液体密度减小，液体体积膨胀，管壁收缩，压力降低 Δp，压力降低值等于第一阶段中的压力升高值。压力降低过程由阀门向水池传播，形成降压波。经过 l/c 时段，全管内液体的速度 $v=0$，压力 $p=p_0-\Delta p$。$t=2l/c\sim 3l/c$ 为水击波传播的第三阶段。

4）水击波传播第四阶段（压力恢复）

如图 5-44(d)所示，在 $t=3l/c$ 时刻，整个管中水流处于瞬时低压状态。因管道 B 口压力比水池压力低 Δp，在压差作用下，液体又以速度 v_0 向阀门 A 方向流动，管道中液体密度又逐层恢复正常，管道也恢复正常。这一压力恢复波由水池向阀门传播，经过 l/c 时段，整个管道液体的速度和压力恢复至初始值 v_0 和 p_0。$t=3l/c\sim4l/c$ 为水击波传播的第四阶段。

由于惯性作用，管中液体仍以速度 v_0 向阀门处流动，但阀门关闭流动被阻止，于是又恢复到阀门突然关闭时的状态，周期性地循环下去。每经过 $4l/c$ 时间，重复一次全过程。

在阀门 A 处，压力随时间的变化如图 5-45 中虚线所示。

实际上，由于液体的黏性和管道的变形必将引起机械能损失，水击压力在传播过程中必将逐渐降低，阀门 A 处压力的实际变化如图 5-45 中实线所示。

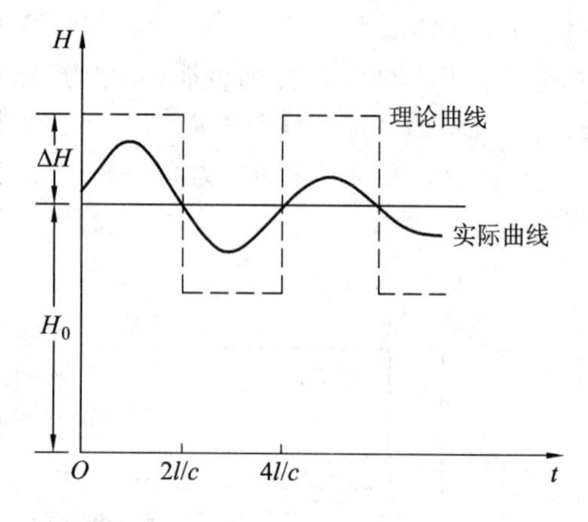

图 5-45　阀门处的水击压力变化

2. 直接水击与间接水击

水击波从阀门突然关闭到水击波第一次返回阀门所需的时间为 $2l/c$，称为水击波的相，以 t_r 表示，即

$$t_r=\frac{2l}{c} \tag{5-78}$$

每经过 t_r 时间，水击压力变化一次，而每经过 $4l/c=2t_r$ 时间，水击现象重复一次，因此 $T=2t_r$ 称为水击波的周期。实际上阀门不可能突然关闭，总有一个关闭时间，以 t_s 表示。对比 t_s 和 t_r 的大小，将水击分为直接水击和间接水击。

(1) 直接水击。当 $t_s<t_r$ 时，阀门关闭时间小于水击波的相，即水击波还未从水池返回阀门，阀门已关闭完毕。阀门处的水击增压，不受水池反射的降压波的影响，达到可能出现的最大值。

(2) 间接水击。当 $t_s>t_r$ 时，阀门关闭时间大于水击波的相，即水击波已从水池返回阀门，而关闭仍在进行，受水池反射的降压波的影响，阀门处的压力增加比直接水击要小。

为了减轻水击压力对管道的破坏，应该延长阀门关闭时间，避免发生直接水击。

3. 水击压力的计算

当阀门突然关闭时，取图 5-46 所示靠近阀门处管段中的液体作为控制体。在 Δt 时间内，阀门处产生的增压波向左传播的距离为 $\Delta s=c\Delta t$。在 Δs 管段内液体速度为 v，压力为 $p=p_0+\Delta p$，密度为 $\rho+\Delta\rho$，面积为$A+\Delta A$。

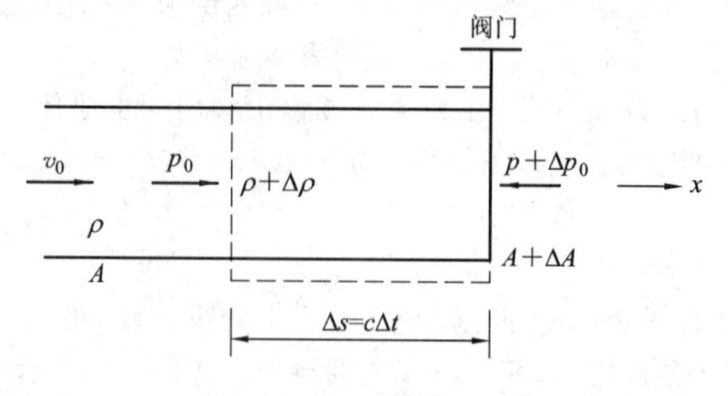

图 5-46　水击压力的计算

列 x 方向上的动量方程为

$$p_0(A+\Delta A)-(p_0+\Delta p)(A+\Delta A)=(\rho+\Delta\rho)(A+\Delta A)c(v-v_0)$$

化简上式，因 $\Delta\rho\ll\rho$，$\rho+\Delta\rho\approx\rho$，故

$$\Delta p=\rho c(v_0-v) \tag{5-79}$$

当阀门完全关闭，$v=0$ 时，最大水击压力计算公式为

$$\Delta p=\rho c v_0 \tag{5-80}$$

在间接水击的情况下，在阀门处最大压力升高值近似为

$$\Delta p=\rho c v_0\frac{t_r}{t_s} \tag{5-81}$$

式中，v_0 为管中流体流动的速度，从上式看出，关闭时间 t_s 越长，则 Δp 越小。

4. 水击波的传播速度

水击波速对水击问题的分析与计算是一个很重要的参数。如果只考虑液体的弹性而不考虑管壁的弹性，那么由物理学知，弹性波在连续介质中的传播速度为

$$c=\sqrt{\frac{K}{\rho}} \tag{5-82}$$

式中，K 为液体的体积模量。

水的体积模量 $K=2.05\times10^9$ Pa，弹性波在水中的传播速度 $c=1432$ m/s。这也是声波在水中的传播速度。

由于水击波是液体在管道中发生的，在水击过程中管内压力大幅度变化，管道的弹性变形会影响压力波的传播，水的体积模量需要进行修正，于是管道内水击波的传播速度为

$$c=\frac{\sqrt{\dfrac{K}{\rho}}}{\sqrt{1+\dfrac{Kd}{Ee}}} \tag{5-83}$$

式中，e 为管壁的厚度，E 为管道材料的弹性模量，d 为管道的内径。

表 5-8　液体和管材的弹性系数

液体	K/pa	管材	E/Pa
水	2.05×10^9	钢管	2.05×10^{11}
石油	3.32×10^9	铸铁管	9.8×10^{10}

常见液体和管材的弹性系数值见表 5-8。

【例 5-18】 用 $\varphi108\times4$ 的钢管输水时，水击压力传播速度为多少？若管内流速 $v_0=1$ m/s，可能产生的最大水击压力为多少？若输水总管长 2 km，则避免直接水击的关阀时间以多大为宜？

解　(1) 计算水击压力传播速度，由液体和管材的弹性系数表 5-8 可知：

$$K=2.05\times10^9\ \text{Pa}$$
$$E=2.05\times10^{11}\ \text{Pa}$$

依题意可知，$d=0.1$ m，$e=0.004$ m，水的密度 ρ—1000 kg/m³，则水击压力的传播速度为

$$c=\frac{\sqrt{\dfrac{K}{\rho}}}{\sqrt{1+\dfrac{Kd}{Ed}}}=\frac{\sqrt{\dfrac{2.05\times10^9}{1000}}}{\sqrt{1+\dfrac{2.05\times10^9\times0.1}{2.05\times10^{11}\times0.004}}}=1280\ (\text{m})$$

(2) 若流速 $v_0=1$ m/s，则最大的水击压力为

$$\Delta p = \rho c v_0 = 1000 \times 1280 \times 1 = 1.28(\text{MPa})$$

(3) 若管长 $L=2000$ m，则有

$$t_r = \frac{2l}{c} = \frac{2 \times 2000}{1280} = 3.125(\text{s})$$

故欲避免产生直接水击的关闭时间必须大于 3.125 s。

水击的危害是很大的。发生水击时管路中的冲击压力往往急增很多倍，而使按工作压力设计的管道破裂。此外，所产生的水击波会引起管路系统的振动和冲击噪声。因此在管路系统设计时要考虑这些因素，应当尽量减少水击的影响。为此，一般可采取如下措施：

(1) 适当延长阀门开闭时间，使 $t_s > t_r$。

(2) 尽量采用管径较大的管道，减少管内流速。

(3) 缩短管道长度，使管中液体的质量减少。

(4) 在管道适当位置上设置蓄能器，对水击压力起缓冲作用。

(5) 在管道上安装安全阀，以便出现水击时及时减弱水击压力的破坏作用。

但是，水击也是可以被利用的。美国人设想水击代替锤击，日本人进行研发并商业化的油脉冲式气动工具就是一个很好的案例。它采用水击原理改变了传统冲击式扳手反复锤击(冲击)螺栓，进行紧固。该工具的优点是:金属之间无接触，无噪声，振动与反作用力小，可以进行正确的紧固。脉冲机构打击而产生的磨损较小，可以显著改善工具使用寿命，并保持高紧固精度。使用油脉冲工具，减少了套筒及万向接头等的损耗，大幅度降低了工具的总体维护费用。

5.9 管路的流体动力

流体管路内流动时，设管道的断面中流体的全压头为 H，由式(3-36)得

$$H = z + \frac{p}{\rho g} + \alpha \frac{v^2}{2g} \tag{5-84}$$

式中，等号右边的三项分别为单位重量流体运动的位能、压能和动能，因此，等号左边的其实是单位重量的流体的总能量。

单位时间内管路过流断面的重量流量为 $\rho g Q$，则 $\rho g Q H$ 为单位时间内通过管路流体的总能量，称为流体动力(fluid power)。例如，利用水的位置能所产生的流体动力进行水力发电，图 5-47 为水力发电站的水路纵剖面概略图。

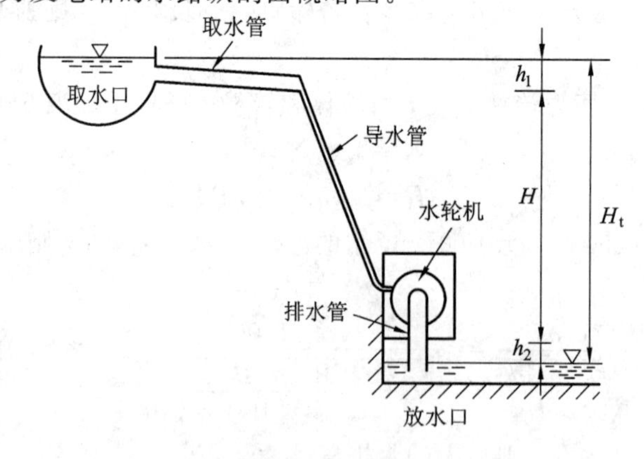

图 5-47 水力发电站的断面示意图

图 5－47 取水口和排水口都是敞开在大气中的，并忽略两处的速度，取水口和排水口的高低差距即全落差 H_t[m]，等于这两个点之间的总压头之间的差。流量 Q[m^3/s]的水通过引水管(penstock)倾泻时，管路损失为 h_1[m]。水轮机(water turbine)出口从引流管(draft tube)通向排放通道之间损失头为 h_2[m]，所以可利用的有效落差(effective head) H[m]为

$$H = H_t - (h_1 + h_2) \tag{5-85}$$

因此，被水轮机利用的水动力(water power) N_w 由下式给出，即

$$N_w = \rho g Q H\,(\mathrm{W}) = \frac{\rho g Q H}{1000}\,(\mathrm{kW}) \tag{5-86}$$

如果水轮机的效率为 η，则水轮机输出轴所得到的动力 N_{sh} 为

$$N_{sh} = \eta N_w \tag{5-87}$$

图 5－48 为风机(blower)从大气吸入气体通过管路送风的情况。在这种情况下，给定风机入口和管路出口的压力和速度，来考虑风机输送的流体动力。风机入口压力 $p_1=0$，速度 $v_1=0$，管路出口压力为 p_2，速度为 v_2。考虑到空气的流动，其位能可以忽略，因此风机入口的全压 $p_{t1}=0$，管路出口的全压 $p_{t2}=\rho v_2^2/2+p_2$。风机向管路提供的全压(风压)为 p_F，风机出口到管路出口损失为 p_{GS}，由式(3－47)得

$$p_{t1} + p_F = p_{t2} + p_{GS}$$

将 p_{t1} 和 p_{t2} 代入上式，风机的全压 p_F 应为

$$p_F = \frac{\rho v_2^2}{2} + p_2 + p_{GS} \tag{5-88}$$

风机的送风量为 Q[m^3/s]，风压为 p_F，则风机向管路输送的空气动力(air power) N_a 为

$$N_a = p_F Q\ (\mathrm{W}) \tag{5-89}$$

风机的效率为 η，则风机输入轴所需要的动力 N_{sh} 为

$$N_{sh} = \frac{N_a}{\eta} = \frac{N_a}{1000\eta}\ (\mathrm{kW}) \tag{5-90}$$

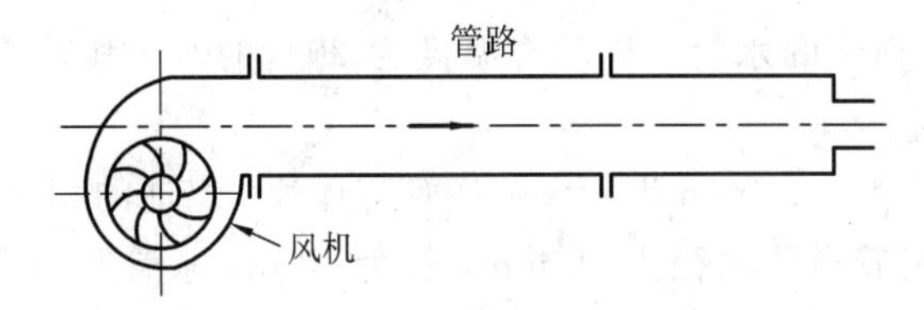

图 5－48　管路送风装置

【例 5－19】 如图 5－48 所示，用风机向管路送风，送风量为 2 m^3/s，管路出口压力为 4 kPa，出口内径为 300 mm，求风机运行所需的轴驱动动力。空气的密度为 ρ=1.226 kg/m^3，风机的效率为 0.75，风机出口到管路出口段的能量损失忽略。

解　管路出口空气流速 v_2，由连续性方程得

$$v_2 = \frac{Q}{(\pi/4)d^2} = \frac{2}{(\pi/4)\times 0.3^2} = 28.3\ (\mathrm{m/s})$$

因风机出口到管路出口段的能量损失忽略，则 $p_{GS}=0$，由式(5－88)得

$$p_F = \frac{\rho v_2^2}{2} + p_2 = \frac{1.226 \times 28.3^2}{2} + 4000 = 4491(\text{Pa})$$

输送的空气动力 N_a 为

$$N_a = 4491 \times 2 = 8982(\text{W}) = 8.98(\text{kW})$$

所以风机运转所需要的动力为

$$N_{sh} = \frac{8.98}{0.75} = 12(\text{kW})$$

思　考　题

5-1　黏性流体流动时呈现哪几种流态？如何来判断？

5-2　流动阻力分为哪几类？能量损失分为哪几类？试写出计算能量损失的表达式。

5-3　圆管中的层流运动有哪些特点？

5-4　何为层流底层？其大小与哪些因素有关？

5-5　紊流的光滑管区、粗糙管区及其过渡区的沿程阻力系数有什么不同变化特点？

5-6　流速增加时，粗糙管区阻力系数是否增大？沿程损失是否也增大？为什么？

5-7　何谓压力管路？长管和短管如何区别？

5-8　长管的水力计算通常有哪几类问题？计算方法和步骤如何？

5-9　串联管路和并联管路各有何特点？

5-10　分支管路应如何进行水力计算？

5-11　气穴现象是如何产生的？对流体机械设备有什么危害？

5-12　管路中的水击现象是如何产生的？水击对管道和设备有哪些危害？防止和减小水击危害的措施有哪些？

习　　题

5-1　内径为 30 mm 的水管，流动着温度为 20℃的水。其临界雷诺数为 $Re=2300$ 时，求管路中水的流量。

5-2　用输出流量为 7 L/min 齿轮泵输送管道煤油，煤油的相对密度为 0.75，黏度为 7.8×10^{-3} Pa·s，光滑管道的内径为 25 mm，长为 30 m，求管路的沿程阻力损失。

5-3　水在内径为 2 m 的管道中流动，呈紊流状态，速度分布为 $u=10+0.8\ln y$（u 表示速度，m/s；y 表示壁面的距离，m）。在距壁面 1/3 m 地方的剪切应力是 10^3 Pa。求这一点紊流的运动黏度、普朗特的混合长度。

5-4　水在内径为 150 mm 的管道内，以 4.5 m/s 的平均速度流动，该管道 90 m 的损失水头为 16 m。求此时的摩擦速度。

5-5　40℃的温水在内径为 120 mm 的平滑管道内流动，管中心的速度是 1.5 m/s，求摩擦速度、壁面的切变力和 10 m 长管道的压力降。用对数定律求紊流速度分布。

5-6　水在内径为 100 mm 管中流动，求管中心速度为 20 cm/s 时的流量。紊流的速度按式(5-41)的 1/7 指数定律分布。

5－7　两水池的水面高差为 2 m，用长度为 60 m 的管道连接。管中温度为 30℃的热水以 0.1 m^3/s 流量在平滑的管中流动，求该管的内径。入口损耗系数 $\zeta_1=0.5$，出口损失系数 $\zeta_2=1.0$。

5－8　内径为 20 mm、长度为 300 m 的平滑钢管和泵组成循环热水系统，当温度为 80℃的热水以 9 L/min 循环热水时，求泵提供给热水的压头。设管摩擦阻力系数及其他在此导致管所有损耗因子的总和为 20。

5－9　温度为 40℃的温水在内径为 75 mm 的管中流动，此时雷诺数为 80 000。在管的内表面均匀涂 0.15 mm 的砂粒，求 300 m 管长的水头损失。光滑管情况下的损失是多少？

5－10　空气在 450 mm×300 mm 的矩形断面的管道内以 6 m/s 的平均速度流动，求 600 m 管长的压头和压降各是多少。空气的运动黏度为 1.46×10^{-5} m^2/s，密度为 1.226 kg/m^3。

5－11　如图 5－49 所示的光滑管路系统，求管的沿程阻力损失和管路入口的阻力系数。

5－12　如图 5－50 所示的管路内，水从上向下流动时，U 形管压力计封入 15℃温度水银，求 U 形管压力计的水银高度差。管摩擦损失忽略不计。

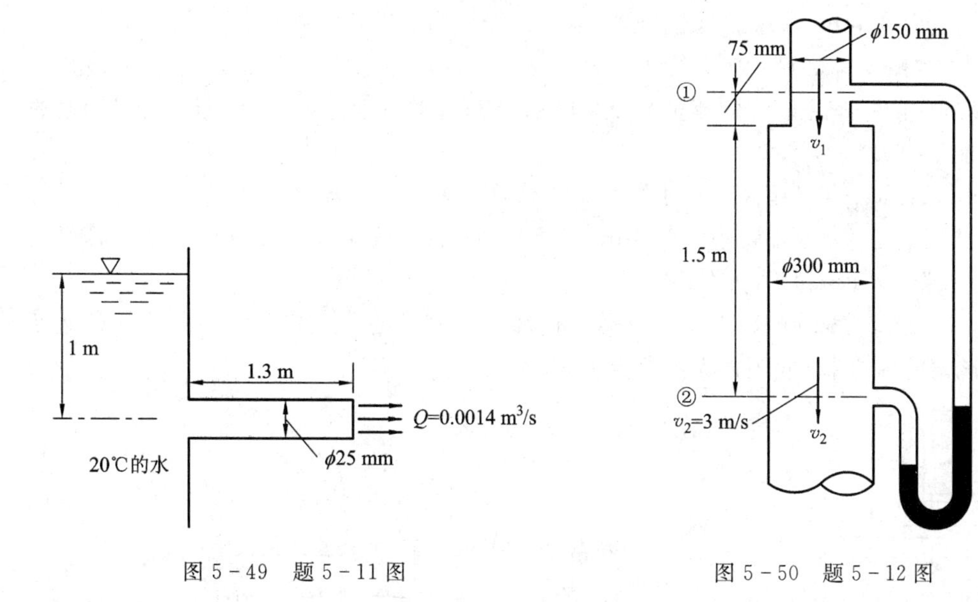

图 5－49　题 5－11 图　　　　图 5－50　题 5－12 图

5－13　水平放置的内径为 300 mm 的圆管，扩散角为 20°，与内径为 600 mm 的圆管相连接，通过水管的流量为 0.3 m^3/s。细管端的压力为 140 kPa，求粗管端的压力。

5－14　如图 5－51 所示，两水池的水面高差为 0.3 m，管路的沿程阻力系数为 0.02，弯头的损失系数为 0.2，入口损失系数为 0.5，出口损失系数为 1.0，求流过管路水的流量。

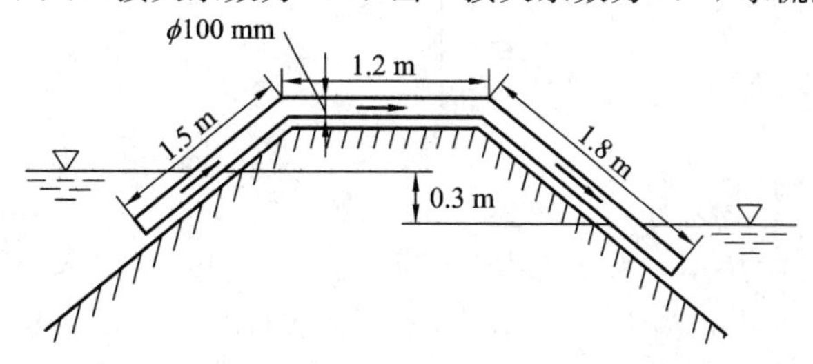

图 5－51　题 5－14 图

5－15　如图5－52的装置，在大气中水放出的场合，管路的沿程阻力系数$\lambda=0.02$，入口损失系数为0.5，当闸阀的开度为1/2时，求管路的流量。

5－16　如图5－53所示，大水槽沿管路ABC向水面1 m的下水槽输送15℃的水，管的内径为150 mm，B部为直角弯头，BC部为曲率半径300 mm的90°弯头，求水的流量。

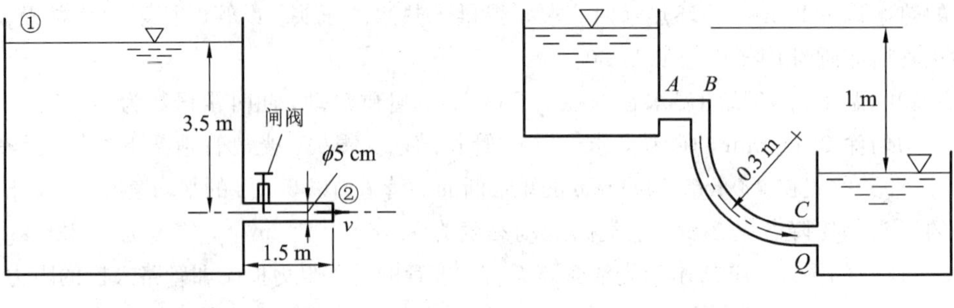

图5－52　题5－15图　　　　图5－53　题5－16图

5－17　如图5－30所示，内径为50 mm的管路上安装碟形阀，密度为1.226 kg/m³的空气以每分钟1.8 m³流量通过这个阀，求阀瓣角度为30°、60°两种情况下的压降。

5－18　如图5－32所示，主管①、③和支管②的内径都是150 mm，水在分歧角为135°的分歧管内流动，主管①的流量为100 L/s，支管②的流量为60 L/s，求由分歧引起的单位时间能量损失。

5－19　如图5－54所示。井用潜水泵的总效率为60%，输水管是长40 m、直径为50 mm的光滑管道，水泵以每小时6.3 m³的流量输送温度为15℃的水到内压200 kPa(表压)的储藏水箱中，求泵的轴功率。

5－20　如图5－55所示，用泵输送管路内温度为15℃的水，并以每分钟6 m³的速度放水，求该泵的轴功率。底阀损失系数为1.5，泵效率为0.75。

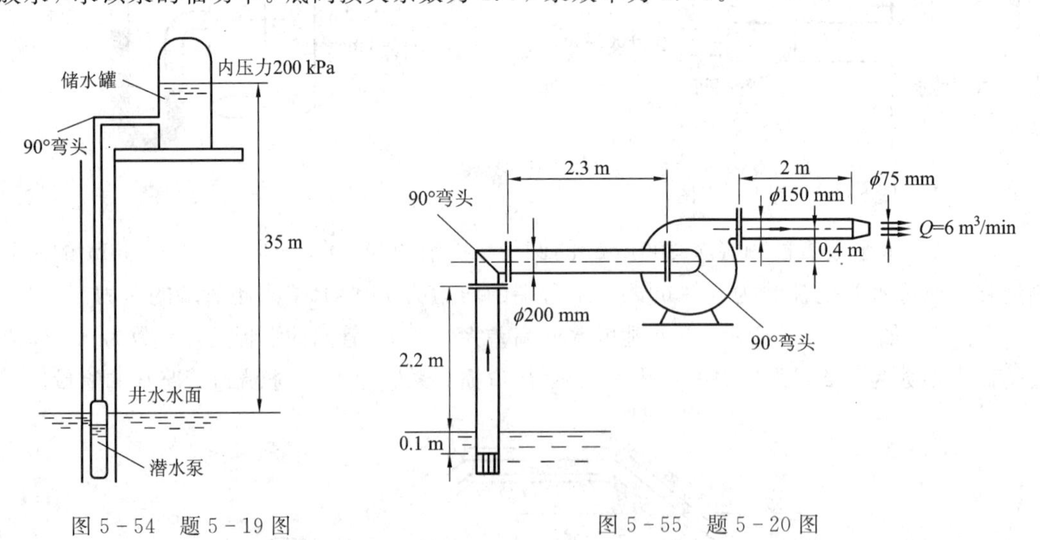

图5－54　题5－19图　　　　图5－55　题5－20图

5－21　如图5－47所示，求落差为100 m、流量20 m³/s的水力发电站的净功率。已知进水管长度为90 m，内径为1500 mm，排水管的长度为20 m，内径为2000 mm，两管的沿程阻力系数都是0.013，水管的入口损失系数和排水管的出口损失系数分别0.2和0.8，水的温度为 15℃，水轮机的效率为 80%。

5-22　如图 5-56 所示，水面落差 24 m 的两个水槽用内径为 300 mm、长 1500 m 的管连接，阀全开时这个管路流动的最大流量为 0.15 m^3/s。现在并联一条长 600 m 同样内径的管路，求此时能达到的最大流量。

5-23　如图 5-57 所示的水箱泄水管由两段管子串联而成，直径 $d_1=150$ mm，$d_2=75$ mm。管长 $l_1=l_2=50$ m，$\Delta=0.6$ mm，水温 20℃，出口速度 $v_2=2$ m/s，求水箱水头 H，并绘制水头线图。

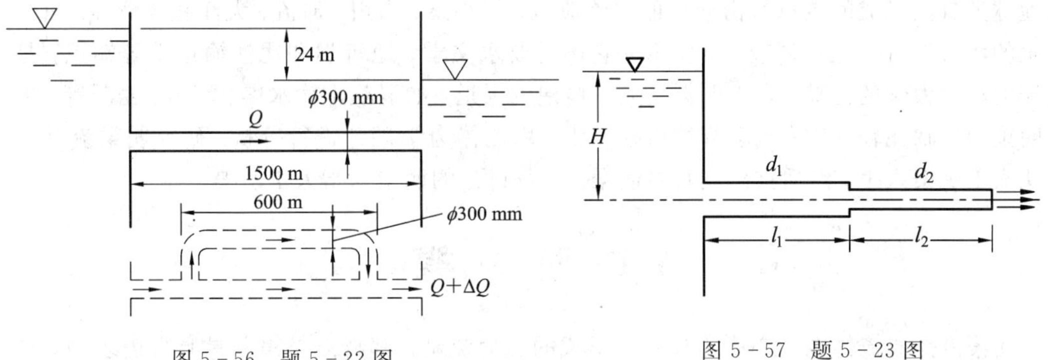

图 5-56　题 5-22 图　　图 5-57　题 5-23 图

5-24　如图 5-58 所示，一中等直径钢管并联管路，流过的总水量 $Q=0.08$ m^3/s，钢管的直径 $d_1=150$ mm，$d_2=200$ mm，长度 $l_1=500$ m，$l_2=800$ m。求并联管中的流量 Q_1、Q_2 及 A、B 两点间的水头损失(设并联管路沿程阻力系数均为 $\lambda=0.039$)。

5-25　有 A、B 两水池，其间用旧钢管连接，如图 5-59 所示。已知各管长 $l_1=l_2=l_3=1000$ m，直径 $d_1=d_2=d_3=40$ cm，沿程阻力系数均为 $\lambda=0.012$，两水池高差 $\Delta z=12.5$ m，求 A 池流入 B 池的流量为多少？

5-26　面积比 $A_2:A_1=1:5$ 的文丘里管(见图 3-26)，20℃时，$p_1=10^5$ Pa 的水流入。求喉管部不发生空穴气泡的流入速度。20℃时水的饱和蒸汽压力 $p_{va}=2.3$ kPa。

5-27　求 20℃水的声速。水的体积弹性系数 $K=2.08\times10^9$ Pa。

5-28　圆管内温度为 20℃的流水以 2 m/s 速度流动，在管的下游设置闸阀，求瞬间关闭时的水锤作用造成压力上升量。水的体积弹性系数 $K=2.08\times10^9$ Pa(不计管壁对压力波传播速度的影响)。

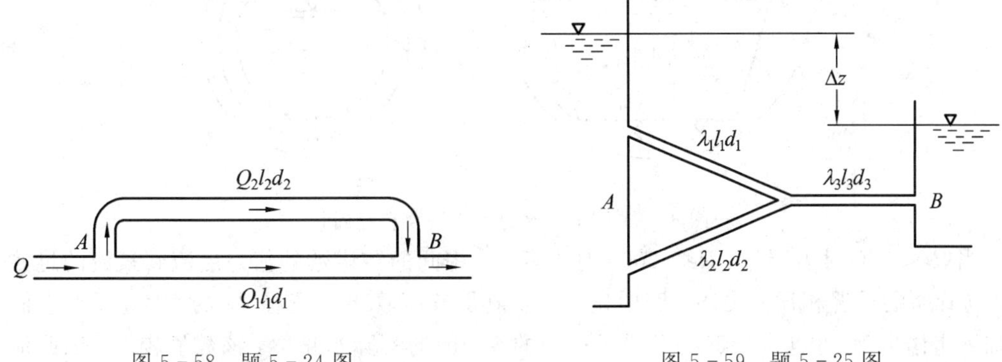

图 5-58　题 5-24 图　　图 5-59　题 5-25 图

第6章　明渠流动

明渠是除管道以外输送液体的主要方式，包括自然明渠和人工明渠两类。自然明渠是指地球上自然形成的具有自由液面的水流流道，如小溪、山川、河流、大江和港湾等。自然明渠的水力学特征比较复杂，真正研究它还需要水文学、地貌学和泥沙输运学等知识，是属于河流动力学的范畴。人工明渠是人工修建的渠道，如混凝土输水渠、渡槽、涵洞等。人工明渠的形状比较规则，流动规律可控，易于用流体力学理论进行分析。研究明渠流动一般从人工明渠入手，然后推广到自然明渠。本章讨论的明渠均指人工明渠。

6.1　明　　渠

明渠流是指流体在地心引力作用下形成的重力流动。其特点是渠槽具有自由表面，自由面上各点均受相同的大气压力作用，相对压力为零。因此，明渠流又称为无压流。对于那种封闭式或不充满管中流动的暗渠，其流动情况与明渠相同，也属于无压流动。明渠流的断面形式多种多样，且具有自由表面，因而处理明渠问题要比有压管路问题麻烦，而又无通用公式，一般只是求其平均值。

明渠流的流动状态，也有层流或紊流，定常流或非定常流，均匀流和非均匀流之分。明渠的流动状态也用雷诺数判断。根据式(5-5)，流体通道的特征尺寸 l 在明渠中用水力平均深度(hydraulic mean depth)m 代替，即明渠的雷诺数的计算公式为

$$Re=\frac{\rho v m}{\mu}=\frac{v m}{\nu} \tag{6-1}$$

式中，水力平均深度 m 为明渠过流断面的面积 A 与湿周长 s 之比，如图 6-1 所示，即

$$m=\frac{A}{s} \tag{6-2}$$

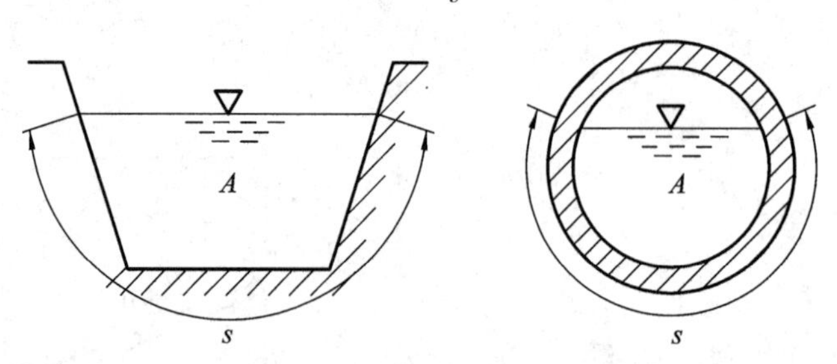

图 6-1　明渠的水力平均深度和湿周长

当 $Re<500$ 时为层流，$Re>2000$ 时为紊流，中间的雷诺数的值是层流到紊流的过渡区域。与管路的情况相比，式(5-8)中显示，m 值是有压管水力直径 d_h 的 1/4，所以它们的下临界雷诺数值(2000/4=500)几乎是一样的。一般的实际水路中，该数值较大，因此流动是紊流中。另外，明渠壁面的剪切应力 τ_0 与速度的平方成正比，摩擦系数与雷诺数几乎无

关，只由壁面的粗糙度决定。

渠道上的流动一般是非定常流，就像水闸的开闭一样。渠道上水流的速度和深度随着时间的变化而变化。渠道上的定常流是指不随时间变化而变化的流动。

如图6－2所示，在定常流动的情况下，贮水池的水流过单位宽度壁面粗糙度是一定的水渠 $ABCD$。水从入口 A 加速流动，水深减少同时速度增加（增速流）。速度的增加使壁面的摩擦力也增加，到达 B 点后，水的重量在流动方向上的分量与壁面摩擦力相平衡，此时水流的速度和深度（指水在渠道中的高度）是均匀不变的，这种状态一直持续到 C 点。C 点的下游，水力坡度减小，水流在 CD 段减速（减速流）。D 点的下游，比 BC 更深的均匀定常流。换言之，一个均匀的流动是定常的，该状态在横截面形状、梯度和壁一定时，通过长直通道时，在任意位置上水的深度是相等的。相反，在不均匀的定常流时，水的深度在流动方向上是改变的。

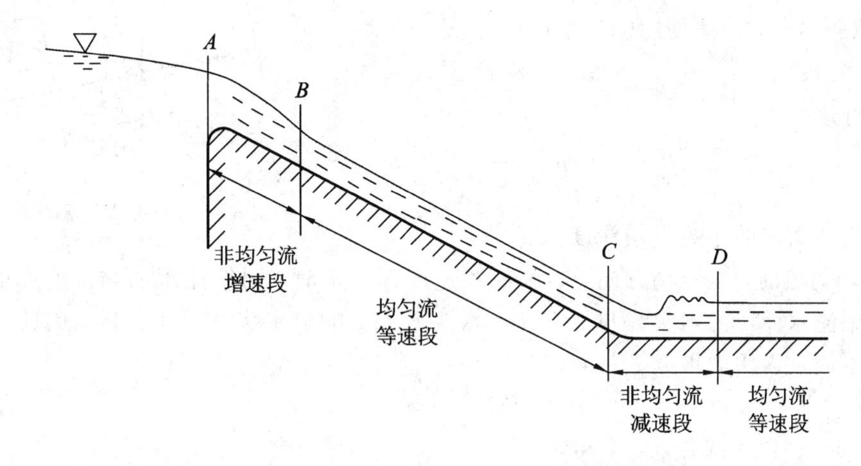

图6－2　明渠流各段的流动情况

渠道的流动，水力坡度线和水面的高度线是一致的，如图6－3所示。在渠道的侧壁孔上连接垂直的玻璃管，很容易看到管内的水与渠道内的水面是等高的。

一般来说，渠道横截面中水流动的速度分布是：在渠道壁面上从零开始增加，矩形剖面的渠道的深度方向的速度分布如图6－4所示，最大的速度没有在水面上，而是距水面 $0.05h\sim0.25h$ 的深点位置。另外，平均速度与水面下的深度 $0.5h\sim0.7h$ 附近的速度几乎一致。以下都是以平均速度来处理的。

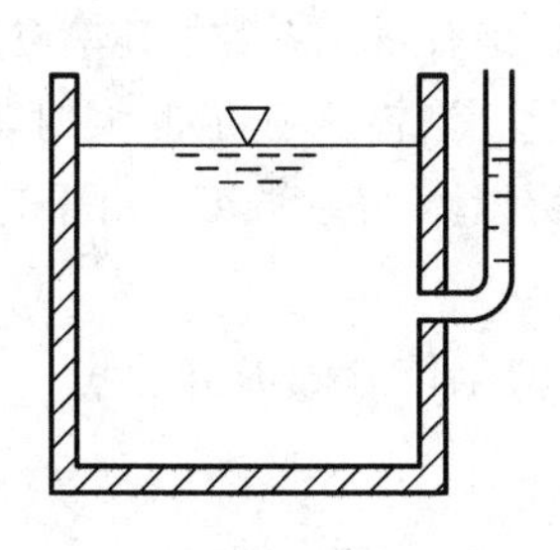

图6－3　明渠流水面与水力坡度线一致

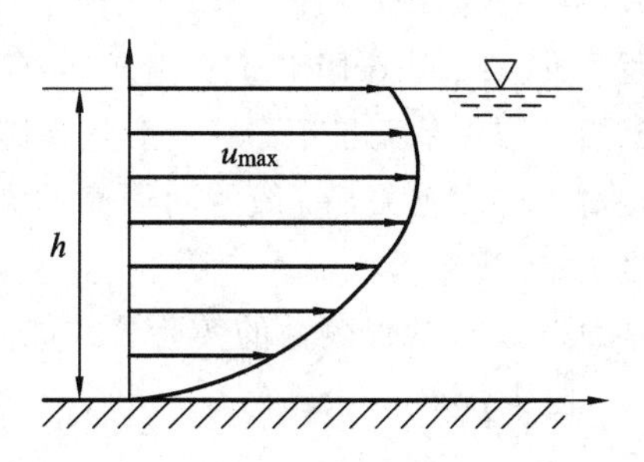

图6－4　明渠流内的速度分布

6.2 均匀流的平均速度公式

在明渠均匀流中，取沿渠长相距 l 的两横断面①、②之间的一段液体为系统，如图 6－5 所示。系统中的液体，因受到沿流动方向重力分力的作用而形成液流运动，另一方面又受渠槽边壁对液流的摩擦力作用阻碍液流运动。此外还受到断面①、②因水深产生的压力作用，它们产生的作用力，大小相等，方向相反而被平衡了。

设明渠流横断面积为 A，湿周长为 s，水的密度为 ρ，渠底倾角为 θ，渠槽边壁的剪切力为 τ_0，当重力和阻力达到平衡时，则液流形成等速运动的均匀流，则

$$\rho g A l \sin\theta = \tau_0\, l s \tag{6-3}$$

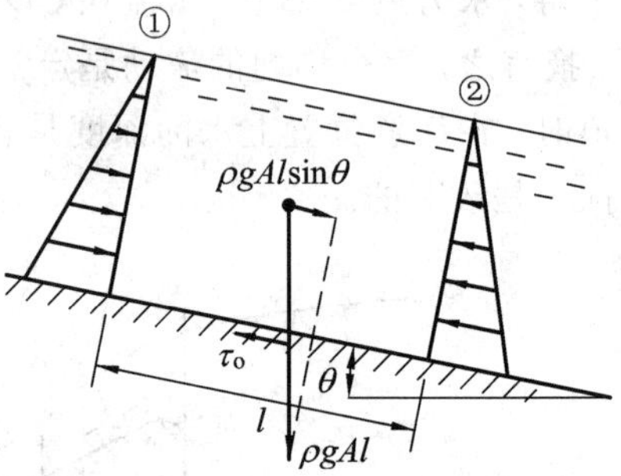

由式(4－18)知，渠槽边壁的摩擦应力 τ_0 与平均速度 v 的关系式为：$\tau_0=(\lambda/8)\rho v^2$，将此式代入式(6－3)，得

$$v=\sqrt{\frac{8g}{\lambda}}\sqrt{\frac{A}{s}\sin\theta}=\sqrt{\frac{8g}{\lambda}}\sqrt{m\sin\theta} \tag{6-4}$$

图 6－5 明渠流的受力分析

式中，m 为明渠流的水力平均深度。

定常均匀流时，在流动方向上，水深和速度都一定时，明渠流水面与渠底面的倾角 θ 相等。明渠流水面压力水头线与加上速度水头 $v^2/2g$ 的总水头线是平行的，因此，当 θ 很小的时候，通常以水力坡度 i 表示，即

$$\sin\theta=\tan\theta=i \tag{6-5}$$

将式(6－5)代入式(6－4)，得

$$v=\sqrt{\frac{8g}{\lambda}}\sqrt{mi} \tag{6-6}$$

令

$$C=\sqrt{\frac{8g}{\lambda}} \tag{6-7}$$

则平均速度 v 可表示为

$$v=C\sqrt{mi} \tag{6-8}$$

式(6－8)为计算明渠定常均匀流平均流速的基本公式，称为蔡西(Chezy)公式，式中 C 为蔡西系数(Chezy coefficient)。由式(6－7)知，蔡西系数 C 是有量纲系数，其单位为 $\mathrm{m^{1/2}/s}$。

摩擦系数 λ 是无量纲量，一般随雷诺数的不同而变化，当雷诺数足够大时，只与渠边壁的相对粗糙度有关，一般的明渠流的雷诺数都很大，所以蔡西系数 C，由渠边壁的相对粗糙度决定。

蔡西系数 C 的代表性的实验公式如下。其中 m 和 v 的单位分别为 m、m/s。

(1) 巴生(Bazin)公式。

$$C=\frac{87}{1+(p/\sqrt{m})} \tag{6-9}$$

该公式可用来求出大概的平均速度值。

(2) 岗古力-库特(Gangguillet-Kutter)公式。

$$C = \frac{23 + (0.001\,55/i) + (1/n)}{(1 + \{23 + (0.001\,55/i)\}(n/(\sqrt{m})}$$ (6-10)

这是广泛应用计算 C 的代表性公式。

(3) 曼宁(Manning)公式。

$$C = \frac{1}{n} m^{1/6}$$ (6-11)

这是指数形式公式，是通常采用的一个简单公式。

以上各式中的 p 和 n 值，取决于渠壁面的材料，如表 6-1 和表 6-2 所示。顺便说一下，当壁表面是粗糙的，应取表右侧的一个较大的值。

表 6-1　巴生公式的 p 值

壁面的种类	p
木材	0.06～0.16
混凝土	0.06
金属	0.06～0.3
砖	0.16～0.3
石材	0.16～0.46

表 6-2　岗古力-库特和曼宁公式的 n 值

明渠的种类	n
闭管路	
黄铜管	0.009～0.013
铸铁管	0.011～0.015
焊管	0.013～0.017
纯水泥平滑面管	0.010～0.013
混凝土管	0.012～0.016
人工明渠	
抛光木渠	0.010～0.014
混凝土渠	0.012～0.018
水泥砌切石渠	0.013～0.017
水泥砌碎石渠	0.017～0.030
碎石渠	0.025～0.035
开挖土渠，直线状的等截面	0.017～0.025
开挖土渠，蛇行的钝流	0.023～0.030
开挖岩石渠，平滑情况下	0.025～0.035
开挖碎石渠，碎石情况下	0.035～0.045
自然河川	
线性，断面规则，水深很深	0.025～0.033
同上，河床有鹅卵石，沿岸青草	0.030～0.040
蛇行，有深渊或浅滩	0.033～0.045
蛇行，水深较浅	0.040～0.055
水草很多的	0.050～0.080

将式(6-11)中的 C 值代入式(6-8)，整理得平均速度 v 为

$$v = \frac{1}{n} m^{2/3} i^{1/2} \tag{6-12}$$

式(6－12)与广泛应用于明渠供水、污水排放和大型管道水流速度计算的哈森-威廉姆斯(Hazen-Williams)公式相似。式(6－12)同样是指数形式的公式。

(4) 哈森-威廉姆斯(Hazen-Williams)公式。

$$v = 0.849 C_1 m^{0.63} i^{0.54} \tag{6-13}$$

式中 C_1 的值见表 6－3。

表 6－3　哈森-威廉姆斯公式的 C_1

管　种	C_1
新的铸铁管	130～140
普通铸铁管	60～600
钢管	100
玻璃管、黄铜管	140～150
混凝土管	140
木管	120
用砖砌的暗渠	100～130

【例 6－1】 在明渠的均匀流动中，坡度和渠壁面的摩擦系数一定，由式(6－8)知，水力平均深度越大，其流速也越大。当明渠横断面积 A 一定时，水力平均深度最大的断面形状为明渠的水力最佳断面形状。图 6－6 是等边三角形，求该三角形的最佳形状。

解 设等边三角形的顶角为 2θ，水面高度为 h，湿周长为 s，则

$$A = \frac{1}{2}(2 \cdot h \cdot \tan\theta)h = h^2 \tan\theta,\ h = \frac{s \cdot \cos\theta}{2}$$

将上式的 h 值代入 A 的计算式中，得

$$A = \frac{1}{4}s^2 \cdot \cos^2\theta \cdot \frac{\sin\theta}{\cos\theta} = \frac{1}{8}s^2 \cdot \sin 2\theta$$

则

$$s = \sqrt{\frac{8A}{\sin 2\theta}}$$

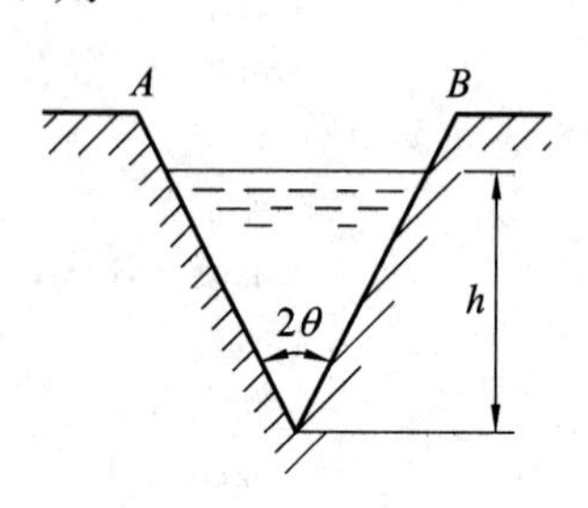

图 6－6　例 6－1 图

所以水力平均深度为

$$m = \frac{A}{s} = \sqrt{\frac{A\sin 2\theta}{8}}$$

由上式知，断面面积 A 是一定值时，欲使 m 最大，须有 $\sin 2\theta = 1$，$2\theta = 90°$，所以最佳断面形状为等边直角三角形。

【例 6－2】 如图 6－7 所示运河断面为水泥砌的碎石渠，分别用下列公式计算渠底的坡度为 0.0005 时的流量：(1) 巴生公式；(2) 岗古力-库特公式；(3) 曼宁公式。

解 断面面积 A：

$$A = 2.4 \times 5 - 2 \times (1/2 \times 1 \times 1) = 11(\mathrm{m}^2)$$

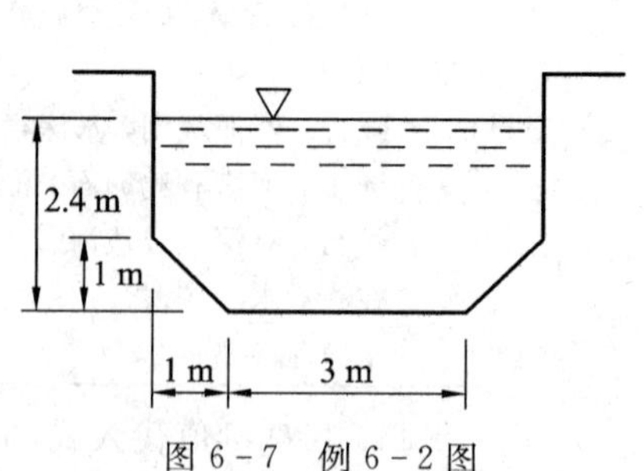

图 6－7　例 6－2 图

湿周长 s。

$$s=3+2\sqrt{2}+2(2.4-1)=8.63(\mathrm{m})$$

水力平均深度 m。

$$m=\frac{A}{s}=\frac{11}{8.63}=1.27(\mathrm{m})$$

(1) 巴生公式。

由表 6-1 查得，$p=0.46$，将其代入式(6-9)，则

$$C=\frac{87}{(1+(p/\sqrt{m})}=\frac{87}{1+(0.46/\sqrt{1.27})}=61.8(\mathrm{m}^{1/2}/\mathrm{s})$$

由式(6-8)的速度公式可计算流量 Q 为

$$Q=Av=AC\sqrt{mi}=11\times61.8\times\sqrt{1.27\times0.0005}=17.1(\mathrm{m}^3/\mathrm{s})$$

(2) 岗古力-库特公式。

由表 6-2 查得，$n=0.024$，将其代入式(6-10)，则

$$\begin{aligned}C&=\frac{23+(0.001\,55/i)+(1/n)}{1+\{23+(0.001\,55/i)\}(n/\sqrt{m})}\\&=\frac{23+(0.001\,55/0.0005)+(1/0.24)}{1+\{23+(0.001\,55/0.0005)\}(0.24/\sqrt{1.27})}\\&=43.6(\mathrm{m}^{1/2}/\mathrm{s})\end{aligned}$$

则

$$Q=Av=AC\sqrt{mi}=11\times43.6\times\sqrt{1.27\times0.0005}=12.1(\mathrm{m}^3/\mathrm{s})$$

(3) 曼宁公式。

由式(6-11)得

$$C=\frac{1}{n}m^{1/6}=\frac{1}{0.24}\times1.27^{1/6}=43.4(\mathrm{m}^{1/2}/\mathrm{s})$$

则

$$Q=AC\sqrt{mi}=11\times43.4\times\sqrt{1.27\times0.0005}=12.0(\mathrm{m}^3/\mathrm{s})$$

6.3 缓流、急流和临界水深

明渠流的纵向断面如图 6-8 所示，明渠流内点 A 的横断面处的平均速度一定，水深为 h，A 点到渠底的高度为 y，A 点的压力为 p，则 $p/(\rho g)=h-y$，以渠底面为基准面，A 点的总水头为

$$H_\circ=\frac{v^2}{2g}+\frac{p}{\rho g}+y=\frac{v^2}{2g}+h \quad (6-14)$$

上式的 $H_\circ$ 值与 A 点到渠底的高度的 y 值无关。h 是截面上单位重量流体的最大压力势能；$v^2/2g$ 是截面上单位重量流体的平均动能

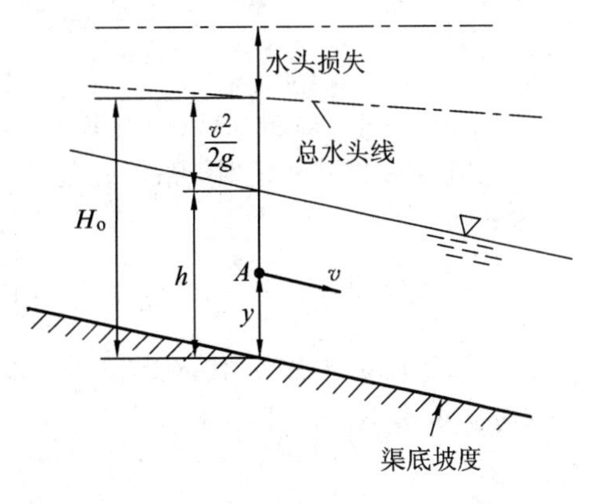

图 6-8 明渠的水头

(单位均为 m)；二者之和称为截面比能 H_o。

明渠流的横断面积为 A，流量为 Q，则

$$H_o = \frac{1}{2g}\left(\frac{Q}{A}\right)^2 + h \tag{6-15}$$

下面讨论宽度为 b 的矩形断面渠道。引入单位宽度的流量 q，则 $Q=bq$，$A=bh$。

$$v = \frac{Q}{A} = \frac{q}{h} \tag{6-16}$$

将式(6-16)代入式(6-15)，得

$$H_o = \frac{1}{2g}\frac{q^2}{h^2} + h \tag{6-17}$$

式(6-17)表明，对确定宽度的矩形明渠流，当流量一定时，截面比能 H_o 仅是水深 h 的函数。图 6-9 是截面比能 H_o 与水深 h 的曲线，$H_o=h$ 线是该曲线的渐近线。单位宽度的流量 q 一定时，同一 H_o 值，一般对应两个水深高度 h_1、h_2。最小 H_o 值对应的 h 可用对式(6-17)微分求解，即

$$\frac{\mathrm{d}H_o}{\mathrm{d}h} = -\frac{q^2}{gh^3} + 1 = 0$$

上式解得：$h=(q^2/g)^{1/3}$，将其代入式(6-17)，H_o 的最小值为

$$H_{o,\min} = \frac{1}{2}\left(\frac{q^2}{g}\right)^{1/3} + \left(\frac{q^2}{g}\right)^{1/3} = \frac{3}{2}\left(\frac{q^2}{g}\right)^{1/3}$$

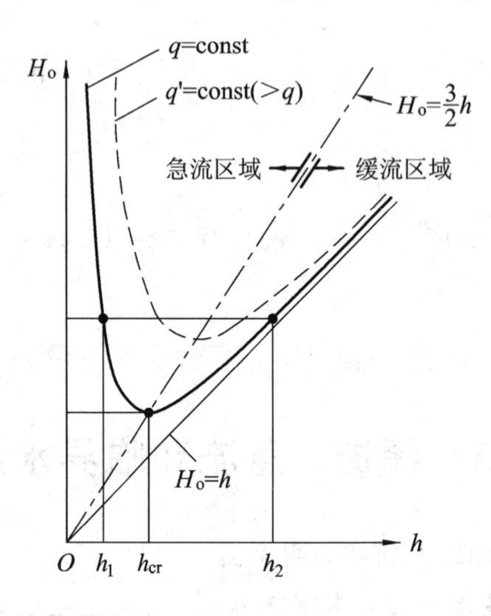

图 6-9　单位宽度流量 q 一定时，水深 h 和以渠底为基准的全压头 H_o 的曲线图

单位宽度流量 q 一定时，最小比能值 $H_{o,\min}$ 对应的水深为临界水深(critical depth)，用 h_{cr} 表示，则

$$h_{cr} = \left(\frac{q^2}{g}\right)^{1/3},\ H_{o,\min} = \frac{3}{2}h_{cr} \tag{6-18}$$

将水深用临界水深 h_{cr} 代入式(6-16)，并结合式(6-18)整理得到的速度值称为临界速度(critical velocity)，用 v_{cr} 表示：

$$v_{cr}^2 = g\frac{q^2}{gh_{cr}^2} = g\frac{h_{cr}^3}{h_{cr}^2} = gh_{cr},\ v_{cr} = \sqrt{gh_{cr}} \tag{6-19}$$

其动压头为

$$\frac{v_{cr}^2}{2g} = \frac{gh_{cr}}{2g} = \frac{h_{cr}}{2} \tag{6-20}$$

如图 6-9 所示，比临界水深 h_{cr}深的水深($h=h_2$)称为缓流(tranquil flow 或 subscritial flow)；相反，比临界水深 h_{cr}浅的水深($h=h_1$)称为急流(rapid flow 或 supercritical flow)。由式(6-16)分析可知，明渠流单位宽度流量一定时，比临界水深 h_{cr}深的缓流 $v<v_{cr}$，相反，比临界水深 h_{cr}浅的急流 $v>v_{cr}$。式(6-20)表明，缓流和急流的动能 $v^2/2g$ 是水深的 1/2，根据其大小也可以判断流态。

另外，明渠流的流态是缓流还是急流，用临界水深和 H_o 的关系式(6-18)和式(6-19)的结果也可以判定。换句话说，下面的任一关系必须都要满足下列关系：

$$\begin{aligned} &\text{缓流：} \quad h>\left(\frac{q^2}{g}\right)^{1/3},\ h>\frac{2}{3}H_o,\ v<\sqrt{gh} \\ &\text{急流：} \quad h<\left(\frac{q^2}{g}\right)^{1/3},\ h<\frac{2}{3}H_o,\ v>\sqrt{gh} \end{aligned} \tag{6-21}$$

【例 6-3】 长方形断面的水渠通过的流量为 20 m³/s，水深为 1.2 m，宽度为 4.0 m，判断是缓流还是急流。

解　单位宽度的流量 q 为

$$q = \frac{Q}{b} = 5\ \text{m}^3/(\text{s}\cdot\text{m})$$

由式(6-18)计算临界水深，即

$$h_{cr} = \left(\frac{q^2}{g}\right)^{1/3} = \left(\frac{5^2}{9.8}\right)^{1/3} = 1.37\ (\text{m})$$

水渠水深 1.2 m，小于临界水深 1.37 m，为急流。

(另解 1)水渠流的平均流速 v 为

$$v = \frac{Q}{bh} = \frac{20}{4\times 1.2} = 4.17(\text{m})$$

因此，其速度水头为

$$\frac{v^2}{2g} = \frac{4.17^2}{2\times 9.8} = 0.887(\text{m})$$

速度水头为 0.887 m，比水深的 1/2 为 0.6 m 大，因此为急流。

(另解 2) $\sqrt{gh} = \sqrt{9.8\times 1.2} = 3.43\ (\text{m/s})$

渠道上的实际水流速度为 4.17 m/s(另解 1)，即 $v>\sqrt{gh}$，由式(6-21)知，为急流。

6.4　水 跃 和 水 跌

水跃是明渠水流流态从急流过渡到缓流时发生的局部水力现象，水跌是从缓流过渡到急流时发生的局部水力现象，均属于非均匀急变流。在实际明渠和水利工程设施中两种水力现象经常发生。研究水跃与水跌的发生机理和水力学参数的变化具有重要的应用价值。

6.4.1　水跃

当明渠水流从急流直接转变为缓流时将产生水跃，如图 6-12 和图 6-13 所示。

明渠流水平方向的距离 x 处的全压头为 H，如图 6－10 所示，渠底到水平基准线的高度为 z，水深为 h，则

$$H=\frac{v^2}{2g}+z+h \tag{6-22}$$

对上式求 x 的微分，即

$$\frac{\mathrm{d}H}{\mathrm{d}x}=\frac{1}{2g}\frac{d(v^2)}{dx}+\frac{\mathrm{d}z}{\mathrm{d}x}+\frac{\mathrm{d}h}{\mathrm{d}x} \tag{6-23}$$

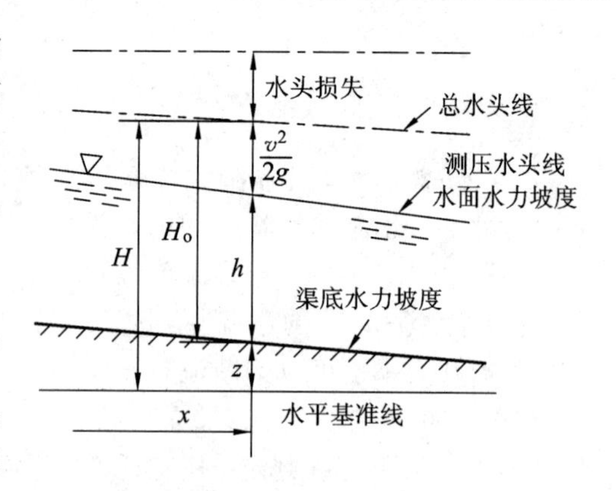

图 6－10　定常非均匀流

式(6－23)中各项的意义是：$-\mathrm{d}H/\mathrm{d}x$ 是总水头梯度 i，$-\mathrm{d}z/\mathrm{d}x$ 是渠底面坡度 i_o。明渠宽度一定时，单位宽度的流量 $q(=vh)$ 一定，并与 x 无关，而

$$\frac{1}{2g}\frac{\mathrm{d}(v^2)}{\mathrm{d}x}=\frac{1}{2g}\frac{\mathrm{d}}{\mathrm{d}x}\left(\frac{q^2}{h^2}\right)=-\frac{q^2}{g}\frac{1}{h^3}\frac{\mathrm{d}h}{\mathrm{d}x}$$

将上述值代入式(6－23)，得

$$-i=-\frac{q^2}{g}\frac{1}{h^3}\frac{\mathrm{d}h}{\mathrm{d}x}-i_o+\frac{\mathrm{d}h}{\mathrm{d}x}$$

整理上式，得

$$\frac{\mathrm{d}h}{\mathrm{d}x}=\frac{i_o-i}{1-(q^2/(gh^3))}=\frac{i_o-i}{1-(v^2/(gh))} \tag{6-24}$$

式(6－24)中当 $i_o=i$ 时，分母不为零，则 $\mathrm{d}h/\mathrm{d}x=0$，水深 h 是恒定值，明渠流为均匀定常流。

缓流时，$i_o\neq i$，由式(6－21)得，$v<\sqrt{gh}$，所以式(6－24)中的分母为正。总水头损失梯度 i 小于渠底面坡度 i_o 时，式(6－24)中的分子为正，则 $\mathrm{d}h/\mathrm{d}x>0$，下游随水深的增加，速度降低。缓流明渠流遇到障碍物时，如图 6－11 所示，上流的水面缓慢隆起，这个水面曲线称为回水曲线(back water curve)。

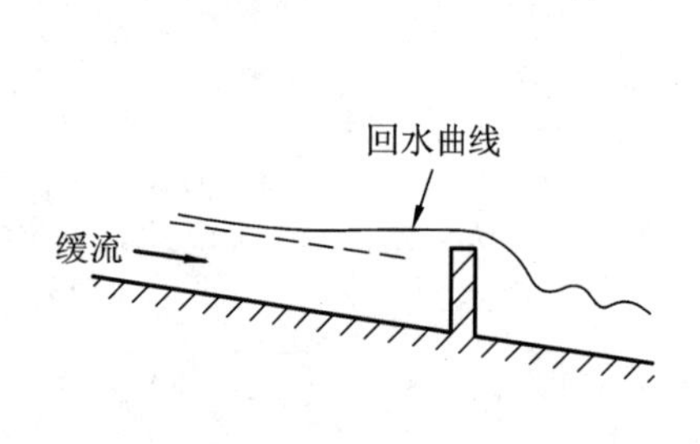

图 6－11　回水曲线

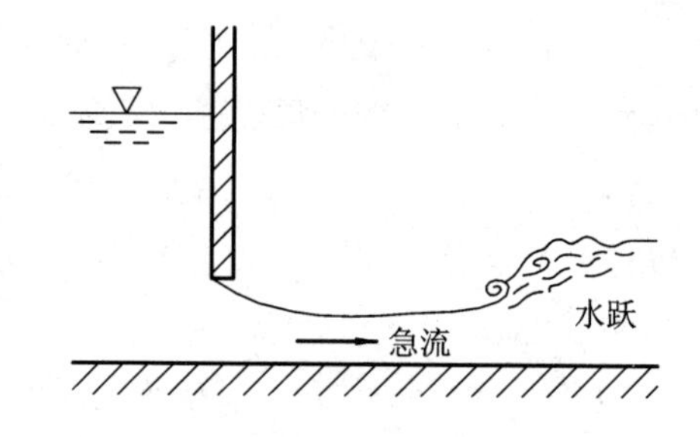

图 6－12　水跃

急流时 $v>\sqrt{gh}$，式(6－24)中的分母为负。这个时候速度损失增大，所以水头也变大，水头梯度变大，如果渠底面倾斜得不太大，则 $i>i_o$，因此，式(6－24)中的分子也为负，所以 $\mathrm{d}h/\mathrm{d}x>0$，向下游水深增加速度减少。但是，对于急流，如图 6－9 所示，水深增加到接近临界水深时，分母的负向值接近零，$\mathrm{d}h/\mathrm{d}x\to\infty$，水面突然隆起，这就是水跃(hydraulic jump)，如图 6－12 所示。这个时候，水面伴随漩涡，大湍流产生，消耗能量，流

动从急流急速变化到缓流。

上游的临界速度比较小的情况，在缓流时，上游的水深已经大于临界水深，所以式(6-24)中的分母为正，水跃是不会发生的。

水跃的高度可用动量定理求出。为简便起见，设水跃发生在矩形平坡明渠中，沿平坡底面取一包含水跃的矩形控制体，如图(6-13)虚线框所示。控制体前后截面 1 和 2 位于水跃前后的均匀流区，忽略渠底面摩擦力，只考虑两边按静水压力分布计算的总压力 F_1 和 F_2。水跃前的水深和速度分别为 h_1 和 v_1，单位宽度断面所受的总压力为 $F_1=\rho g(h_1/2)h_1$，水跃后的值为 h_2 和 v_2，$F_2=\rho g(h_2^2/2)$，单位宽度的流量为 q，对单位宽度的控制体列出动量方程，则

$$\rho q(v_2-v_1)=\frac{1}{2}\rho g(h_1^2-h_2^2) \tag{6-25}$$

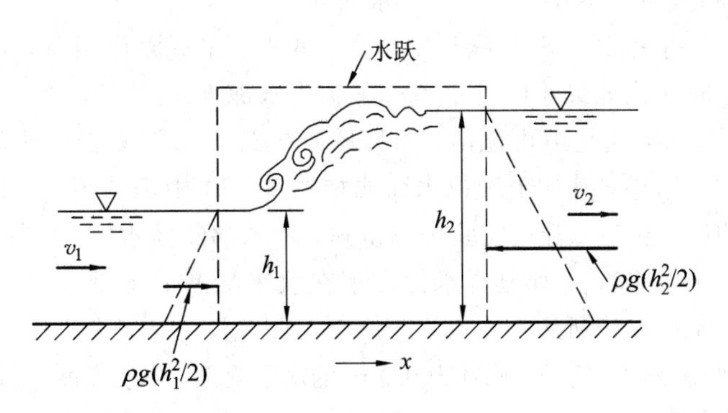

图 6-13　动量定理计算水跃高度

对该控制体列连续性方程 $q=v_1h_1=v_2h_2$，则 $v_1=q/h_1$，$v_2=q/h_2$，将该值代入式(6-25)，得

$$\frac{q^2}{g}\left(\frac{h_1-h_2}{h_1h_2}\right)=\frac{1}{2}(h_1-h_2)(h_1+h_2)$$

由此看出，没有发生水跃时，$h_1=h_2$，上式也是成立的。对于有水跃发生，整理上式，则得 h_2 的二次方程，即

$$h_2^2+h_1h_2-\frac{2q^2}{gh_1}=0$$

解二次方程得

$$h_2=\frac{h_1}{2}\left(\sqrt{1+\frac{8q^2}{gh_1^3}}-1\right) \tag{6-26}$$

上式表明，知道了 q 和 h_1 就可以求出 h_2；反之，知道了 h_2 也很容易解出 h_1 的值。

利用能耗大、水体掺混剧烈等特点，水跃在工程上有许多应用，主要包括：

(1) 在大坝、堰和其他泄水建筑物中用于消除下泄高速水流的巨大动能，减小对河床的冲刷作用；

(2) 通过提高闸门的有效水头增加排水量，通过提高结构物挡板前的水位减小结构物下的压力；

(3) 在废水处理中提高化学物与水的掺混程度等。

6.4.2 水跌

在具有缓坡的明渠中，当底坡突然变为急坡或下游截面突然扩大（如跌坎、陡壁）时，由于水面急剧下降而形成水跌。

图 6-14 所示为带有跌坎的平坡明渠中发生水跌时水面下降的情况。OA 为平坡，A 点为垂直跌坎的坎沿。由于边界的突变，明渠对水流的阻力在跌坎处消失，水流在重力作用下自由跌落。若取 $O-A$ 为基准面，则水流断面比能为 H_o。根据图 6-9 的 H_o-h 关系曲线可知，缓流状态下，水深减小时，断面比能 H_o 减小，当跌坎上水面降落时，水流断面比能将沿 H_o-h 曲线从 h_2 向 h_{cr} 减小。在重力作用下，坎上水面最低只能降至 C 点，即水流断面比能最小时的水深——临界水深 h_{cr} 的位置。如果继续降低，则为急流状态，能量反而增大，这是不可能的。所以跌坎上最小水深只能是临界水深。以上是按照渐变流条件分析的结果，其坎上理论水面线如图 6-14 中虚线所示。而实际上，跌坎处水流流线急剧弯曲，水流为急流。实验观测得知，坎末端断面水深 h_A 小于临界水深，A 点的水深约为 $0.67h_{cr}\sim0.73h_{cr}$，而临界水深发生在坎末端断面上游 $3h_{cr}\sim4h_{cr}$ 的位置，其实际水面线如图 6-14 中实线所示。

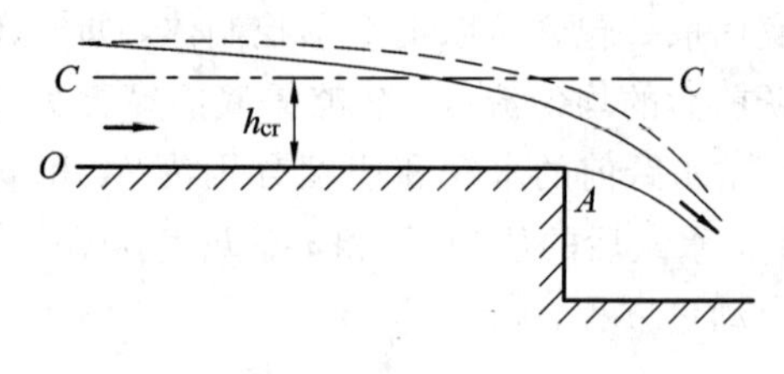

图 6-14　水跌

【例 6-4】 如图 6-15 所示，深度为 0.5 m 的水平明渠，单位宽度流量为 3.5 $m^3/(s\cdot m)$ 的水流流动。此时水跃现象能否发生，如果能发生，求水跃后的深度和水跃消耗的能量。

解　图 6-15 中断面①的速度为

$$v_1=\frac{q}{h_1}=\frac{3.5}{0.5}=7.0(\mathrm{m/s})$$

$$\sqrt{gh_1}=\sqrt{9.8\times0.5}=2.21(\mathrm{m/s})$$

所以，$v_1>\sqrt{gh_1}$，由式(6-19)知，该明渠水流为急流，在急流情况下，水跃就会产生。

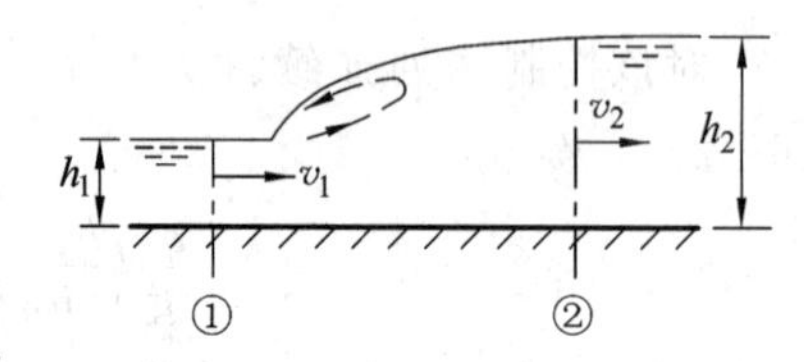

图 6-15　例 6-4 图

图中断面②的水面高度 h_2，由式(6-26)得

$$h_2=\frac{h_1}{2}\left(\sqrt{1+\frac{8q^2}{gh_1^3}}-1\right)=\frac{h_1}{2}\left(\sqrt{1+\frac{8v_1^2}{gh_1}}-1\right)=\frac{0.5}{2}\left(\sqrt{1+\frac{8\times7^2}{9.8\times0.5}}-1\right)=2.0(\mathrm{m})$$

断面②的速度为

$$v_2=\frac{3.5}{2}=1.75(\mathrm{m/s})$$

则断面①和断面②的能头差为

$$\Delta H=\left\{0.5+\frac{7^2}{2\times9.8}\right\}-\left\{2+\frac{1.75^2}{2\times9.8}\right\}=0.842(\mathrm{m})$$

单位宽度水跃产生的能耗为 ΔW，则

$$\Delta W=\rho gq\cdot\Delta H=1000\times9.8\times3.5\times0.842=28.9\times10^3(\mathrm{W/m})$$

6.5　堰　　流

堰是在明渠中人为建造的一种挡水溢流障碍物。堰流的共同特征是：在堰的上游发生壅水，水流溢过堰顶，在堰的下游发生水跌。在水利工程中广泛应用堰和堰流控制泄水，在实验室里主要用于流量测量。

常见的堰按顶部宽度(δ)与堰前水头(H)之比分为薄壁堰、实用堰和宽顶堰三类，如图6-16所示。薄壁堰($\delta/H<0.67$)：堰顶水流形成的水舌与堰顶只有线接触，水舌呈自由降落形态，堰宽不影响堰的过水能力。实用堰($0.67<\delta/H<2.5$)：水舌与堰顶有面接触，堰宽要影响堰的过水能力。宽顶堰($2.5<\delta/H<10$)：受堰顶的顶托水流在堰顶呈近似水平方向的流动。三种堰均只计局部损失，不计沿程损失。

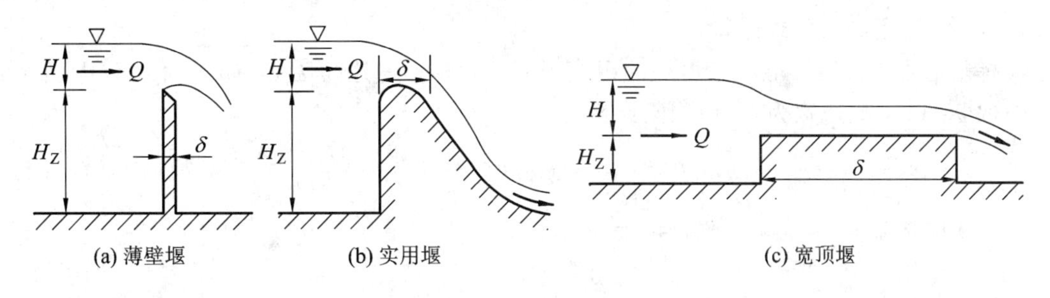

图6-16　堰的类型

1. 薄壁堰

在明渠的横截面上放置一适当高度的薄板(通常把上缘迎水面做成切口)，称为薄壁堰，如图6-17(a)所示。设堰的有效高度为H_Z，上游液面高过H_Z的水头为H。薄壁堰的泄流量主要由H决定，它是一种有效的液体流量计。

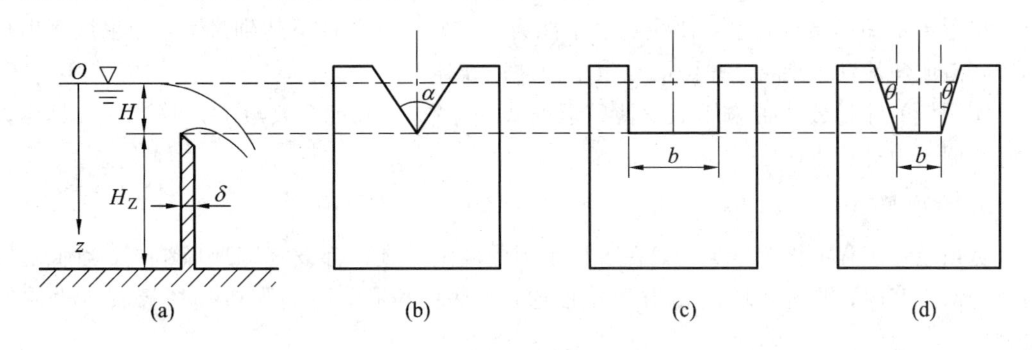

图6-17　薄壁堰的形状分析

为了将薄壁堰用于测量不同的流量，在堰的上端开三角形、矩形或梯形堰口，分别如图6-17(b)、(c)、(d)所示。三角形薄壁堰多用于测量较小的流量，矩形和梯形薄壁堰则用于测量较大的流量。

三角堰流量计的有效高度是角点的高度。在3.4.2节中，曾忽略黏性损失和流束收缩，利用伯努利方程推导出理论流量公式。实际使用时应乘上一个修正系数，即式(3-42)。

$$Q = C_{S1}\ H^{2.5}$$

式中，H 为上游水面离角点的淹深，流量系数 C_{S1} 与 2θ 和 H 都有关，对 $H=0.05\sim0.25$ m 的水流，$2\theta=60°$时可取，$C_{S1}=0.79$；$2\theta=90°$时可取，$C_{S1}=1.4$。

矩形堰理论流量公式的推导可参照三角堰。取坐标轴 z 如图 6-17(a)所示，原点取在液面上。设矩形口的宽度为 b，坐标为 z 处的微元狭缝面积 bdz 上的微元流量为

$$dQ = udA = \sqrt{2gz}\,b\,dz$$

流量为

$$Q = \int_0^H \sqrt{2gz}\,b\,dz = \frac{2}{3}\sqrt{2g}\,bH^{3/2} \tag{6-27}$$

考虑黏性和流束收缩的影响，引入流量系数 C_{S2}，实际流量为

$$Q = C_{S2}bH^{3/2} \tag{6-28}$$

对水流，根据堰高 H_Z 与堰前水头 H 之比(H_Z/H)的不同，流量系数 C_{S2} 的范围是 1.7～2.2，可用经验公式计算。

梯形堰可看做矩形堰和三角堰的组合形式。设梯形斜边角为 θ，如图 6-17(d)所示，一般取 $\theta=14°$，底边宽为 b，理论流量为

$$Q = \frac{8}{15}\sqrt{2g}(\tan\theta)\,H^{5/2} + \frac{2}{3}\sqrt{2g}\,bH^{3/2} = \left(\frac{2}{3}+\frac{8H\tan\theta}{15b}\right)\sqrt{2g}\,bH^{3/2} \tag{6-29}$$

引入流量系数 C_{S3}，实际流量可表为

$$Q = C_{S3}bH^{3/2} \tag{6-30}$$

对水流，流量系数可取 $C_{S3}=1.856$。

2. 实用堰

实用堰在工程上常作为挡水和泄水的溢流坝，应用广泛。

实用堰的后壁轮廓线做成与相同水头(H)的矩形薄壁堰水舌下缘的形状相近，如图 6-16(b)所示。设计后壁轮廓线的依据是使水舌既不冲击也不脱离壁面，让堰顶附近的静压力接近于零而不出现真空，使堰的过水能力在定常流动条件下达到最大，如果堰面出现真空将造成使流动不定常，并可能导致壁面冲蚀破坏。

实用堰的流量公式可采用矩形薄壁堰的式(6-28)。流量系数与 H_Z/H 有关，具体数值可查阅水力计算手册。

3. 宽顶堰

宽顶堰在工程上极为常见。如在各种水坝的溢洪道进口都设置宽顶堰结构；当水闸的闸门全部打开时，平面闸坎就相当于宽顶堰；平底的桥孔、隧洞入口和短涵管等也属宽顶堰。

宽顶堰的流动形态如图 6-16(c)所示。通常是，受渠道截面在垂直方向的突然收缩，水流进入堰顶加快，堰进口处水面跌落，经历从缓流过渡为急流的过程。由于堰顶的顶托作用，水流以急流流型并以几乎与堰顶成平行的流线流动。在堰出口处水面再次跌落，形成水舌或与下游衔接。

宽顶堰的流量公式仍可采用矩形薄壁堰的式(6-28)，但流量系数不仅与 H_Z/H 有关，还与堰的入口形状有关，具体数值可查阅水力计算手册。

在实际的堰流中，有时下游水位较高，影响堰的自由出流，称为淹没出流。有的堰宽

小于渠宽，流束将发生侧向收缩。考虑以上影响的矩形堰流量公式可写为

$$Q = \sigma\varepsilon C_S b H^{3/2} \tag{6-31}$$

式中，σ 为堰的淹没系数；ε 为堰的侧向收缩系数；C_S 为流量系数。具体数值可查阅水力计算手册。

思考题

6-1 什么是明渠的水力深度？它与水力直径有何异同点？

6-2 蔡西系数 C 与明渠的哪些因素有关？C 的代表性的实验公式有哪些？

6-3 缓流、急流和临界水深的含义是什么？它们之间有何关系？

6-4 水跃是怎样产生的？水跌又是怎样产生的？

6-5 实用堰和宽顶堰的作用分别是什么？实验室测量流体的流量使用哪种堰？为什么？

习题

6-1 渠底的坡度为 0.0001，宽度为 6 m 的平滑砂浆矩形横截面水渠，当水流以 10 m^3/s 流过水渠时，求此水流均匀流动时水的深度。设公式(6-12)的 n 为 0.013。

6-2 如图 6-18 所示，复合截面水渠，水渠的底部坡度为 0.0009，当流量为 32 m^3/s 时，求均匀流动水的深度，设公式(6-12)的 n 为 0.018。

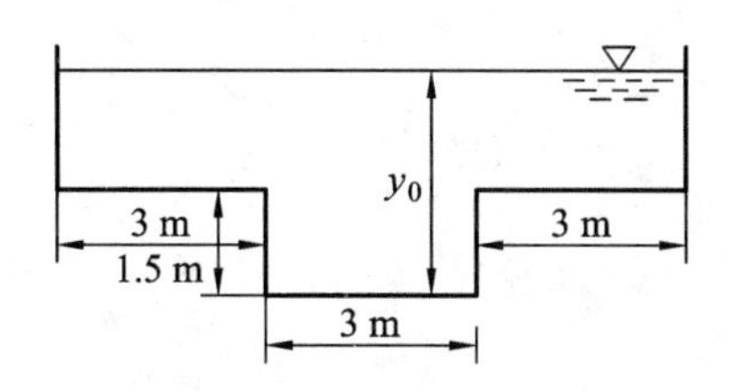

图 6-18 题 6-3 图

6-3 水渠底部坡度为 0.0001，水渠表面用粗石灰浆抹平，当水渠流量为 10 m^3/s 均匀流动时，求在矩形水渠横截面的最佳形状。

6-4 宽 12 m 的长方形水渠，水深 1.2 m 处有 14 m^3/s 的水流过。分析这种流动为缓流、急流和超临界流情况。分析这种情况下，如果式(6-12)的 n 为 0.017，求水渠的底部坡度为多少时将是均匀流动。

6-5 如图 6-19 所示，宽 3 m 时，渠底坡度为 0.001 的矩形截面的水渠，均匀的水流在 1.5 m 深处流淌，在明渠的下游升高渠底的底部，使其变成一个临界深度，求渠底升高高度 x 为多少？设公式(6-12)的 n 为 0.015。

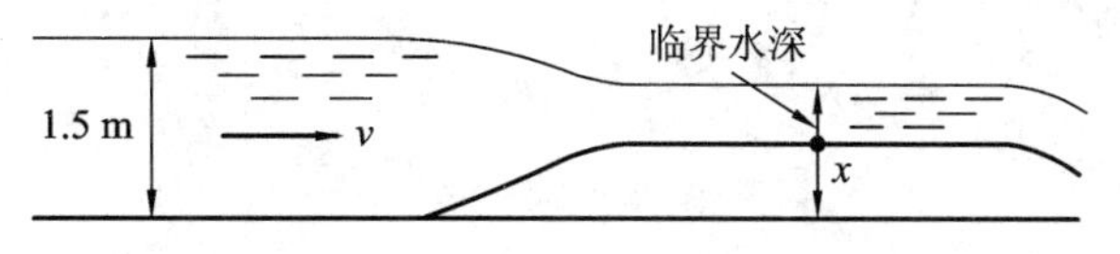

图 6-19 题 6-5 图

6 - 6　在宽度为 3 m 的矩形横截面的水渠，观察到水跃。发生水跃时上游水深和下游的水深分别是 0.6 m 和 1.5 m，求该明渠的流量和临界水深。

6 - 7　宽 6 m 的长方形断面的水渠中，流量为 60 m^3/s，水跃下游水深 3.6 m 时，求水跃上游的水深和流速是多少？

6 - 8　三角形薄壁堰顶角为 $\alpha=60°$，试计算：(1) 堰上水头 $H_1=0.1$ m 时的流量 Q_1 (m^3/s)；(2) 若水头增加 $H_2=0.2$ m，流量增加的倍数 k_1；(3) 若保持水头 $H_1=0.1$ m，但顶角变为 $2\theta=90°$，流量增加的倍数 k_2。

6 - 9　一矩形明渠，水深 $h=0.3$ m，平均流速 $v=0.9$ m/s。在明渠末端安装同样宽度为 B 的矩形薄壁堰，使堰前水深提高到 $h_1=1.2$ m。设流量系数 $C_{S2}=1.83$，试确定堰的有效高度 H_Z[m]。

6 - 10　一矩形明渠的水面宽 $B=2$ m，流量为 $Q=0.02$ m^3/s。分别用(1) $2\theta=90°$的薄壁三角堰；(2) 薄壁矩形堰(取 $C_{S2}=1.81$)；(3) 宽顶堰(取 $\sigma\varepsilon C_S=1.075$)测量流量。三种堰的有效高度均为 $H_Z=1$ m，试比较它们高过 H_Z 的水头 H(m)。

第 7 章　黏性流体的绕流流动

第 5 章所讨论的黏性流体管内流动属于内部流动问题，与之相对应，本章将讨论黏性流体绕物体外表面流动问题，即绕流流动，简称绕流。绕流是工程上非常典型的流体流动问题，例如飞机、汽车、潜艇、雨点、鸟、鱼和桥墩等周围的流体完全绕过了物体流动。流体力学将流体以恒定的速度流过静止物体或者物体以恒定的速度经过流体的运动称为绕流流动或外部流动。浸没在流体中的物体受到物体与流体间相对运动而产生的阻力和升力的作用。绕流运动中物体受到的阻力和升力可以在风洞或水槽中测试得到，如在风洞内测试飞机模型和在水槽内测试鱼雷模型，可以预测其原型在静止流体中运动时的性能。

本章讨论绕流流动中边界层的概念，分析由黏性而产生的摩擦阻力和由于边界层分离而产生的压差阻力、升力以及绕流流动和射流在工程中的应用与计算。

7.1　绕流的阻力和升力

无限远处来的均匀流 U_∞ 流过物体时，使物体产生阻力和升力。

如图 7-1 所示，在物体表面上任取一微元面积 dS，该微元上所受的压力为 p，单位面积上所受到的摩擦力为 τ。微元面上的压力 pdS 垂直于 dS 面，摩擦阻力 τdS 平行于 dS 面。微元面积 dS 的法线与均匀来流速度 U_∞ 成 θ 角，这些力在均匀来流 U_∞ 方向上的分力分别为 $pdS\cos\theta$ 和 $\tau dS\sin\theta$，对物体表面 S 进行积分，则得

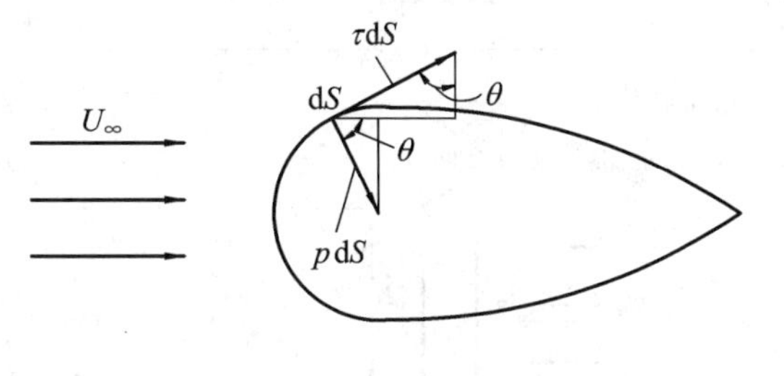

图 7-1　物体的作用力

$$D_p = \int_S p\cos\theta dS\ ,\ D_f = \int_S \tau\sin\theta dS \tag{7-1}$$

式中，D_p 为物体表面压力产生的阻力，称为压力阻力(pressure drag)，也称为形状阻力(form drag)；D_f 为物体表面摩擦力产生的阻力，称为摩擦阻力(friction drag)，因此物体所受到的总阻力(total drag)为

$$D = D_p + D_f \tag{7-2}$$

平板物体置于平行流动的流场中，压力阻力 D_p 为零。另外机翼型流线型形状的物体，压力阻力小于摩擦阻力，对流线型以外的普通物体，一般是 $D_p > D_f$。

对于物体微小面积 dS 的两个作用力 pdS 和 τdS 在均匀来流 U_∞ 垂直方向分力的积分，称为升力(lift)，升力将在 7.5 节叙述。

作用在物体上的总绕流阻力 D 为摩擦阻力 D_f 和压差阻力 D_p 之和，工程中习惯上将压差阻力与摩擦阻力合并计算，并用下式表示：

$$D = C_D \frac{1}{2}\rho U_\infty^2 A \tag{7-3}$$

式中，D 为总阻力；C_D 为与物体形状有关的总阻力系数(drag coefficient)，为无因次量；$\frac{1}{2}\rho U_\infty^2$ 为均匀来流的动压；A 为垂直于来流方向上的物体投影面积。

在工程计算中，一般关心的是物体运动的总阻力，只要已知总阻力系数 C_D，就可以按式(7-3)求出总阻力。各种形状物体的阻力系数 C_D 见表 7-1 所示。C_D 的值一般还因雷诺数 $Re=vl/\nu$(l 为物体的特征尺寸)的变化而变化，表 7-1 的数值为近似值。

表 7-1　各种形状物体的阻力系数近似值

物　体	尺寸比例	投影面积 A	$C_D=D/\{(1/2)\rho v_\infty^2 A\}$
二维物体			
	$\frac{b}{a}=2$	$d\times 1$	1.2
		$b\times 1$	1.6
	$\frac{b}{a}=\frac{1}{2}$	$b\times 1$	0.6
三维物体 圆柱(垂直于流动方向)	$\frac{l}{d}=1$		0.63
	2		0.68
	5		0.74
	10	dl	0.82
	40		0.98
	∞		1.2
圆板(垂直于流动方向)		$\frac{1}{4}\pi d^2$	1.17
长方形板(垂直于流动方向)	$\frac{a}{b}=1$		1.12
	2		1.15
	4	ab	1.19
	10		1.29
	∞		2.01

续表

物　体	尺寸比例	投影面积 A	$C_D = D/\{(1/2)\rho v_\infty^2 A\}$
球		$\frac{1}{4}\pi d^2$	0.47
		$\frac{1}{4}\pi d^2$	0.42
		$\frac{1}{4}\pi d^2$	1.17

7.2　边　界　层

7.2.1　边界层分析

流体的流动分离是不可能发生在物体的表面。在雷诺数很大的情况下，流速较大，因此惯性力较大，同时速度梯度又很小，使得黏性力较小，这时黏性影响可忽略不计，可认为是理想流体。但是，在接近的物体表面的薄层区内，垂直于物体表面方向上，流体质点速度从壁面处的零迅速增大到来流速度 U_∞，它的出现强烈地受流体黏度的影响。普朗特观察到了这一现象，并提出在绕流流场中就出现了性质不同的两个流区：

(1) 物体表面非常接近薄层：在该薄层内，物体表面的切线方向为 x，表面的法线方向为 y，x 方向的速度分量为 $u(x, y)$，法向方向的速度梯度 $\partial u/\partial y$ 是非常大的，流体的黏度引起的剪切应力大。

(2) 该区域的外侧：在这个区域，由于法线方向的速度梯度小，黏性影响体现不出来，可以忽略黏性影响，当作理想流动来处理。

普朗特把(1)的这个薄层命名为边界层(boundary layer)。此边界层很薄，如图 7-2 所示。由于边界层很薄，可近似地认为，边界层沿 y 方向的压力 p 一定($\partial p/\partial y=0$)，此外，运动方程式也可以简单化，分析就容易了。

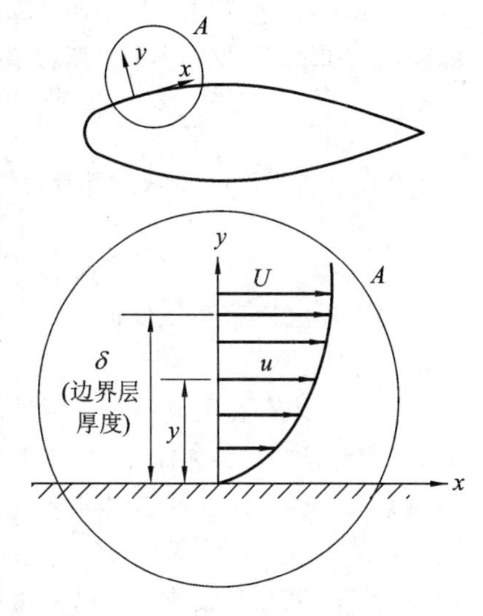

图 7-2　物体表面的边界层

流体绕流物体时，边界层内流体的速度沿 y 法线方向的速度是不断变化的，达到某一距离后，速度变化趋于平缓。通常定义在离开壁面一定距离的某点处的流体质点速度 u 等于未受扰动的层外速度 U 的 99%时，该点到壁面的垂直距离，称为边界层的厚度，用 δ 表示，如图 7-3(a)所示。将所有这些点相连接，形成边界层的外边界。

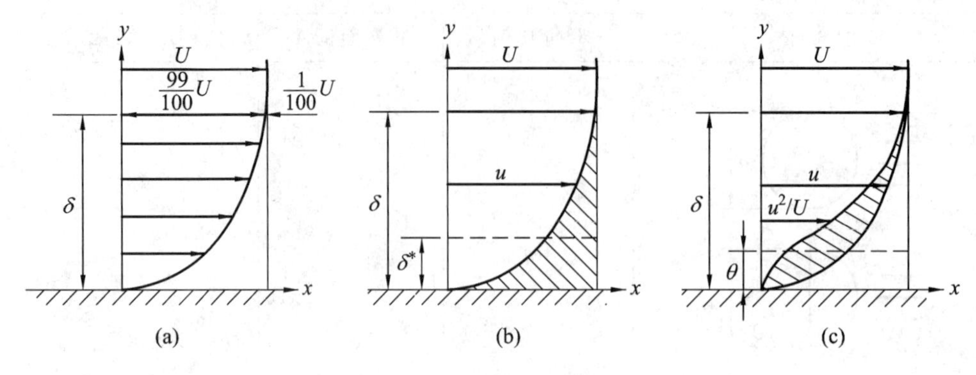

图 7-3 边界层的厚度

另外，为了进一步表示出边界层的特性，在计算式中经常使用位移厚度(displacement thickness)δ^* 和动量厚度(momentum thickness)θ。

(1) 位移厚度 δ^*：对不可压缩流体，流过边界层的实际质量流量相当于理想流体(即以主流速度 U 流过)时物面向上抬高了 δ^* 厚度后的流量(即图 7-3(b)中剖面线所围面积的大小)。也就是说由于边界层的存在，计算流量时，相当于将无黏性的主流区自壁面向外推移了 δ^* 的距离。如图 7-3(b)所示，所以有

$$\int_0^\delta \rho(U-u)\mathrm{d}y = \rho\delta^* \cdot U$$

δ^* 也称边界层的质量流量亏损厚度，对不可压缩流体，有

$$\delta^* = \frac{1}{U}\int_0^\delta (U-u)\mathrm{d}y = \int_0^\delta \left(1-\frac{u}{U}\right)\mathrm{d}y \tag{7-4}$$

(2) 动量厚度 θ：对不可压缩流体，流过边界层的实际动量相当于理想流体(即以主流速度 U 流过)时物面向上抬高了 θ 厚度后的动量(即图 7-3(c)中剖面线所围面积的大小)。也就是说由于边界层的存在，计算动量时，相当于将无黏性的主流区自壁面向外推移了 θ 的距离，如图 7-3(c)所示。所以有

$$\int_0^\delta \rho u(U-u)\mathrm{d}y = \rho\theta U \cdot U$$

θ 也称边界层的动量流量亏损厚度，对不可压缩流体，有

$$\theta = \frac{1}{\rho U^2}\int_0^\delta \rho u(U-u)\mathrm{d}y = \int_0^\delta \frac{u}{U}\left(1-\frac{u}{U}\right)\mathrm{d}y \tag{7-5}$$

当边界层内速度分布 $u/U=f(\eta)$ 确定后，按式(7-4)和式(7-5)计算的 δ^* 和 θ 都是确定值。

边界层内存在层流和紊流两种流动状态。流体均匀平行地流过平板，从平板的前端发展到末端的边界层，由层流边界层开始到末端经过一定距离，边界层的厚度逐渐变厚，过渡到紊流边界层。边界层内全部是层流的称为层流边界层。仅在边界层的起始部分是层流，而在其他部分是紊流的称为混合边界层，如图 7-4 所示。

判别层流和紊流的准则仍采用雷诺数，雷诺数中表征其特征长度的是计算断面离物体前缘点的距离 x，特征速度取来流速度 U_∞，即

$$Re_x = \frac{\rho U_\infty x}{\mu} = \frac{U_\infty x}{\nu} \tag{7-6}$$

Re_x 称为平板边界层的局部雷诺数，特征长度为 x，可见 Re_x 沿流动方向线性增加。

临界雷诺数用 Re_{cr} 表示，特征长度则取流态转换断面离物体前缘点的距离 x_{cr}（如图 7-4 所示），即

$$Re_{cr}=\frac{U_\infty x_{cr}}{\nu}$$

对于平板边界层，其流态转变的临界雷诺数为 $Re_{cr}=5\times10^5\sim3\times10^6$。

δ^*/θ 随边界层内速度分布的形状而定，称为边界层的形状系数(shape factor)。

注：图 7-4 中流动的形状系数层流约为 2.6，紊流约为 1.3，速度分布改变，形状系数也会改变，所以形状系数能预测层流迁移到紊流和离开边界层。

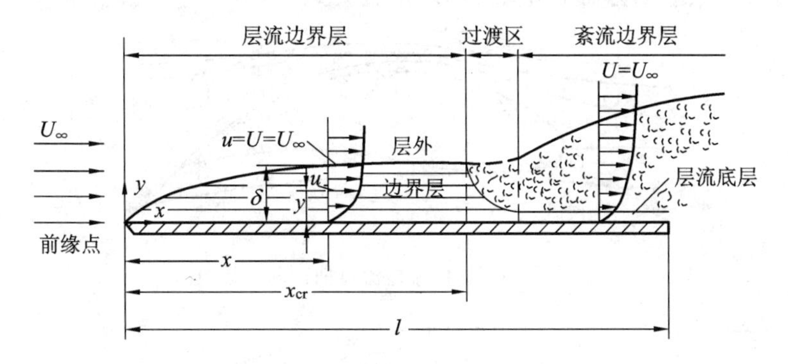

图 7-4　平板上的混合边界层

【例 7-1】　紊流边界层内的速度分布为 $u/U_\infty=(y/\delta)^{1/m}$，求位移厚度 δ^*、动量厚度 θ 与边界层厚度 δ 之间的关系。

解　(1) 位移厚度 δ^* 可由式(7-4)得

$$\delta^*=\int_0^\delta\left\{1-\left(\frac{y}{\delta}\right)^{1/m}\right\}\mathrm{d}y=\left[y-\frac{m}{m+1}\left(\frac{y}{\delta}\right)^{1/m}y\right]_0^\delta=\delta-\frac{m}{m+1}\delta=\frac{\delta}{m+1}$$

所以

$$\frac{\delta^*}{\delta}=\frac{1}{m+1}$$

(2) 动量厚度 θ 可由式(7-5)得

$$\theta=\int_0^\delta\left(\frac{y}{\delta}\right)^{1/m}\left\{1-\left(\frac{y}{\delta}\right)^{1/m}\right\}\mathrm{d}y=\left[\frac{m}{m+1}\left(\frac{y}{\delta}\right)^{1/m}y-\frac{m}{m+2}\left(\frac{y}{\delta}\right)^{2/m}y\right]_0^\delta$$

$$=\frac{m}{m+1}\delta-\frac{m}{m+2}\delta=\frac{m}{(m+1)(m+2)}\delta$$

所以

$$\frac{\theta}{\delta}=\frac{m}{(m+1)(m+2)}$$

7.2.2　边界层的分离和压力阻力的产生

当黏性流体绕流曲面时(如图 7-5 所示)，由于流线的弯曲，使过流的截面积在最高点 M 处达到最小。根据边界层具有的基本特征，可以从外部势流区的压力变化来推断边界层的压力变化情况。在点 M 之前，由于过流截面减小，则流速增大，即 $\frac{\mathrm{d}u}{\mathrm{d}x}>0$，根据能量方程 $\frac{p}{\rho g}+\frac{u^2}{2g}=C$ 可知，其压力减小，即 $\frac{\mathrm{d}p}{\mathrm{d}x}<0$，称此种情况为顺压流动(流体由压力高处流向压

力低处）；在点 M 之后情况则完全相反，此时过流截面增大，流速减小，即 $\frac{\mathrm{d}u}{\mathrm{d}x}<0$，依能量方程则压力增大，即 $\frac{\mathrm{d}p}{\mathrm{d}x}>0$ ，称其为逆压流动（流体由压力低处流向压力高处）。当边界层内的流体在进行逆压流动时，由于黏性阻力和逆压的影响，其流速迅速降低，在到达某点 S 时，速度降为零。S 点以后的流体由于继续受反向压差的作用而形成回流，在回流与保持原向的流体之间就会产生漩涡，从而使边界层与物体的弯曲表面发生分离（如图 7－6 所示），这种现象称为边界层分离，S 点又称为边界层分离点。对于平板绕流，由于 $\frac{\mathrm{d}p}{\mathrm{d}x}=0$，不会发生逆压流动，也就不会发生边界分离现象。

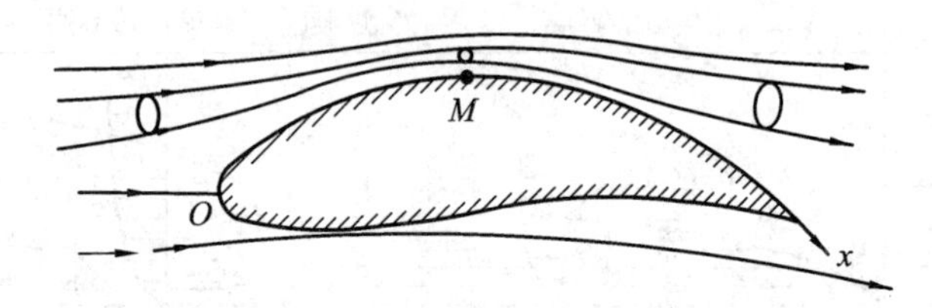

图 7－5　黏性流体流过曲面附面层

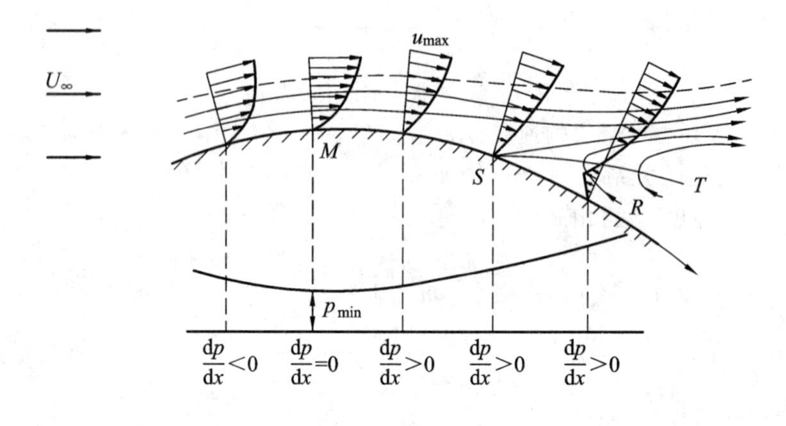

图 7－6　边界层的分离

在分离点的下游，流动是由边界层分离后的反向流动或回流组成的不规则的紊流漩涡，这种紊流漩涡可以延伸到下游比较远的距离，直到漩涡动能被黏性损耗完为止。边界层分离后的整个扰动区域称为物体的紊流尾流。

因为漩涡不能将其旋转的动能转化为增加的压力能，所以由理想流体流动理论，漩涡内的压力将保持靠近分离点的压力，而这一压力永远小于前驻点的压力，所以在物体前后形成了一个净压差。净压差导致物体随流体流动而移动，这种由于边界层分离而产生的净压差并作用在物体上的力称为压差阻力。边界层分离主要与曲面形状有关，所以压差阻力又称为形状阻力。其阻力的大小与分离点的位置和漩涡区的大小有关。一般来说，分离点越靠后，形成的漩涡区就越小，产生的阻力也越小。在工程实际中，许多运动（相对运动）物体的外形尽量做成流线型，其目的就在于此。

7.3　平板的摩擦阻力

如图 7-7 所示，平板放置在平行于流动中的均匀流流场中，在平板的前端产生边界层。在离前端 x 处的雷诺数 $Re_x < 3.2\times10^5$ 为层流边界层，$Re_x > 2\times10^6$ 为紊流边界层。$3.2\times10^5 < Re_x < 2\times10^6$ 为过渡区。这个过渡区的雷诺数取决于扰动或者被包围在均匀流动的平板的光滑度。

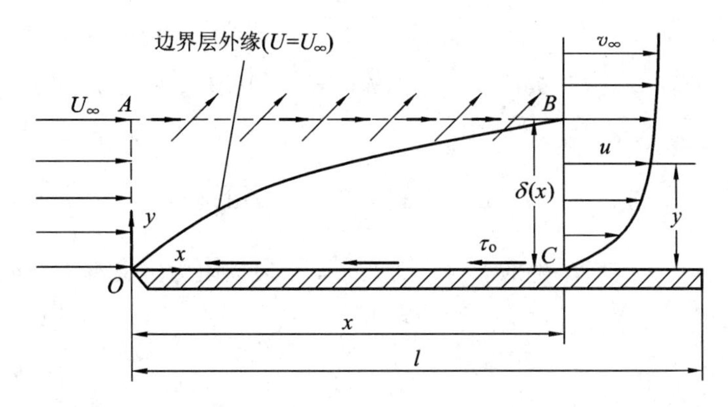

图 7-7　边界层控制体流动分析

现在，讨论不可压缩流体边界层内的摩擦阻力。

在图 7-7 中取平板的尖端为坐标原点，距离原点 x 处的边界层厚度为 $\delta(x)$，边界层外缘($y=\delta(x)$)的速度 $U=U_\infty$。在与平板纸面垂直的单位宽度上，设平板尖点到 $\delta(x)$ 的阻力为 $D(x)$。如图所示，取平板表面和沿平板一定距离 x 处的边界层厚度 $\delta(x)$ 为高度的平面，过尖点 O 和 x 点处的断面所包围的空间 $OABC$ 为控制体，在 x 方向上应用动量定律。(以后，为了书写方便，x 处边界层的厚度 $\delta(x)$ 用 δ 代替)。

首先，考察作用在控制体表面的作用力。未扰动流场的压力沿 AB、OA 和 BC 存在，又因为 δ 距离非常小而忽略了微小压力变化的影响，所以控制体边界上的压力相互抵消。这种情况下，在控制体表面上的流体外作用力，只有一个作用在平板 OC 上的摩擦阻力 $D(x)$，其方向与流体的流动相反。

其次，计算各控制面流体的动量。单位时间内流体流入 OA 控制面的动量为 M_{OA}，单位时间内流体流出控制面 BC 面和 AB 面的动量分别为 M_{BC} 和 M_{AB}，根据动量定律，有

$$-D(x) = M_{BC} + M_{AB} - M_{OA}$$

所以

$$D(x) = M_{OA} - M_{AB} - M_{BC} \tag{7-7}$$

这里为了便于分析，假设边界层外缘上的速度为 $u=U_\infty$ 而取代边界层定义中的 $u=0.99U_\infty$，沿控制体 AB 表面上的速度等于未受扰动的来流速度 U_∞。如果平板的宽度为 b，并忽略边缘影响，则通过控制体表面的流量分别为

OA 面：$Q_{OA}=U_\infty b\delta$

BC 面：$Q_{BC}=b\int_0^\delta u\mathrm{d}y$

由连续性方程可得，$Q_{OA}=Q_{BC}+Q_{AB}$，所以 AB 面的流量为

$$Q_{AB} = U_\infty b\delta - b\int_0^\delta u\mathrm{d}y$$

因此各控制表面的动量为

$$\begin{cases} M_{OA} = \rho(U_\infty b\delta)U_\infty \\ M_{AB} = \rho(U_\infty b\delta - b\int_0^\delta u\mathrm{d}y)U_\infty \\ M_{BC} = \int_0^\delta \rho u\,\mathrm{d}Q_{BC} = \rho\int_0^\delta u^2 b\mathrm{d}y \end{cases} \tag{7-8}$$

将式(7－8)代入式(7－7)，得

$$D(x) = \rho U_\infty b\delta U_\infty - \rho\Big(U_\infty b\delta - b\int_0^\delta u\mathrm{d}y\Big)U_\infty - \rho\int_0^\delta u^2 b\mathrm{d}y$$

化简得

$$D(x) = \rho b\int_0^\delta u(U_\infty - u)\mathrm{d}y$$

流体的黏性对平板表面产生的剪切应力为 τ_0，由表面阻力定义有 $D(x) = \int_0^x \tau_0\mathrm{d}x$，则

$$\int_0^x \tau_0\mathrm{d}x = \rho\int_0^\delta u(U_\infty - u)\mathrm{d}y$$

对上式沿 x 方向求导，有

$$\tau_0 = \frac{\mathrm{d}}{\mathrm{d}x}\Big\{\rho\int_0^\delta u(U_\infty - u)\mathrm{d}y\Big\} \tag{7-9}$$

由式(7－5)得到与平板的动量厚度 θ 的关系为

$$\rho U_\infty^2\theta = \int_0^\delta \rho u(U_\infty - u)\mathrm{d}y$$

将上式代入式(7－9)，得到放置在平行于流体流动平板的边界层的动量方程，即

$$\tau_0 = \rho U_\infty^2\frac{\mathrm{d}\theta}{\mathrm{d}x} \quad 或 \quad \frac{\mathrm{d}\theta}{\mathrm{d}x} = \frac{\tau_0}{\rho U_\infty^2} \tag{7-10}$$

切应力表达式(7－10)对层流和紊流边界层都适用。

7.3.1 层流边界层的摩擦阻力计算

层流边界层的计算还需要确定边界层内速度的分布，层流边界层内速度的分布可以近似采用圆管内层流流动的抛物线型分布，无量纲形式的速度分布可以表示为

$$\frac{u}{U_\infty} = f(\eta) = \frac{3}{2}\eta - \frac{1}{2}\eta^3,\ \eta = \frac{y}{\delta} \tag{7-11}$$

注：式(7－11)为层流边界层三次多项式的无量纲形式速度分布式，按边界条件，$y=0$，$u=0$，则 $f(0)=0$；$y=\delta$，$u=U_\infty$，$\partial u/\partial y=0$，则 $f(1)=1$，$f'(1)=0$。$f(\eta)$的二次多项式的表示式为 $f(\eta)=2\eta-\eta^2$，三次多项式的解精度更高。

将式(7－11)代入式(7－4)和式(7－5)，运算得

$$\delta^* = \frac{3}{8}\delta,\ \theta = \frac{39}{280}\delta \tag{7-12}$$

对于层流边界层，平板边界层上的切应力可由牛顿内摩擦定律式(1－10)确定，即

$$\tau_0 = \mu\Big(\frac{\mathrm{d}u}{\mathrm{d}y}\Big)_{y=0}$$

将边界层内的层流速度分布式(7-11)代入上式，则

$$\tau_o = U_\infty \mu \left[\frac{3}{2}\frac{1}{\delta} - \frac{3}{2}\frac{y^2}{\delta^3}\right]_{y=0} = \frac{3}{2}\frac{\mu U_\infty}{\delta} \tag{7-13}$$

将式(7-13)和式(7-12)代入式(7-10)，得

$$\rho U_\infty^2 \frac{39}{280}\frac{d\delta}{dx} = \frac{3}{2}\frac{\mu U_\infty}{\delta}$$

化简得

$$\delta \frac{d\delta}{dx} = 10.77\frac{\nu}{U_\infty}$$

对上式进行积分，则

$$\frac{\delta^2}{2} = 10.77\frac{\nu}{U_\infty}x + C$$

当 $x=0$，$\delta=0$ 时，解得 $C=0$，则

$$\frac{\delta^2}{2} = 10.77\frac{\nu}{U_\infty}x$$

所以

$$\delta = 4.64\sqrt{\frac{\nu}{U_\infty}x} \tag{7-14}$$

由式(7-14)知，层流边界层的厚度与平板前端距离 x 的平方根成正比例增加，将式(7-14)代入式(7-13)，得

$$\tau_o = \frac{3}{2}\mu U_\infty \frac{1}{4.64}\sqrt{\frac{U_\infty}{\nu x}} = 0.323\sqrt{\frac{\rho\mu U_\infty^3}{x}} \tag{7-15}$$

式(7-15)中的 τ_o 与 x 的平方根成反比。

以上是边界层内的速度分布按式(7-11)的假设计算的。勃拉休斯(Blasius)给出了边界层方程更为精确的解，即

$$\tau_o = 0.332\sqrt{\frac{\rho\mu U_\infty^3}{x}} \tag{7-16}$$

式(7-16)与式(7-15)仅有一点点不同。使用式(7-16)求解单位宽度平板的摩擦阻力时，要考虑平板的两面，即

$$D_f = 2\int_0^l \tau_o \, dx = 1.328\sqrt{\rho\mu l U_\infty^3} \tag{7-17}$$

设平板的摩擦系数(skin-friction coeffcient)为 C_f，平板所受的摩擦阻力为

$$D_f = C_f \frac{\rho}{2} S U_\infty^2 \tag{7-18}$$

式中，S 为平板的摩擦表面积，是指平板两面的面积，即 $S=2l\times1$(单位宽度)，综合式(7-17)和式(7-18)，有

$$C_f = \frac{1.328\sqrt{\rho\mu l U_\infty^3}}{\frac{1}{2}\rho U_\infty^2 \cdot 2l} = 1.328\sqrt{\frac{\mu}{\rho l U_\infty}} = \frac{1.328}{\sqrt{Re_l}},\ Re_l = \frac{U_\infty l}{\nu}(Re_l < 5\times10^5) \tag{7-19}$$

式中，Re_l 是以整个平板长度 l 为特征长度。

层流边界层在没有受到扰动时，局部雷诺数 Re 达到 5×10^5 时，仍然保持层流流动。当雷诺数大于 5×10^5 时，边界层将转变为紊流，其厚度将显著增加，速度分布也发生明显变化。

【例 7-2】 宽度为 0.15 m、长度为 0.5 m 的平板水平放置，温度为 20℃，密度为 923.3 kg/m³，运动黏度系数为 0.73×10^{-4} m²/s 的原油，来流速度为 0.6 m/s，求平板的流动阻力和边界层的厚度。

解 平板末端的 Re_l 为

$$Re_l=\frac{U_\infty l}{\nu}=\frac{0.6\times0.5}{0.73\times10^{-4}}=4110<5\times10^5$$

平板上边界层为层流。

由式(7-19)得

$$C_f=\frac{1.328}{\sqrt{Re_l}}=\frac{1.328}{\sqrt{4110}}=0.0207$$

平板的阻力为

$$D_f=C_f\frac{1}{2}\rho U_\infty^2 S=0.0207\times0.5\times923.3\times0.6^2\times2\times0.15\times0.5=0.516(\mathrm{N})$$

由式(7-14)得

$$\delta=4.64\sqrt{\frac{\nu}{U_\infty}x}=4.64\times\sqrt{\frac{0.73\times10^{-4}}{0.6}\times0.5}=0.0362(\mathrm{m})=36.2(\mathrm{mm})$$

7.3.2 紊流边界层的摩擦阻力计算

紊流边界层的速度分布，通常将光滑壁面圆管紊流中的 1/7 指数定律移植到紊流边界层内作为速度分布式，即

$$\frac{u}{U_\infty}=\left(\frac{y}{\delta}\right)^{1/7}=\eta^{1/7} \tag{7-20}$$

与 7.3.1 节处理方法一样，将式(7-20)代入式(7-4)和式(7-5)，即得

$$\delta^*=\frac{1}{8}\delta\text{，}\theta=\frac{7}{72}\delta \tag{7-21}$$

紊流情况下的 τ_0，与层流情况一样，$\tau_0=\mu(\partial u/\partial y)_{y=0}$。边界层内的紊流与圆管中的紊流情况相当，可将圆管中的紊流切应力方程求解方法移植到平板上各点的摩擦应力的求解。移植方法是：边界层厚度 δ 相当于圆管半径 $d/2$；边界层来流速度 U_∞ 相当于圆管轴线最大速度 u_{max}，因此紊流边界层的平均速度 $v=0.8U_\infty$。由紊流圆管内的切应力方程式(5-31)知，$\tau_0=(\lambda/8)\rho v^2$（$v$ 为圆管内的平均速度），所以 $\tau_0=(\lambda/8)\rho(0.8U_\infty)^2$。采用 1/7 指数速度剖面的光滑壁面圆管紊流的经验阻力公式，即勃拉修斯经验式(5-42)，得 $\lambda=0.3164(vd/\nu)^{-0.25}$，运用替换式 $d=2\delta$，则

$$\tau_0=\frac{0.3164(0.8U_\infty\cdot2\delta/\nu)^{-0.25}}{8}\rho(0.8U_\infty)^2=0.0225\rho U_\infty^2\left(\frac{U_\infty\delta}{\nu}\right)^{-0.25}$$

进一步整理得

$$\frac{\tau_0}{\rho U_\infty^2}=0.0225\left(\frac{U_\infty\delta}{\nu}\right)^{-1/4} \tag{7-22}$$

与层流边界层一样的处理，将式(7-21)和式(7-22)代入式(7-10)，得

$$\frac{7}{72}\frac{d\delta}{dx} = 0.0225\left(\frac{U_\infty \delta}{\nu}\right)^{-1/4}$$

化简

$$\delta^{1/4}\frac{d\delta}{dx} = 0.231\left(\frac{\nu}{U_\infty}\right)^{1/4}$$

对上式进行积分，得

$$\frac{4}{5}\delta^{5/4} = 0.231\left(\frac{\nu}{U_\infty}\right)^{1/4} x + C$$

当 $x=0$ 时，$\delta=0$，则得 $C=0$，所以

$$\delta = 0.370\left(\frac{\nu}{U_\infty}\right)^{1/5} x^{4/5} \tag{7-23}$$

将式(7－23)代入式(7－22)，则

$$\frac{\tau_0}{\rho U_\infty^2} = 0.0288\left(\frac{\nu}{U_\infty x}\right)^{1/5} \tag{7-24}$$

长度为 l 的平板两表面处在紊流边界层中，单位宽度上平板所受到的摩擦阻力为

$$D_f = 2\int_0^l \tau_0 dx = 2\times 0.0288\rho U_\infty^2 \left(\frac{\nu}{U_\infty}\right)^{1/5}\int_0^l \left(\frac{1}{x}\right)^{1/5} dx = 0.072\rho U_\infty^2 \left(\frac{\nu}{U_\infty}\right)^{1/5} l^{4/5}$$

化简为

$$D_f = \frac{0.072}{Re_l^{1/5}}\rho U_\infty^2 l \quad \left(Re_l = \frac{U_\infty l}{\nu}\right) \tag{7-25}$$

因此，平板的摩擦系数为

$$C_f = \frac{D_f}{\frac{1}{2}\rho U_\infty^2 \cdot 2l} = \frac{0.072}{Re_l^{1/5}} \tag{7-26}$$

对于光滑平板，实验结果显示，在 $5\times10^5<Re_l<10^7$ 的范围内，测量的 C_f 为

$$C_f = \frac{0.074}{Re_l^{0.2}} \quad (\text{适用于 } 5\times10^5 < Re_l < 10^7\text{，起始为紊流}) \tag{7-27a}$$

上式又称为光滑平板的普朗特阻力公式，式(7－26)与式(7－27a)的结果是比较一致的。将式(7－27a)与式(7－19)相比较，对相同的平板 $l\times b$，相同的雷诺数 Re，紊流边界层的摩擦阻力系数比层流边界层要大得多，例如，当 $Re_l=10^6$ 时，紊流边界层的摩擦阻力系数约相当于层流边界层的 3.5 倍。

施里希廷(Schlichting)按对数速度分布律提出的经验公式计算总摩擦阻力系数 C_f，其适用范围比式(7－27a)更宽，即

$$C_f = \frac{0.455}{(\lg Re_l)^{2.58}} \quad (5\times10^5 < Re_l < 10^9\text{，起始为紊流}) \tag{7-27b}$$

由于上式是假定从平板的前缘开始边界层已经是紊流的，而实际上在板距前缘一段距离内存在层流边界层，因此用式(7－27b)计算出的阻力系数偏大。考虑到层流边界层的存在，应对式(7－27b)作修正，可用普朗特—施里希廷公式计算总摩擦阻力系数，即

$$C_f = \frac{0.455}{(\lg Re_l)^{2.58}} - \frac{1700}{Re_l} \quad (5\times10^5 < Re_l < 10^9) \tag{7-28}$$

如图 7－8 所示，为实验测量值和相应计算公式曲线图，由该图看出，实验值与公式计算值是一致的，式(7－28)中的 1700，是雷诺数 $Re_l=5\times10^5$ 附近的取值，该值随 Re_l 的变化有所不同。

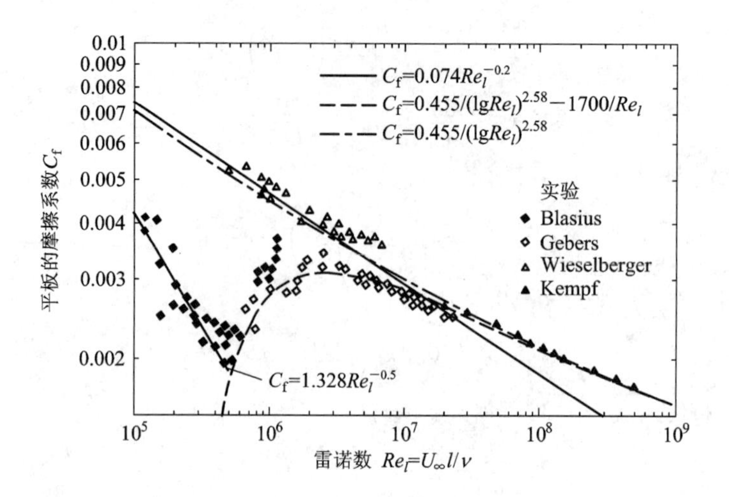

图 7-8　平板的摩擦系数 C_f

【例 7-3】 长 1.5 m、宽 0.15 m 的光滑薄板，在温度为 15℃的静止水中以 0.3 m/s 的速度运动。求此时该平板在层流和紊流两种情况下所受到的摩擦阻力和板的后端的边界层的厚度。

解　从表 1-1 上查得水在温度 15℃时的运动黏度 ν 和密度 ρ 分别为：$\nu=1.139\times10^{-6}$ $\mathrm{m^2/s}$，$\rho=999.1\ \mathrm{kg/m^3}$，雷诺数 Re_l 应为

$$Re_l=\frac{0.3\times1.5}{1.139\times10^{-6}}=3.95\times10^5$$

查图 7-8，找到与该雷诺数对应的摩擦阻力系数 C_f；也可以用式(7-19)和式(7-27)计算得到。

层流情况下，$C_f=0.0021$；紊流情况下，$C_f=0.0054$。

在层流情况下，平板产生的摩擦阻力为

$$D_f=C_f\frac{1}{2}\rho U_\infty^2 S=0.0021\times\frac{1}{2}\times999.1\times0.3^2\times2\times1.5\times0.15=0.0425(\mathrm{N})$$

同层流一样，在紊流情况下，平板产生的摩擦阻力为

$$D_f=C_f\frac{1}{2}\rho U_\infty^2 S=0.0054\times\frac{1}{2}\times999.1\times0.3^2\times2\times1.5\times0.15=0.109(\mathrm{N})$$

层流时平板末端边界层的厚度由式(7-14)计算，$x=l$，则

$$\delta=4.64\sqrt{\frac{\nu l}{U_\infty}}=4.64\frac{l}{\sqrt{Re_l}}=4.64\times\frac{1.5}{\sqrt{3.95\times10^5}}=0.0111(\mathrm{m})$$

同理，紊流时平板末端边界层的厚度由式(7-23)计算，$x=l$，则

$$\delta=0.370\left(\frac{\nu}{U_\infty}\right)^{1/5}l^{4/5}=0.37\frac{l}{Re^{1/5}}=0.37\times\frac{1.5}{(3.95\times10^5)^{1/5}}=0.0422(\mathrm{m})$$

【例 7-4】 40℃的空气沿着长 4 m、宽 2 m 的光滑平板以 30 m/s 的速度流动，设其边界层流态转变的临界雷诺为 $Re_{cr}=5\times10^5$，求平板两侧受到的总摩擦阻力。

解　查表 1-2，40℃时空气的 $\rho=1.128\ \mathrm{kg/m^3}$，$\nu=1.68\times10^{-5}\ \mathrm{m^2/s}$，计算平板末段的雷诺数：

$$Re_l=\frac{U_\infty l}{\nu}=\frac{30\times4}{1.68\times10^{-5}}=7.14\times10^6>Re_{cr}=5\times10^5$$

说明平板后部已形成紊流边界层，选用式(7－28)，则

$$C_f = \frac{0.455}{(\lg Re_l)^{2.58}} - \frac{1700}{Re_l} = \frac{0.455}{(\lg 7.14\times10^6)^{2.58}} - \frac{1700}{7.14\times10^6}$$

$$= 0.00317 - 0.000238 = 0.00293$$

两侧平板(面积 2×6×2)所受总摩擦阻力为

$$D_f = C_f\frac{1}{2}\rho U_\infty^2 S = 2\times0.00293\times0.5\times1.128\times30^2\times2\times4\times2 = 47.6(\mathrm{N})$$

7.4 压力阻力

圆柱绕流属于均匀流动的二维流动，有加速区和减速区，流体流动产生较大的压阻，并从圆柱形表面分离。它是绕流物体流动最典型的代表。

如果流体是理想不可压缩流体，圆柱体表面的任何点 P 的速度为 u_θ，在圆柱前方均匀来流速度 U_∞ 流过，理论上有[5]

$$u_\theta = 2U_\infty\sin\theta \qquad (7-29)$$

如图 7－9 所示，θ 是圆柱体前面 P 点的夹角。

由此可以看出，圆柱体侧面 B 点处，$u_\theta = 2U_\infty$。

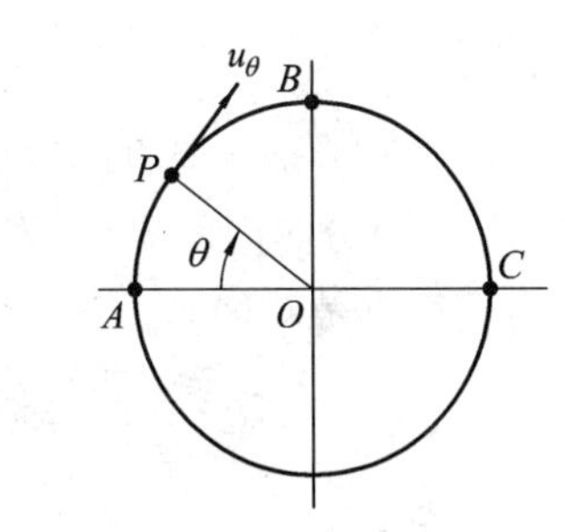

图 7－9　圆柱体的绕流流动

圆柱前方均匀来流的压力 p_∞，P 点的压力为 p，由伯努利方程和式(7－29)得到如下关系式：

$$\frac{U_\infty^2}{2} + \frac{p_\infty}{\rho} = \frac{u_\theta^2}{2} + \frac{p}{\rho}$$

所以有

$$p - p_\infty = \frac{1}{2}\rho(U_\infty^2 - u_\theta^2) = \frac{1}{2}\rho U_\infty^2\left(1 - \frac{u_\theta^2}{U_\infty^2}\right) = \frac{1}{2}\rho U_\infty^2(1 - 4\sin^2\theta)$$

$$\frac{p - p_\infty}{(1/2)\rho U_\infty^2} = 1 - 4\sin^2\theta \qquad (7-30)$$

定义压力系数(pressure coefficient)为

$$C_p = \frac{p - p_\infty}{(1/2)\rho U_\infty^2} \qquad (7-31)$$

由此，P 点的压力系数为

$$C_p = 1 - 4\sin^2\theta$$

如图 7－10 所示，将上式用点画线在图中表示出来，在圆柱的中心经过流程对直角的线，压力分布是前后左右对称的。因此，这种压力分布积分所得到的压力的阻力就为零，如果是这样，理想流体均匀流动中的圆柱体将不受阻力。这一现象和事实矛盾，所以它被认为是达朗贝尔悖论定律(d'Alembert paradox)。

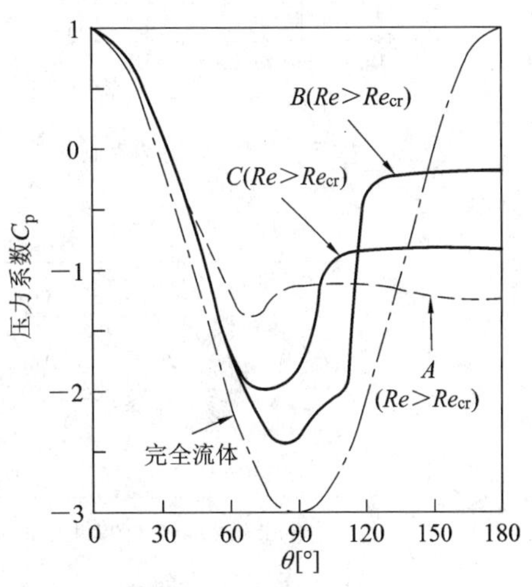

图 7－10　均匀流圆柱表面的压力分布

有黏性的实际流体绕流圆柱体周围的流动情况，根据雷诺数 $Re=U_\infty d/\nu$（d 为圆柱体的直径）值有不同的流动状态。当 $Re<1$ 时，如图7-11(a)所示，流动不会从圆柱体表面分离，圆柱体上所作用的压力阻力和黏性摩擦阻力几乎相等。Re 在 1～40 范围时，如图7-11(b)所示，在圆柱体的后部出现较弱的对称旋涡，随着来流雷诺数 Re 的不断增加，对称旋涡不断增长并出现摆动。如图 7-11(c)所示，旋涡从圆柱体后面分离，这对不稳定的对称涡流在下游释放出来。如图 7-11(c)、(d)所示，这对不稳定的对称旋涡分裂，最后形成有规则的、旋转方向相反的交替旋涡。这个旋涡列明显地出现在 $Re=60$～5000 范围内，称为卡门涡街(Karman's vortex sheet)。

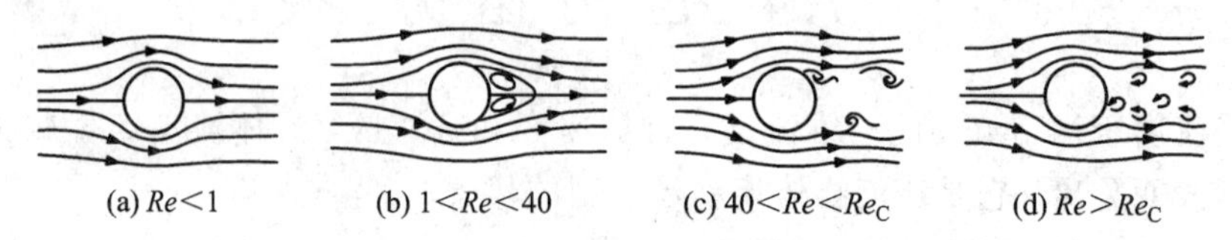

图 7-11　均匀流动中圆柱绕流的雷诺数

图 7-12 是压差阻力数值计算结果的例子。该图通过对静态流体中的圆柱体突然加速，经过充分时间的流动。$Re<1$，成为斯托克斯流(Stokes flow)，流动的前后左右对称，压力分布也是对称的。$Re=30$，圆柱体背面的点 SS' 流动从圆柱分离，形成一对上下对称

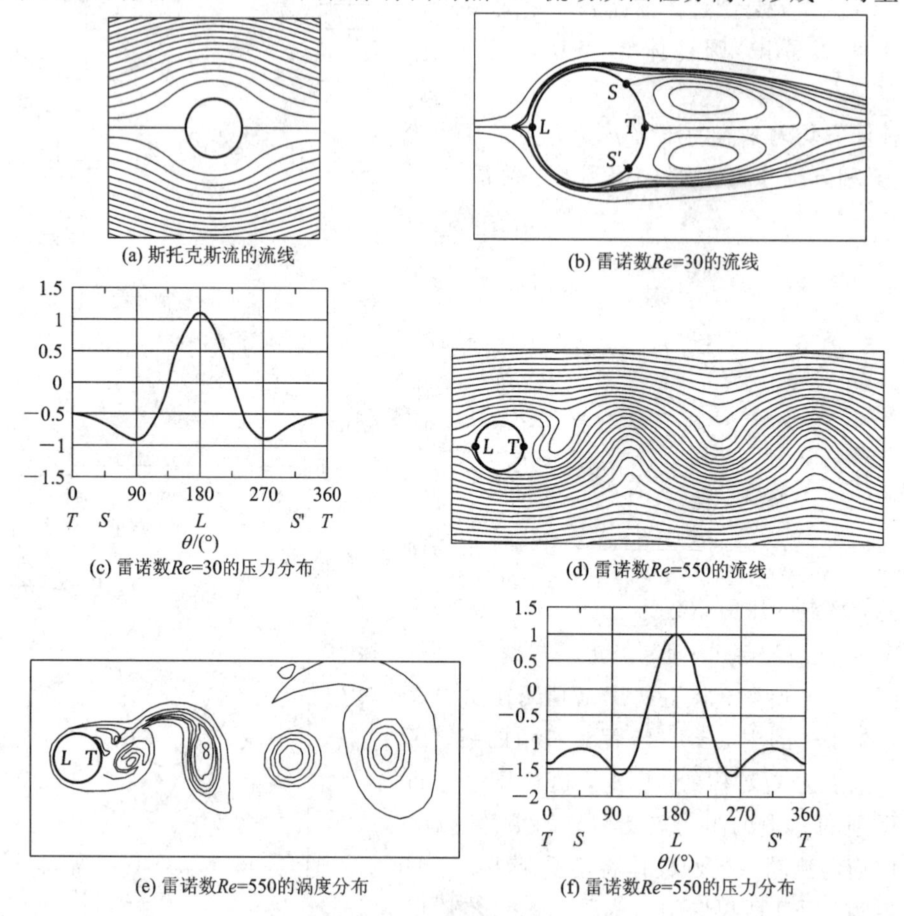

图 7-12　圆柱绕流计算数值结果：流线，压力分布，涡度分布

的旋涡。旋涡内部的压力大体上是一定的。$Re=550$，流动非稳定，在圆柱背后上下交替分离的旋涡，尾流区上将形成卡门涡列。

接下来，我们分析流线从圆柱分离的原因。

图 7-13(b)是将图 7-13(a)方框内的流动放大展示出来。分离点在靠近边界层内流动渐渐减速，在圆柱表面边界层内的速度分布曲线上，有一像刺一样形状的尖点$\{(\partial u/\partial y)_{y=0}=0\}$，在此点流动从圆柱面分离，因此下游在圆柱表面产生了逆流旋涡(见 7.2 节的分析)。这个旋涡，成为卡门的旋涡队列而被释放出来。

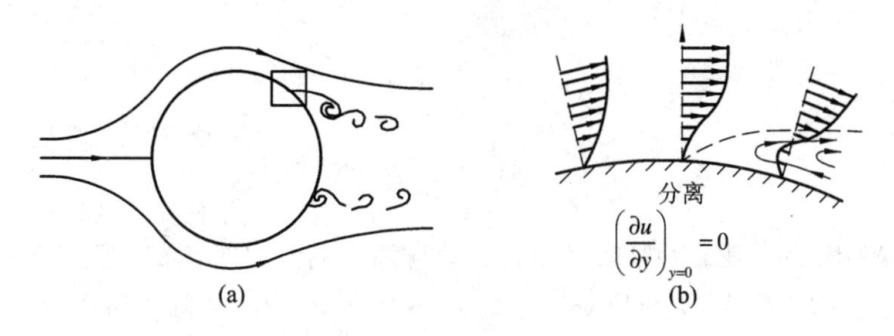

图 7-13　分离点附近的流动

这样，圆柱从旋涡有周期性地被放出的时候，圆柱单位长度上的阻力 D 也周期性地变化，取时间平均值，阻力系数 $C_D=\dfrac{D}{\frac{1}{2}\rho U_\infty^2 d}$，如图 7-14 所示。

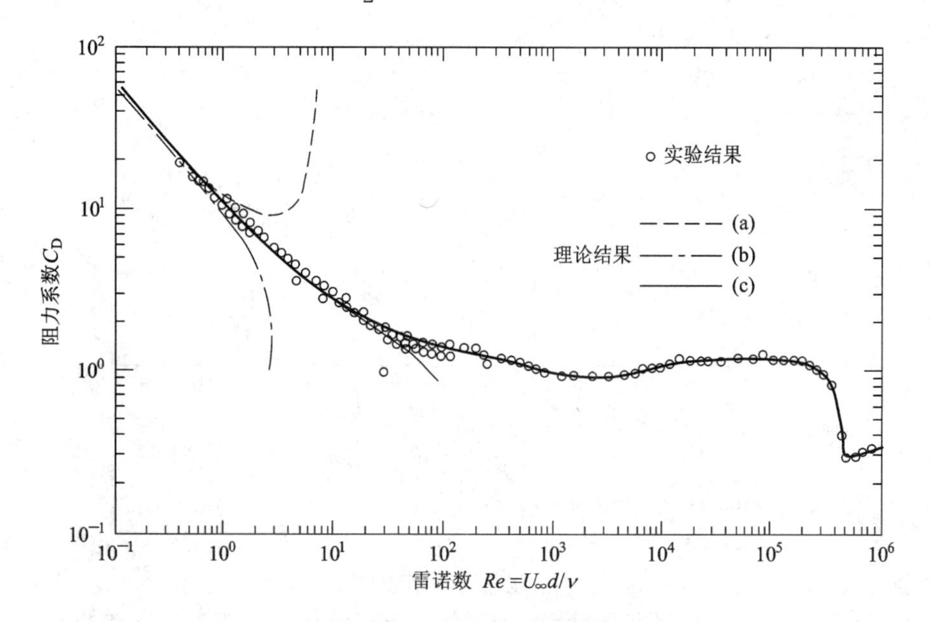

图 7-14　圆柱的阻力系数

实验结果：Wieselsberg[6] 和 Tritton[7]；

理论结果：(a)$C_D=4\pi/(Re\delta)$ ；(b) $C_D=(4\pi/Re)(1/\delta-0.87/\delta^3)$[8, 9]；

(c) $C_D=8\pi/(\delta+\sqrt{\delta^2+3.5})$，$\delta=\lg\left(\dfrac{7.406}{Re}\right)$。

圆柱的雷诺数 Re 小时，随 Re 的增加，阻力系数 C_D 减小，$Re\approx 2\times10^3$ 附近值后，C_D 减小得很少。$Re=2\times10^4\sim10^5$ 范围内，大体上是定值，$C_D\approx1.2$。Re 在$(2\sim4)\times10^5$ 范围

时，阻力系数 C_D 再次急剧下降约 0.3 左右，此时的雷诺数称为临界雷诺数(criticalReynolds number)，用 Re_{cr}表示，并且 $Re>Re_{cr}$，C_D 的值也会增大。

这样，阻力系数骤然变小的原因是：雷诺数大于临界雷诺数，分离点靠近紊流边界层，流动的混合作用使边界层内外的粒子流体混合，边界层的外侧有更多的能源补给进入，流动的分离延迟，分离点向圆柱体后方移动。其结果是，分离的流动，即尾流幅度如图 7-9(d)所示变小，圆柱压力的阻力减少，这种现象是边界层的紊流分离(turbulent separation)。对此，雷诺数比临界雷诺数小，就会产生层流分离(laminar separation)，尾流的幅度比紊流分离时的更大，压力阻力也大。

接下来，讨论三维物体的例子——球的阻力计算。速度为 U_∞ 的均匀流动中，直径 d 的球的阻力为

$$D = C_D \frac{1}{2}\rho U_\infty^2 \frac{\pi}{4}d^2 \tag{7-32}$$

式中，C_D 是球的阻力系数。虽然球周围的流动与圆柱的情况很相似，但对于三维流动，由于球的上下左右旋转流影响，所以 C_D 值如图 7-15 所示，C_D 值除小雷诺数与圆柱相同外，其余的都比圆柱体的小(对比图 7-14)。

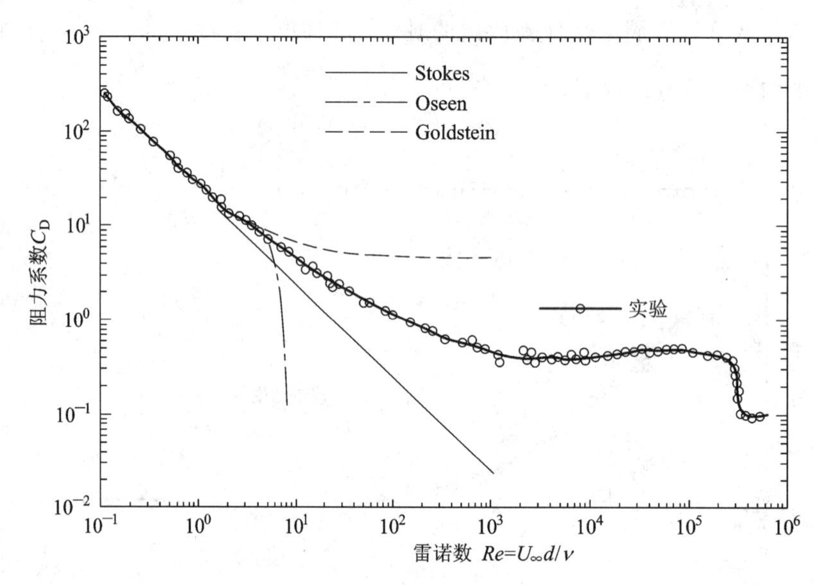

图 7-15 圆球的阻力系数[6]

Stokes：$C_D=24/Re$；Oseen：$C_D=(24/Re)(1+(3/16)Re)$；

Goldstein：$C_D=(24/Re)\{1+(3/16)Re-(19/(1280)Re^2+(71/20480)Re^3-(30179/34406400)Re^4\}$

也就是说，$Re=10^3\sim10^4$ 范围，C_D 几乎是一定的，$C_D\approx0.4$；$Re=(1\sim4)\times10^5$ 附近，C_D 急剧下降到约 0.1。这与圆柱的情况一样，边界层从层流分离到紊流分离的变化，球的后方分离点移动尾流的宽度变小。

最后，球的雷诺数很小的时候，流动流体没有从球的表面分离，其黏性摩擦阻力压力大于压力阻力。斯托克斯忽略流体的惯性力进行用于小雷诺数的理论计算，即

$$D = 3\pi\mu U_\infty d \tag{7-33}$$

式(7-33)称为斯托克斯(Stokes)公式。奥辛(Oseen)在此基础上考虑了流体惯性力的影响，得到如下公式：

$$D = 3\pi\mu U_\infty d\left(1 + \frac{3}{16}\frac{U_\infty d}{\nu}\right) \tag{7-34}$$

以上导出了斯托克斯和奥辛的结果，从图 7-15 中更明白看出，Re 在 1～2 及以上的实验值的误差变大。

【例 7-4】 在最近几年，PM2.5 和放射性核素的微粒存在飞散问题。这些细颗粒掉在地上不知道要多少时间。在这里，忽略大气的流动，细颗粒只有沉降，细颗粒是球形的，它的直径 d 很小，沉降速率也小，因此，斯托克斯的阻力计算表达式成立。设球体的密度值为 ρ_b，流体的密度为 ρ，求颗粒沉降的速度。

解　悬浮在流体中的颗粒受到流体的浮力作用，通过其自身的重量沉降，颗粒的沉降速度为 v 时，所承受的阻力 D 可从 Stokes 方程式(7-33)$D=3\pi\mu vd$ 得到，恒定速度沉降的情况下，浮力、自重和阻力是平衡的，因此列出下列平衡方程：

$$\frac{1}{6}\pi d^3 \rho_b g = \frac{1}{6}\pi d^3 \rho g + 3\pi\mu v d$$

所以，颗粒的沉降速度为

$$v = \frac{1}{18\mu} d^2 (\rho_b - \rho) g$$

设 PM2.5 颗粒的直径 $d=2.5\ \mu\text{m}$，$\rho_b-\rho=1.9\times10^{-6}\ \text{kg/m}^3$，空气的黏度 $\mu=1.82\times10^{-5}\ \text{Pa}\cdot\text{s}$，则沉降速度为

$$v = \frac{1}{18\times1.82\times10^{-5}}(2.5\times10^{-6})^2\times1.9\times10^{-6}\times9.8$$
$$\approx 3.55\times10^{-13}(\text{m/s}) = 3.55\times10^{-10}(\text{mm/s})$$

光靠颗粒的自重沉降，因为 PM2.5 颗粒的沉降速度非常小，在空气中几乎是漂流的，只有下雨和下雪才可将其带到地面上。

7.5　翼型及叶栅

与流动方向上的阻力相比，流动垂直方向的力，即升力的大小与物体的制作形状有关，升力是利用翼型(wing)实现的。飞机的机翼、螺旋桨叶片、风力发电机的涡轮、轴流风机和混流式水轮机叶轮等都是翼型形状，翼型理论已被广泛使用。

在流动方向上，垂直于翼表面形状的截面称为翼型(aerofoil)(机翼)。如图 7-16 所示，在翼型上连接最远两点直线称为翼弦线(chord line)，其前端为前缘(leading edge)，后部为后缘(trailing edge)，前缘和后缘的距离称为翼弦长(chord length)。翼弦线与均匀来流速度 U_∞ 之间的夹角 α 称为冲角(angle of incidence)。

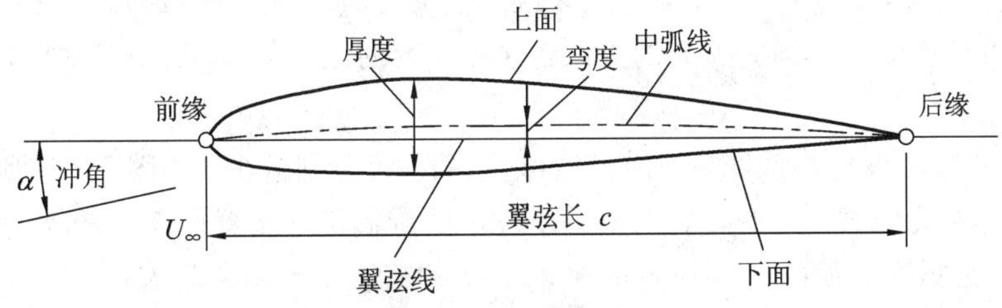

图 7-16　翼型及几何参数绕流流动

翼型的形状很多，翼的顶部和底部中点的翼状连接线称为中弧线(mean line)或拱形线(camber line)。对于上和下对称的翼型，其中弧线或拱形线为直线，与翼弦线一致。

机翼有左、右机翼翼端，左右的翼端的间距称为翼展(span)。另外，机翼的最大投影面积为翼面积(wing area)。

注[1]：对于左右对称的机翼，如图7-17所示，机翼对称面上包括翼弦线，机翼投影到与这个对称面相垂直的平面面积就是翼面积。

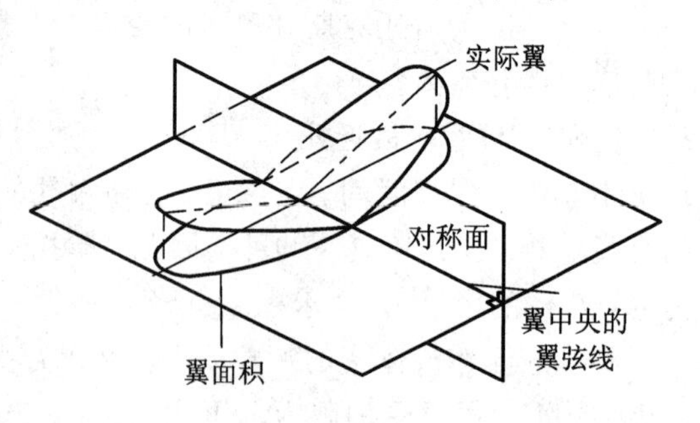

图 7-17　翼面积

翼面积为 S，翼展为 b，则有

$$\lambda = \frac{b^2}{S} \tag{7-35}$$

式(7-35)为翼的纵横比(aspect ratio)。如果翼的平面为长方形，翼的弦长为 c，翼面积为 $S=bc$，则翼的纵横比 $\lambda=b/c$。

在速度 U_∞ 均匀的流动中，翼型所产生的升力和阻力分别为 L 和 D，则

$$L = C_L \frac{\rho}{2} U_\infty^2 S \tag{7-36}$$

$$D = C_D \frac{\rho}{2} U_\infty^2 S \tag{7-37}$$

式中，C_L 和 C_D 分别表示升力系数(lift coefficient)和阻力系数(drag coefficient)。此外，对翼的前缘产生一个力矩 M 为

$$M = C_M \frac{\rho}{2} U_\infty^2 S_c \tag{7-38}$$

式中，C_M 为力矩系数(moment coefficient)。此时，取逆时针方向为正(即前缘向下)。机翼升力和阻力的合力的作用线与翼弦线的交点，即为压力中心(center of pressure)。前缘到压力中心的距离，随翼型的形状和冲角而变化，大概为 $0.25c \sim 0.4c$。

C_L、C_D 和 C_M 是一个无量纲，翼型的特性是由这些值确定的。

注[2]：对于二维机翼，机翼单位宽度($b=1$)的升力 L、阻力 D、力矩 M 分别为 $L=C_l(\rho/2)U_\infty^2 c$，$D=C_d(\rho/2)U_\infty^2 c$，$M=C_m(\rho/2)U_\infty^2 c$。$C_l$、$C_d$、$C_m$ 分别为升力、阻力、力矩系数。

图7-18是翼型风洞试验结果的一个例子，表示出升力系数、阻力系数、力矩系数与冲角 α 的函数关系图。从 C_L 曲线中不难看出，$C_L=0$ 为零升力冲角 α_0(zero lift angle of incidence)，如果翼型中弧线是直线且翼型面对称，则 $\alpha_0=0$，但一般情况下，零升力系数时 α_0 为负值。翼型的最大升力系数 $C_{L.max}$ 约为1.4，它所对应的冲角为15°左右。当 $\alpha<15°$ 时升力系数曲线近似为一倾斜上升的直线，这种增大的比例 $dC_L/d\alpha \approx C$(常数)，$dC_L/d\alpha$ 称为升力斜率。

C_L 随着冲角 α 的增大而增大到最大值 $C_{L.max}$ 后，将急剧减少。如图7-19所示，翼型前缘后即出现边界层分离，并在其后先是一个较小的旋涡区，接着出现一较大的且更紊乱的旋涡区，最后是翼型后面的一条很宽的尾迹，这一现象称为失速状态(stall)。在失速状态下，翼型的阻力系数 C_D 将会增大。

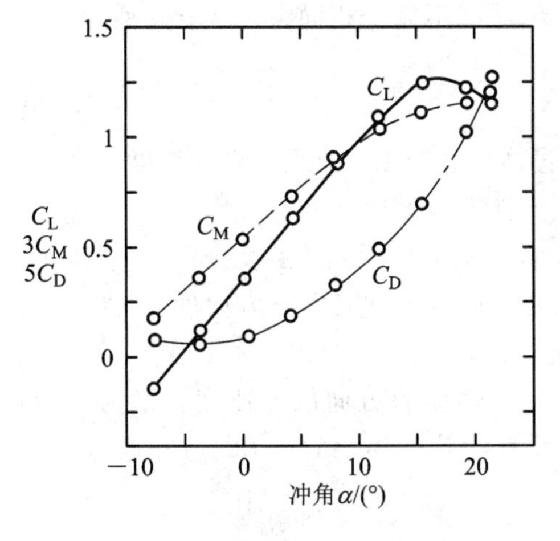

图 7-18　翼型的动力系数曲线

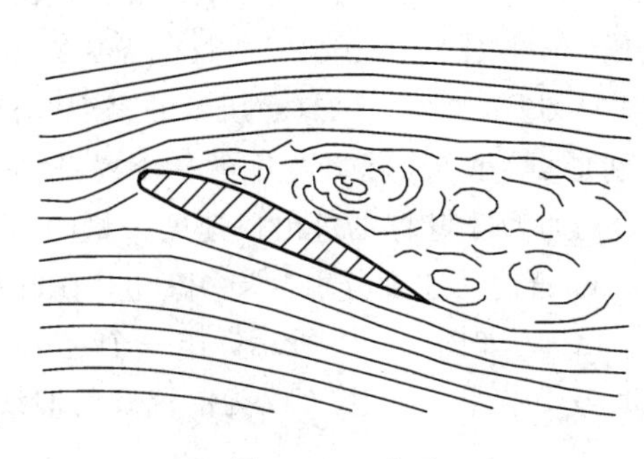

图 7-19　失速

翼型的升力和阻力之比，即 $L/D=C_L/C_D$，称为翼型的升阻比(lift drag ratio)。升阻比对翼型的性能的影响很大。如图 7-20 所示，以 C_D 为横坐标，C_L 为纵坐标，α 作为参数表示翼型特性的图，称为升阻极曲线(polar curve)图。在图 7-20 的曲线上绘制切线，由切线(虚线)的斜率可得到$(C_L/C_D)_{max}$的最大值，以方便地了解翼型的性能。

下面讨论叶片排，即叶栅或翼列。流体在轴流风机和涡轮机中的流动都平行于转轴的，所以可用同心圆柱状来分析流动情况。轴流风机和涡轮机的叶轮，是由横截面具有翼型形状的多个叶片组成的，因此可用一个直径为 d_i 的圆柱面切割叶轮，然后将圆柱面切开并拉直，在展开平面上叶片的切面图形就是翼型，如图 7-21(a)所示。无数个同一形状的翼型规则、等间隔(此间距称为节距(pitch))地成直线排列状态，即为直列平面叶栅(straight cascade)。

此外，径流式涡轮机和泵的流动都是位于与转轴垂直的平面内，因此在此流面上各叶片即组成一环列平面叶栅(annular cascade)，如图 7-21(b)所示。

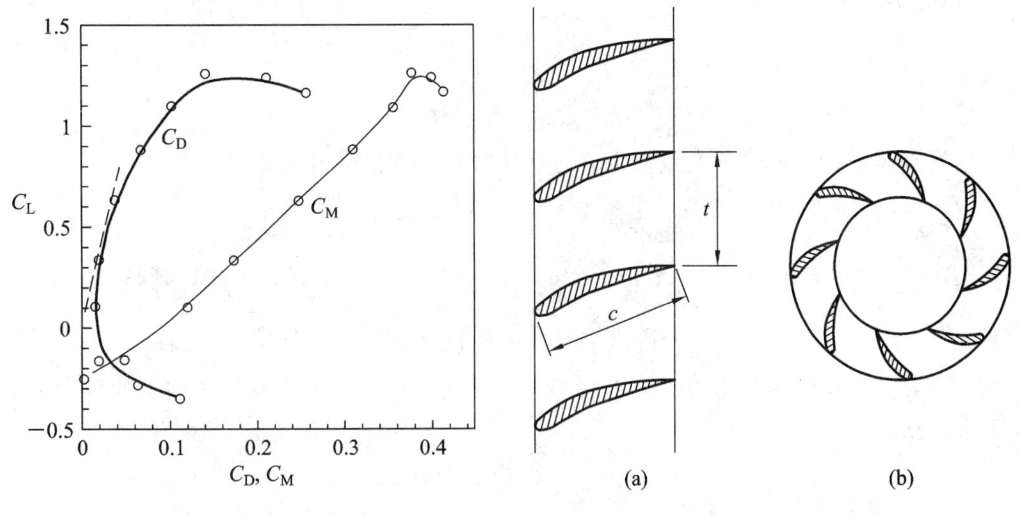

图 7-20　升阻曲线和升阻比

图 7-21　直列叶栅和环形叶栅

叶栅是许多单翼型规则排列，当流体绕流叶栅中的翼型时，情况与绕流单翼型大致类似，但由于翼型间的相互影响，叶栅翼型的升力与单翼型不完全相同。如单个翼型的升力为 L_0，那么同翼型的叶栅翼型的升力 L 应为

$$L = kL_0 \tag{7-39}$$

式中，k 为叶栅的干涉系数(interference factor)。直列平面叶栅，节距 t 和弦长度 c 之比，为节弦比(pitch chord ratio)。节弦比为 2 以上时，干涉系数 k 接近 1。

【例 7-5】 如图 7-21(a)所示的直列叶栅中，翼型前方和后方的速度分别是 v_1 和 v_2，压力分别是 p_1 和 p_2，求叶栅中的一个翼型的工作列方向分力和其垂直方向的分力，以及合力。合力垂直于叶栅的进出口速度矢量的平均值。

解 叶栅前后速度分别为 v_1 和 v_2，在叶栅方向上两垂直方向的分速度分别为 u_1 和 w_1，u_2 和 w_2。如图 7-22 所示，作一个包围一个翼型的控制体，AD、BC 与叶栅方向平行，长度等于节距 t。AB、CD 为沿流线的曲线。

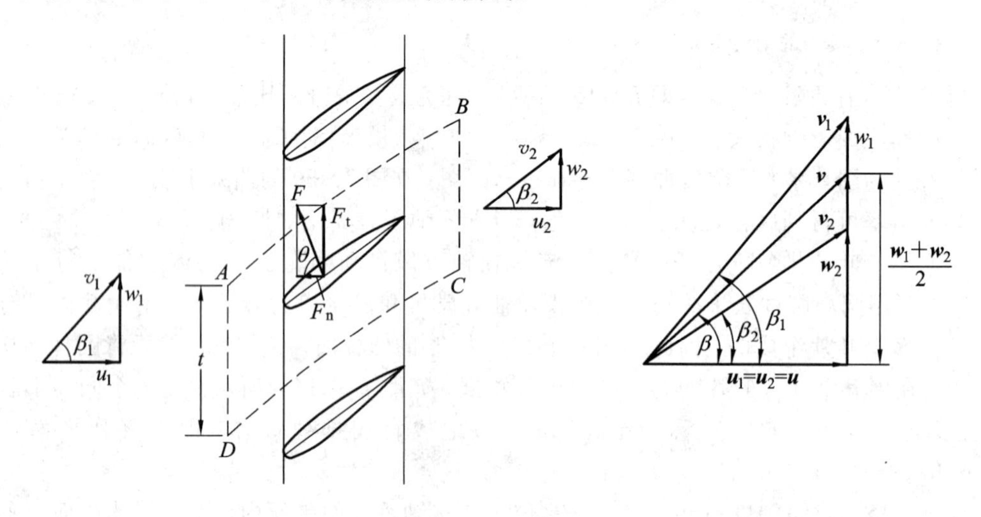

图 7-22　例 7-5 图

节距 t 周围的流量 Q 为

$$Q = u_1 t = u_2 t$$

则

$$u_1 = u_2 = u$$

如果流体流过叶栅时不产生损失，则根据伯努利方程可得

$$\frac{1}{2}\rho v_1^2 + p_1 = \frac{1}{2}\rho v_2^2 + p_2$$

上式中，$v_1^2 = u_1^2 + w_1^2$，$v_2^2 = u_2^2 + w_2^2$，$u_1 = u_2 = u$，将这些值代入上式整理得

$$p_2 - p_1 = \frac{1}{2}\rho(w_1^2 - w_2^2) \tag{1}$$

一个翼型所受到的作用力 F 在叶栅方向的分力为 F_t，与叶栅垂直方向上的分力为 F_n，则垂直叶栅是平衡的，即

$$F_n = (p_2 - p_1)t$$

将(1)式代入上式，则有

$$F_n = \frac{1}{2}\rho(w_1^2 - w_2^2)t$$

在叶栅方向上列动量方程，则有

$$F_t = -\rho Q(w_2 - w_1) = \rho ut(w_1 - w_2)$$

则翼型所受到的合力 F 为

$$F = \sqrt{F_t^2 + F_n^2} = \rho(w_1 - w_2)t\sqrt{u^2 + \left(\frac{w_1 + w_2}{2}\right)^2}$$

在速度分量图上，β 为翼列在水平分速度 $\boldsymbol{u}$ 和垂直分速度 $\boldsymbol{w}$ 的夹角，则合力 $\boldsymbol{F}$ 的方向如图 7－22 所示。

$$\tan\theta = \frac{F_t}{F_n} = \frac{u}{(w_1 + w_2)/2} = \cot\beta = \tan\left(\frac{\pi}{2} - \beta\right)$$

因此，合力 $\boldsymbol{F}$ 的方向与翼列前后速度 $\boldsymbol{v}_1$ 和 $\boldsymbol{v}_2$ 的平均值 $\boldsymbol{v}$ 垂直。

【例 7－6】 求空气流速为 20 m/s 的流动中，直径为 1 cm 的圆柱所受到的阻力。和这个圆柱受到同样大小的阻力的翼型弦长度是多少？翼型的阻力系数在冲角是 5°时，C_d＝0.06，空气运动黏度 ν＝0.15 cm²/s。

解　空气运动黏度 ν＝0.15 cm²/s，则圆柱的雷诺数为

$$Re = \frac{20 \times (1/100)}{0.15 \times 10^{-4}} = 1.67 \times 10^4$$

查图 7－14，圆柱的阻力系数 C_D＝1.0，圆柱的阻力 D 为

$$D = \frac{1}{2}\rho U_\infty^2 dC_D = \frac{1.226}{2} \times 20^2 \times 10^{-2} \times 1$$

$$= 2.45\ (\mathrm{kg \cdot m/s^2/m}) = 2.45(\mathrm{N/m})$$

翼型的阻力系数为 C_d＝0.06 时，阻力按本节注[2]公式计算，翼型的阻力为

$$D = \frac{1}{2}\rho U_\infty^2 cC_d$$

如果与圆柱阻力相同，则有

$$\text{圆柱的阻力} = \frac{1}{2}\rho U_\infty^2 dC_D = \text{翼型的阻力} = \frac{\rho}{2}U_\infty^2 cC_d$$

所以

$$c = \frac{dC_D}{C_d} = \frac{1 \times 1}{0.06} = 16.7(\mathrm{cm})$$

在受同样阻力的情况下，翼型尺寸比圆柱尺寸大很多，在此压力阻力比黏性阻力大。

*7.6　翼型绕流中环量和升力的产生

利用水和空气的绕流流动可以观察机翼周围的流线，如图 7－23 所示。水的情况下，撒入铝粉末的流水表面按翼型状流过。空气的情况下，在烟风洞中观察放入的翼型，翼型的周围的流线就能得知。

一般来说，翼型的前缘是圆的，后缘是尖的，翼型的冲角小的时候，如图 7－23 所示，可以看出流体在机翼前缘某点分叉后沿翼型表面流动，然后平稳地沿着机翼表面后边缘流出。图 7－24 所示的流线 $ABCEF$ 和流线 $ABDEF$，在驻点 B 处将流线分为两条，分别沿翼型的上下面前进，在后缘 E 处汇合。

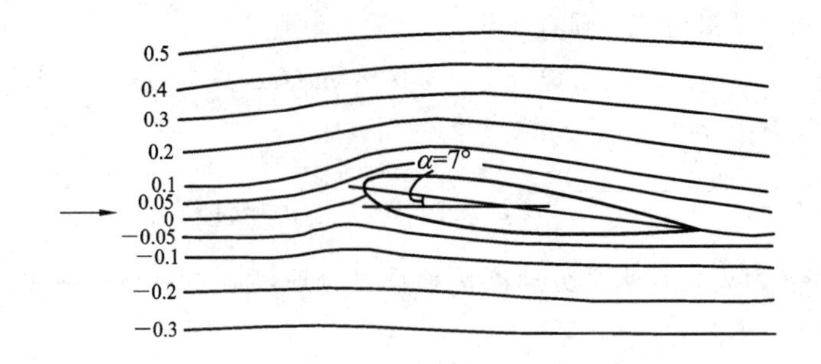

图 7-23　翼型周围的流动和流线

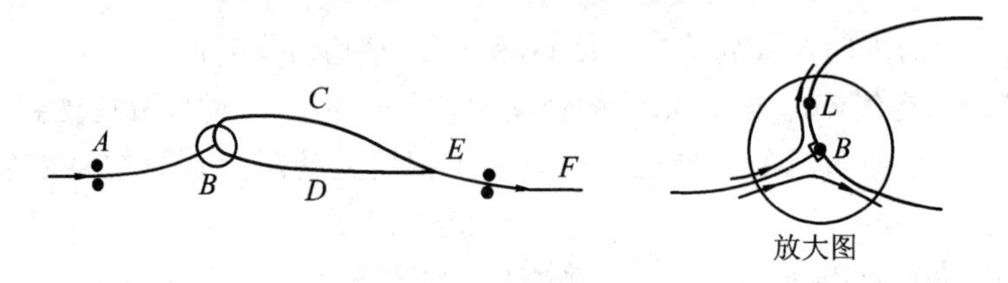

图 7-24　流线的分歧与汇合

在图 7-24 驻点 B 所示的放大图中，翼型升力增加点在 B 点后方，翼型前缘点 L 稍微靠近下侧的地方。翼型升力发生时，最初在点 A 分歧十分靠近的有流体粒子(图 7-24 中的黑圆点)的上、下流线，分别沿翼型的上、下表面前进，在点 E 合流时因$\overset{\frown}{BCE}$的长度比$\overline{BDE}$长，所以流体在翼型上面的速度比在下面的速度要快。由伯努利方程知，翼型上面所受的压力小，下面所受的压力大。于是上下表面上形成的合力将是向上的，这就是机翼所受的升力。

升力的产生，用自由涡流来解释。现在，旋转圆柱，圆柱周围流体像图 7-25(b)一样的旋转。此时，流体的圆周速度如式(3-67)所示，与到圆柱中心的距离成反比，这是一个自由的涡流。另一方面，把不转的圆柱放在均匀流动中，流动变成如图 7-25(a)所示，将图 7-25(a)和图 7-25(b)进行叠加，就能得到放在均匀流动中的旋转圆柱的流动流程图 7-25(c)。这时，圆柱上表面的速度变得很快，底部的速度变慢，于是在圆柱上就产生了垂直流动向上的升力。围绕圆柱周围的自由旋涡的环量为 Γ，均匀来流速度为 U_∞，则单位长度圆柱的升力应为 $\rho\Gamma U_\infty$。

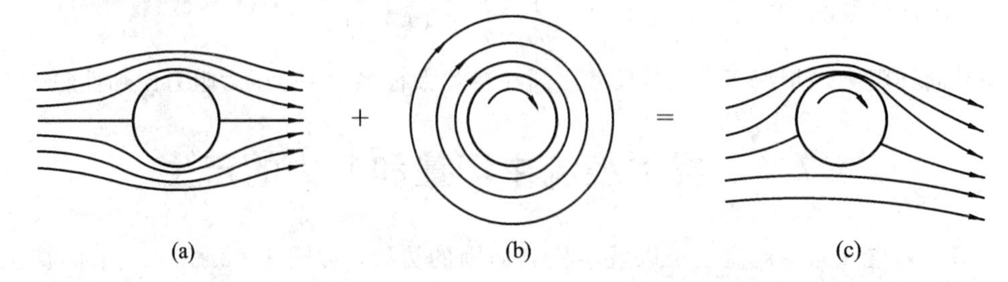

图 7-25　圆柱的环流流动

库塔—儒可夫斯基将有环量圆柱绕流升力公式推广到任意形状物体的绕流，指出：对任何形状物体的绕流中，只要存在环量 Γ，都会产生升力，方向为来流方向(U_∞)按反环量旋转 90°，单位长度上的升力大小为

$$L=\rho\Gamma U_\infty \tag{7-40}$$

这就是库塔-儒可夫斯基定理(Kutta-Joukowski theorem)。

旋转圆柱产生升力可用实验验证，环量本质上是由旋转圆柱通过黏性带动周围流体形成的。翼型不旋转，环量何以产生呢？

绕流翼型产生环量的过程，可分别从以下四个阶段论述：

(1) 翼型运动前，沿包围翼型的封闭线 $ABCD$ 的环量为零(见图 7-26(a))。

(2) 翼型起动后，由于上下翼线长度不同，后驻点位于上翼面尾缘之前方。下部流体绕过尖锐尾缘时形成尾部涡量。根据开尔文定理，必在翼型前部产生大小相等方向相反的涡量。(见图 7-26(b))。

(3) 在反涡量作用下，后驻点向尾缘点移动。随着涡量增强，后驻点不断后移(见图 7-26(c))，直到后驻点与尾缘点重合，上下速度在此平滑联接为止。

(4) 尾涡被冲向下游，沿包围翼型的 $ABEF$ 线环量则保留下来。只要翼型速度等条件不变，该环量则保持不变(见图7-26(d))。

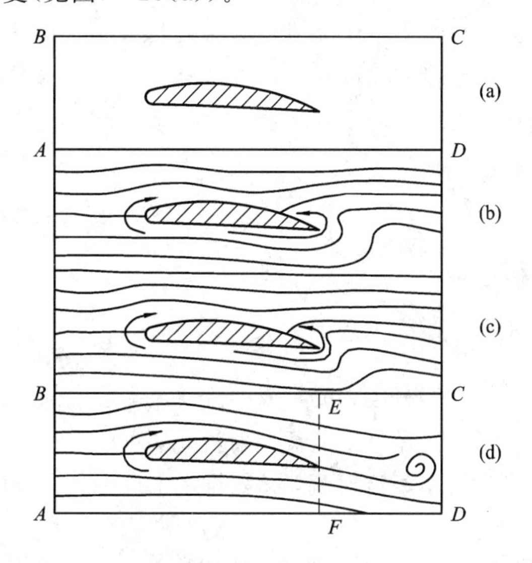

图 7-26　翼型环量的形成

事实上上述过程是瞬间完成的，从尾缘脱落的尾涡称为“起动涡”；而保持在翼型上的涡量称为“附着涡”。如果翼型立即停止，附着涡也随即脱落下来形成“停止涡”，并与起动涡构成大小相等方向相反的涡对，以垂直于它们之间的连线运动。

由上述分析可知，运动翼型上的后驻点与尾缘点重合，沿上下翼面的流动速度在尾缘点平滑衔接是确定翼型绕流环量 Γ 的条件，此条件通常称为库塔条件。许多实验的结果证实是正确的，库塔的条件已成为翼型理论最重要的条件。

当翼型以速度 U_∞ 匀速运动时，由库塔条件确定的绕流环量为 Γ，根据库塔-儒可夫斯基升力定理，翼型升力为 $\rho\Gamma U_\infty$。一般认为环量 Γ 与翼型型线、冲角及尾部形状有关。

如果翼型有较大冲角，则通过实验所观察到的流谱如图 7-27 所示。冲角增大会使上表面边界层提前分离，并且在分离点后形成一漩涡区，它占表面的相当一部分。实测发现漩涡区中的压力是均匀的，大小与来流压力相差无几。在漩涡区后面有一定宽度的尾迹伸向下游，因而升力只能靠漩涡区前面的上表面来产生。因气流的分离与漩涡的出现会使环量大大减小，当分离在如图 7-19 所示位置时，升力往往会完全消失，称“失速状态”。流体的黏性是上述绕流形态不同的根源。它除使升力减小外，同时还带来大小不等的流动阻力，该阻力由边界层内的黏性摩擦阻力和边界层分离而形成的压差阻力两者构成，前者可用边界层理论来求，而后者一般只能根据实验或经验确定。

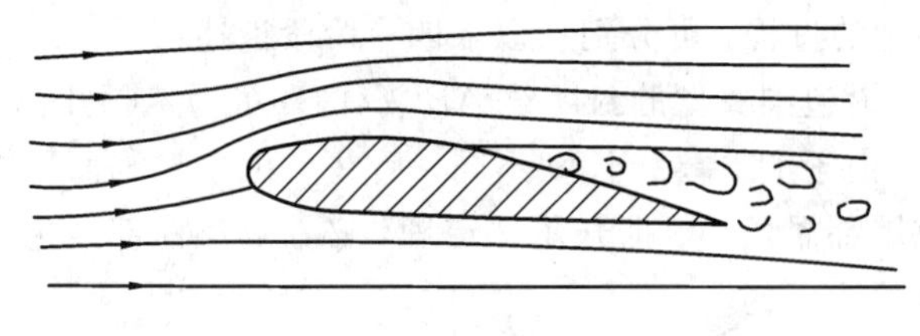

图 7-27 较大冲角的翼型绕流

7.7 射 流

射流是指从孔口、管嘴或缝隙中连续射出的一股具有一定尺寸的流束，射到足够大的空间中继续扩散的流动。在很多工程技术上，如涡轮机、锅炉、燃烧室、石油天然气设备、化工冶金设备等各种流体装置中，以及在给排水、环境工程、暖通空调工程等领域，都会遇到射流问题。本章主要介绍射流的分类和形成，以及射流的流速场、温度场、浓度场，着重于射流的运动分析。

7.7.1 射流的分类和形成

1. 射流的分类

射流可根据不同的特征进行分类。按射流中流体流动形态的不同可分为层流射流与紊流射流。工程技术中所遇到的射流一般是紊流射流，本章所介绍的也是紊流射流。比如暖通空调工程中所遇到的多为气体紊流射流，又如排水工程中所遇到的含有污染物质的废水经排口流入江河、湖泊、水库中，此射流为液体紊流射流。

按射流与射入空间的流体是否相同又可分为淹没射流与非淹没射流。若射流与其周围介质的物理性质相同，则为淹没射流；若不相同，则为非淹没射流。

按射流周围边界的情况可分为自由射流（无限空间射流）和非自由射流（有限空间射流）。若射流进入一个很大的空间，这股射流出流后没有边界对它的影响，称为自由射流。若射流进入一个有限的空间，射流运动多少要受到固体或液体边界的限制，称为非自由射流。贴壁射流和表面射流就是非自由射流。若射流的部分边界贴附在固体边界上，为贴壁射流。若射流沿下游水体的表面（如河面或湖面）射出，则为表面射流。

按射流出流后继续运动的动力，可分为动量射流（简称射流）、浮力羽流和浮射流（浮力射流）。若射流的出流速度大，动量大，出流后继续运动的动力来自动量，称为动量射流。工程技术上遇到的大部分射流就是这种射流。有的射流出流后是靠浮力继续运动的，称为浮力羽流，简称羽流。浮力的产生是靠射流流体与其周围流体密度差或温度差。如密度小的废水泄入含盐量大的海水中，又如烟囱的烟气排入大气。浮力羽流犹如羽毛漂流，故而得名。有些射流在射流的开始流程段上是动量起主要作用，而后维持这股射流流动的是浮力，此射流称为浮射流。本节中讨论的是射流。

另外，按射流出口的断面形状可分为圆型射流、平面射流、矩形射流三种。

2. 紊流射流的形成

以自由淹没紊流圆射流为例，如图 7－28 所示。射流射入无限空间的静止流体中，由于紊流的脉动，卷吸周围静止流体进入射流，两者混掺向前运动，从而增加了射流的流量，也就加宽了射流的宽度，降低了射流的速度。越往下游，射流的边界就越宽，流量也越大，而流速就越小。因此，射流沿流向越来越粗，也流得越来越慢。

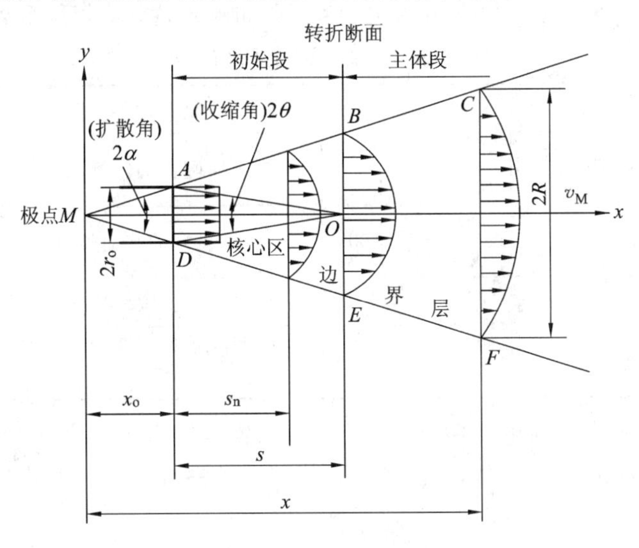

图 7－28　射流结构与射流断面的速度分布

射流在形成稳定的流动形态后，整个射流按出流后是被混掺还是未受混掺分成两部分：由喷口开始向内外扩展的区域，称为射流边界层区，它的外边界与静止流体相接触，内边界与射流的核心区(AOD)相接触；由喷口开始，射流未受混掺保持原出口流速流动的中心部分，称为射流核心区。核心区末断面后的射流就只有射流边界层了。图 7－28 中把射流分成两段：初始段和主体段。若射流以初始速度均匀地从喷口射出，由于上述的卷吸和混掺作用，在离开喷口一定距离以后，保持初始速度 v_0 的射流核心区就消失了。射流核心区完全消失的横断面称为转折断面。喷口与转折断面之间的流段称为初始段，射流核心区就在初始段中。在转折断面之后的流段称为主体段。在主体段中，轴向流速沿流向逐渐减小。射流与静止流体的交界面(速度为零的面)称为射流边界层的外边界面。射流核心区的外边界面就是射流边界层的内边界面。内、外边界面之间的区域就是射流初始段的边界层。由实验结果表明，圆断面的射流外边界面是一个圆锥面，在图 7－28 中，外边界面成了两条外边界直线，线 ABC 和线 DEF 交于点 M，此点称为极点。外边界线之间的夹角称为射流角，也称为射流扩散角，它的一半称为极角，用 α 表示。射流核心区边界线之间的夹角称为核心区收缩角，它的一半用 θ 表示，叫核心区锥角。通常，初始段不长，主要解决主体段的问题。

7.7.2　射流的特征和计算

1. 射流的几何特征

射流外边界扩张的变化规律称为射流的几何特性。了解射流的几何特性主要是要了解射流的扩张半径 R 与射程 s 的关系。所谓射程就是射流断面与射流出口的距离。

影响射流的扩张半径 R 主要因素有两个：

(1) 射流出口断面上流体的紊流强度。紊流强度的大小用紊流系数 κ 表示，紊流系数是表征射流流动结构的特征系数，其值越大，表明紊流强度越大，其与周围介质混合的能力就越强，周围被带动的介质就越多，射流的扩展就越大。

(2) 射孔的形状。不同形状射孔的紊流系数 κ 的实测数值列于表 7－2 中。紊流系数也与射流出口断面上速度分布的均匀性有关。速度分布越不均匀，紊流系数就越大。

表 7－2 紊流系数

喷嘴种类	κ	2α	喷嘴种类	κ	2α
带有收缩口喷嘴	0.066 0.071	25°20′ 27°10′	带金属网格的轴流风机	0.24	78°40′
圆柱形管	0.076 0.08	29°00′	收缩极好的平面喷口	0.108	29°30′
带有导风板的轴流式通风机	0.12	44°30′	平面壁上锐缘狭缝	0.118	32°10′
带导流板的直角弯管	0.20	68°30′	具有导叶且加工磨圆边口的风道上纵向缝	0.155	41°20′

若将 x 轴坐标原点设在极点 M 上，同时又设 s 坐标轴与 x 轴重合，但原点设在射孔出口断面中心上，垂直 x 轴方向为 y 轴，并令 s 为射流的射程坐标。从图 7－28 可以看到

$$\tan\alpha = \frac{R}{x_o + s} \tag{7-41}$$

式中：x_o 为极点 M 到射孔断面中心的距离。将上式右边除以射孔半径 r_o，整理得

$$\frac{R}{r_o} = \left(\frac{x_0}{r_o} + \frac{s}{r_o}\right)\tan\alpha \tag{7-42}$$

对于圆断面射流，根据实验有 $\tan\alpha = 3.4\kappa$。

2. 射流的运动特征

射流的速度分布规律反映出射流的运动特性。许多学者通过大量实验对不同断面上的速度分布进行了测定，得到了射流的速度分布规律。从图 7－28 可见，无论是主体段或初始段内，轴心的速度最大，沿径向(y 轴方向)从轴心向边界层边缘的速度逐渐减小至零。同时可以看到，距离射孔越远(即 x 值增大)，轴心的速度 v_M 越小。有半经验公式：

$$\frac{v}{v_M} = \left[1 - \left(\frac{y}{R}\right)^{1.5}\right]^2 \tag{7-43}$$

式(7－43)如用于主体段，则式中：y 为任一点到轴心的距离，m；R 为该截面上射流半径，m；v 为 y 点上的速度，m/s；v_M 为该截面的轴心速度，m/s。

式(7－43)如用于初始段边界层，则式中：y 为截面上任一点到内边界的距离，m；R 为该截面上边界层厚度，m；v 为 y 点上的速度，m/s；v_M 为核心速度，m/s，如图 7－29 所示。

3. 射流的动力特征

射流过流断面间的动量变化规律称为射流的动力特征。实验证明，射流中任意点上的压力均等于周围气体点上的压力。现取图 7－29 中 1－1、2－2 两断面所截的一段射流隔离体，分析其上的受力情况。因各方向上所受压力均相等，所以作用在隔离体上的外力之和为零。根据动量定律可知，1－1 与 2－2 断面的动量是相等的。由此可得射流沿 x 轴向各断

面上的动量是相等的(动量是守恒的)，这就是射流的动力学特性。

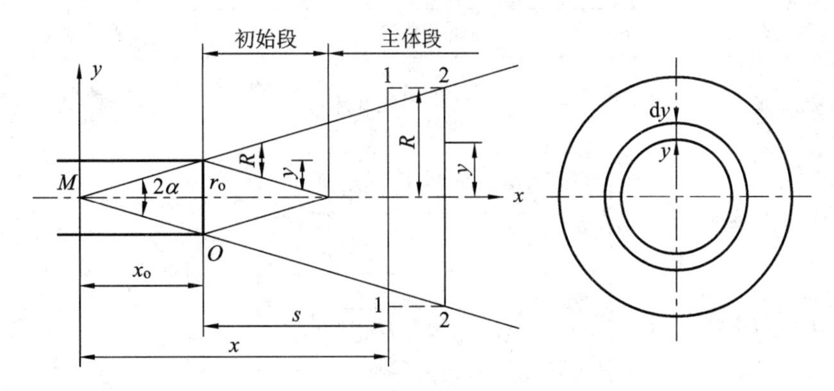

图 7-29　射流的动力特性

圆断面射孔射流的任意截面上的动量可表示为

$$\rho Q_{V_o} v_o = \pi\rho r_o^2 v_o^2 = \int_0^R 2\pi\rho u^2 y\mathrm{d}y \tag{7-44}$$

式中：ρ 为射流流体的密度；Q_{V_o}为射孔出口截面上的流量，m^3/s。

4. 平面射流

仅在平面上扩张的射流为平面射流。从相当长的条缝形射孔中射出的气体，只能在垂直于条缝长度方向的平面上扩张运动，形成的就是平面射流。平面射流的几何、运动及动力特征完全与圆截面射流相似，不同的是平面射流的射孔用 $2b_o$(b_o 为半高)表示，边界层厚度用 b 表示。实验测得平面射流的 $\tan\alpha=2.44\kappa$。详情见表 7-3。

表 7-3　射流参数的计算公式

段名	参数名称	符号	圆断面射流	平面射流
主体段	扩散角	α	$\tan\alpha=3.4\kappa$	$\tan\alpha=2.44\kappa$
	射流半径或半高度	D b	$\frac{D}{d_o}=6.8\left(\frac{\kappa s}{d_o}+0.147\right)$	$\frac{b}{b_o}=2.44\left(\frac{\kappa s}{b_o}+0.41\right)$
	轴心速度	v_M	$\frac{v_M}{v_o}=\frac{0.48}{\frac{\kappa s}{d_o}+0.147}$	$\frac{v_M}{v_o}=\frac{1.2}{\sqrt{\frac{\kappa s}{b_o}+0.41}}$
	流量	Q_V	$\frac{Q_V}{Q_{V_o}}=4.4\left(\frac{\kappa s}{d_o}+0.147\right)$	$\frac{Q_V}{Q_{V0}}=1.2\sqrt{\frac{\kappa s}{b_o}+0.41}$
	断面平均流速	v_1	$\frac{v_1}{v_o}=\frac{0.095}{\frac{\kappa s}{d_o}+0.147}$	$\frac{v_1}{v_o}=\frac{0.492}{\sqrt{\frac{\kappa s}{b_o}+0.41}}$
	质量平均流速	v_2	$\frac{v_2}{v_o}=\frac{0.23}{\frac{\kappa s}{d_o}+0.147}$	$\frac{v_2}{v_o}=\frac{0.833}{\sqrt{\frac{\kappa s}{b_o}+0.41}}$

续表

段名	参数名称	符号	圆断面射流	平面射流
初始段	流量	Q_V	$\frac{Q_V}{Q_{V0}}=1+0.76\frac{\kappa s}{r_o}+1.32\left(\frac{\kappa s}{r_o}\right)^2$	$\frac{Q_V}{Q_{V0}}=1+0.43\frac{\kappa s}{b_o}$
	断面平均流速	v_1	$\frac{v_1}{v_o}=\frac{1+0.76\frac{\kappa s}{r_o}+1.32\left(\frac{\kappa s}{r_o}\right)^2}{1+6.8\frac{\kappa s}{r_o}+11.56\left(\frac{\kappa s}{r_o}\right)^2}$	$\frac{v_1}{v_o}=\frac{1+0.43\frac{\kappa s}{b_o}}{1+2.44\frac{\kappa s}{b_o}}$
	质量平均流速	v_2	$\frac{v_2}{v_o}=\frac{1}{1+0.76\frac{\kappa s}{r_o}+1.32\left(\frac{\kappa s}{r_o}\right)^2}$	$\frac{v_2}{v_o}=\frac{1}{1+0.43\frac{\kappa s}{b_o}}$
	核心长度	s_n	$s_n=0.672\frac{r_o}{\kappa}$	$s_n=1.03\frac{b_o}{\kappa}$
	喷嘴至极点距离	x_o	$x_o=0.294\frac{r_o}{\kappa}$	$x_o=0.41\frac{b_o}{\kappa}$
	收缩角	θ	$\tan\theta=1.49\kappa$	$\tan\theta=0.97\kappa$

表 7-3 中的断面平均流速 v_1 表示射流断面上各点流速的算术平均值。通过计算可得断面平均流速仅为轴心速度 v_M 的 20%，在工程上 v_1 常常不能恰当地反映被使用区的速度，为此引入质量平均流速 v_2。

质量平均流速的定义为具有与过流断面上的射流质量相乘所得之动量与射流出口截面上动量相等的速度，即

$$v_2\rho Q_V = v_o\rho Q_{Vo} \tag{7-45}$$

通过计算可得 $v_2=0.47v_M$。

在起始段内，由于轴心速度 v_M 等于出口速度 v_o，v_M 的大小与射程无关。因此，在起始段内只讨论 v_M 以外的参数与射程 s 的关系。

从表 7-3 中可以看出，平面射流和圆断面射流相比，流量与速度的变化都要缓慢些。这是因为射流运动的扩张被限定在垂直于条缝长度的平面上的缘故。

另外，圆断面射流主体段内运动参数变化的规律亦适用于矩形截面的射孔。只是在计算时要将公式中的 d_o 或 r_o 换算成与矩形截面相对应的当量直径或半径。

【例 7-7】 用带导流板的轴流风机水平送风，风机直径 $d_o=600$ mm，出口风速为 10 m/s。求距出口 10 m 处的轴心速度和风量。

解 依题意，由表 7-2 查得紊流系数 $\kappa=0.12$，在表 7-3 中查得核心长度计算公式，并将 $d_o=600$ mm 代入公式可得

$$s_n = 0.672\frac{r_o}{\kappa} = 0.672\times\frac{0.3}{0.12} = 1.68(\text{m}) < 10\ \text{m}$$

可判断距出口 10 m 处为主体段，采用表 7-3 中的圆断面射流主体段公式：

$$\frac{v_M}{v_o} = \frac{0.48}{\frac{\kappa s}{d_o}+0.147} = \frac{0.48}{\frac{0.12\times10}{0.6}+0.147} = 0.225$$

轴心风速为

$$v_M=0.225v_o=0.225\times10=2.25(\text{m/s})$$

风量为

$$\frac{Q_V}{Q_{V0}} = 4.4\left(\frac{\kappa s}{d_o} + 0.147\right) = 4.4\left(\frac{0.12 \times 10}{0.6} + 0.147\right) = 9.45$$

$$Q_V = 9.45 Q_{V0} = 9.45 \times \frac{\pi}{4} d_o^2 v_o = 9.45 \times \frac{\pi}{4} \times 0.6^2 \times 10 = 26.7(\mathrm{m^3/s})$$

7.7.3　温差(浓差)射流

1. 温差(浓差)射流

在空调工程中，常将冷风或热风射入高温或低温空间，从而达到降温或采暖的目的，这时就形成温差射流；在通风工程中，要把有害气体及灰尘浓度降低以净化空气，就要将清洁空气送入活动空间，这就形成浓差射流。这两种射流中，除存在射流的速度场以外，还有温度场或浓度场。

温差或浓差射流的分析，主要是研究射流温差、浓差分布的规律，同时讨论由温差、浓差引起的射流弯曲的轴心轨迹。

温度场或浓度场的形成与速度场相同，随着射流横向的动量交换，在质量交换的同时，还出现了热量的交换和浓度的变化，形成了扩散的温度场和浓度场。但是，由于热量扩散比动量扩散要快些，从而温度场比速度场的边界发展也要快些。因此，温度场与速度场相比，其外边界更宽些，而内边界更窄些，如图 7－30(a)所示。实线为速度场的边界，虚线为温度场的边界。浓度的扩散与温度的扩散完全相似。

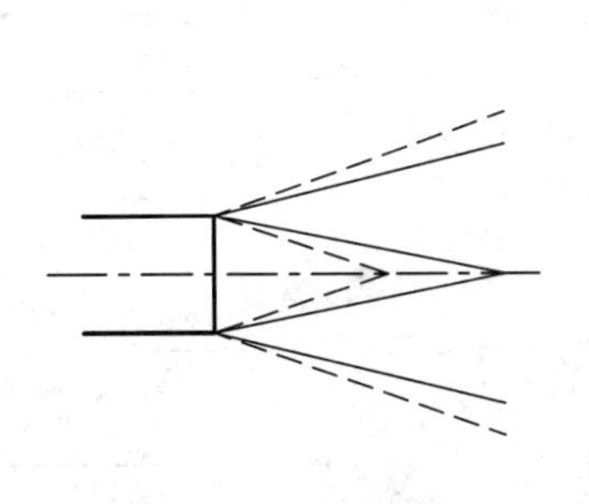

(a) 射流温度场与速度场的边界对比

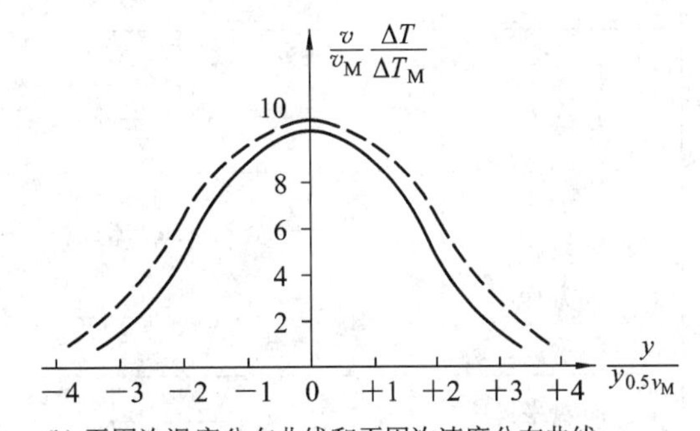

(b) 无因次温度分布曲线和无因次速度分布曲线

图 7－30　射流温度场与速度场边界对比

然而在实际应用中，为了简化起见，可以认为温度场、浓度场的内外边界与速度场的内外边界相同，于是温差射流和浓差射流运动参数的变化规律完全可以采用上两节讨论的结果。在此则只需讨论温度场和浓度场的参数变化规律。

设脚标 e、o、M 分别表示环境、出口及轴心气体的标识符号，则对温度场与浓度场的讨论采用以下参数：

出口断面温差	$\Delta T_o = T_o - T_e$
轴心上温差	$\Delta T_M = T_M - T_e$
截面上任一点温差	$\Delta T = T - T_e$
出口断面浓差	$\Delta x_o = x_o - x_e$
轴心上浓差	$\Delta x_M = x_M - x_e$

截面上任一点浓差 $\Delta x = x - x_e$

根据实验测得射流截面上温差分布、浓差分布与速度分布的关系如下：

$$\frac{\Delta T}{\Delta T_M} = \frac{\Delta x}{\Delta x_M} = \sqrt{\frac{v}{v_M}} = 1 - \left(\frac{y}{R}\right)^{3/2} \tag{7-46}$$

将$\frac{\Delta T}{\Delta T_M}$与$\frac{v}{v_M}$绘制在同一个无因次坐标系中，可以看到无因次温度分布曲线(虚线)比无因次速度分布曲线(实线)要宽，也证实了前面的分析。

温差射流还有一热力特性。在等压条件下，以周围气体的焓值作为起算点，射流各横截面上的相对焓值保持不变。

浓差射流的浓度场变化规律完全与温度场相同。温差、浓差射流参数计算公式见表7-4。

表7-4 温差、浓差的射流计算公式

段名	参数名称	符号	圆断面射流	平面射流
主体段	轴心温差	ΔT_M	$\frac{\Delta T_M}{\Delta T_o} = \frac{0.35}{\frac{\kappa s}{d_o} + 0.147}$	$\frac{\Delta T_M}{\Delta T_o} = \frac{1.032}{\sqrt{\frac{\kappa s}{b_o} + 0.41}}$
	质量平均温差	ΔT_2	$\frac{\Delta T_2}{\Delta T_o} = \frac{0.23}{\frac{\kappa s}{d_o} + 0.147}$	$\frac{\Delta T_2}{\Delta T_o} = \frac{0.833}{\sqrt{\frac{\kappa s}{b_o} + 0.41}}$
	轴心浓差	Δx_M	$\frac{\Delta x_M}{\Delta x_o} = \frac{0.35}{\frac{\kappa s}{d_o} + 0.147}$	$\frac{\Delta x_M}{\Delta x_o} = \frac{1.032}{\sqrt{\frac{\kappa s}{b_o} + 0.41}}$
	质量平均浓差	Δx_2	$\frac{\Delta x_2}{\Delta x_o} = \frac{0.23}{\frac{\kappa s}{d_o} + 0.147}$	$\frac{\Delta x_2}{\Delta x_o} = \frac{0.833}{\sqrt{\frac{\kappa s}{b_o} + 0.41}}$
	轴线轨迹方程	y	$\frac{y}{d_o} = \frac{x}{d_o}\tan\beta + Ar\left(\frac{x}{d_o\cos\beta}\right)^2 \times \left(0.51\frac{\kappa x}{d_o\cos\beta} + 0.35\right)$	$\frac{y}{2b_o} = \frac{0.226Ar\left(\kappa\frac{x}{2b_o} + 0.205\right)^{2.5}}{\kappa^2\sqrt{T_e/T_o}}$
初始段	质量平均温差	ΔT_2	$\frac{\Delta T_2}{T_o} = \frac{1}{1 + 0.76\frac{\kappa s}{r_o} + 1.32\left(\frac{\kappa s}{r_o}\right)^2}$	$\frac{\Delta T_2}{\Delta T_o} = \frac{1}{1 + 0.43\frac{\kappa s}{b_o}}$
	质量平均浓差	Δx_2	$\frac{\Delta x_2}{x_o} = \frac{1}{1 + 0.76\frac{\kappa s}{r_o} + 1.32\left(\frac{\kappa s}{r_o}\right)^2}$	$\frac{\Delta x_2}{\Delta x_o} = \frac{1}{1 + 0.43\frac{\kappa s}{b_o}}$
	轴线轨迹方程	y	$\frac{y}{d_o} = \frac{x}{d_o}\tan\beta + 0.5Ar\left(\frac{x}{d_o\cos\beta}\right)^2$	$\frac{y}{2b_o} = \frac{x}{2b_o}\tan\beta + Ar\left(\frac{x}{2b_o\cos\beta}\right)^2$

注：Ar为阿基米德准数，对圆截面射流，$Ar = \frac{gd_o\Delta T_o}{v_o^2 T_e}$；对平面射流，$Ar = \frac{g2b_o\Delta T_o}{v_o^2 T_e}$。

2. 射流弯曲

温差射流或浓差射流由于密度与周围气体密度不同，所受的重力与浮力不相平衡，使整个射流发生向下或向上弯曲，如图7-31所示。对轴心线而言，整个射流仍可看做是对称轴线，所以可将轴心线的弯曲轨迹作为射流的弯曲轨迹。

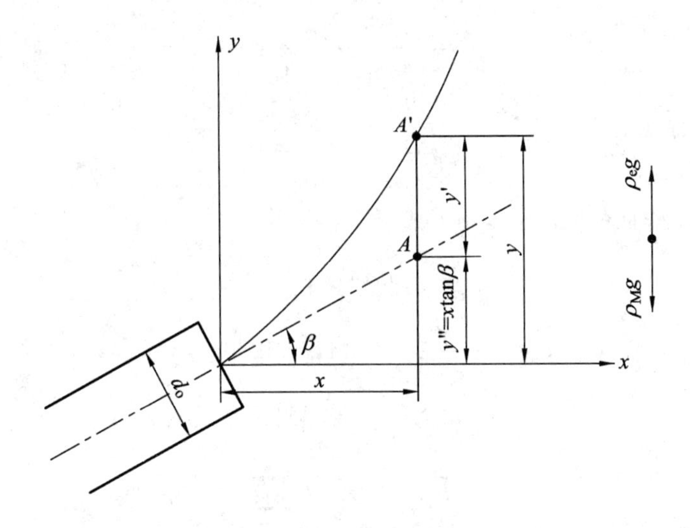

图 7-31　射流弯曲

如图 7-31 所示，有一热射流自直径为 $d_{\circ}$ 的喷嘴中喷出，射孔轴线与水平线成 β 角，对图中轴心线上具有单位体积质量的质点 A 的受力情况进行分析，根据牛顿定律以及前面所学知识，可推出温差或浓差射流轴心线弯曲的轨迹方程，列于表 7-4 中。

【例 7-8】 某车间进行通风降温，工作面直径为 $D=2.5$ m，车间空气温度 30℃，要求工作地点的质量平均温度降到 25℃，采用带导叶的通风机，送风温度为 15℃，质量平均风速为 3m/s，紊流系数 $\kappa=0.12$。求：(1) 风口的直径及速度；(2) 风口到工作面的距离。

解　(1) 依题意可知：

射流温差为

$$\Delta T_{\circ}=T_{\circ}-T_{e}=15-30=-15(℃)$$

质量平均温差为

$$\Delta T_2=25-30=-5(℃)$$

设工作区在主体段，查表 7-4 得

$$\frac{\Delta T_2}{\Delta T_{\circ}}=\frac{0.23}{\frac{\kappa s}{d_{\circ}}+0.147}=\frac{-5}{-15}=\frac{1}{3}$$

可求得

$$\frac{\kappa s}{d_{\circ}}+0.147=0.23\times 3=0.69$$

代入表 7-3 中的公式得

$$\frac{D}{d_{\circ}}=6.8\left(\frac{\kappa s}{d_{\circ}}+0.147\right)=6.8\times 0.69$$

风口直径为

$$d_{\circ}=\frac{2.5}{6.8\times 0.69}=0.525(\text{m})$$

工作点质量平均风速要求 3 m/s，查表 7-3 得

$$\frac{v_2}{v_o}=\frac{0.23}{\frac{\kappa s}{d_o}+0.147}=\frac{1}{3}$$

风机出口风速为

$$v_o=9(\mathrm{m/s})$$

(2) 风口到工作面的距离 s 可用下式求得

$$\frac{\kappa s}{d_o}+0.147=0.69$$

$$\frac{0.12s}{0.525}+0.147=0.69$$

$$s=2.38(\mathrm{m})$$

思　考　题

7-1　何谓边界层？研究边界层有何用处？

7-2　边界层的分离现象是怎样产生的？

7-3　绕流的升力和阻力是怎样产生的？各与哪些因素有关？

7-4　流体绕流平板受到哪些阻力？

7-5　圆柱体的环流是怎样产生的？升力是如何形成的？

7-6　翼型的环流是怎样产生的？升力是如何形成的？

7-7　什么是射流？射流如何分类？

7-8　无限空间射流的结构如何？有哪些特征？

7-9　什么是温差射流？其弯曲的原因是什么？

习　题

7-1　正面面积为 1.68 m^2 的乘用车，行驶速度为 60 km/h 时，车受到的空气阻力为 103 N，求该车的阻力系数。空气的密度为 1.226 kg/m^3。

7-2　与空气流动方向成垂直角度放置的圆板的阻力系数为 1.17。圆板的直径为0.3 m，当在空气以 48 km/h 运动时，求圆板所需要的力和动力的大小。空气的密度为 1.226 kg/m^3。

7-3　长度 0.75 m 的光滑的薄二维平板，放置在水温为 20℃、流速为 0.60 m/s 均匀流中，板面都是层流边界层，求单位宽度平板的摩擦阻力和摩擦系数。

7-4　运动黏度为 1.0×10^{-5} m^2/s、相对密度为 0.80 的液体中，平稳运动着光滑的平板。板的前端距离基准长度的点的雷诺数为 4×10^6，摩擦应力为 5.0 Pa，板面为紊流边界层，板长为 6 m，求板面单位宽度的摩擦阻力。

7-5　雷诺数为 1、10、100 和 1000 的气流中放置直径为 0.3 m 的光滑的圆柱，求圆柱受到的阻力。空气密度为 1.226 kg/m^3，C_D 的值查图 7-14。

7-6　棒球投手将直径 75 mm 球以 144 km/h 的速度投出，这个球受到阻力。(1) 按图 7-15 求阻力系数；(2) 求临界雷诺数的阻力系数。空气密度和黏度分别为 1.226 kg/m^3 和 1.789×10^{-3} Pa・s。

7-7　同一流体中的雷诺数分别为 6×10^5 和 1×10^5 的场合，求球的阻力比。C_D 的值查图 7-15。

7-8　风速 150 km/h 的风洞里有一个直径为 250 mm 的球，与直径为 50 mm 的球，在温度 15℃的水中是一样的阻力系数，求水的速度是多少？两个球的阻力？空气密度 $\rho=1.226\ kg/m^3$，黏度 $\mu=1.789\times10^{-5}\ Pa\cdot s$。

7-9　运动黏度为 $0.011\ m^2/s$、相对密度为 0.95 的油，在满的深油箱中，直径为 12.5 mm、相对密度为 11.4 的铅球下落时的速度是多少？

7-10　用一带金属网格的轴流风机水平送风，风机直径 $d_o=500$ mm，出口风速 15 m/s，求距出口 15 m 处的轴心速度和风量。

7-11　已知空气淋浴地带要求射流半径为 12 m，质量平均流速 $v_2=3$ m/s，圆柱形喷嘴直径为 0.3 m。求：① 核心长度 s_n；② 喷口至工作地带的距离 s；③ 喷嘴流量 Q_{V_0}。

第 8 章　孔口、管嘴和缝隙的水力计算

8.1　孔 口 出 流

在工程实际中，常遇到液体流经孔口的出流问题，如水箱、蓄水池、堤坝的孔洞、储液池容器的泄水孔以及有压管路中的孔口等。液体自容器侧壁或底板上的孔洞泄出，称为孔口出流，孔洞称为孔口。根据孔口的结构形状和出流条件的不同，孔口出流可分为：薄壁孔口和厚壁孔口；大孔口和小孔口；自由出流、淹没出流和有压淹没出流。若孔口具有尖锐的边缘，则流体流过孔口时只有线接触，称为薄壁孔口，其出流阻力只有孔口处的局部阻力。若孔口为非锐缘，则液体出流时为面接触，其出流阻力有所增大。按孔口高度或直径 d_o 与水头 H 的比值大小，可以把孔口分为大孔口和小孔口。$d_o < H/10$ 时称为小孔口，这时作用在小孔口过水断面上各点的水头可以认为都等于其形心处的水头 H，近似地认为全断面上的速度都相等。$d_o \geqslant H/10$ 时称为大孔口，其孔口断面上部、下部的水头有明显不同，因而速度也不同。孔口出流于大气中时称为自由出流；孔口出流于液体中时称为淹没出流。液体经孔口出流过程中，若液面位置不变，称为定水头(稳定)出流。

8.1.1　定常水头下薄壁圆形小孔的稳定自由出流

如图 8-1 所示，为薄壁圆形小孔的稳定自由出流。它属于孔口出流的典型情况，是分析孔口出流的基础。液流经过孔口时，流线不能转折，故液体在流出孔口后有收缩现象，在离孔口不远的地方，过流断面达到最小值，这个最小的过流断面称为收缩断面，如图 8-1 中 $c-c$ 所示，其面积用 A_c 表示。根据孔口所在的位置的不同，收缩状况将有所不同，如图 8-2 所示。位置 1 和位置 2 紧贴容器边壁或容器底，这时，液流将仅在靠近壁或底以外的周界处发生收缩，称为部分收缩；而在位置 3 和 4 的孔口，其周界全部远离壁或底，液流将在全部周界处发生收缩，称为全部收缩。

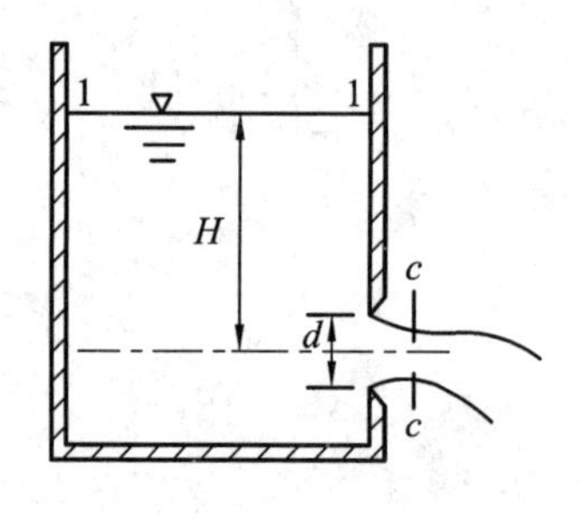

图 8-1　薄壁孔口示意图

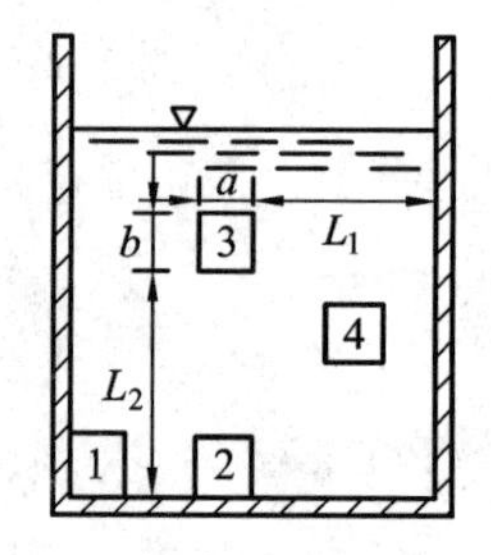

图 8-2　孔口的不同位置

如果孔口周界距壁的距离 $L_1 > 3a$ 及距底的距离 $L_2 > 3b$，则出流不受边界的影响，称

完善收缩；否则称为非完善收缩。完善收缩和非完善收缩时的水股外形见图 8-3。

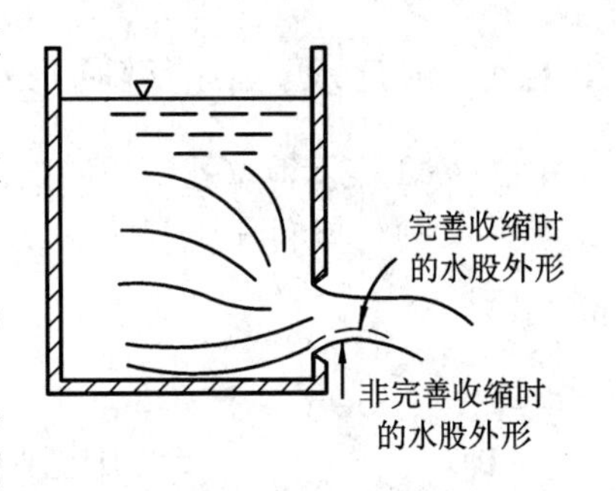

图 8-3　完善和非完善收缩水股外形

收缩断面面积 A_c 与孔口断面面积 A 的比值称为收缩系数，用 ε 表示，即

$$\varepsilon=\frac{A_c}{A} \tag{8-1}$$

孔口出流的流速和流量公式可用伯努利方程求出。如图 8-1 所示，以通过孔口中心的水平面为基准面，列 1-1 和 $c-c$ 断面伯努利方程，即

$$H+0+0=0+0+\frac{v_c^2}{2g}+h_w$$

取 $h_w=\zeta\frac{v_c^2}{2g}$，$\zeta$ 为孔口局部阻力系数，于是有

$$H=(1+\zeta)\frac{v_c^2}{2g}$$

从而得

$$v_c=\frac{1}{\sqrt{1+\zeta}}\sqrt{2gH}$$

令 $C_v=1/\sqrt{1+\zeta}$，则

$$v_c=C_v\sqrt{2gH} \tag{8-2}$$

式中，C_v 为流速系数。

流速系数 C_v 与局部阻力系数 ζ 值有关，而局部阻力系数 ζ 值与壁孔的形状、孔口大小、位置、进口形式等因素有关。C_v 值由实验测定。对完善收缩的小孔一般可取 $C_v=0.97$。

孔口自由出流的流量为

$$Q=A_c v_c=\varepsilon A C_v\sqrt{2gH}$$

令 $\varepsilon C_v=C_q$，为流量系数，其值通常由实验测定，即

$$Q=C_q A\sqrt{2gH} \tag{8-3}$$

对薄壁圆形小孔来说，实验表明，完善收缩时，$\varepsilon=0.63\sim0.64$，$C_v=0.97\sim0.98$，$C_q=\varepsilon C_v=0.97\times0.63\sim0.98\times0.64=0.61\sim0.63$。

大孔口流量仍用式(8-3)计算，并且只计局部损失，不计沿程损失。在实际工程中，大孔口出流往往属于部分和不完善收缩。大孔口的流量系数可按表 8-1 选用。

表 8-1　大孔口流量系数 C_q 值

孔口形式和出流收缩情况	流量系数 C_q	孔口形式和出流收缩情况	流量系数 C_q
中型孔口出流，全部收缩	0.65	底孔口出流，底部无收缩，两侧收缩适度	0.70～0.75
大型孔口出流，全部、不完善收缩	0.70	底孔口出流，底部和两侧均无收缩	0.80～0.85
底孔口出流，底部无收缩，两侧收缩显著	0.65～0.70		

8.1.2　定常水头下薄壁圆形小孔的稳定淹没出流

图 8-4 表示薄壁孔口的淹没出流，以孔口中心线为基准面，对水箱水面 1-1 和收缩断面 $c-c$ 列伯努利方程，则

$$z_1 = \frac{p_c}{\rho g} + \frac{v_c^2}{2g} + h_w$$

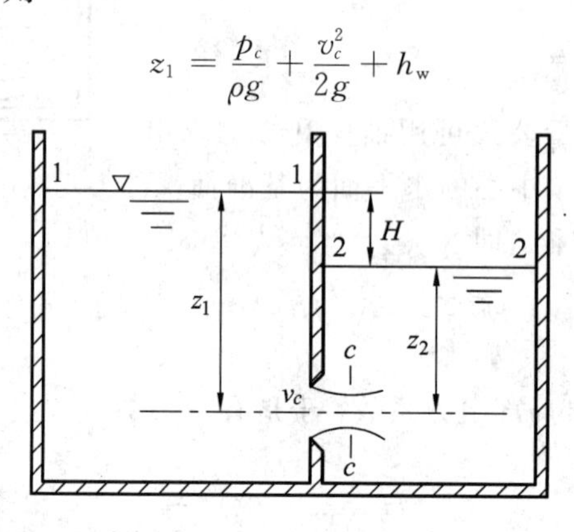

图 8-4　淹没孔口出流

断面 $c-c$ 所受到的静压力为

$$p_c = \rho g z_2$$

取 $h_w = \xi \frac{v_c^2}{2g}$ 为孔口局部阻力系数，于是有

$$z_1 = \frac{p_c}{\rho g} + \frac{v_c^2}{2g} + h_w = \frac{\rho g z_2}{\rho g} + \frac{v_c^2}{2g} + \zeta \frac{v_c^2}{2g} = z_2 + (1+\zeta)\frac{v_c^2}{2g}$$

$$z_1 - z_2 = (1+\zeta)\frac{v_c^2}{2g}$$

所以

$$H = (1+\zeta)\frac{v_c^2}{2g}$$

$$v_c = \frac{1}{\sqrt{1+\zeta}}\sqrt{2gH}$$

$$Q = A_c v_c = C_q A\sqrt{2gH} \tag{8-4}$$

由此可见，淹没出流与自由面出流的水力计算公式的区别是此时 H 代表上、下游的液面差。淹没出流的 ε、C_v、C_q 值与自由出流时的相应值相差不大，使用上可以认为相等。

对于管路上的薄壁小孔，如孔板流量计，液压节流小孔等，也属于淹没出流，如图 8-5 所示。液体流经孔口时，因惯性作用而发生收缩，在孔口后段形成收缩最大的最小通流截面 $c-c$。在Ⅰ-Ⅰ和 $c-c$ 截面，列出伯努利方程，即

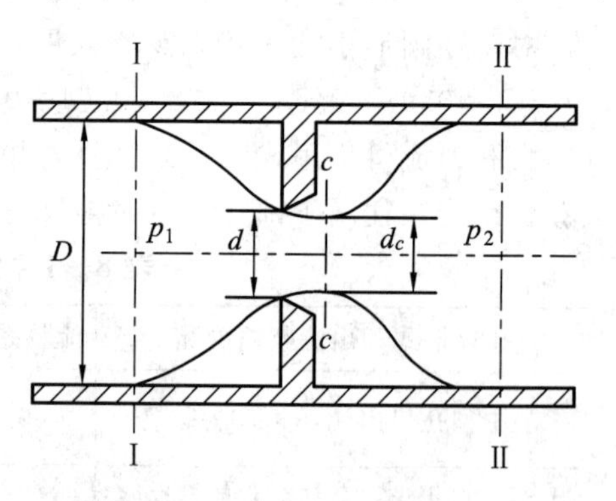

图 8-5　管路中薄壁小孔出流

$$z_1 + \frac{p_1}{\rho g} + \frac{\alpha_1 v_1^2}{2g} = z_2 + \frac{p_c}{\rho g} + \frac{\alpha_2 v_c^2}{2g} + h_{w1-2}$$

式中，$z_1=z_2$；$v_1 \ll v_c$，因而 v_1 可忽略。收缩断面的流动呈紊流，$\alpha_1=\alpha_2=1$。h_{w1-2}主要是局部损失，可取 $h_{w1-2}=h_j=\zeta\frac{v_c^2}{2g}$，代入上式后

$$v_c=\frac{1}{\sqrt{1+\zeta}}\sqrt{\frac{2}{\rho}(p_1-p_c)} \tag{8-5}$$

通过孔口的流量为

$$Q=A_c v_c=\varepsilon A\frac{1}{\sqrt{1+\zeta}}\sqrt{\frac{2}{\rho}(p_1-p_c)}$$

令 $C_q=\varepsilon\frac{1}{\sqrt{1+\zeta}}$，则

$$Q=C_q A\sqrt{\frac{2}{\rho}\Delta p} \tag{8-6}$$

式(8-6)中的 C_q 取值同式(8-4)。如果将式(8-6)中的压差用高度差 H 来表示，$\Delta p=\rho g H$，代入上式，则得与式(8-4)同样的形式。

由式(8-6)可知，液体流经薄壁孔口的流量 Q 与小孔前、后的压差 Δp 的平方根以及小孔的通流断面面积 A 成正比，而与黏度无关。实验证明，薄壁小孔的流量受油温的影响较小。由于这一优良特性，液压系统中常用薄壁小孔作为节流调速用。

8.1.3　变水头孔口出流

在工程上还会遇到薄壁孔口非定常出流问题，例如盛液容器的放空或充满，容器中液位的变化形成变水头作用下的孔口出流问题；又如各类液体缓冲器和阻尼减振装置，液体经阻尼孔由缸体的一侧流入另一侧，形成变压力作用下的孔口出流问题。这些都是孔口的非定常出流问题。但是当孔口面积远小于容器的截面积时，由于液体的升降或压力的变化缓慢，惯性力可以忽略不计。这样，在 dt 微元时段内，可以认为水头或压力不变，而按准定常流来处理。

现以柱形容器、没有流量注入、孔口自由泄流的简单情况为例来讨论变水头的出流问题。如图 8-6 所示，容器内自由表面积为 S，在 dt 时段内水头的增量为 dH（泄水时 dH 取负值），则 dt 时段内孔口的泄水量为 $Q\mathrm{d}t=-S\mathrm{d}H$，应用定常流孔口自由出流的流量公式(8-3)，有

$$C_q A\sqrt{2gH}\,\mathrm{d}t=-S\mathrm{d}H$$

$$\mathrm{d}t=-\frac{S}{\mu A\sqrt{2g}}\frac{\mathrm{d}H}{\sqrt{H}}$$

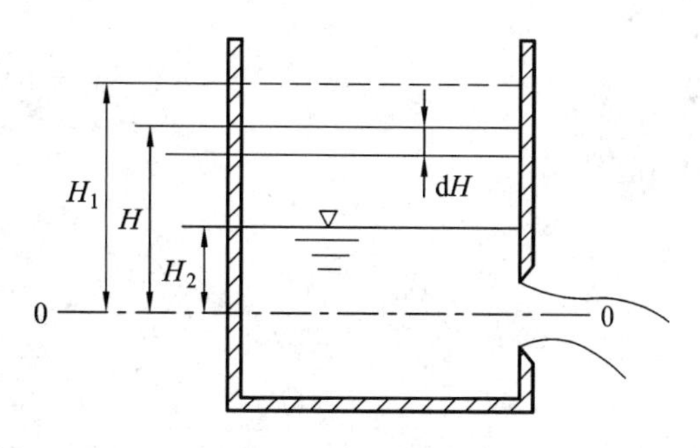

图 8-6　变水头孔口出流

对上式积分可得水头从 H_1 降至 H_2 所需的时间 t。柱形容器断面积 S 为常数，可以提到积分号外，则

$$t=\int_0^t \mathrm{d}t=-\frac{S}{\mu A\sqrt{2g}}\int_{H_1}^{H_2}\frac{\mathrm{d}H}{\sqrt{H}}=\frac{2S}{\mu A\sqrt{2g}}(\sqrt{H_1}-\sqrt{H_2}) \tag{8-7}$$

当 $H_1=H$、$H_2=0$ 时，式(8-7)写为

$$t=\frac{2SH}{\mu A\sqrt{2gH}} \tag{8-8}$$

因 $SH/(\mu A\sqrt{2gH})$ 即孔口稳定出流时泄放体积为 SH 的液体所需要的时间，因此，式(8-8)表明非稳定流的泄水时间相当于相同水头下稳定泄放同样体积所需要时间的两倍。

8.2 管嘴出流

在实际工程中，常遇到管嘴的出流问题，例如高压喷射钻井所用的喷嘴、注水井中分层定量配水所用的配水嘴、通风工程中的送风口、消防水枪及各种喷嘴等。

8.2.1 圆柱形管嘴定常出流

在孔口上接一长度 $l=(3\sim4)d$（d 为孔口直径）的短管，称为管嘴。

图 8-7 所示为圆柱形外管嘴的液体出流。液体经管嘴出流时，如同孔口出流一样先发生液流的收缩现象，然后逐渐扩大充满全管嘴后流出。由于管嘴壁的作用使液体出流时的流线都将有同一方向，因此液体从管嘴流出时不再发生收缩，其收缩系数 $\varepsilon=1$。

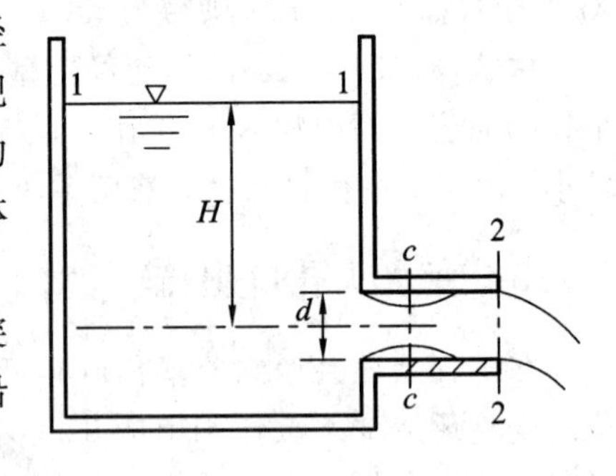

图 8-7　管嘴出流

液体经管嘴出流的阻力除有和孔口出流一样的突然收缩的局部阻力外，还有突然扩大的局部阻力和沿程阻力。下面推导管嘴出流的水力计算公式。

对容器内液面上一点和管嘴出口断面形心点建立能量平衡方程式，简化后得

$$H=\frac{\alpha_2 v_2^2}{2g}+\sum\xi\frac{v_2^2}{2g}=(\alpha_2+\sum\xi)\frac{v_2^2}{2g}$$

$$v_2=\frac{1}{\sqrt{\alpha_2+\sum\xi}}\sqrt{2gH}=C_v\sqrt{2gH}$$

式中：

$$\sum\xi=\zeta_{孔}+\zeta_{扩}+\lambda\frac{L}{D}$$

同样可得到流量为

$$Q=Av_2=AC_v\sqrt{2gH}=C_qA\sqrt{2gH}$$

又因 $\varepsilon=1$，故 $C_v=C_q$。液体从圆柱形外管嘴出流时，其阻力类似于管子进口的阻力损失，因此 $\sum\xi=\xi_{进}=0.5$，于是有

$$C_q=C_v=\frac{1}{\sqrt{1+\sum\xi}}=\frac{1}{\sqrt{1+0.5}}=0.82$$

这一数值被实验证明是正确的。由此，在同一作用水头 H 和同一出流断面积 A 的条件下，$C_{q.管嘴}=0.82$，$C_{q.孔口}=0.65$，所以管嘴出流量大于孔口出流量。按照流体力学的基

本原理，加装管嘴后，就相当于在孔口之后又增加了一个局部阻力构件，其流量应该变小。那么为什么流量会变大呢？下面就来分析流量变大的原因。

对1-1液面和$c-c$断面轴心线建立能量平衡方程式，有

$$H+\frac{p_a}{\rho g}+\frac{v_1^2}{2g}=0+\frac{p_c}{\rho g}+\frac{v_c^2}{2g}+\xi_{孔}\frac{v_c^2}{2g}$$

令$v_1=0$，h_v表示真空度，得

$$h_v=\frac{p_a-p_c}{\rho g}=(1+\xi_{孔})\frac{v_c^2}{2g}-H$$

又

$$v_c=\frac{Q}{A_c}=\frac{C_q A\sqrt{2gH}}{\varepsilon A}=\frac{C_q}{\varepsilon}\sqrt{2gH}$$

于是

$$h_v=\left[(1+\xi_{孔})\frac{C_q^2}{\varepsilon^2}-1\right]H$$

取$\xi_{孔}=0.06$，$\varepsilon=0.64$，$C_q=0.82$，则

$$h_v=0.74H \tag{8-9}$$

式(8-9)表示在管嘴出流时，收缩断面$c-c$处的压力小于大气压力，即产生真空，而孔口出流时，$c-c$断面处的压力为大气压。由真空作用所产生的水头为$0.74H$，该数值远大于加装管嘴增加的液流阻力所引起的损失的水头，因而在同样H和A的条件下，管嘴流量大于孔口流量。

那么为了增大管嘴流量，是否真空值越大越好呢？其实不然。如果真空值过大，$c-c$断面处的压力过低，那么液体内将产生气泡，产生汽化现象，同时外部空气也将经过管嘴进入真空区内。结果使管嘴内的水流脱离了壁面，而不再是满管嘴出流，如图8-8所示。这便与孔口出流情况相同，并不能达到增加流量的目的。

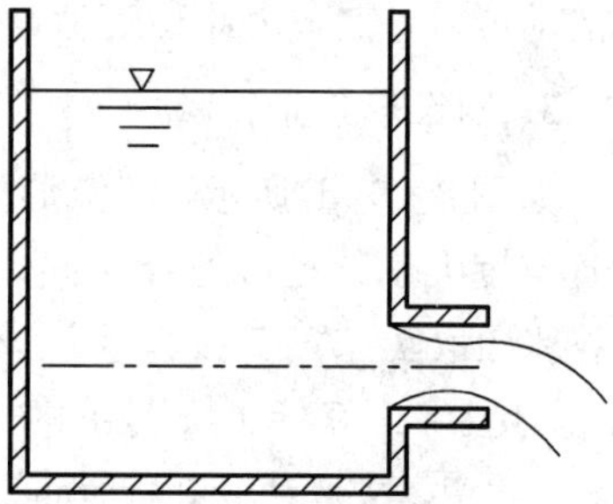

图8-8　水股与管嘴脱离现象

另外，为了达到使管嘴出流流量增加的目的，管嘴的长度一般以$l=(3\sim4)d$为宜，太长则会使阻力增加，变成短管；太短则液流尚未充满管嘴就已流出，或者真空区域太接近管嘴出口而被破坏。因此，要保证圆柱形外管嘴的正常工作，必须满足以下两个条件：

(1) 最大真空度不能超过7 m，即$H=7/0.74=9.5$ m；

(2) $l=(3\sim4)d$。

8.2.2　其他形状管嘴出流

除了圆柱形外伸管嘴(见图8-9(a))外，其他形状的管嘴有圆柱形内伸管嘴(见图8-9(b))、圆锥形收缩管嘴(见图8-9(c))、圆锥形扩张管嘴(见图8-9(d))和流线型管嘴(见图8-9(e))。

1. 圆柱形内伸管嘴

如图8-9(b)所示，圆柱形内伸管嘴的工作原理和液体经管嘴出流现象的物理本质，与

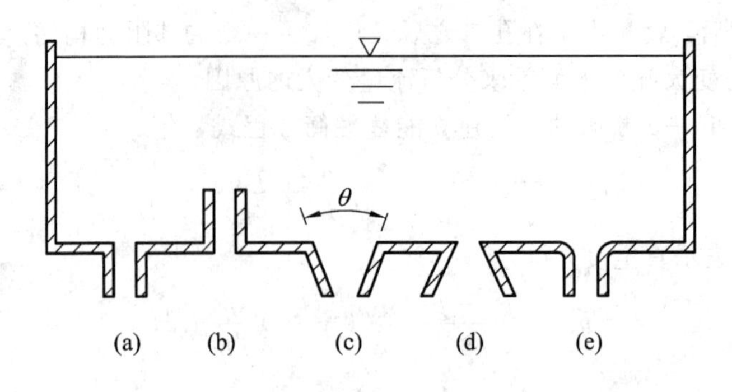

图 8-9 管嘴的类型

圆柱形外管嘴相似。但因流体在入口前扰动较大，与外伸管嘴的区别是在进入管嘴时摩擦阻力较大，因而其流量系数或流速系数较圆柱形外伸管嘴小，一般在容器外形需隐蔽时采用。

2. 圆锥形收缩管嘴

如图 8-9(c)所示，圆锥形收缩管嘴为一向出口断面方向逐渐收缩的圆锥体，液流经管嘴收缩后，不需过分扩张，出流分散较小，所以管嘴阻力损失小，流量系数与流速系数均比圆柱形管嘴大，并且它的所有系数都与管嘴的圆锥角有关，随着圆锥角的大小而改变。流量系数的最大值 $C_{q,\max}=0.95$，发生在圆锥角 $\theta=13°$时，过此角度以后，又开始下降。流速系数值随 θ 增加而增加，如当 $\theta=30°$时，$C_v=0.98$。在薄壁孔口处接上圆锥形收缩管嘴，并不能增加液流的出流量；但是由于这种管嘴断面逐渐收缩，液流流经管嘴出流后可形成高速的、连续不断的射流，所以被广泛地应用于生产实践。在不需很大流量而需较大的动能时，宜采用此种管嘴，如水枪的喷嘴、射流管嘴等。

3. 圆锥形扩张管嘴

如图 8-9(d)所示，圆锥形扩张管嘴和圆柱形外伸管嘴一样在收缩断面处也产生真空，其真空度大于圆柱形外管嘴；扩张角度越大，真空值越高，为了不使真空区遭到破坏，一般扩张角取 $\theta=5°\sim7°$较为适宜。但是扩张角的阻力损失较大，所以流速系数较小，在 $\theta=5°\sim7°$时，其 $\zeta=4$，$C_v=0.45$。由于在出口断面处液体不发生收缩，故扩张角的 $\varepsilon=1.0$，$C_q=C_v=0.45$。注意，这是对出口断面而言的，若换成入口断面，则流量系数将达到很大的数值。在工程上，扩张管嘴一般用于要求流量较大而出口断面流速较小的情况，如排水用的泄流管。

4. 流线型管嘴

如图 8-9(e)所示。其外形与薄壁孔口出流流线形状相似，但液流不发生收缩，其阻力损失最小，流速系数和流量系数较大。各种类型管嘴系数实验值列于表 8-2 中。

表 8-2 液流经孔口和各种管嘴的出流系数

管嘴种类	局部阻力系数 ξ	收缩系数 ε	流速系数 C_v	流量系数 C_q
薄壁圆形孔口	0.06	0.64	0.97	0.62
圆柱形外管嘴	0.05	1.00	0.82	0.82
圆柱形内管嘴	1.00	1.00	0.71	0.71
圆锥形收敛管嘴 $\theta=13°\sim14°$	0.00	0.983	0.963	0.946
圆锥形扩张管嘴 $\theta=5°\sim7°$	4	1.00	0.45	0.45
流线型管嘴	0.04	1.00	0.98	0.98

由表8-2可知：

(1) 在同一水头作用下，其流速系数大，则流速也大，$v=C_v\sqrt{2gH}$。

(2) 在同一水头作用下，并且器壁孔口面积相等时，安设不同类型的管嘴后，其流量系数大时，流量并不一定大，因$Q=C_q A\sqrt{2gH}$中的A为管嘴出口面积，与管嘴进口面积不一定相等。故管嘴出流量的大小，不仅根据流量系数的大小，还要依管嘴出口面积及其真空度的大小来确定。如圆锥形扩张管嘴的流量系数虽不大，但由于其真空度高，抽吸力大，出口面积大，它的出流量却较大；而圆锥形收缩管嘴的流量系数虽不小，但由于抽吸力及出口面积均较小，所以出流量也较小。

【例8-1】 在一个直径为0.1 m的圆形孔上安装一个圆柱形外伸管嘴或一个扩张角$\theta=6°$的圆锥形扩张管嘴，试求孔口、圆柱形管嘴和扩张管嘴这三种情况的流量及流速。设孔口断面形心点到液面的距离为3 m，管嘴长度$L=0.35$ m。

解 (1) 薄壁孔口的流量：

$$Q=C_q A\sqrt{2gH}=0.62\times0.785\times0.1^2\times\sqrt{2\times9.8\times3}=0.0373(\mathrm{m^3/s})$$

(2) 圆柱形外管嘴的流量：

$$Q=C_q A\sqrt{2gH}=0.82\times0.785\times0.1^2\times\sqrt{2\times9.8\times3}=0.0493(\mathrm{m^3/s})$$

(3) 圆锥形扩张管嘴的流量：

出口断面的直径为

$$d=0.1+2l\tan3°=0.1+2\times0.35\times\tan3°=0.137(\mathrm{m})$$

则

$$Q=C_q A\sqrt{2gH}=0.45\times0.785\times0.137^2\times\sqrt{2\times9.8\times3}=0.0508(\mathrm{m^3/s})$$

(4) 流速的比较：

薄壁孔口：$v=C_v\sqrt{2gH}=0.97\times\sqrt{2\times9.8\times3}=7.44(\mathrm{m/s})$

圆柱形外管嘴：$v=C_v\sqrt{2gH}=0.82\times\sqrt{2\times9.8\times3}=6.29(\mathrm{m/s})$

圆锥形外管嘴：$v=C_v\sqrt{2gH}=0.45\times\sqrt{2\times9.8\times3}=3.45(\mathrm{m/s})$

8.3 缝隙流动

在机械设备、化工设备及油气储运设备中，存在着充满油液的各种形式的配合间隙，如轴与轴承间的环形间隙，往复式泵、压缩机活塞运动间隙，液压元件中的各种活动配合面形成的间隙等。这些间隙的高度比宽度和长度小很多，故称为缝隙。只要配合机件间发生相对运动，或缝隙两端存在压差，液体在缝隙中就会产生流动。由配合机件间相对运动引起的流动通常称为剪切流，由压差引起的流动通常称为压差流。

由于缝隙较小，这种流动一般受固体壁面的影响很大，而液体本身又有一定的黏性，因此在缝隙中的雷诺数很小，往往属于层流流动。下面仅对几种常见的缝隙流动进行讨论。

8.3.1 平行平板间的缝隙流动

如图8-10所示，设上平板以速度u_0沿着x方向运动，下平板不动，间隙高为δ，间

隙的宽度为 b，间隙的长度为 l，且 $b \gg \delta$，$l \gg \delta$，因此可视为一元流动。忽略惯性力的作用。在缝隙流中取一平行六面微团，体积为 $b\mathrm{d}x\mathrm{d}y$，其左右两端的压力分别为 p 和 $p+\mathrm{d}p$，表面作用有摩擦剪切应力 τ 和 $\tau+\mathrm{d}\tau$，列出该微团在 x 方向的平衡方程：

$$pb\mathrm{d}y + (\tau + \mathrm{d}\tau)b\mathrm{d}x - (p + \mathrm{d}p)b\mathrm{d}y - \tau b\mathrm{d}x = 0$$

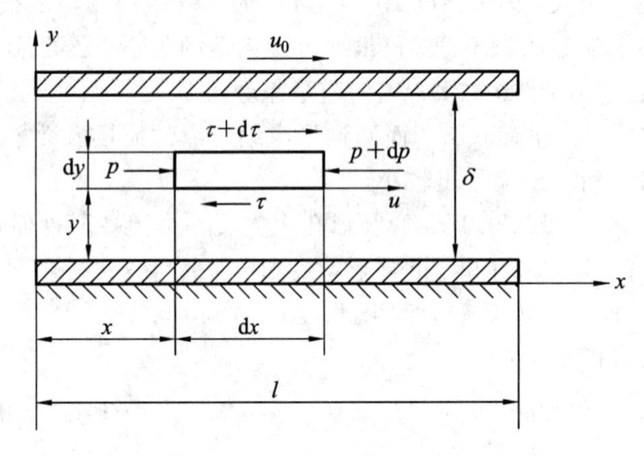

图 8-10　平行缝隙流动

整理得

$$\frac{\mathrm{d}p}{\mathrm{d}x} = \frac{\mathrm{d}\tau}{\mathrm{d}y}$$

对于层流流动，有 $\tau=\mu(\mathrm{d}u/\mathrm{d}y)$，代入上式得

$$\frac{\mathrm{d}p}{\mathrm{d}x} = \mu\frac{\mathrm{d}^2 u}{\mathrm{d}y^2}$$

沿 x 方向压降 $\frac{\mathrm{d}p}{\mathrm{d}x}$ 与 y 无关，可对上式求两次积分，得

$$u = \frac{1}{2\mu}\left(\frac{\mathrm{d}p}{\mathrm{d}x}\right)y^2 + C_1 y + C_2 \tag{8-10}$$

根据边界条件，$y=0$ 时，$u=0$；$y=\delta$ 时，$u=u_0$，代入上式求得 C_1、C_2，则

$$u = \frac{1}{2\mu}\frac{\mathrm{d}p}{\mathrm{d}x}(y-\delta)y + \frac{u_0}{\delta}y \tag{8-11}$$

根据以上分析，讨论剪切流动和压差流动。

1. 剪切流动

剪切流动，即压力差 $\mathrm{d}p=0$，仅在上平板的拖曳作用下产生的流动，式(8-11)可写成

$$u = \frac{u_0}{\delta}y \tag{8-12}$$

式(8-12)表明，流速成线性分布，如图 8-11(a)所示。这种流动称为库塔(Couette)流，其流量为

$$Q = \int_0^\delta ub\,\mathrm{d}y = \frac{b\delta}{2}u_0 \tag{8-13}$$

断面的平均流速为

$$v = \frac{Q}{A} = \frac{u_0}{2} \tag{8-14}$$

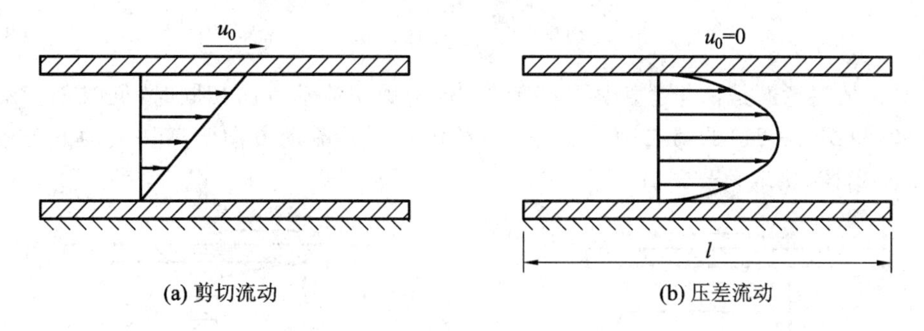

图 8-11　剪切流动与压差流动示意图

2. 压差流动

压差流动，即上板不动($u_0=0$)，仅由压力差产生的流动。式(8-11)可写成

$$u=\frac{1}{2\mu}\frac{\mathrm{d}p}{\mathrm{d}x}(y-\delta)y \tag{8-15}$$

式(8-15)表明，流速按抛物线分布，如图 8-11(b)所示。这种流动是均匀流，所以$\frac{\mathrm{d}p}{\mathrm{d}x}$为常数。如果缝隙长为 l，缝隙前后压力分别为 p_1、p_2(且 $p_1>p_2$)，则$\frac{\mathrm{d}p}{\mathrm{d}x}=\frac{-(p_1-p_2)}{l}=-\frac{\Delta p}{l}$，代入式(8-15)可得

$$u=\frac{1}{2\mu}\frac{\Delta p}{l}(\delta-y)y \tag{8-16}$$

缝隙中压差流的流量

$$Q=\int_0^\delta ub\,\mathrm{d}y=\int_0^\delta\frac{1}{2\mu}\frac{\Delta p}{l}(\delta-y)yb\,\mathrm{d}y=\frac{b\delta^3}{12\mu l}\Delta p \tag{8-17}$$

由上述分析可见，固定平板缝隙间压差流的速度 u 的分布曲线呈抛物线形，如图 8-11(b)所示。流量 Q 与缝隙高度 δ 的三次方成正比，即压差流中的缝隙高度对泄漏量影响很大。

断面平均流速为

$$v=\frac{Q}{A}=\frac{\delta^2}{12\mu l}\Delta p \tag{8-18}$$

对式(8-16)，取$\frac{\mathrm{d}u}{\mathrm{d}y}=0$，得 $y=\frac{1}{2}$时有最大流速，即

$$u_{\max}=\frac{\delta^2}{8\mu l}\Delta p=\frac{3}{2}v \tag{8-19}$$

3. 压差与剪切综合作用时的缝隙流

当平板运动方向上存在压差时，液体在两端压差及运动平板带动下所作的流动即为压差与剪切综合作用的流动。如图 8-12 所示，沿缝隙高度方向上的流速分布由压差流和剪切流叠加而成。假设下平板固定，上平板以速度 u_0 运动，总流速可表示为

$$u=\frac{1}{2\mu}\frac{\Delta p}{l}(\delta-y)y\pm\frac{u_0}{\delta}y \tag{8-20}$$

总流量为

$$Q = \frac{b\delta^3}{12\mu l}\Delta p \pm \frac{b\delta}{2}u_0 \tag{8-21}$$

这里需要注意的是，当缝隙中压差流动方向与剪切流动方向相同时(见图 8－12(a))，式(8－20)和式(8－21)的第二项取正号，当缝隙中压差流动方向与剪切流动方向相反时(见图 8－12(b))则取负号。

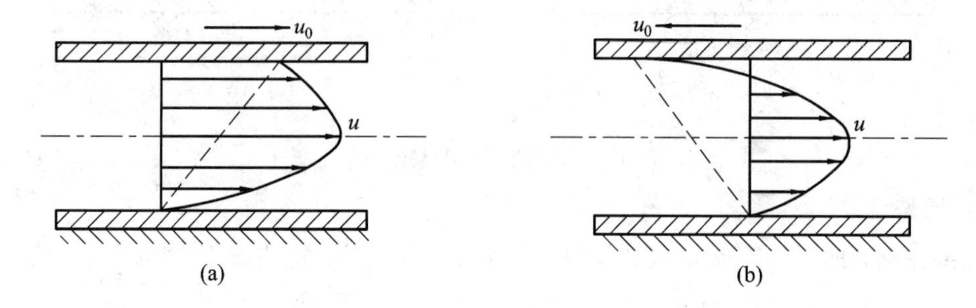

图 8－12　剪切流动与压差流动合成示意图

8.3.2　圆环的缝隙流动

1. 同心圆柱环形间隙流动

如图 8－13 所示，设内圆柱直径为 d，同心环形间隙为 δ，在 $\delta/d \ll 1$ 的情况下，说明圆柱体与孔道之间是一个微小间隙，为了简化计算，可将圆环缝隙沿径向切断并展开成宽度为 $b=\pi d$ 的两个平面，将 b 代入式(8－21)即可得到圆环内、外表面有相对运动的同心环状缝隙流量公式，即

$$Q = \frac{\pi \mathrm{d}\delta^3}{12\mu l}\Delta p \pm \frac{\pi \mathrm{d}\delta}{2}u_0 \tag{8-22}$$

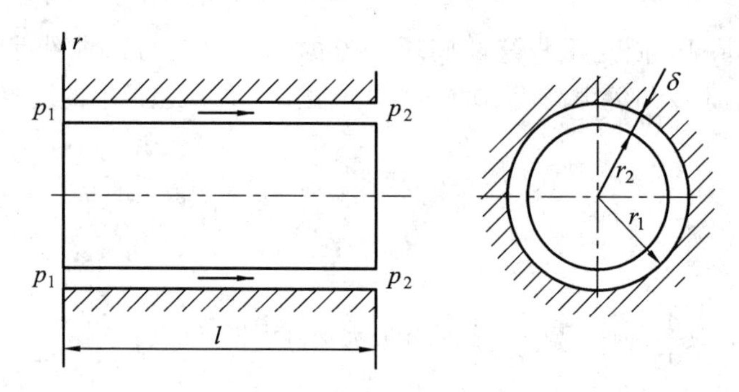

图 8－13　同心环形缝隙流动

如果圆环内、外表面之间没有相对运动，即 $u_0=0$，则圆柱体与孔道之间静止时的缝隙流量为

$$Q = \frac{\pi \mathrm{d}\delta^3}{12\mu l}\Delta p \tag{8-23}$$

2. 偏心圆环形缝隙流动

实际工程中同心环形缝隙的情况并不多见，如液压缸缸筒与活塞间形成的间隙，由于活塞受力不均匀，往往是偏心的。对图 8－14 所示的偏心环形间隙，设 r_1 和 r_2 分别为圆柱

和圆孔的半径，$e=\overline{OO_1}$ 为偏心距，$\delta=r_2-r_1$ 为同心时的缝隙，则 $\varepsilon=e/\delta$ 称为相对偏心距。

由图 8-14 知，缝隙的高度是 α 的函数，则 $\overline{BC}=h(\alpha)$，由几何关系可得

$$h(\alpha)=(r_2+e\cos\alpha)-r_1=\delta+e\cos\theta$$
$$=\delta(1+\varepsilon\cos\alpha) \tag{8-24}$$

令 OC 绕原点转过微幅角 $\mathrm{d}\alpha$，在内圆上的微元弧长为 $r_1\mathrm{d}\alpha$。在微幅角范围中内、外圆弧间的流量 $\mathrm{d}Q$ 可近似应用平行平板缝隙流公式(8-21)，缝隙宽 b 以 $r_1\mathrm{d}\alpha$ 代替，则有

$$\mathrm{d}Q=\frac{[h(\alpha)]^3r_1\mathrm{d}\alpha}{12\mu l}\Delta p\pm\frac{h(\alpha)r_1\mathrm{d}\alpha}{2}u_0 \tag{8-25}$$

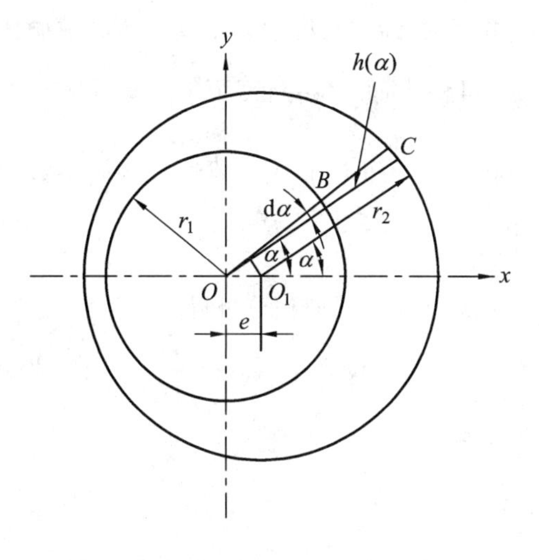

图 8-14　偏心环形缝隙流动

将式(8-24)代入式(8-25)，积分得

$$Q=\int\mathrm{d}Q=\int_0^{2\pi}\frac{r_1\Delta p}{12\mu l}[\delta(1+\varepsilon\cos\alpha)]^3\mathrm{d}\alpha\pm\int_0^{2\pi}\frac{r_1\mathrm{d}\alpha}{2}\delta(1+\varepsilon\cos\alpha)u_0$$

化简得

$$Q=\frac{\pi d\delta^3\Delta p}{12\mu l}(1+1.5\varepsilon^2)\pm\frac{\pi d\delta}{2}u_0 \tag{8-26}$$

式中，$d=2r_1$。等号右边第一项为压差流流量，它随 ε 变化。当 $\varepsilon=0$ 时，与同心环状缝隙相同；当 $\varepsilon=1$ 时，偏心距 ε 达到最大值，流量也最大，$Q_{\max}=2.5\,\dfrac{\pi d\delta^3\Delta p}{12\mu l}$，即完全偏心时的流量将为同心时流量的 2.5 倍。等号右边第二项为剪切流量，与同心环状缝隙流类同。

8.3.3　平行圆盘端面缝隙流动

平行圆盘端面缝隙中的径向流动也是工程上常见的一种实际问题，例如端面推力轴承、静压圆盘支承等处都有这种缝隙形式。两个平行圆盘中的一个保持固定，另一个可以在圆盘垂直方向浮动。两个圆盘间的缝隙靠油的压力维持，油压通常由外界的高压油泵提供。本节研究由圆盘中心的高压引起油沿径向流动时的压力分布及对轴的总推力。

1. 圆盘中的压力分布

如图 8-15 所示，为一推力轴承结构示意图。上部为轴的圆柱形止推凸缘，下部为支承圆盘。支承圆盘中心开半径(缝隙内半径)为 r_1 的油腔，压力为 p_1 的高压油由此注入。设凸缘半径(缝隙外半径)为 r_2，圆盘缝隙高度为 δ，缝隙外部压力为 p_2。

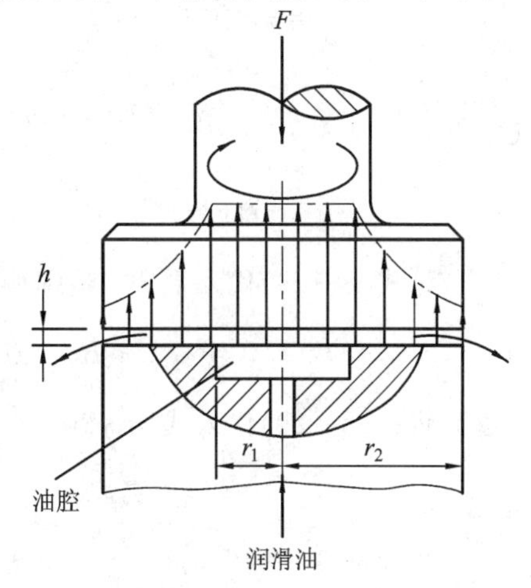

图 8-15　平行圆盘缝隙流动

在支承盘面上，以轴心为原点建立极坐标 $Ozr\theta$，z 轴铅垂向上。在圆盘缝隙内、外半径间任意半径 r 处取

一宽度为 $rd\theta$、长度为 dr、高度为 δ 的微团。在微团中流体在压力降 dp 作用下沿 dr 方向流动，可将其简化为沿上、下平行平板缝隙内的单向流动。将平行平板压差流公式 $Q=\dfrac{b\delta^3}{12\mu l}\Delta p$ 中的压力平均下降率 $\dfrac{\Delta p}{l}$ 改换为 $-\dfrac{dp}{dr}$，得微元流量为

$$dQ=-\frac{rd\theta\delta^3}{12\mu}\frac{dp}{dr}$$

将上式沿圆周积分可得缝隙流量与压力梯度关系式为

$$Q=\int dQ=-\frac{r\delta^3}{12\mu}\frac{dp}{dr}\int_0^{2\pi}d\theta=-\frac{\pi r\delta^3}{6\mu}\frac{dp}{dr}\quad 或\quad dp=-\frac{6\mu Q}{\pi\delta^3}\frac{dr}{r}$$

积分得

$$p=-\frac{6\mu Q}{\pi\delta^3}\ln r+C$$

当 $r=r_2$ 时，$p=p_2$，得积分常数 $C=p_2+\dfrac{6\mu Q}{\pi\delta^3}\ln r_2$，于是圆盘中的压力分布为

$$p=p_2+\frac{6\mu Q}{\pi\delta^3}\ln\left(\frac{r_2}{r}\right)\quad (r_1<r<r_2) \tag{8-27}$$

当 $r=r_1$ 时，$p=p_1$，代入式(8-27)，可得圆盘内外的压力差公式为

$$p_1-p_2=\frac{6\mu Q}{\pi\delta^3}\ln\left(\frac{r_2}{r_1}\right) \tag{8-28}$$

圆盘缝隙的流量为

$$Q=\frac{\pi\delta^3(p_1-p_2)}{6\mu\ln\left(\dfrac{r_2}{r_1}\right)} \tag{8-29}$$

2．液体对圆盘的作用力

根据式(8-27)，可求出对下面圆盘的液体总作用力为

$$\begin{aligned}F&=\int_0^{r_2}p2\pi r dr=\pi r_1^2p_1+\int_{r_1}^{r_2}\left[p_2+\frac{6\mu Q}{\pi\delta^3}\ln\left(\frac{r_2}{r}\right)\right]2\pi r dr\\&=\pi r_1^2p_1+\pi(r_2^2-r_1^2)\,p_2+\frac{12\mu Q}{\delta^3}\left[\ln r_2\int_{r_1}^{r_2}rdr-\int_{r_1}^{r_2}(\ln r)rdr\right]\\&=\pi r_1^2(p_1-p_2)+\pi r_2^2p_2+\frac{12\mu Q}{\delta^3}\left[\frac{1}{2}\ln r_2\int_{r_1}^{r_2}rdr^2-\frac{1}{4}\int_{r_1}^{r_2}(\ln r^2)dr^2\right]\\&=\pi r_1^2(p_1-p_2)+\pi r_2^2p_2+\frac{12\mu Q}{\delta^3}\left[\frac{1}{2}r_1^2\ln\frac{r_1}{r_2}+\frac{1}{4}(r_2^2-r_1^2)\right]\end{aligned}$$

将式(8-29)代入上式，整理得推力公式为

$$F=\pi r_2^2p_2+\frac{\pi(r_2^2-r_1^2)}{2\ln(r_2/r_1)}(p_1-p_2) \tag{8-30}$$

将式(8-29)代入式(8-30)可得推力的另一表达式：

$$F=\pi r_2^2p_2+\frac{3\mu Q}{\delta^3}(r_2^2-r_1^2) \tag{8-31}$$

当外部压力为零时($p_2=0$)，推力公式简化为

$$F=\frac{\pi(r_2^2-r_1^2)}{2\ln(r_2/r_1)}p_1=\frac{3\mu Q}{\delta^3}(r_2^2-r_1^2) \tag{8-32}$$

式(8－32)第一式表明，当注入的油压确定时，推力由支承圆盘的内、外半径决定。

【例 8－4】 一推力轴承如图 8－15 所示。油腔半径 $r_1=15$ mm，缝隙外半径 $r_2=35$ mm；缝隙高度为 $\delta=0.08$ mm。设油腔内压力均匀分布 $p_1=2.5\times10^7$ Pa，缝隙外部压力 $p_1=1.0\times10^5$ Pa。油的黏度 $\mu=0.08$ Pa·s。

求：(1) 缝隙中的流量 $Q(\mathrm{m^3/s})$；

(2) 支承圆盘对止推凸缘的总推力 $F(\mathrm{N})$。

解 (1) 可用式(8－29)计算缝隙中的流量。

$$Q=\frac{\pi\delta^3(p_1-p_2)}{6\mu\ln\left(\frac{r_2}{r_1}\right)}=\frac{3.14\times(0.08\times10^{-3})^3(2.5\times10^7-1.0\times10^5)}{6\times0.08\times\ln(35/15)}$$

$$=9.83\times10^{-5}(\mathrm{m^3/s})$$

(2) 可用式(8－31)计算支承圆盘对止推凸缘的总推力。

$$F=\pi r_2^2p_2+\frac{3\mu Q}{\delta^3}(r_2^2-r_1^2)=3.14\times(35\times10^{-3})^2\times1.0\times10^5$$

$$+\frac{3\times0.08\times9.83\times10^{-5}}{(0.08\times10^{-3})^3}[(35\times10^{-3})^2-(15\times10^{-3})^2]$$

$$=4.65\times10^4(\mathrm{N})$$

思 考 题

8－1　孔口出流有何特点？

8－2　收缩系数、流速系数和流量系数的物理意义各如何？三者的关系怎样？

8－3　孔口上接一长度为(3～4)d 的管嘴(d 为孔口的直径)，出流流量为什么会增大？

8－4　缝隙泄漏与哪些因素有关？减小泄漏的办法有哪些？

8－5　圆环缝隙泄漏在偏心与同心哪种情况下泄漏大？为什么？

习 题

8－1　如图 8－1 所示，一薄壁圆形孔口，其直径为 10 mm，水头为 2 m，现测得过流收缩断面的直径 d_c 为 8 mm，在 32.8 s 时间内，经过孔口流出的水量为 0.01 $\mathrm{m^3}$。试求该孔口的收缩系数 ε、流量系数 C_q、流速系数 C_v 及孔口局部阻力系数 ζ。

8－2　水以 3.5 m/s 的速度流过直径为 120 mm 的水平管道，管道出口喷嘴流速系数为 0.98，若管道内的压力为 45 kPa，求喷嘴出流速度、出流流量、喷嘴直径和通过喷嘴的能量损失。

8－3　如图 8－16 所示，两水箱用一直径 $d_1=40$ mm 的薄壁孔连通，下水箱底部又接一直径 $d_2=30$ mm 的圆柱形管嘴，长 $l=100$ mm，若上游水深

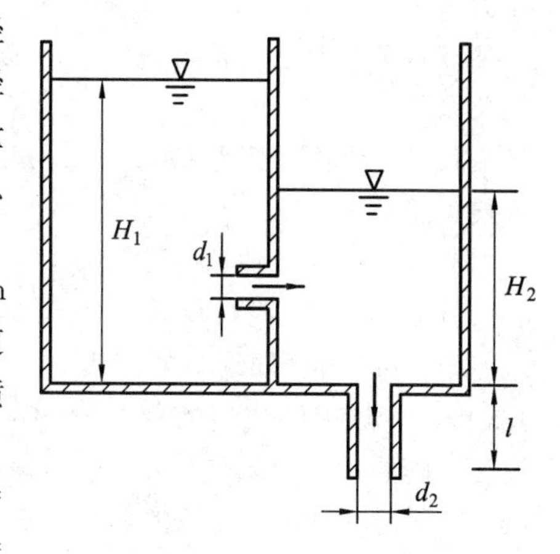

图 8－16　题 8－3 图

$H_1=3$ m 保持恒定，求流动恒定后的流量和下游水深 H_2。

8-4 密封的滑动轴颈轴承构成同心圆环，内、外径分别为 $r_1=25$ mm，$r_2=26$ mm，轴颈长为 $L=100$ mm。设轴转速为 $n=2800$ r/m，力矩为 $T=0.2$ N·m，间隙内速度为线性分布。按牛顿流体计算，试求：(1) 润滑油的黏度 μ(Pa·s)；(2) 力矩随时间增大还是减小？为什么？

8-5 如图 8-17 所示，柱塞直径 $d=19.9$ mm，缸套直径 $D=20$ mm，长 $l=70$ mm，柱塞在力 $F=40$ N 作用下向下运动，并将油液从缝隙中挤出。若柱塞与缸套同心，油的动力黏度 $\mu=0.784\times10^{-3}$ Pa·s，试求柱塞下落 $H=0.1$ m 所需要的时间。

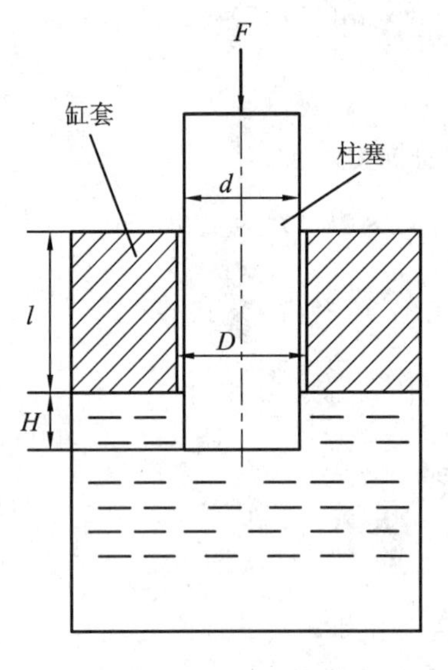

图 8-17 题 8-5 图

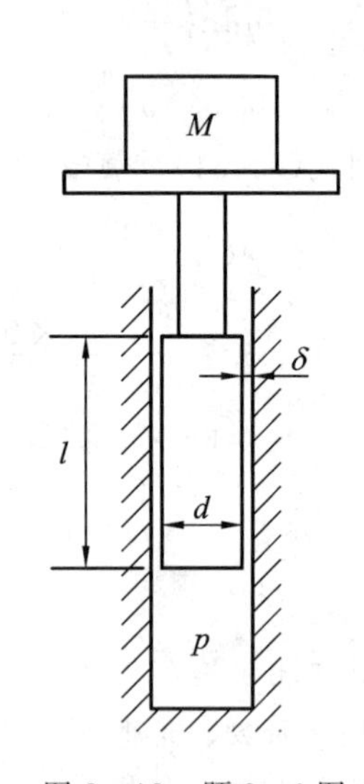

图 8-18 题 8-6 图

8-6 图 8-18 所示为一圆柱形活塞装置。活塞直径 $d=6$ mm，长度 $l=25$ mm，缝隙中润滑油的黏度 $\mu=0.42$ Pa·s。试求：

(1) 在上方需加多大的质量 m(kg)(包括活塞在内的所有质量)才能在下端油腔内产生压力 $p=1.5$ MPa；

(2) 缝隙中油的泄漏量 Q 与缝隙 δ 的比例关系；

(3) 当活塞速度为 $v=1$ mm/min 时允许的最大缝隙 δ(mm)。

8-7 一推力轴承(见图 8-19)的缝隙为 $\delta=0.1$ mm，缝隙内半径 $r_1=10$ mm，外半径 $r_2=23$ mm。若已知缝隙外部压力 $p_2=1.5\times10^5$ Pa，缝隙中的流量 $Q=1.7\times10^{-4}$ m^3/s；设油腔内的压力为均匀分布，油的黏度 $\mu=0.06$ Pa·s，试求：(1) 油腔内的压力 p_1(Pa)；(2) 支承圆盘对止推凸缘的总推力 F(N)。

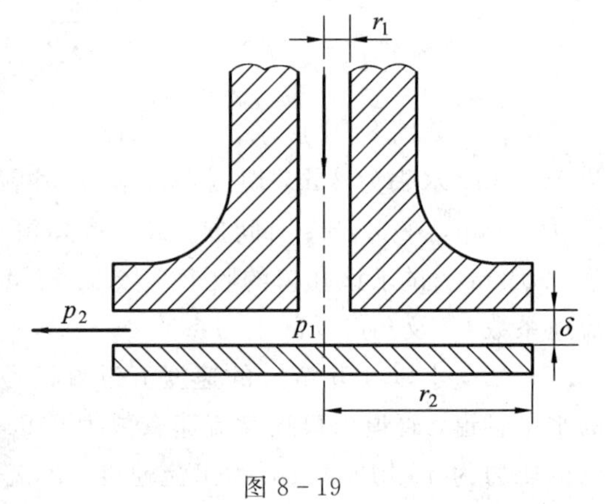

图 8-19

第 9 章　气体动力学基础

在前面各章讨论流体运动时，流体被认为是不可压缩的，其密度 ρ 视为常数。但如果气体流动速度较大($Ma>0.3$)，密度变化已不能忽视，那么这时流体的运动应作为可压缩流体流动处理。气体动力学是研究气体与物体之间有相对运动时，气体的运动规律以及气体和物体间相互作用的一门学科。

在工程上，只要在同一截面的气流参数变化比沿流动方向上的气体参数变化小得多，就可以看做是一元流动。在很多工程技术领域中会遇到气体一元流动，如气体的管路流动、喷管、气动控制元件、风动工具、风机、压气机、燃气轮机等，都可用一元流动方法求得一些简化而实用的结果。

不可压缩流体流动中，流动参数是速度与压力。我们寻求的是流场中速度压力的变化规律。在可压缩流中，流动参数除速度与压力外，还有密度与温度。气体动力学与工程热力学的关系非常密切，工程热力学着重分析气流的焓熵特性，而工程流体力学则着重分析气流的机械能转换。

9.1　气体的状态参数

在以气体为介质(也称工质)的叶片式或容积式流体机械(鼓风机，压缩机等)中，由于气体的可压缩性特点，必须考虑其状态参数的变化。在平衡状态，气体只有一组确定的状态参数。

气体的状态参数的变化量只与它的初、终状态有关，与初、终状态间变化所经历的途径无关，这是状态参数的基本特征。

气体的状态参数共有六个，其中压力 p、温度 T、比容 $\upsilon(\upsilon=1/\rho)$是基本状态参数，可以直接测量。在作为状态参数应用时，压力必须以绝对压力计，温度也是绝对温度(K)。内能(U)、焓(h)和熵(s)则是由它们计算导出的状态参数。在这六个参数中，只要有两个独立的参数即可确定系统的状态。所谓“系统”，在热力学中也称“热力系统”，是指所研究的对象泛义而言的概念。

1. 内能

气体的内能以 U 表示，比内能以 u 表示。

U——$m$kg 物质的内能，单位为焦耳(J)；

u——比内能，简称内能，是指单位质量气体的内能，$u=\dfrac{U}{m}$。单位为焦尔/千克(J/kg)。

内能是温度 T 和比容 υ 的函数，T 影响的是分子的微观运动动能，υ 影响的则是分子间的作用力及其形成的位能。

2. 焓

气体的焓以 H 表示，比焓以 h 表示。

$$H = U + pV \quad (\text{J}) \tag{9-1}$$

$$h = \frac{H}{m} = u + pv \quad (\text{J/kg}) \tag{9-2}$$

焓的增量形式为

$$\Delta h = \Delta u + \Delta(pv) \quad (\text{J/kg}) \tag{9-3}$$

式中，V 是气体的体积，v 是单位质量气体的体积，$v=\frac{V}{m}=\frac{1}{\rho}$。焓是一个组合状态参数，也是温度的函数。因为 p 和 v 也是流动参数，所以上式体现了热能与机械能间的可转换性。实际上，热能转变为机械能都只能通过气体的膨胀(或压缩)才能得以实现。对于液体介质，正是因为假定了 $\rho=\frac{1}{v}$ 为常数，从而使热量不可能实现与机械的转换。

3. 熵

熵 S 也是一个导出的状态参数，比熵 s 以 J/(kg·K)为单位，其表达式为

$$\mathrm{d}s = \frac{\mathrm{d}q + \mathrm{d}q_{\mathrm{f}}}{T} \tag{9-4}$$

$$s = \int \frac{\mathrm{d}q + \mathrm{d}q_{\mathrm{f}}}{T} + 常数$$

式中，$\mathrm{d}q$ 为单位质量气体与外界的交换量；$\mathrm{d}q_{\mathrm{f}}$ 为单位质量气体由于内部摩擦而产生的热量；T 为气体在获得或放出热量时的绝对温度(K)。

由于两个状态参数可确定一个平衡状态(指同时处于压力平衡及温度平衡的系统状态)，所以在由两个独立参数所组成的坐标平面上，每一点表示一个状态，如图 9-1 所示，1、2 就是两个状态点。从一个状态向另一个状态变化的全部中间状态之和就是“过程”(图中 x、y 分别为相应的状态参数)。

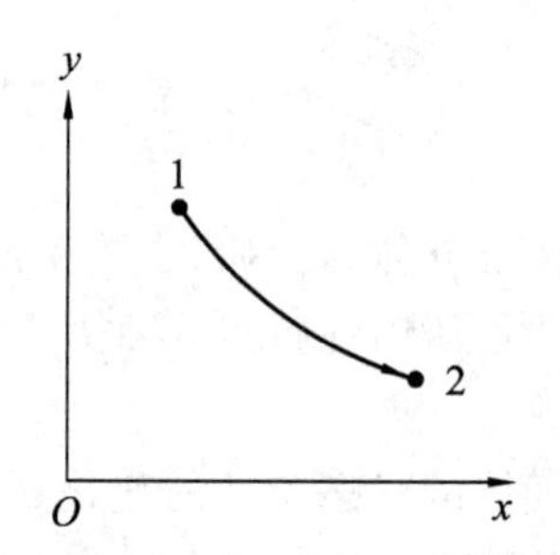

图 9-1　气体的状态及过程

封闭的过程称为循环。

实际的过程都是不可逆的。为分析方便，如果我们假定：① 系统原来处于平衡状态；② 气体作机械运动时无摩擦产生；③ 有传热时系统与外界无温差存在，那么，将存在理想的“可逆过程”。

4. 气体状态方程的微分形式

气体的三个基本状态参数是压力 p、密度 ρ 和温度 T。由式(1-4)可得

$$p = \rho RT \tag{9-5}$$

对式(9-5)取对数并微分，便可得到完全气体状态方程式的微分形式，即

$$\frac{\mathrm{d}p}{p} = \frac{\mathrm{d}\rho}{p} + \frac{\mathrm{d}T}{T} \tag{9-6}$$

9.2 一元定常可压缩流动的基本方程

气体的定常流动在满足气体定常流动条件的同时，也保持流场中各位置点的热力学参数不随时间而变化的条件。我们在分析讨论中也常假定气体流动是“一元定常流动”，它是假定流动参数与热力参数都只是在流动方向上连续变化的。实现定常流动的条件是：① 单位时间内进、出系统的气体质量不变；② 单位时间内加入系统的净热量 Q 及系统所做的净功 W_{sh} 均不变。

描述可压缩气体一元定常流动的基本方程是连续性方程、运动方程和能量方程。

9.2.1 连续性方程

连续性方程是把质量守恒定律应用于运动流体所得到的数学关系式。在第 3 章中已经推导出一元定常流动的连续性方程，即

$$Q_m = \rho_1 A_1 v_1 = \rho_2 A_2 v_2 = \rho A v = C(\text{常数})$$

式中，A_1、A_2 为系统进、出口处的过流断面积；v_1、v_2 为系统进、出口处的平均速度；ρ_1、ρ_2 为系统进、出口处的气体密度；Q_m 为单位时间内进、出系统的气体质量，即质量流量。

取对数后再微分，可得气体一元定常流动连续性方程的微分形式，即

$$\frac{d\rho}{\rho} + \frac{dA}{A} + \frac{dv}{v} = 0 \tag{9-7}$$

式(9-7)表示一元定常气流沿流管的密度、流速和过流断面面积三者相对变化量的代数和必须等于零。

9.2.2 运动方程

在圆管中取如图 9-2 所示的流体微元，应用牛顿第二定律 $\sum F = ma$，得

$$pA - (p + dp)A - \tau_o \pi D dx = \rho A dx \frac{dv}{dt}$$

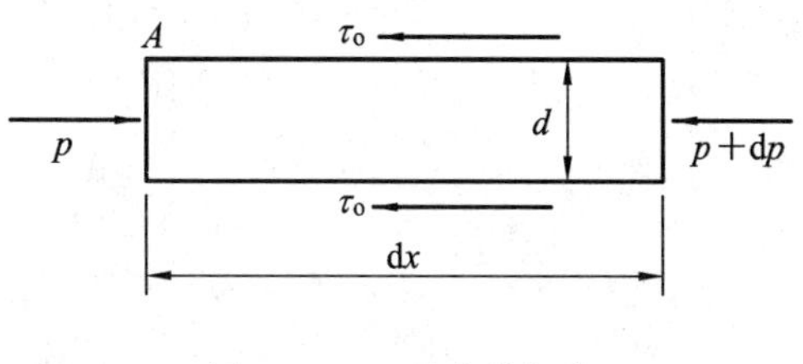

图 9-2　一元定常气流

对一元定常气流，$dx\dfrac{dv}{dt} = \dfrac{dx}{dt}dv = v dv$，对于理想气体，$\tau_o = 0$，代入上式，则简化为

$$dp + \rho v dv = 0 \tag{9-8}$$

从式(9-8)中可以看出，压力增量 dp 与速度增量 dv 的符号相反，表明气体压力增大的地方，流速减小；气体压力减小的地方，流速增大。

9.2.3 能量方程

1. 热力学第一定律

热力学第一定律是包括机械能与热能在内的能量守恒定律。其含义是热和功可以转换，为获得一定量的功必须消耗一定量的热，反之亦然。

热量是系统与外界间由于温度不同而传递的能量。热量不是状态参数，而是与过程特

征有关的过程量。在热力学中规定，系统吸热时热量 Q 取正值。以 q 表示单位质量气体的吸收热量，单位取 J/kg。

热力系统通过界面与外界进行机械能交换，其交换能量称机械功，以 W 表示。通常机械功是通过转轴而实现交换的，如压缩机、汽轮机等转轴式机械。那样，机械功也就是轴功，我们以 W_{sh} 表示轴功，单位为 J 或 kJ，功率是指单位时间内所做的功，其单位是 W 或 kW。以 w_{sh} 表示单位质量(1 kg)气体与外界交换的功，单位是 J/kg。在热力学中规定，系统对外界做功为正，外界对系统做功为负值。

2. 闭口系统中的能量守恒关系和容积功

与外界只发生能量交换而无物质交换的系统称为闭口系统。在闭口系统中，热力学第一定律表示为

$$Q = \Delta U + W_V \tag{9-9}$$

式中，Q 为进入系统的热量；ΔU 为系统中气体内能的增量；W_V 为系统所做的容积功，包括膨胀功或压缩功。如图 9-3 所示，系统由平衡状态 1 到达平衡状态 2，对外做膨胀功，W_V 为正；反之，若气体被压缩，如在活塞式压缩机中那样，则 W_V 为负。

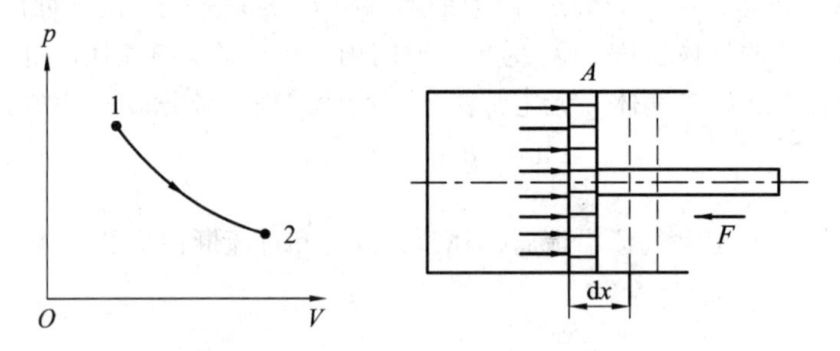

图 9-3　闭口系统的能量守恒及容积功

因为

$$W_V = \int_1^2 pA\,dx$$

所以

$$W_V = \int_1^2 p\mathrm{d}V = m \cdot \int_1^2 p\mathrm{d}v = m \cdot w_V$$

式中，m 为系统中气体的质量。

将式(9-9)各项除以 m，得

$$q = \Delta u + w_V = \Delta u + \int_1^2 p\mathrm{d}v \tag{9-10}$$

式(9-10)是基于能量定律导出的，所以适用于包括实际气体、完全气体和液体的任何介质以及可逆和不可逆的任何热力过程。

3. 流动功(推动功)W_l

工程上的实际热力系统一般都是在气体的流动过程中运行的，它们是开口系统。在图 9-4 中可以看到，在系统前的截面 1-1 处，外界气体为进入系统必须对系统做功 $p_1A_1l_1 = p_1V_1$，同样，在出口处有 $p_2A_2l_2 = p_2V_2$。$W_{l1} = p_1V_1$、$W_{l2} = p_2V_2$ 为流动功或推动功，它是气体在流动时对外界所做的功。按前述关于功符号的约定，应取 $W_{l1} < 0$，$W_{l2} > 0$。

4. 气体一元定常流动的能量方程

对图 9－4 所示的开口系统，它与外界既有能量也有质量的交换。对断面 1—2 间而言，在定常流动的情况下，其中储能的变化量 ΔE 为

$$\Delta E = E_2 - E_1 \tag{9-11}$$

式中，E_1 为带入系统的能量，E_2 为带出系统的能量。

$$E_1 = U_1 + \frac{1}{2}mv_1^2 + mgz_1,\ E_2 = U_2 + \frac{1}{2}mv_2^2 + mgz_2$$

其中，m 为微元体积 V_1 或 V_2 中气体的质量；v_1、v_2 为气体的平均流速。

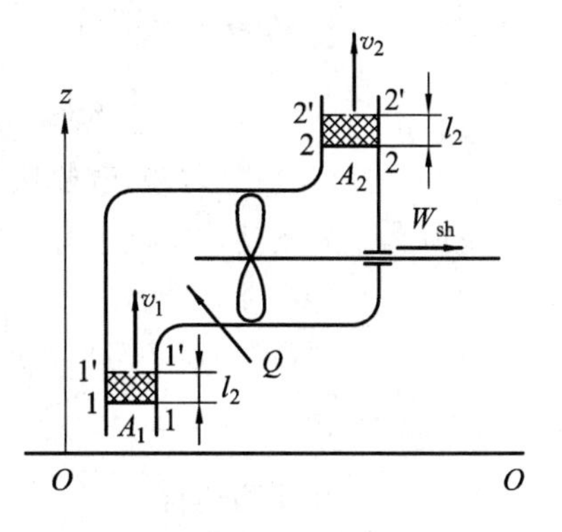

图 9－4　气体一元定常流动

在开口系统中，能量守恒关系应为

$$Q = \Delta E + W \tag{9-12}$$

式中：

$$W = W_{sh} + W_l = W_{sh} + p_2V_2 - p_1V_1 = W_{sh} + \Delta(pV)$$

$$Q = (U_2 - U_1) + \frac{1}{2}m(v_2^2 - v_1^2) + mg(z_2 - z_1) + W_{sh} + \Delta(pV)$$

$$= \Delta U + \Delta(pV) + \frac{1}{2}m(v_2^2 - v_1^2) + mg\Delta z + W_{sh}$$

对单位质量气体而言，有

$$q = \Delta h + \frac{\Delta v^2}{2} + \Delta z \cdot g + w_{sh} \tag{9-13}$$

式中：　$\Delta v^2 = v_2^2 - v_1^2,\ \Delta h = \Delta u + \Delta(pv)$

上式的唯一必要条件是定常流动。其物理意义是，加入开口系统的热量，可能产生的结果是改变气体的内能、动能或位能，并使气体克服阻力而作流动功 $\Delta(pV)$，同时对外输出轴功 W_{sh}。它是工程计算中最常用的基本关系式之一。在流体机械中，$\Delta z \cdot g$ 项完全可以忽略，所以在以后的表示中我们一般不计 $\Delta z \cdot g$ 项而将式(9－13)表示为

$$q = \Delta h + \frac{\Delta v^2}{2} + w_{sh} \tag{9-14}$$

与外界无能量交换的流动称为绝能流。对于既没有热量交换也没有机械功输入、输出的绝能流动过程，因 $q=0$，$w_{sh}=0$，式(9－14)的能量方程可简化为

$$h_1 + \frac{1}{2}v_1^2 = h_2 + \frac{1}{2}v_2^2 = C(\text{常数}) \tag{9-15}$$

对定压比热容的完全气体，$h=c_pT$，则有

$$c_pT_1 + \frac{1}{2}v_1^2 = c_pT_2 + \frac{1}{2}v_2^2 = C(\text{常数}) \tag{9-16}$$

从式(9－16)可以看出，在绝能流动中各截面上气流的焓和动能之和保持不变。如果气体焓减小(表现为温度下降)，则气体的动能增大(表现为速度增大)，反之亦然。

5. 轴功 W_{sh} 与容积功 W_V 的关系

不管气体是静止的还是流动的，欲使热能转变为机械能，必须通过气体的容积膨胀才能实现，这是热变功的特点。容积膨胀所作容积功可由式(9－10)计算。将式(9－10)、式

(9-13)和式(9-3)联立，即可得

$$\int_1^2 p\mathrm{d}v = \frac{\Delta v^2}{2} + w_{sh} + \Delta(pv) + \Delta z \cdot g \tag{9-17}$$

式(9-17)左边是容积功(膨胀功或压缩功)，右边是机械功，其中$\Delta(pv)$是维持气流进出系统所必需的条件，其余为可利用的机械功，称为技术功，用w_{tec}表示，则

$$\int_1^2 p\mathrm{d}v = w_{tec} + \Delta(pv) \tag{9-18}$$

式中：$w_{tec}=\dfrac{\Delta v^2}{2}+w_{sh}+\Delta z \cdot g$

从图9-5可以证明：

$$\int_1^2 p\mathrm{d}v - \Delta pv = \int_1^2 p\mathrm{d}v + p_1v_1 - p_2v_2 = \text{面积}_{12ba1} = -\int_1^2 v\mathrm{d}p$$

所以

$$w_{tec} = \frac{\Delta v^2}{2} + w_{sh} + \Delta z \cdot g = -\int_1^2 v\mathrm{d}p \tag{9-19}$$

如果忽略系统进、出口动能的差值及位能的变化，可得以下近似关系：

$$w_{sh} = -\int_1^2 v\mathrm{d}p \tag{9-20}$$

所以，在开口系统中，由于气体膨胀而可以实现的机械功值为$-\int_1^2 v\mathrm{d}p$，蒸汽轮机和燃气轮机的工作即是如此。对于压缩机，这就是压缩功。为区别于前述闭口系统中的容积功的压缩功$\int_1^2 p\mathrm{d}v$，我们不妨称压缩机的压缩功为"轴耗压缩功"。由式(9-13)和式(9-19)可得到对开口系统q的表达式为

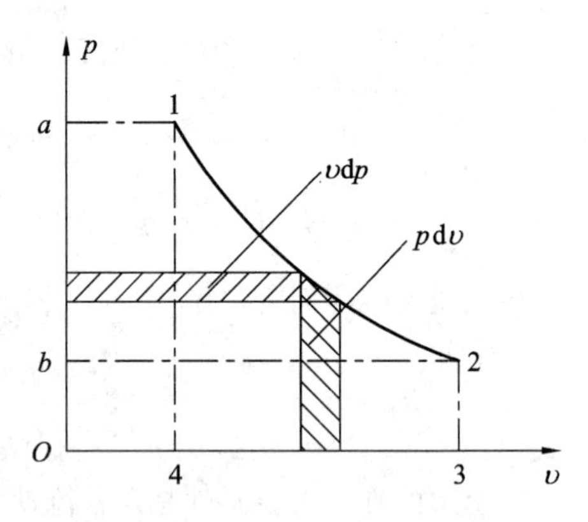

图9-5　容积功与轴功关系的图示

$$q = \Delta h - \int_1^2 v\mathrm{d}p \tag{9-21}$$

6. 气体的热力性质

单位质量气体温度升高1K(或1℃)所需要的热量称质量比热容或简称比热容。因为热量是过程量，与过程进行的状态有关，所以对定容和定压过程有不同的比热容值。

定容比热容c_v：　$c_v=\dfrac{\mathrm{d}q_v}{\mathrm{d}T}$

定压比热容c_p：　$c_p=\dfrac{\mathrm{d}q_p}{\mathrm{d}T}$

气体的c_v和c_p并非常数，工程计算中可通过查找有关图表确定。但由于这一变化并不是很大，为方便计算有时也可近似按常数处理。

完全气体因为只有分子动能而无分子间作用力形成的位能，所以内能只是温度的函数，$u=u(T)$。同样知焓也是温度的函数，$h=u+pv=u(T)+RT=h(T)$。

由式(9-10)和式(9-21)可知，当分别令$\mathrm{d}v$和$\mathrm{d}p$等于零时，即可得比热容的以下关系：

$$c_v = \frac{\mathrm{d}u}{\mathrm{d}T} \tag{9-22}$$

$$c_p = \frac{dh}{dT} \tag{9-23}$$

由 $h=u+pv=u(T)+RT$ 可知，$\frac{dh}{dT}=\frac{du}{dT}+R$，故

$$c_p = c_v + R \tag{9-24}$$

令 $k=\frac{c_p}{c_v}$ ，它是气体的比热容比。由此可以有以下关系：

$$c_v = \frac{R}{k-1} \tag{9-25}$$

$$c_p = \frac{k \cdot R}{k-1} \tag{9-26}$$

【例 9-1】 某涡轮喷气发动机，空气进入压气机时的温度 $T_1 = 290\text{K}$，经压气机压缩后，出口温度上升至 $T_2 = 450\text{K}$，如图 9-6 所示。假设压气机进出口的空气流速近似相等，如果通过压气机的空气流量为 13.2 kg/s，求带动压气机所需的功率(设空气比热容为常数)。

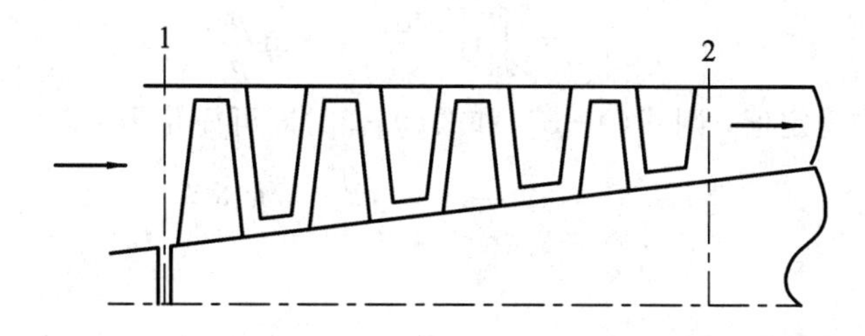

图 9-6　例 9-1 图

解　在压气机中，外界并未向气体加入热量，气体向外界散出的热量也可以忽略不计，故空气通过压气机可近似地认为是绝热过程，即 $q=0$。又因 $v_1 \approx v_2$，故由式(9-14)，有

$$-w_{sh} = h_1 - h_2 = c_p(T_1 - T_2) = \frac{k}{k-1}R(T_1 - T_2)$$

将已知数据代入上式，得

$$w_{sh} = -\frac{1.4}{1.4-1} \times 287.06 \times (450 - 290) = -160.8(\text{kJ/kg})$$

即压气机每压缩 1 kg 空气需耗功 160.8 kJ，负号表示外界对气体做功。带动压气机所需功率为

$$N_{sh} = Q_m w_{sh} = 13.2 \times 160.8 = 2122(\text{kW})$$

9.3　完全气体的过程方程

1. 完全气体的熵

由

$$ds = \frac{dq + dq_f}{T}$$

对完全气体的可逆过程，$dq_f=0$，故

$$ds = \frac{dq}{T}$$

由式(9－10)和式(9－21)的关系，ds 可表示为

$$ds = \frac{du + pdv}{T} = \frac{du}{T} + \frac{p}{T}dv \tag{9-27}$$

或

$$ds = \frac{dh - vdp}{T} = \frac{dh}{T} - \frac{v}{T}dp \tag{9-28}$$

利用式(9－22)和式(9－23)对以上两式变换，若按式(9－22)，则有

$$ds = \frac{c_v dT}{T} + \frac{R}{v}dv \tag{9-29}$$

则

$$s_2 - s_1 = \int_1^2 c_v \cdot \frac{dT}{T} + R\ln\frac{v_2}{v_1} \tag{9-30}$$

若按式(9－23)，可有

$$ds = \frac{c_p dT}{T} - \frac{R}{p}dp \tag{9-31}$$

则

$$s_2 - s_1 = \int_1^2 c_p \cdot \frac{dT}{T} + R\ln\frac{p_2}{p_1} \tag{9-32}$$

假定 c_v 和 c_p 均为定值，则式(9－30)和式(9－32)即可简化为

$$\Delta s = s_2 - s_1 = c_v \cdot \ln\frac{T_2}{T_1} + R\ln\frac{v_2}{v_1} \tag{9-33}$$

或

$$\Delta s = s_2 - s_1 = c_p \cdot \ln\frac{T_2}{T_1} - R\ln\frac{p_2}{p_1} \tag{9-34}$$

由 $c_p = c_v + R$ 的关系，将上式简化成以 p 和 v 为变量的计算式：

$$\Delta s = s_2 - s_1 = c_v \cdot \ln\frac{p_2}{p_1} + c_p \cdot R\ln\frac{v_2}{v_1} \tag{9-35}$$

2. 完全气体的定容压缩过程

定容压缩的基本特点是比容保持定值，所以 $\rho = 1/v$ 也不变。气体机械的通风机是按 ρ 为常数的近似条件分析的，由状态方程 $pv = RT$ 可知，定容压缩时压力变化为

$$\frac{p_2}{p_1} = \frac{T_2}{T_1}$$

由式(9－22)和式(9－23)得

$$\Delta u_v = \int_1^2 c_v \cdot dT = c_v \cdot (T_2 - T_1) \quad (c_v\text{ 取常数，以下分析类同}) \tag{9-36}$$

$$\Delta h_v = \int_1^2 c_p \cdot dT = c_p \cdot (T_2 - T_1) \quad (c_p\text{ 取常数，以下分析类同}) \tag{9-37}$$

熵变可由式(9－33)求得

$$\Delta s_v = s_2 - s_1 = c_v \cdot \ln\frac{T_2}{T_1}$$

$T-s$ 曲线可由式(9－29)并令 $dv = 0$ 得

$$\frac{dT}{ds} = \frac{T}{c_v} \tag{9-38}$$

所以，$T-s$ 曲线为指数函数，其过程曲线如图 9－7 所示。1－2 为加热过程线，1－2′为放热过程线。功量和热量的计算可参照过程曲线的特点求取。

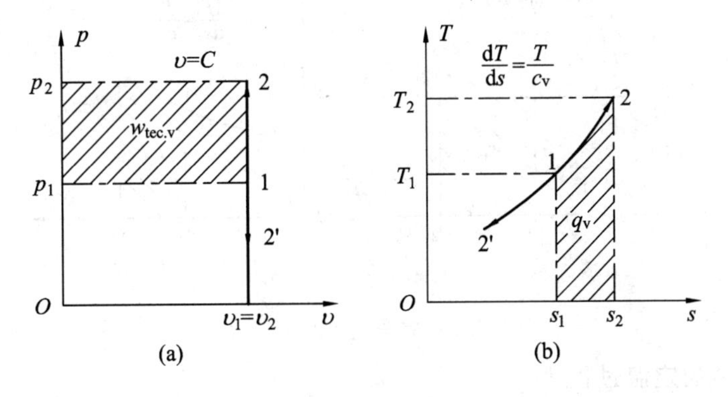

图 9－7　完全气体的定容过程

容积功：
$$w_{V.v} = \int_1^2 p\mathrm{d}\upsilon = 0 \tag{9-39}$$

技术功：
$$w_{teh.v} = \int_1^2 \upsilon\mathrm{d}p = \upsilon(p_2 - p_1) \tag{9-40}$$

过程中的热量：
$$q_v = \Delta u + \int_1^2 p\mathrm{d}\upsilon = \Delta u \tag{9-41}$$

在 $T-s$ 图上，$q_v = \int_1^2 T\mathrm{d}s$。这是对可逆过程而言的。

可见，定容过程热量只改变内能，压力的变化则与技术功有关。

3. 完全气体的定压过程

$p=$const 的条件下，状态参数变化关系为
$$\frac{\upsilon_2}{\upsilon_1} = \frac{T_2}{T_1} \tag{9-42}$$

内能：
$$\Delta u_p = \int_1^2 c_v \cdot \mathrm{d}T = c_v \cdot (T_2 - T_1) \tag{9-43}$$

焓变：
$$\Delta h_p = \int_1^2 c_p \cdot \mathrm{d}T = c_p(T_2 - T_1) \tag{9-44}$$

熵变：
$$\Delta s_p = s_2 - s_1 = c_p \cdot \ln\frac{T_2}{T_1} \tag{9-45}$$

$T-s$ 曲线：
$$\frac{\mathrm{d}T}{\mathrm{d}s} = \frac{T}{c_p} \tag{9-46}$$

$T-s$ 曲线为指数函数，与等容过程相比斜率较小，曲线较平坦一些，如图 9－8 所示。

容积功：
$$w_{V.p} = \int_1^2 p\mathrm{d}\upsilon = (\upsilon_2 - \upsilon_1) = R(T_2 - T_1) \tag{9-47}$$

技术功：
$$w_{teh.p} = \int_1^2 \upsilon\mathrm{d}p = 0 \tag{9-48}$$

过程中的热量：
$$q_p = \Delta h - \int_1^2 \upsilon\mathrm{d}p = h_2 - h_1 \tag{9-49}$$

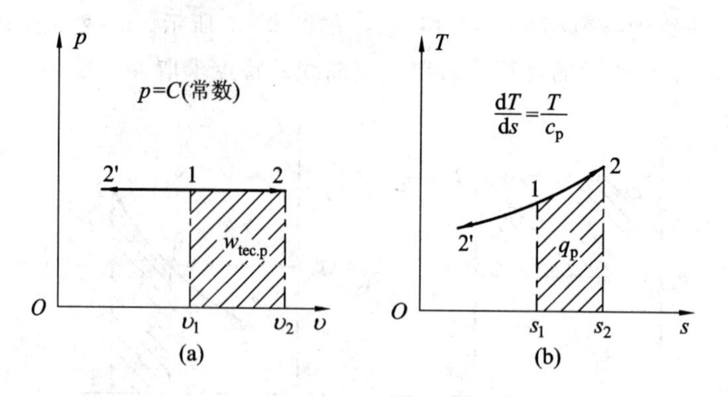

图 9-8　完全气体的定压过程

4. 完全气体的定温过程

压缩机工作中，如果冷却条件非常好，可以近似地假定按等温过程考虑。在 $T=C$ 的条件下，$p-v$ 曲线为双曲线，如图 9-9 所示。

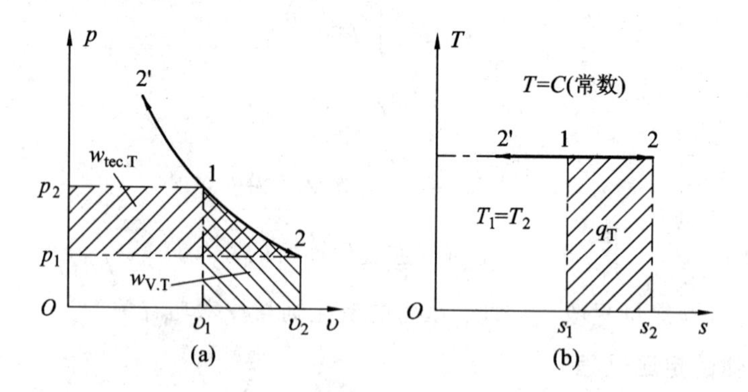

图 9-9　完全气体的定温过程

$$\frac{p_1}{p_2}=\frac{v_2}{v_1} \tag{9-50}$$

内能：
$$\Delta u_T=\int_1^2 c_v\cdot dT=0 \tag{9-51}$$

焓变：
$$\Delta h_T=\int_1^2 c_p\cdot dT=0 \tag{9-52}$$

熵变：
$$\Delta s_T=R\cdot\ln\frac{v_2}{v_1}=R\cdot\ln\frac{p_1}{p_2} \tag{9-53}$$

$T-s$ 曲线为一水平线，1-2 为加热膨胀，1-2′为放热压缩。

容积功：
$$w_{V.T}=\int_1^2 p dv=RT\int_1^2\frac{dv}{v}=RT\ln\frac{v_2}{v_1}=RT\ln\frac{p_1}{p_2} \tag{9-54}$$

技术功：
$$w_{teh.T}=-\int_1^2 v dp=-RT\int_1^2\frac{dp}{p}=RT\ln\frac{p_1}{p_2}=RT\ln\frac{v_2}{v_1} \tag{9-55}$$

$$q_T=\Delta u+w_V=\Delta h+w_{tec}$$

因为
$$\Delta u_T=0;\ \Delta h_T=0$$

所以
$$q_T=w_{V.T}=w_{tec.T}$$

$$q_{\mathrm{T}} = RT\ln\frac{v_2}{v_1} = RT\ln\frac{p_1}{p_2} \tag{9-56}$$

热量也可按下式计算：

$$q_T = \int_1^2 T\mathrm{d}s = T(s_2 - s_1) \tag{9-57}$$

由此可知，对定温过程，容积功等于技术功，表现在 $p-v$ 图上是 1－2 曲线的左边和下边的面积是相等的。定温过程中加入的热量全部等于所做的膨胀功或技术功，如果是压缩，则功全部变为热放出，这是完全气体定温过程的特点。

5. 完全气体的绝热过程

如果压缩机或气动机械工作中没有冷却条件，气体的状态变化接近绝热过程，此时 $\mathrm{d}q=0$，可逆绝热过程($\mathrm{d}q_{\mathrm{f}}=0$)也称等熵过程。其状态过程如图 9－10 所示。

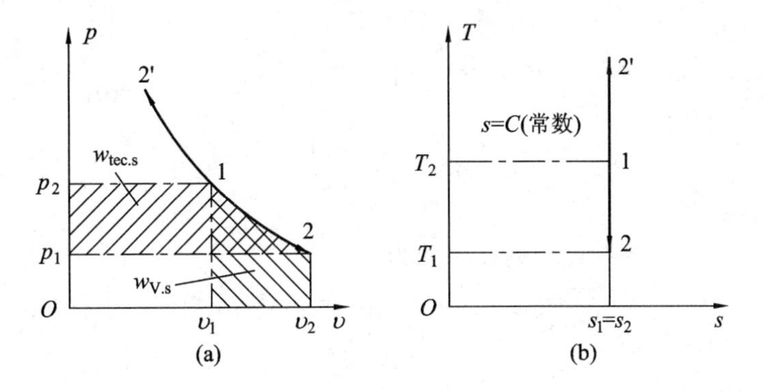

图 9－10　完全气体的绝热过程

由式(9－10)得

$$\mathrm{d}q = \mathrm{d}u + p\mathrm{d}v = c_{\mathrm{v}}\cdot\mathrm{d}T + p\mathrm{d}v$$

因为 $T=pv/R$，$\mathrm{d}T=\frac{1}{R}\mathrm{d}(pv)=\frac{1}{R}(p\mathrm{d}v+v\mathrm{d}p)$，代入上式，得

$$\mathrm{d}q = \frac{c_{\mathrm{v}}}{R}(p\mathrm{d}v + v\mathrm{d}p) + p\mathrm{d}v = 0$$

将 $R=c_{\mathrm{p}}-c_{\mathrm{v}}$ 代入并整理得

$$\frac{c_{\mathrm{p}}}{c_{\mathrm{v}}}\cdot\frac{\mathrm{d}v}{v} + \frac{\mathrm{d}p}{p} = 0$$

取 $k=\frac{c_{\mathrm{p}}}{c_{\mathrm{v}}}$，并对上式积分得

$$p\cdot v^k = 常数，\frac{p}{\rho^k} = 常数 \tag{9-58}$$

式中，k 为完全气体绝热指数，它也是气体的质量热容比，空气的 $k=1.4$。

根据气体状态方程 $pv=RT$，可得出如下表示式：

$$T\cdot v^{k-1} = C(常数) \tag{9-59}$$

$$T\cdot p^{(k-1)/k} = C(常数) \tag{9-60}$$

由以上关系可知，绝热膨胀时，$v_2>v_1$，$T_2<T_1$，$p_2<p_1$，而绝热压缩则恰好相反。与 $T=C$(常数)相比，绝热过程的 $p-v$ 曲线应更陡一些。

因绝热过程，$dq=0$，所以 $\Delta s=\int_1^2 \frac{dq}{T}=0$，等熵过程在 $T-s$ 图上表现为一垂直线。

容积功 $w_{V.s}$：由 $q=\Delta u+w_V$，可知，在 $q_s=0$ 条件下

$$w_{V.s}=-\Delta u=u_1-u_2$$

可见，在绝热膨胀时，消耗气体内能，而对气体作绝热压缩时增加气体内能，这对任何气体，可逆或不可逆过程都是如此。

可以把 $w_{V.s}$写成状态参数 p、v 和 T 的表达式，这样更便于使用。当取 c_v 为定值时，有

$$w_{V.s}=c_v\cdot(T_1-T_2)=\frac{R}{k-1}(T_1-T_2) \tag{9-61}$$

根据气体状态方程 $pv=RT$，上式可表示为

$$w_{V.s}=\frac{1}{k-1}(p_1v_1-p_2v_2) \tag{9-62}$$

$$w_{V.s}=\frac{RT_1}{k-1}\left(1-\left(\frac{p_2}{p_1}\right)^{\frac{k-1}{k}}\right) \tag{9-63}$$

$$w_{V.s}=\frac{RT_1}{k-1}\left(1-\left(\frac{v_1}{v_2}\right)^{k-1}\right) \tag{9-64}$$

技术功 $w_{tec.s}$：

由 $q=\Delta h+w_{tec}$知，等熵过程的技术功为

$$w_{tec.s}=h_1-h_2$$

当取 c_p 为定值时，可有

$$w_{tec.s}=c_p\cdot(T_1-T_2)=\frac{kR}{k-1}(T_1-T_2) \tag{9-65}$$

根据气体状态方程 $pv=RT$，上式可表示为

$$w_{tec.s}=\frac{k}{k-1}(p_1v_1-p_2v_2) \tag{9-66}$$

$$w_{tec.s}=\frac{kRT_1}{k-1}\left(1-\left(\frac{p_2}{p_1}\right)^{\frac{k-1}{k}}\right) \tag{9-67}$$

$$w_{tec.s}=\frac{kRT_1}{k-1}\left(1-\left(\frac{v_1}{v_2}\right)^{k-1}\right) \tag{9-68}$$

对容积功和技术功进行比较知，完全气体绝热过程中的技术功为容积功的 k 倍。表现在 $p-v$ 图上是 1－2 曲线左边的面积为下边面积的 k 倍。

6. 完全气体的多变过程

工程上的实际过程，一般遵循多变过程，多变过程的方程为

$$p\cdot v^n=C(\text{常数}) \tag{9-69}$$

式中，n 为多变指数。不同的多变过程，n 值是不同的，并且它包括以下特殊过程：

(1) $n=0$，$p=$常数，定压过程；

(2) $n=1$，$T=$常数，定温过程；

(3) $n=k$，$p\cdot v^k=$常数，等熵过程(绝热过程)；

(4) $n\to\pm\infty$，$v=$常数，定容过程。因为 $n\to\pm\infty$，相当于 $p^{\frac{1}{\pm\infty}}\cdot v=$常数，即 $p^0\cdot v=$常数。n 为不同值时的 $p-v$ 图及 $T-s$ 图上过程曲线的比较见图 9－11。

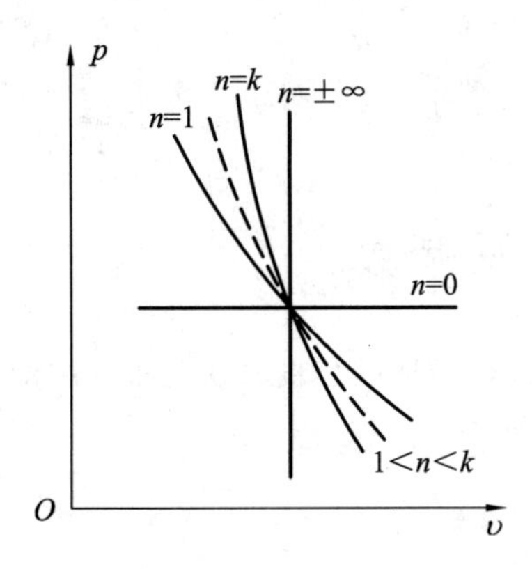

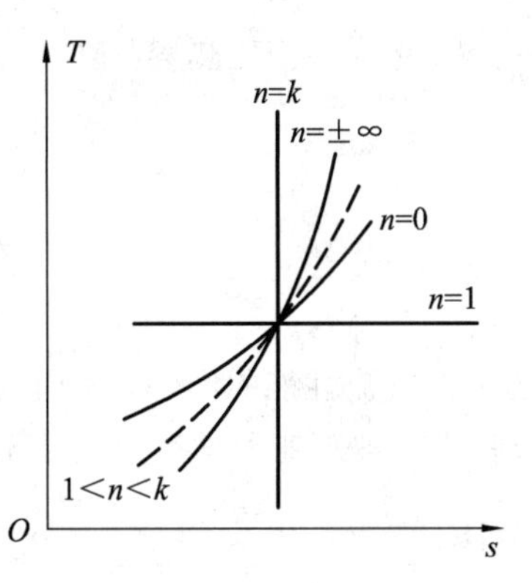

图 9-11　n 为不同值时的过程曲线

$1<n<k$ 的曲线如虚线所示。n 为一般值时的状态参数及功、能量表达式如下：

$$\frac{p_2}{p_1}=\left(\frac{v_1}{v_2}\right)^n \tag{9-70}$$

$$\frac{T_2}{T_1}=\left(\frac{v_1}{v_2}\right)^{n-1} \tag{9-71}$$

$$\frac{T_2}{T_1}=\left(\frac{p_2}{p_1}\right)^{\frac{n-1}{n}} \tag{9-72}$$

容积功：

$$w_{\mathrm{V},n}=\int_1^2 p\mathrm{d}v=\int_1^2\frac{p_1 v_1^n}{v^n}\mathrm{d}v$$

故

$$w_{\mathrm{V},n}=\frac{1}{n-1}(p_1v_1-p_2v_2)=\frac{R}{n-1}(T_1-T_2) \tag{9-73}$$

或

$$w_{\mathrm{V},n}=\frac{RT_1}{n-1}\left[1-\left(\frac{p_2}{p_1}\right)^{\frac{n-1}{n}}\right] \tag{9-74}$$

$$w_{\mathrm{V},n}=\frac{RT_1}{n-1}\left[1-\left(\frac{v_1}{v_2}\right)^{n-1}\right] \tag{9-75}$$

技术功：由式(9-20)得

$$w_{\mathrm{tec},n}=-\int_1^2 v\mathrm{d}p$$

故

$$w_{\mathrm{tec},n}=\frac{n}{n-1}(p_1v_1-p_2v_2) \tag{9-76}$$

或

$$w_{\mathrm{tec},n}=\frac{nR}{n-1}(T_1-T_2) \tag{9-77}$$

或

$$w_{\mathrm{tec},n}=\frac{nRT_1}{n-1}\left[1-\left(\frac{p_2}{p_1}\right)^{\frac{n-1}{n}}\right] \tag{9-78}$$

多变过程，$q\neq 0$，其值可按下式计算：

$$q_n=\Delta u+w_{\mathrm{V},n}=\int_1^2 c_{\mathrm{v}}\cdot\mathrm{d}T+\frac{R}{n-1}(T_1-T_2) \tag{9-79}$$

取 c_{v} 为定值，代入式(9-26)得

$$q_n=\frac{n-k}{n-1}\cdot c_{\mathrm{v}}\cdot(T_1-T_2) \tag{9-80}$$

其中，$\frac{n-k}{n-1}\cdot c_v$ 称为多变比热容，以 c_n 表示，则

$$q_n = c_n \cdot (T_1 - T_2)$$

9.4 声速和马赫数

气体压缩对气流性能的影响，是由气流速度接近声速的程度来决定的。讨论压缩气体的流动，应首先了解声速和马赫数这两个概念。

9.4.1 声速

在气体动力学中，声速泛指微弱扰动波在流体介质中的传播速度，而不仅仅指声音的传播速度。例如弹拨琴弦振动了空气，空气的压力、密度发生了微弱变化，这种状态变化在空气中形成一种不平衡的扰动，扰动又以波的形式迅速外传。人耳所能接收的振动频率有一定的范围，声速概念是把它作为压力、密度状态变化在流体中的传播过程来看待的，介质中的扰动传播速度皆称声速。在可压缩流体中，某处产生一个微弱的局部压力扰动，这个压力扰动将以波的形式在流体内传播，传播速度称为声速，用符号 c 表示。

假设有一个半无限长的直圆管，右端用一个活塞封住，如图 9-12 所示，管内充满静止的气体，其参数为 p、ρ、T。将活塞以 $\mathrm{d}v$ 的速度向左推动。活塞由静止状态加速度到速度为 $\mathrm{d}v$ 时，紧贴活塞的那层气体最先受到压缩，其参数变为 $p+\mathrm{d}p$、$\rho+\mathrm{d}\rho$、$T+\mathrm{d}T$，并同活塞一起向左运动压缩第二层气体。这样，压缩作用便可一层一层地向左传播出去。

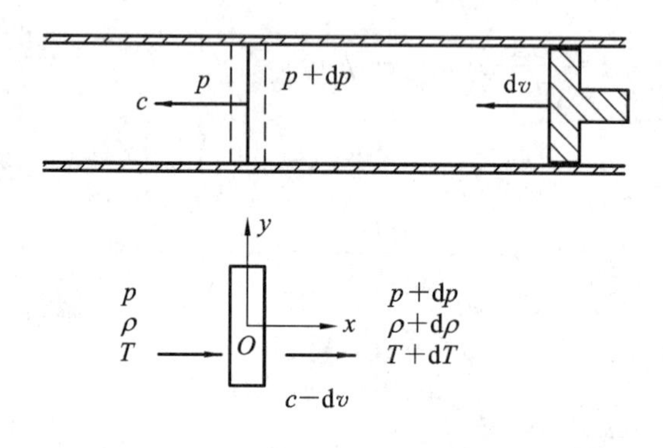

图 9-12　微弱压力扰动波

从上述分析中可知，受到扰动(压缩)的气体和尚未受到扰动的气体之间有一个分界面，在分界面两边，气体参数略有不同，这个分界面叫做微弱扰动波。

假设微弱扰动压缩波在半无限长的直圆管中以速度 c 向左传播，波扫过的流体参数为 $p+\mathrm{d}p$、$\rho+\mathrm{d}\rho$、$T+\mathrm{d}T$ 并以 $\mathrm{d}v$ 的速度向左运动。波前气体参数为 p、ρ、T，并且是静止不动的。为了分析简单起见，选用与扰动波一起运动的坐标系，则流动如图 9-12 所示，并取图中的虚线部分为控制体。对所选取的控制体施用动量方程，并略去其侧面的切应力，则有

$$-(p+\mathrm{d}p)A + pA = \rho Ac[(c-\mathrm{d}v) - c]$$

整理后得到

$$dp = \rho c dv \tag{9-81}$$

对控制体施用连续方程，则有

$$\rho A c = (\rho + d\rho) A (c - dv)$$

整理后有

$$\frac{dv}{c} = \frac{d\rho}{\rho} + d\rho \approx \frac{d\rho}{\rho} \tag{9-82}$$

联立式(9-81)和式(9-82)则有

$$c^2 = \frac{dp}{d\rho}$$

或

$$c = \sqrt{\frac{dp}{d\rho}} \tag{9-83}$$

由热力学分析可知，微弱扰动波的传播过程可以看做是等熵过程。所以对完全气体来说，有

$$\frac{p}{\rho^k} = C(常数)$$

取对数并微分后有

$$\frac{dp}{p} = \frac{k d\rho}{\rho}$$

所以

$$\frac{dp}{d\rho} = \frac{kp}{\rho} = kRT$$

将上式代入式(9-83)，则得声速公式为

$$c = \sqrt{kRT} \tag{9-84}$$

对常温下的空气，$T=288.2$ K，$k=1.4$，$R=287.06$ J/(kg·K)，有

$$c = \sqrt{kRT} = \sqrt{1.4 \times 287.06 \times 288.2} = 340.3(\text{m/s})$$

9.4.2　马赫数

流场任一点处的流速 v 与该点(当地)气体的声速 c 的比值，叫做该点处气流的马赫数，用符号 Ma 表示。

$$Ma = \frac{v}{c} = \frac{v}{\sqrt{kRT}} \tag{9-85}$$

当气流速度小于当地声速，即 $Ma<1$ 时，这种气流叫做亚声速气流，当气流速度大于当地声速，即 $Ma>1$ 时，这种气流称为超声速气流；当气流速度等于当地声速，即 $Ma=1$ 时，这种气流称为声速气流。以后将会看到，超声速气流和亚声速气流所遵循的规律有着本质的不同。

马赫数与气流的压缩性有着直接的联系。由式(9-8)的运动微分方程可得

$$-v dv = \frac{dp}{\rho} = \frac{dp}{d\rho}\frac{d\rho}{\rho} = c^2 \frac{d\rho}{\rho}$$

所以有

$$\frac{\mathrm{d}\rho}{\rho}=-\frac{v^2}{c^2}\frac{\mathrm{d}v}{v}=-Ma^2\frac{\mathrm{d}v}{v}\tag{9-86}$$

当 $Ma\leqslant0.3$ 时，$\mathrm{d}\rho/\rho\leqslant0.09\mathrm{d}v/v$。由此可见，当速度变化一倍时，气体的密度仅仅改变 9%以下，一般可以不考虑密度的变化，即认为气流是不可压缩的；反之，当 $Ma>0.3$ 时，气流必须看成是可压缩的。

【例 9-2】 某喷气发动机，在尾喷管出口处，燃气速度为 560 m/s，温度为 873 K，燃气的绝热指数 $k=1.33$，气体常数 $R=287.4\ \mathrm{J/(kg\cdot K)}$，求出口处燃气流的声速及$Ma$ 数。

解
$$c=\sqrt{kRT}=\sqrt{1.33\times2874\times873}=577(\mathrm{m/s})$$

$$Ma=\frac{v}{c}=\frac{560}{577}=0.97$$

9.4.3 弱扰动在气流中的传播

前面我们已经知道，弱扰动相对于气体是以声速向周围传播的，传播情况有图 9-13 所示的四种方式。

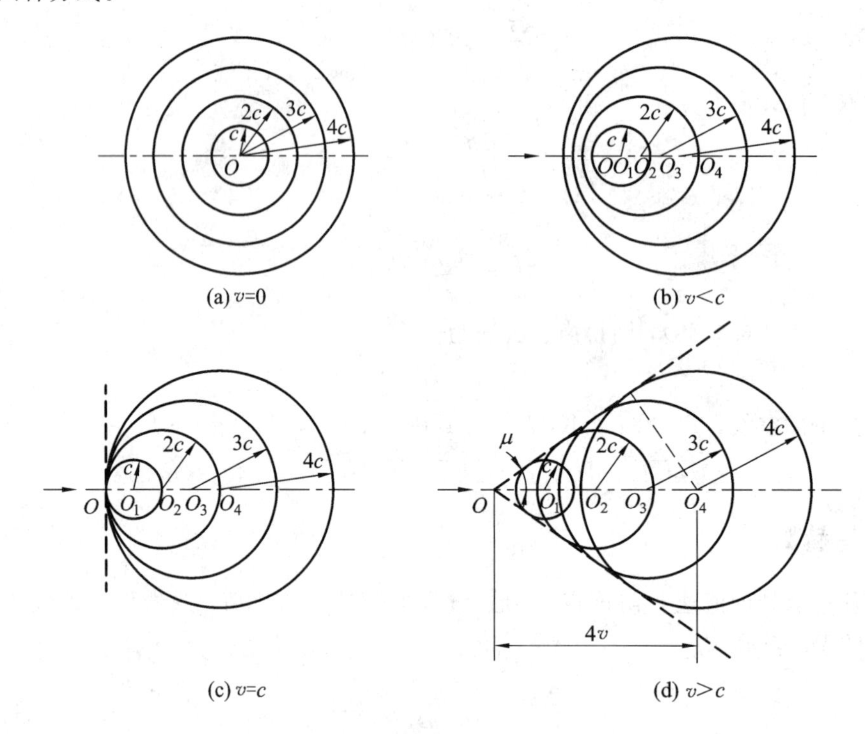

图 9-13　弱扰动在气流中的传播

（1）扰动源静止不动，$v=0$，弱扰动源位于 O 点，如图 9-13(a)所示。它在气体中所产生的扰动是以球面波形式向周围传播的。如果介质的黏性耗散不予考虑的话，随着时间的推移，这个扰动可以传播整个流场。显然，在不同时刻发出的扰动将构成一系列同心球面。

（2）扰动源的速度小于声速，即 $v<c$，$Ma<1$，此时，扰动源所发出的弱扰动波仍然是一系列球面波，但是，由于气体在流动，并且带着扰动波向下游移动，各时刻球面波的运动情况如图 9-13(b)所示。此时，逆流方向的传播速度为$c-v$，顺流方向的传播速度为 $c+$

v，其他方向上的传播速度介于 $c-v$ 和 $c+v$ 之间。由此可见，弱扰动波在亚声速气流中仍可逆流传播，即在亚声速气流中弱扰动波可以传遍整个流场。

(3) 扰动源的运动速度等于声速，即 $v=c$，$Ma=1$，弱扰动的传播情况如图 9-13(c)所示。在逆流方向上，弱扰动波的传播速度恰与气流速度相抵消，使得弱扰动波不能逆流传播。由图可见，随着时间的无限推移，弱扰动波将传遍 O 点下游的半个流场。

(4) 扰动源的运动速度大于声速，即 $v>c$，$Ma>1$，这时气体向下游运动的速度 v 比弱扰动波相对于气体的传播速度 c 还要大，扰动不仅不能逆流传播，并且被限制在一定的区域内传播。从 O 点发出的扰动波在第一秒末、第二秒末、第三秒末……所到达的位置如图 9-13(d)所示。因此，弱扰动在超声速气流中的传播被限制在以 O 点为顶点的一系列球面的公切圆锥之内，这个圆锥称为马赫锥，马赫锥顶角的一半称为马赫角，用 μ 表示。

$$\sin\mu=\frac{ct}{vt}=\frac{c}{v}=\frac{1}{Ma}$$

马赫锥外面的气体不受扰动的影响，又称为寂静区。从上述分析中可以看出，弱扰动波能不能传遍整个流场，是亚声速气流与超声速气流的一个根本差别：在亚声速流动中，弱扰动可以传播到空间任何一点，而在超声速流动中，扰动只能在马赫锥内部传播。气体动力学中的膨胀波、微弱压缩波和激波等流动现象与上述结论有着十分密切的关系。

利用扰动波传播的特点判定飞机的速度。当飞机未到达人们的上空时，就已经听到飞机发出的声音，则这架飞机一定是亚声速飞机。当飞机掠过人们头顶之后一段时间才能听到飞机的轰鸣声，则这架飞机一定是超声速飞机。

【例 9-3】 子弹在 15℃的空气中飞行，测得头部的马赫角为 40°，求子弹的飞行速度 v。

解 子弹飞行时头部附近的压力增值，这就是运动扰动源，马赫角 $\mu=40°$，则

$$\sin\mu=\frac{1}{Ma}$$

$$Ma=\frac{1}{\sin40°}=1.557$$

$$v=Ma\cdot c=1.557\times\sqrt{1.4\times287.06\times(273+15)}=530(\text{m/s})$$

9.5 一元定常等熵气流参数

一元定常等熵气流某一参数发生变化时，其他参数将随之发生相应的变化。由前面的一元定常等熵气流基本方程组可知，若已知其中某一断面上的参数 v_1、p_1、ρ_1、T_1，并已知另一断面上 v_2、p_2、ρ_2、T_2 中的任意一个参数，则其他参数都可由基本方程组解出。已知断面就称为参考断面，此参考断面上的参数称为参考状态参数。以下介绍的三个参考状态是滞止状态、临界状态和极限状态。

9.5.1 滞止状态参数

流动中某断面或某区域的速度等于零(处于静止或滞止状态)，则此断面上的参数称为滞止参数，用下角标“st”表示。如 p_{st}、ρ_{st}、T_{st} 分别称为滞止压力、滞止密度、滞止温度。如高压气罐中的气体通过喷管喷出，此气罐内的气流速度可以认为零，气罐内的气体就处于

滞止状态。任意断面上的参数 p、T 分别称为静压、静温。现将一元定常等熵气流的能量方程用滞止断面和另一任意断面上的参数来表示。

1. 滞止焓 h_{st}

根据一元定常等熵流动的能量方程式(9-15)，得

$$h_1 + \frac{1}{2}v_1^2 = h_2 + \frac{1}{2}v_2^2$$

可知气体的焓值随气流速度的减少而增大。如果把气流由速度 $v_1=v$(焓 $h_1=h$)等熵地滞止到 $v_2=0$，此时所对应的焓值 h_2 就称为滞止焓，用符号 h_{st}表示，则

$$h_{st} = h + \frac{1}{2}v^2 \tag{9-87}$$

2. 滞止温度 T_{st}

由式(9-87)及 $h=c_p \cdot T$ 的关系可得

$$h_{st} - h = c_p(T_{st} - T) = \frac{1}{2}v^2$$

故

$$T_{st} = T + \frac{v^2}{2c_p} \tag{9-88}$$

式中，T_{st}为滞止温度，是指把气流速度等熵滞止到零时的温度。

将式(9-88)两边同除以 T，则有

$$\frac{T_{st}}{T} = 1 + \frac{v^2}{2c_p T} = 1 + \frac{1}{2}\frac{v^2}{\frac{kR}{k-1}T} = 1 + \frac{k-1}{2}\frac{v^2}{c^2}$$

所以

$$\frac{T_{st}}{T} = 1 + \frac{k-1}{2}Ma^2 \tag{9-89}$$

3. 滞止压力 p_{st}和滞止密度 ρ_{st}

完全气体的状态方程和滞止状态的状态方程可表示为 $p=\rho RT$ 和 $p_{st}=\rho_{st}RT_{st}$，两式相除则有

$$\frac{p_{st}}{p} = \left(\frac{\rho_{st}}{\rho}\right)\left(\frac{T_{st}}{T}\right) \tag{a}$$

对于等熵流动有 $p_{st}/\rho_{st}^k=$常数，$p/\rho^k=$常数，两者相比，则有

$$\frac{p_{st}}{p} = \left(\frac{\rho_{st}}{\rho}\right)^k \tag{b}$$

由式(a)和式(b)可得

$$\frac{p_{st}}{p} = \left(\frac{T_{st}}{T}\right)^{k/(k-1)} = \left(1 + \frac{k-1}{2}Ma^2\right)^{k/(k-1)} \tag{9-90}$$

$$\frac{p_{st}}{p} = \left(\frac{T_{st}}{T}\right)^{k/(k-1)} = \left(1 + \frac{k-1}{2}Ma^2\right)^{1/k-1} \tag{9-91}$$

由式(9-89)～式(9-91)可知，气流参数与其滞止参数的比值只是气流 Ma 数的函数。这种函数关系是分析和计算气体流动的基础，在气体动力学中占有非常重要的地位。

在气体动力学中，引进滞止状态的概念是把它作为一个参考状态。对一元流动来讲，

每个截面都对应有自己的滞止状态，而与实际流动中的过程无关。也就是说，滞止参数是一个点函数。利用滞止参数可以简化分析计算。

引入滞止焓后，一元稳定流动的能量方程式(9－14)可表式为

$$q = h_{2st} - h_{1st} + w_{sh}$$

对绝能流动而言，有

$$h_{2st} = h_{1st} \quad 或 \quad h_{st} = 常数$$

由此可知：一元稳定绝能流动的滞止焓沿流程为一常数，对完全气体，因为 $h_{st} = c_p T_{st}$，所以其滞止温度也保持不变。通过进一步的理论分析可证明，在绝能等熵流动中，所有的滞止参数沿流程都不变。

9.5.2 极限速度和滞止声速

对完全气体等熵流动来讲，能量方程为

$$c_p \cdot T + \frac{1}{2}v^2 = c_p \cdot T_{st} = 常数$$

$$\frac{k}{k-1}RT + \frac{1}{2}v^2 = \frac{k}{k-1}RT_{st} = 常数 \tag{9-92}$$

由式(9－92)可知，在等熵流动中，随着气流温度的下降，气流速度不断增大。如果气流温度降低到绝对零度，其焓则全部转化为动能，这时气流速度达到最大值。这个最大值称为极限速度，用符号 v_{max} 表示，见图 9－14。由式(9－92)可知

$$v_{max} = \sqrt{\frac{2k}{k-1}RT_{st}} \tag{9-93}$$

v_{max} 仅是理论上的极限值，因为真实气体在达到该速度之前就已经液化了。对于给定的气体，极限速度只取决于总温，在绝能流中是一个常数，常被用作参考速度。

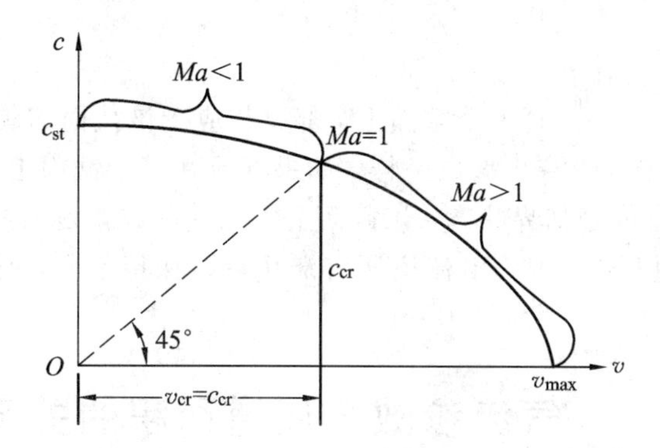

图 9－14　$c-v$ 曲线

对应于滞止状态的声速叫做滞止声速，用符号 c_{st} 来表示：

$$c_{st} = \sqrt{kRT_{st}} \tag{9-94}$$

9.5.3 临界状态参数

在式(9－92)中引入 $c^2 = kRT$ 及 $c_{st}^2 = kRT_{st}$ 后，则可改写为

$$\frac{c^2}{k-1}+\frac{1}{2}v^2=\frac{c_{st}^2}{k-1}=\frac{v_{max}^2}{2}=\frac{k}{k-1}RT_{st}=\text{常数} \tag{9-95}$$

由式(9-95)可知，c 与 v 的关系函数满足椭圆方程，关系曲线如图 9-14 所示。从图中可以看出，当气流速度被滞止到零时，当地声速上升到滞止声速 c_{st}；当气流速度被加速到极限速度 v_{max}时，当地声速下降到零。因此，在气流速度由小变大和当地声速由大变小的过程中，必定会出现气流速度恰好等于当地声速的状态，即 $Ma=1$ 的状态。气体动力学中称这种状态为临界状态，所对应的气流参数称为气流的临界状态参数，并标以下标 cr，如 p_{cr}、T_{cr}、v_{cr}和 c_{cr}等。显然，$v_{cr}=c_{cr}$。

在式(9-95)中，令 $v=c=c_{cr}$，则可得

$$c_{cr}=\sqrt{\frac{2k}{k+1}RT_{st}} \tag{9-96}$$

利用式(9-93)、式(9-94)、式(9-96)，可得

$$\frac{c_{cr}}{c_{st}}=\sqrt{\frac{2}{k+1}} \tag{9-97}$$

$$\frac{v_{max}}{c_{st}}=\sqrt{\frac{2}{k-1}} \tag{9-98}$$

$$\frac{v_{max}}{c_{cr}}=\sqrt{\frac{k+1}{k-1}} \tag{9-99}$$

利用式(9-89)、式(9-90)、式(9-91)，可得

$$\frac{T_{cr}}{T_{st}}=\frac{2}{k+1} \tag{9-100}$$

$$\frac{p_{cr}}{p_{st}}=\left(\frac{2}{k+1}\right)^{\frac{k}{k-1}} \tag{9-101}$$

$$\frac{\rho_{cr}}{\rho_{st}}=\left(\frac{2}{k+1}\right)^{\frac{1}{k-1}} \tag{9-102}$$

对空气，$k=1.4$，则有 $p_{cr}/p_{st}=0.5283$。

应该指出，在一元流动的每一个截面上，都有相应于该截面的临界参数，如同在气流的每一个截面上都有相应的滞止参数一样。如果气流在某个截面上的 Ma 数恰好等于 1，则该截面上的气流状态就是临界状态，该截面上气流的参数就是临界参数，该截面叫做临界截面。在等熵流动过程中，因为沿流道所有滞止参数保持不变，所以，所有的临界参数也保持不变。

9.6 气流参数与通道面积的关系

本节讨论通道面积沿流程增大或减小时流速 v 与压力 p 的变化关系，或者说，通道应怎样收缩或扩张才能保证气流的速度和压力按要求的变化。假设在流动过程中气体与外界无热和功的交换，也不计气体与管壁的摩擦作用。工程实际中诸如喷管和喷嘴内的流动等都可以近似看做是这样的流动。

9.6.1 截面积的变化对气流参数的影响

通道内的气流认为是定常等熵的，工程技术上所遇到的许多一元气流情况常可按定常

等熵流动处理。由连续方程可写出

$$\frac{\mathrm{d}A}{A}=-\frac{\mathrm{d}v}{v}-\frac{\mathrm{d}\rho}{\rho}$$

由运动方程式(9-8)可写出

$$\frac{\mathrm{d}v}{v}=-\frac{\mathrm{d}p}{\rho v^2}$$

由以上两式可得

$$\frac{\mathrm{d}A}{A}=\frac{\mathrm{d}p}{\rho v^2}-\frac{\mathrm{d}\rho}{\rho}=\frac{\mathrm{d}p}{\rho v^2}\left(1-\frac{v^2}{\mathrm{d}p/\mathrm{d}\rho}\right)=\frac{\mathrm{d}p}{\rho v^2}\left(1-\frac{v^2}{c^2}\right)$$

$$\frac{\mathrm{d}A}{A}=\frac{\mathrm{d}p}{\rho v^2}(1-Ma^2) \tag{9-103}$$

$$\frac{\mathrm{d}A}{A}=-\frac{\mathrm{d}v}{v}(1-Ma^2) \tag{9-104}$$

上两式建立了通道面积的相对变化与压力的变化和速度的相对变化之间的关系。以下分三种情况讨论。

1. $Ma<1$，即 $v<c$(亚声速)

$1-Ma^2>0$，由式(9-103)和式(9-104)可以看出：$\mathrm{d}A$ 与 $\mathrm{d}p$ 同号而与 $\mathrm{d}v$ 异号，即沿流向过流面积的增加会使流速不断减小而压力不断增大；反之，沿流向过流面积的减少会使流速不断增大而压力不断减少。一般把沿流向流速增大的管段叫喷管，把沿流向压力增大的管段叫扩压管。图 9-15 绘出了亚声速和超声速的喷管和扩压管的形状。

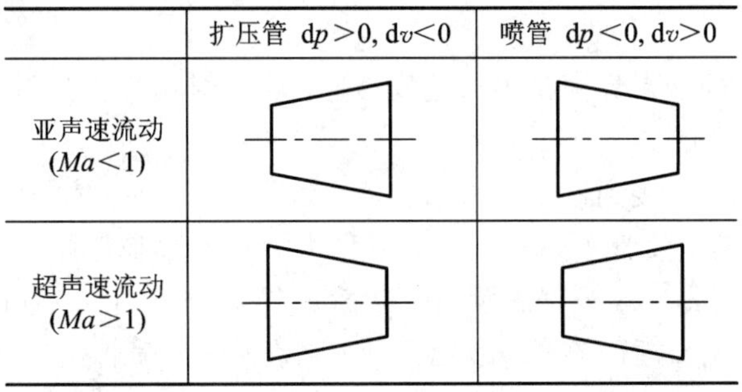

	扩压管 $\mathrm{d}p>0, \mathrm{d}v<0$	喷管 $\mathrm{d}p<0, \mathrm{d}v>0$
亚声速流动 ($Ma<1$)		
超声速流动 ($Ma>1$)		

图 9-15　喷管与扩压管

2. $Ma>1$，即 $v>c$(超声速)

$1-Ma^2<0$，同样由式(9-103)和式(9-104)可以看出：$\mathrm{d}A$ 与 $\mathrm{d}p$ 异号而与 $\mathrm{d}v$ 同号，即沿流向面积增大反而使流速不断增大而压力不断减小；反之，沿流向过流面积的减小会使流速不断减小而压力不断增大。可见，超声速流动速压随过流面积的变化关系与亚声速流的情况正好相反。图 9-15 中，喷管(增速减压的管段，即 $\mathrm{d}v>0$ 而 $\mathrm{d}p<0$ 的管段)与扩压管(增压减速的管段，即 $\mathrm{d}p>0$ 而 $\mathrm{d}v<0$ 的管段)在亚声速与超声速正好是进口断面与出口断面位置的对调。

亚声速流动时的速压随通道面积变化的规律与不可压缩流动时的规律总体上是一致的，但数量级上是不同的。不可压缩流的情况可看做亚声速流马赫数 Ma 趋近于零的特殊情况，不可压缩流中，是流速 v(或压力 p)与过流面积 A 两者之间的关系；而亚声速流中，

是流速 v(或压力 p)、过流面积 A 与流体密度 ρ 这三者之间的关系。

在超声速情况下，通过扩压管使气流增速减压，这与不可压缩流的情况相反。这是因为，在超声速情况下，随着过流面积增加，流速增大，密度下降，且密度的下降比速度的增大还要快。也就是说，气体的膨胀程度非常明显，这要求通道面积和流速都增加。

将式(9－104)代入连续性微分方程中有

$$\frac{d\rho}{\rho}+\frac{dv}{v}+\frac{dA}{A}=\frac{d\rho}{\rho}+\frac{dv}{v}-(1-Ma^2)\frac{dv}{v}=\frac{d\rho}{\rho}+Ma^2\frac{dv}{v}=0$$

$$\frac{d\rho}{\rho}=-Ma^2\frac{dv}{v} \tag{9-105}$$

式(9－105)说明，密度的变化和速度的变化差一个负号，即速度增加密度下降，速度下降密度增加。在亚声速时，$Ma^2<1$，速度增大比密度减小得快；在超声速时，$Ma^2>1$，速度增大没有密度减小得快。

3. $Ma=1$，即 $v=c$(声速)

从式(9－104)中可以看出，当 $Ma=1$ 时，dA 为零，这说明过流面积在此时应取极大值或极小值。但配合图 9－15 可以得出，此时对应的通道面积应是通道最小断面积 A_{min}，即声速发生在通道的喉部。

由以上讨论得出结论：亚声速流通过收缩喷管是不可能得到超声速流的。要想获得超声速流必须使气流通过收缩喷管并在末端(最小断面)达到声速，然后再在扩压管中继续加速到超声速。

9.6.2　收缩形喷管

收缩形喷管加速的最大界限是出口达到声速。收缩形喷管主要用于亚声速范围内的气流加速。

收缩形喷管的进口连接到一个很大的容器，如图 9－16 所示，让容器内的气体通过此收缩形喷管喷出，这样，喷管进口断面参数可作为滞止参数来考虑，如 p_{st}、ρ_{st}、T_{st}。喷管出口断面为 e 断面，用 e_L、e_R 分别表示出口断面 e 前(在喷管内)、后(已出喷管)的断面。e_L 断面上的参数值作为出口断面参数值。用下标 e 来表示。如喷管出口压力为 p_e，e_R 断面后的压力称为环境压力(背压)，用 p_B 表示。由喷管进、出口断面列出连续方程、能量方程、状态方程和等熵方程。

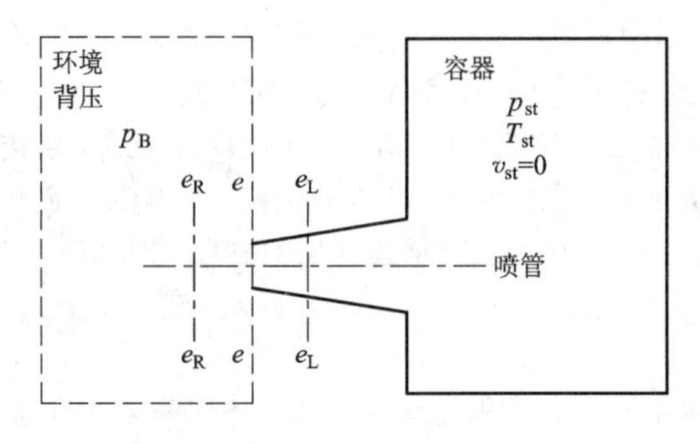

图 9－16　收缩喷管

由式(9-88)得

$$v_e = \sqrt{2c_p(T_{st}-T_e)} = \sqrt{2c_pT_{st}\left(1-\frac{T_e}{T_{st}}\right)}$$

由等熵关系得

$$\frac{p_e}{p_{st}} = \left(\frac{T_e}{T_{st}}\right)^{\frac{k}{k-1}},\ \frac{p_e}{p_{st}} = \left(\frac{\rho_e}{\rho_{st}}\right)^k$$

因此得

$$v_e = \sqrt{2c_pT_{st}\left[1-\left(\frac{p_e}{p_{st}}\right)^{\frac{k-1}{k}}\right]} \tag{9-106}$$

$$\frac{\rho_e}{\rho_{st}} = \left(\frac{p_e}{p_{st}}\right)^{\frac{1}{k}}$$

喷嘴的质量流量：

$$Q_{m.e} = \rho_e v_e A_e = \rho_{st}A_e\left(\frac{p_e}{p_{st}}\right)^{\frac{1}{k}}\sqrt{2c_pT_{st}\left[1-\left(\frac{p_e}{p_{st}}\right)^{\frac{k-1}{k}}\right]} \tag{9-107}$$

若进口断面的压力 p_{st} 和喷管的形状已定，则喷管出口断面上的压力 p_e 也被确定。若环境压力(背压) p_B 已定，则分以下几种情况来讨论：

(1) $p_{st}=p_e=p_B$，显然无差压，管中无流动。

(2) $p_{st}>p_B>p_{cr}$，p_{cr} 为临界压力，对空气 $p_{cr}=0.5238p_{st}$。此时，喷管中的压力沿流向不断减小，流速在收缩段内是不断增加的，但在喷管出口处未能达到声速，出流为亚声速，出口压力等于背压。

(3) $p_{st}>p_B=p_{cr}$，在喷管出口处流速达到声速，出口压力等于背压(临界压力)。

(4) $p_{st}>p_B$，且 $p_B<p_{cr}$，此时喷管出口速度仍为声速，出口断面上 $Ma=1$。因为收缩喷管不可能达到超声速。气流到达出口断面时 $p_e=p_{cr}$，但喷嘴外的背压 p_B 小于临界压力 p_{cr}，存在一个压差($p_{cr}-p_B$)，即喷管出口断面有一个扰动，但此扰动不能逆流上传，因此时喷管出口已经达到声速。气流自喷管流出后，遇低压气流就继续膨胀，使压力由管出口处的临界压降低到环境压。

当管进口的总压一定时，随着背压的降低，收缩管内的质量流量会增大，当背压下降到临界压时，喷管内的质量流量达到最大值，再降低背压已无助于管内质量流量的提高。一般把这种背压小于临界压时管内质量流量不再提高的现象称为“阻塞”。

收缩形喷管出口断面的最大流速和喷管内的最大质量流量分别为

$$v_{e.max} = c_{cr} = \sqrt{2c_pT_{st}\left[1-\left(\frac{p_{cr}}{p_{st}}\right)^{\frac{k-1}{k}}\right]} = \sqrt{\frac{2}{1+k}}\cdot\sqrt{kRT_{st}} \tag{9-108}$$

$$\rho_{cr} = \left(\frac{2}{1+k}\right)^{\frac{1}{k-1}}\cdot\rho_{st} = \left(\frac{2}{1+k}\right)^{\frac{1}{k-1}}\cdot\frac{p_{st}}{RT_{st}}$$

$$\begin{aligned} Q_{m.max} &= \rho_{cr}\cdot A_{cr}\cdot c_{cr} = \left(\frac{2}{1+k}\right)^{\frac{1}{k-1}}\cdot\frac{p_{st}}{RT_{st}}\cdot A_{cr}\cdot\sqrt{\frac{2}{1+k}}\cdot\sqrt{kRT_{st}} \\ &= \frac{p_{st}A_{cr}}{\sqrt{T_{st}}}\left(\frac{2}{1+k}\right)^{\frac{k+1}{2(k-1)}}\left(\frac{k}{R}\right)^{\frac{1}{2}} \end{aligned} \tag{9-109}$$

对于空气，$k=1.4$，$R=287\ \mathrm{J/(kg\cdot K)}$，则上式简化为

$$Q_{m.\max} = 0.0404 A_{cr} \frac{p_{st}}{\sqrt{T_{st}}} \tag{9-110}$$

由式(9－110)知，收缩形喷管的最大质量流量取决于滞止参数和临界断面面积(即喷管的出口断面面积)。临界断面面积的计算如下：

设 p、ρ、T、A 喷管任一断面上的压力、密度、温度和断面面积，则

$$\rho v A = \rho_{cr} \cdot A_{cr} \cdot c_{cr}$$

$$\frac{A}{A_{cr}} = \frac{\rho_{cr} c_{cr}}{\rho v} = \frac{\rho_{cr} c_{cr}}{\rho c} \frac{1}{Ma}$$

$$\frac{\rho_{cr}}{\rho} = \frac{\rho_{cr}\rho_{st}}{\rho_{st}\rho} = \left(\frac{2}{1+k}\right)^{\frac{1}{k-1}} \left(1 + \frac{k-1}{2} Ma^2\right)^{\frac{1}{k-1}}$$

$$\frac{c_{cr}}{c} = \sqrt{\frac{T_{cr}}{T}} = \sqrt{\frac{T_{cr} T_{st}}{T_{st} T}} = \sqrt{\left(\frac{2}{k+1}\right)\left(1 + \frac{k-1}{2} Ma^2\right)}$$

因此，得

$$\frac{A}{A_{cr}} = \frac{\left(1 + \frac{k-1}{2} Ma^2\right)^{\frac{k+1}{2(k-1)}}}{Ma\left(\frac{2}{1+k}\right)^{\frac{k+1}{2(k-1)}}} = \frac{1}{Ma}\left[\frac{1 + \frac{k-1}{2} Ma^2}{\frac{k+1}{2}}\right]^{\frac{k+1}{2(k-1)}} \tag{9-111}$$

对于空气，$k=1.4$，可得一元定常等熵气流的面积比与马赫数的关系为

$$\frac{A}{A_{cr}} = \frac{(1 + 0.2Ma^2)^3}{1.728Ma}$$

由上式可求得不同断面上过流的马赫数大小，或者已知某过流断面上通过气流的马赫数来求得对应该流动的临界断面面积大小。

【例 9－4】 空气($k=1.4$)在收缩管作等熵流动，测得某截面的压力、温度和马赫数分别为 $p_1=400$ kPa，$T_1=280$K，$Ma_1=0.52$，截面积 $A_1=0.001$ m²，出口外部的背压 $p_B=200$ kPa。求喷管出口截面上的马赫数及喷管的质量流量和临界断面面积 A_{cr}。

解 由截面 A_1 上的参数，可求出滞止参数。

由式(9－89)得

$$\frac{T_{st}}{T_1} = 1 + \frac{k-1}{2} Ma_1^2 = 1 + \frac{1.4-1}{2} \times 0.52^2 = 1.054$$

$$T_{st} = 280 \times 1.054 = 295(\text{K})$$

由式(9－90)得

$$p_{st} = p_1 \cdot \left(\frac{T_{st}}{T_1}\right)^{\frac{k}{k-1}} = 400 \times \left(\frac{295}{280}\right)^{\frac{1.4}{1.4-1}} = 576\ (\text{kPa})$$

$$\frac{p_B}{p_{st}} = \frac{200}{576} = 0.347 < \frac{p_{cr}}{p_{st}} = 0.5283$$

出口已经达到临界状态，出口马赫数 $Ma=1$，由截面 A_1 的参数可求出质量流量，即

$$\rho_1 = \frac{p_1}{RT_1} = \frac{400 \times 10^3}{287 \times 280} = 4.978(\text{kg} \cdot \text{m}^3)$$

$$v_1 = Ma_1 \cdot c_1 = 1 \times \sqrt{1.4 \times 287 \times 280} = 335\ (\text{m/s})$$

$$Q_m = \rho_1\, v_1\, A_1 = 4.978 \times 335 \times 0.001 = 1.67\ (\text{kg/s})$$

$$A_{cr} = \frac{1.728Ma_1}{(1+0.2Ma_1^2)^3}A_1 = \frac{1.728 \times 0.52}{(1+0.2 \times 0.52^2)^3} \times 0.001 = 0.000\ 77\ (m^2)$$

9.6.3　缩扩形喷管——拉伐尔喷管

缩扩形喷管是先收缩，收缩到最小处称为喉部，然后再扩张的管段。这种喷管又称为拉伐尔喷管，也称拉伐尔(Laval)管。拉伐尔喷管在设计工况下工作时，其收缩段上流动参数的变化和收缩形喷管是一样的，在收缩段的最末，也就是最小断面处，喉部达到声速，然后在扩张段中继续加速到超声速。

拉伐尔喷管的质量流量为

$$Q_m = \rho v A = Q_{cr} = \rho_{cr} v_{cr} A_{cr}$$

上式表明拉伐尔喷管的流量取决于滞止参数和临界断面(喉部)的面积。此式和收缩形喷管的流量计算式是一致的。收缩形喷管就是拉伐尔喷管的前半段。拉伐尔喷管的临界断面面积计算式也和收缩形喷管的临界断面面积计算式是一致的。但应用这些公式计算时要注意，条件是拉伐尔喷管内的流动是定常等熵的，即在拉伐尔喷管内未形成激波。

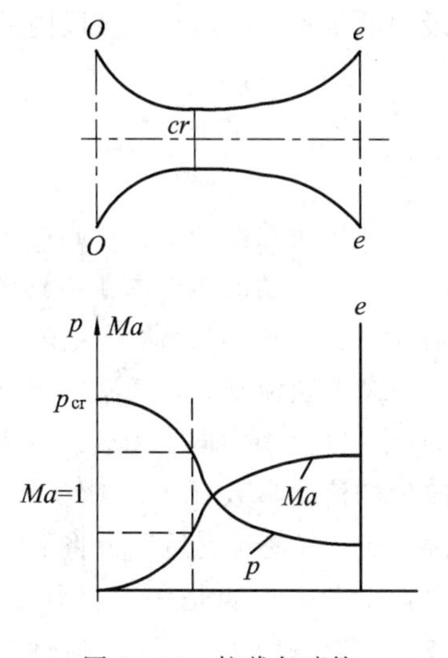

图 9－17　拉伐尔喷管

图 9－17 给出了拉伐尔喷管内沿流向马赫数 Ma 与压力 p 的变化曲线。假定拉伐尔喷管由气罐侧壁接出，这样，把拉伐尔喷管的进口作为滞止状态处理，即在进口处，$Ma \approx 0$，$p \approx p_{st}$。气流进入拉伐尔喷管的收缩段后，由于过流断面逐渐减小，流速逐渐增加，压力逐渐减小。到临界断面处，压力值下降到临界压力值，即

$$p_{cr} = p_{st}\left(\frac{2}{1+k}\right)^{\frac{k}{k-1}}$$

对空气，$k=1.4$，临界压就等于总压乘以 0.5283，此临界断面上的马赫数为 1。而且，在拉伐尔喷管的喉部也必须达到声速，不然的话，未达到声速的气流在扩张段内会不断减速，在拉法尔管的出口处就不会是超声速了。为在拉伐尔喷管的喉部达到声速，其背压与滞止压之比必须小于 0.5283。

现假定喉部已达声速，则此气流在其后的扩张管内的流动将会是继续减压增速。到拉伐尔喷管出口处，压力由马赫数、总压、喉部和出口断面积之比计算出来，与喷管出口外的压力——背压不一定相等，这两者谁大谁小，又会出现以下几种情况：

(1) $p_e > p_B$。这种出口压大于背压的喷管叫做欠膨胀喷管。此时，气流出喷管后还会继续膨胀，在喷管出口会出现膨胀波，气流通过膨胀波，继续膨胀加速，同时继续减压，直至压力降到等于背压。

(2) $p_e = p_B$。喷管的出口压等于背压，这是设计工况，是正常使用的情况。

(3) $p_e < p_B$。喷管的出口压小于背压，反过来说，背压比喷管出口压要高，又分为以下两种情况：

① $p_B < p_{cr}$。此时，背压虽比出口压高，但比相应于滞止压的临界压要低，这将在喷管

的出口处或管内喉部之后的扩张段内出现激波，激波出现的位置将视背压与出口压的压差而定，此压差值越大，激波的位置越靠近喉部。气流通过激波，超声速流动变为亚声速流动，这样，在拉伐尔喷管的扩张段内，通过激波后的流动是亚声速流动，这股流动沿流向随着断面的继续扩大，流速将继续减小，压力值将继续增大，直至到出口断面时达到背压值。这种背压大于出口压，但小于临界压的拉伐尔喷管使用情况称为过膨胀喷管，因气流在管内膨胀已过度而得名。以上管内出现了激波，已不属于等熵流动情况。

② $p_B > p_{cr}$。此时，背压不仅比出口压高，而且，比相应于此滞止压的临界压还要高，显然，此时喉部也不会达到声速，整个拉伐尔喷管内的流动全是亚声速流动，先是在收缩段内的加速，后是在扩张段内的减速。此时此喷管已不成为拉伐尔喷管了。

9.7 激波简介

在可压缩流动中，会遇到激波问题。如在拉伐尔喷管的流动中，以及在流体与物体之间的相对运动的速度大于声速的流动中，都能产生激波。流体参数突变(压力、温度、密度增大而速度减小)的薄层叫激波。本节将简要概述激波的基本知识。

超声速流动时，气流速度 v 大于扰动传播速度 c，扰动只能被限制在以扰动源为顶点的马赫锥范围内向下游传播。表示扰动传播的马赫锥的母线就是马赫波线。气流通过马赫波后的流动参数(压强、密度、温度和速度等)要发生微小的变化。如果扰动源是一个低压源，则气流受扰动后压力将下降，速度将增大。这种马赫波称为膨胀波，降压增速波。反之，如果扰动源是一个高压源，则压力将增大，而速度将减小。这种马赫波称为压缩波——减速增压波。由于通过马赫波时的气流参数值变化不大，因此，气流通过马赫波的流动仍可作为等熵流动处理。

图 9-18 为超声速气流沿外凸壁流动，壁面在 O 点处向外折转了一个微小的角度 $d\theta$。由于壁面的微小折转，使原来平行流动的气流参数也随之发生了微小的变化，即受到了微弱的扰动。因此，壁面折转处(扰动源)必然要产生一道马赫波 OL，由壁面的折转所产生的扰动只能传播到 OL 以后的流场，而不能传播到 OL 之前。所以 OL 之前的气流参数不会发生变化，而气流经过 OL 后参数发生了一个微小的变化。由于波后气流向外折转了 $d\theta$ 角平行于壁面 OB，使气流的截面积增大了。设来流的截面积为 A，从图中的几何关系可得(单位宽度)面积为

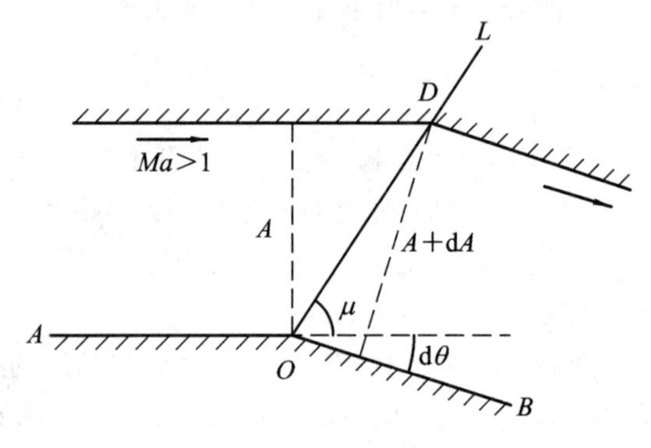

图 9-18 膨胀波

$$A = OD \cdot \sin\mu$$

流经 OL 后的截面积变为

$$A + dA = OD \cdot \sin(\mu + d\theta)$$

式中，$d\theta$ 称为气流的折转角，所以

$$A + dA > A$$

根据前面的分析可知，超声速气流当截面积变大时加速，压力、密度和温度都会降低。当气流的折转角不是微分量，即折转一个有限量时，气流的参数就将发生一个有限的变化。由于超声速气流流经这道马赫波 OL 后发生膨胀(气流加速)，因此将这种马赫波称为膨胀波。

应该指出，超声速气流产生膨胀波不仅仅局限于这种情形，其他情况下也会产生膨胀波。例如从火箭或飞机发动机尾喷管射出的超声速气流，如果出口截面上的压力大于大气压力，气流在出口截面后也会产生膨胀波。

图 9-19 所示的情形刚好与图 9-18 的情况相反，壁面在 O 点处向内折转了一个微小的角度 $\mathrm{d}\theta$。在折转处将产生一道马赫波 OL，气流在流过 OL 后的流动方向也要向内折转一个角度 $\mathrm{d}\theta$，与壁面 OB 平行，气流参数发生一个微小的变化，从图中的几何关系可得到气流截面积在 OL 前后分别为 $A=OD\cdot\sin\mu$ 和 $A+\mathrm{d}A=OD\cdot\sin(\mu-\mathrm{d}\theta)$，因此有

$$A+\mathrm{d}A<A$$

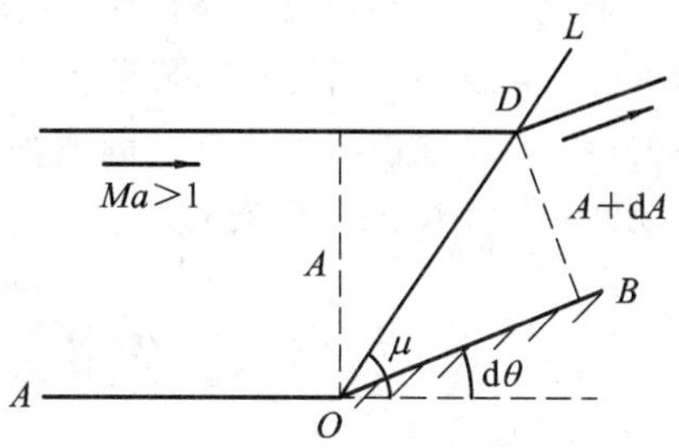

图 9-19　压缩波

根据超声速气流的流动规律，气流截面积变小时减速，其压力、密度和温度都会增大。由于超声速气流流经这道马赫波后受到压缩(气流减速)，因此将这种马赫波称为弱压缩波。当气流的折转角不是微分量而是一个有限量时，与膨胀波的情形不同，这时会产生激波。

超声速气流被压缩时一般都会产生激波，气流通过激波时的压缩过程是在一个非常小的距离内完成的，理论计算和实测结果表明，激波的厚度大约在 2.5×10^{-5} cm 左右，这个量级已经和分子的自由行程是同一个量级的了。可以想象，气流在这样小的范围内完成一个显著的压缩过程，其内部的物理过程必然是非常剧烈。按照激波的形状可将激波划分成以下几种情况：

(1) 正激波：波面为一个垂直于气流的平面，见图 9-20(a)；

(2) 斜激波：波面为一斜面，一般见于楔形物体的绕流中，见图 9-20(b)；

(3) 曲线激波：波面形状为曲面，一般出现在钝性物体的前面，见图 9-20(c)。

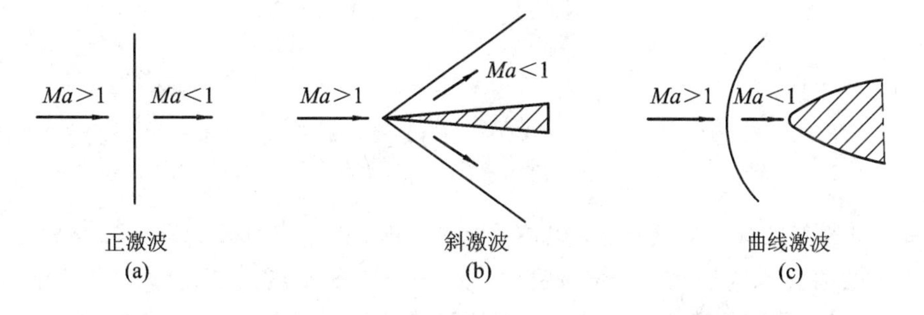

图 9-20　激波的分类

下面就以等直径管道内加速运动的活塞为例来说明激波的形成过程。设有一根很长的等直径管道，管中充满着静止的气体，管子的左端有一个活塞，活塞向右加速运动以压缩气体。为了便于说明问题，设想活塞从静止加速到速度 v 的过程分解为很多个阶段，每个

阶段中活塞只有一个微小的速度增量 Δv。

当活塞速度从 0 加速到 Δv 时，活塞附近的气体首先受到压缩，压力、密度和温度都略有提高，这时在气体中产生一道压缩波并向右传播，其传播速度是尚未受到压缩的气体中的声速 c_1。

这时候再将活塞由 Δv 加速到 $2\Delta v$，管内会产生第二道弱压缩波。这道弱压缩波在第一道压缩过的气流中向右传播，由于其波前的气体已经受到了第一道波的压缩，其温度要高于未受到压缩的气体，由此可知，第二道波的传播速度要大于第一道波，即 $c_2>c_1$。

依此类推，活塞每一次加速，气体中就会多一道弱压缩波。这样，当活塞的运动速度达到 v 时，就会在管道中形成若干道弱压缩波，且后面的波速要大于前面的波速，随着时间的推移，这些波将聚集在一起成为一道波，这道波不再是弱压缩波了，而是激波。以后只要活塞以不变的速度向右运动，就能维持一个强度不变的激波。

9.8 等截面摩擦管流

气体在等截面管道内的流动是许多工程领域中的重要问题，工程上有保温措施、流动接近于绝热过程的等截面管道流动称为有摩擦的绝热管流。本节讨论等截面直管道内气流的定常、绝热、与外界无热交换，并考虑管壁的摩擦影响的流动。管内的流速分布由管壁处为零，连续地变化到管轴线上的最大值，仍引入断面平均流速 v 来代表断面上的流速。此时，能量方程可表示为

$$h+\frac{v^2}{2}=h_{st} \tag{9-112}$$

因为是绝热流动，滞止焓（总焓）h_{st} 为常数。在断面积不变的情况下连续性方程可表示为

$$\rho v=C=G \tag{9-113}$$

此常数 C 用 G 表示，称为密流，是单位时间通过单位过流面积的质量。

现对于给定的密流，有摩擦的管内流动在滞止状态下的 p_{st}、T_{st}、ρ_{st}、h_{st}、s_{st} 为已知时，可以通过以上两式的关系来确定管内相对于某一速度 v 的 p、h、s 以及其他参数值，即

$$h=h_{st}-\frac{v^2}{2}=c_p T$$

$$\rho=\frac{G}{v}$$

$$s=s_{st}+R\ln\left[\left(\frac{T}{T_{st}}\right)^{\frac{1}{k-1}}\left(\frac{\rho}{\rho_{st}}\right)^{-1}\right]$$

这样，可绘制以焓 h 为纵坐标，以熵 s 为横坐标，以密流 G 作为参变量的 $h-s$（焓-熵）图线。图中的曲线称为法诺(Fanno)曲线，服从于这种曲线的流动称为法诺流动。由图 9-21 可知，对于一定的密流，存在一最大的熵值，而出现最大熵值的点正好在该处的速度等于声速，即该处马赫数为 $Ma=1$。对式(9-112)微分和式(9-113)取对数后微分，有

$$\mathrm{d}h+v\mathrm{d}v=0$$

$$\frac{\mathrm{d}\rho}{\rho}+\frac{\mathrm{d}v}{v}=0$$

由式(9－4)和式(9－28)，则

$$Tds = dq = dh - \frac{dp}{\rho}$$

因最大熵值处 $ds=0$，所以有

$$dh = \frac{dp}{\rho}$$

于是

$$\frac{dp}{\rho} = - v dv$$

即

$$dv = -\frac{dp}{\rho v} = - v\left(\frac{d\rho}{\rho}\right)$$

得

$$v^2 = \frac{dp}{d\rho} = c^2$$

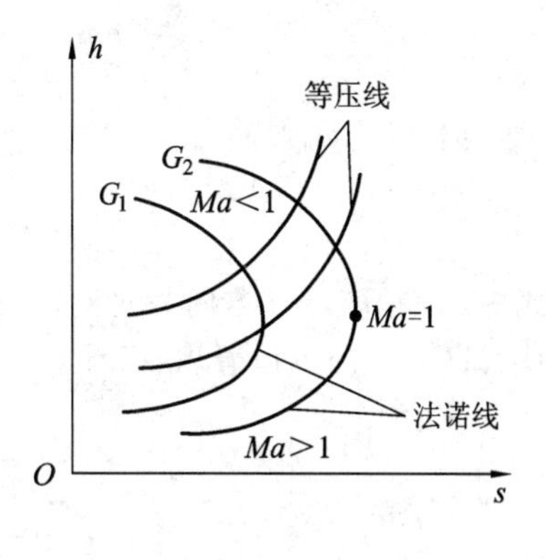

图 9－21　法诺线

以上的证明和法诺线图都说明了有摩擦且绝热的管内流动，若开始是亚声速流，则沿流程虽 Ma 会增加，但不会达到超声速，最大达到 $Ma=1$；若开始是超声速流，则沿流程虽 Ma 会减小，但不会小到亚声速，最小达到 $Ma=1$。

现用 dp_f 表示 dx 长管段内流动因摩擦造成的压损，用 λ 表示管内流动沿程阻力系数，则

$$dp_f = \lambda \frac{dx}{D}\left(\frac{\rho v^2}{2}\right)$$

式中，D 为管径；dx 为所取的管段长度，见图 9－22。图中取 dx 长的流段为控制体，采用动量守恒定律，有

$$Q_m[(v+dv)-v] = pA-(p+dp)A-Adp_f$$

式中，$Q_m=\rho vA$ 为管中的质量流量，A 为管断面积。整理上式可得

$$\rho vA\,dv = -A dp - A\lambda \frac{dx}{D}\left(\frac{\rho v^2}{2}\right)$$

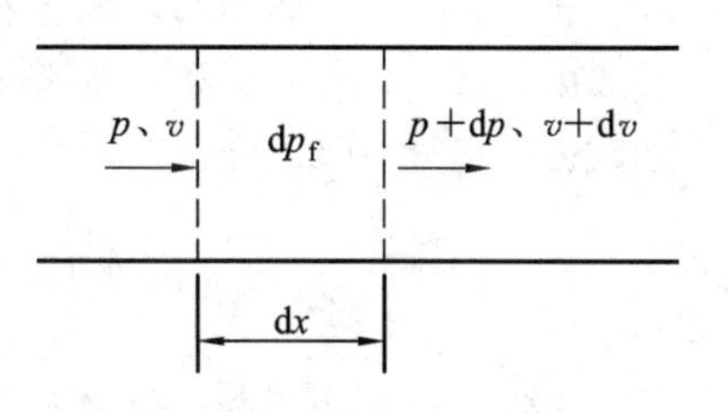

图 9－22　有摩擦管流中取控制体

即

$$\frac{dp}{p} + \left(\lambda \frac{dx}{D} + \frac{dv^2}{v^2}\right)\frac{kMa^2}{2} = 0 \tag{9-114}$$

式(9－114)就是计及摩擦的管内流动的动量方程，它与能量方程式(9－112)和连续方程式(9－113)组成绝热有摩擦管流的基本方程组。由这些基本方程可求解出以下一些参数之间的关系式，即

$$\frac{dMa^2}{Ma^2} = \frac{kMa^2\left(1+\frac{k-1}{2}Ma^2\right)}{1-Ma^2}\lambda \frac{dx}{D} \tag{9-115}$$

$$\frac{dv^2}{v^2} = \frac{kMa^2}{1-Ma^2}\lambda \frac{dx}{D} \tag{9-116}$$

$$\frac{dp}{p} = -\frac{kMa^2[1+(k-1)Ma^2]}{2(1-Ma^2)}\lambda \frac{dx}{D} \tag{9-117}$$

$$\frac{dp_{st}}{p_{st}} = -\frac{kMa^2}{2}\lambda \frac{dx}{D} \tag{9-118}$$

又

$$ds = \frac{dq}{T} = c_p \frac{dT}{T} - R\frac{dp}{p} = R\left(\frac{k}{k-1}\frac{dT_{st}}{T_{st}} - \frac{dp_{st}}{p_{st}}\right) \tag{9-119}$$

因 $dT_{st}=0$，故

$$ds = -R\frac{dp_{cr}}{p_{cr}} = \frac{kRMa^2}{2}\lambda\frac{dx}{D} \tag{9-120}$$

式中，x 轴取流动方向为正向，按热力学第二定律，ds 总是大于零的，又 λ 也总是正的，故从式(9－117)可以看出：

$$Ma < 1 \text{ 时} \qquad \frac{dp}{p} < 0$$

$$Ma > 1 \text{ 时} \qquad \frac{dp}{p} > 0$$

由以上结果及式(9－115)可以说明：若管内原先是亚声速流动，则马赫数 Ma 的数值向下游会逐渐增大而压力 p 的数值向下游会逐渐减小；若管内原先是超声速流动，则情况正好和上述相反，朝下游方向 Ma 会减小，而 p 会增大。结合图 9－21 法诺线图可知，在等截面直管段内流动不可能从亚声速连续变化到超声速，也不可能从超声速连续变化到亚声速。不管原先是亚声速流动还是超声速流动，沿流向马赫数总是朝 $Ma=1$ 变化的。现把由该状态能连续变化到 $Ma=1$ 的管道长度称为此管流的临界长度，用 L_{cr} 表示。若管长 $L<L_{cr}$，则管出口处尚未达到 $Ma=1$；若管长 $L=L_{cr}$，则管出口断面上 $Ma=1$，为临界断面；若管长 $L>L_{cr}$，则管出口段面上仍是 $Ma=1$，且管流量还会减少。

由式(9－115)，从某一断面 $x=0$ 的马赫数为 Ma 到 $x=L_{cr}$ 的马赫数为 1 这一段对马赫数进行积分，即

$$\int_0^{L_{cr}} \lambda\frac{dx}{D} = \int_{Ma}^{1} \frac{1-Ma^2}{kMa^4\left(1+\frac{k-1}{2}Ma^2\right)} dMa^2$$

若设沿程阻力系数 λ 为常数，则有

$$\lambda\frac{L_{cr}}{D} = \frac{1}{k}\left(\frac{1}{Ma^2}-1\right) + \frac{k+1}{2k}\ln\frac{\frac{k+1}{2}Ma^2}{1+\frac{k-1}{2}Ma^2} \tag{9-121}$$

由式(9－121)可知，如摩擦管流某一断面上的马赫数已知，就可由上式计算出由此断面起到 $Ma=1$ 断面间的长度。由上面的分析可知：对于有摩擦的管内流动，不论是亚声速流动还是超声速流动，摩擦所起的影响总是使管内的总压沿流向减小，同时使马赫数总是沿流向朝 $Ma=1$ 变化的。

将式(9－117)除以式(9－115)，整理并进行积分，即

$$\int_p^{p_{cr}} \frac{dp}{p} = -\int_{Ma}^{1} \frac{1+(k-1)Ma^2}{2\left(1+\frac{k-1}{2}Ma^2\right)} \frac{dMa^2}{Ma^2}$$

得

$$\frac{p}{p_{cr}} = \frac{1}{Ma}\sqrt{\frac{k+1}{2\left(1+\frac{k-1}{2}Ma^2\right)}} \tag{9-122}$$

同理，将式(9－118)除以式(9－115)，整理并进行积分，即

$$\int_{p_{st}}^{p_{st,cr}} \frac{dp_{st}}{p_{st}} = \int_{p}^{p_{cr}} \frac{dp}{p} + \int_{Ma}^{1} \frac{k}{2\left(1+\frac{k-1}{2}Ma^2\right)} dMa^2$$

整理成

$$\frac{p_{st}}{p_{st,cr}} = \frac{1}{Ma}\left(\frac{1+\frac{k-1}{2}Ma^2}{\frac{k+1}{2}}\right)^{\frac{k+1}{2(k-1)}} \tag{9-123}$$

又

$$\frac{c_{st}^2}{c^2} = 1+\frac{k-1}{2}Ma^2;\ \frac{c_{st}^2}{c_{cr}^2} = \frac{k+1}{2}$$

$$\frac{c^2}{c_{cr}^2} = \frac{\frac{k+1}{2}}{1+\frac{k-1}{2}Ma^2} = \frac{T}{T_{cr}} \tag{9-124}$$

【例 9-5】 空气在直径 $D=10$ mm，沿程阻力系数 $\lambda=0.02$ 的管道中流动，求对于 $Ma=0.2$ 的临界管长 L_{cr}。

解
$$L_{cr} = \frac{d}{\lambda}\left\{\frac{1}{k}\left(\frac{1}{Ma^2}-1\right)+\frac{k+1}{2k}\ln\frac{\frac{k+1}{2}Ma^2}{1+\frac{k-1}{2}Ma^2}\right\}$$

$$= \frac{0.01}{0.02}\left\{\frac{1}{1.4}\left(\frac{1}{0.2^2}-1\right)+\frac{1.4+1}{2\times1.4}\ln\frac{\frac{1.4+1}{2}\times0.2^2}{1+\frac{1.4-1}{2}\times0.2^2}\right\} = 7.27\ (\text{m})$$

9.9　等截面换热管流

工程实际中有热量交换的气体流动是很多的。例如，气体在燃烧室中因燃料的燃烧而获得大量的热能；在锅炉的过热器中，干蒸汽在流动中继续被加热；向高温气流中喷水时，水的蒸发使气流冷却；在高速风洞中，具有一定湿度的空气因水汽凝结放出潜热而被加热。实际上，气体在流动过程中进行换热的同时，总是有摩擦作用的。但是，如果管道不长(例如燃烧室)，换热量很大，摩擦效应很小，摩擦的影响便可忽略不计。本节要讨论的是管内流动与外界有热交换的情况，但不计流体流动与管壁的摩擦，另外，假定管道的截面积是常数。

1. 瑞利线

不考虑摩擦影响，即 $\lambda=0$，由图 9-22，动量方程可写成

$$\rho v A\,dv = -A\,dp$$

$$dp + \rho v\,dv = 0$$

由式(9-113)得

$$dp + G\,dv = 0 \tag{9-125}$$

对式(9-125)积分得

$$p + Gv = C\text{（常数）} \quad 或 \quad p + \rho v^2 = C\text{（常数）} \tag{9-126}$$

在已知流体的滞止状态参数（p_{st}、T_{st}、ρ_{st}、h_{st}、s_{st}……）下，给定一个 G，就可由式(9－113)和式(9－126)分别确定相对于某一速度 v 值的 p 和 ρ，进而根据状态参数之间的关系式求得对应此情况下的焓 h 和熵 s，作以 G 作参变量的 $h-s$ 图（焓熵图）。图中的曲线表示对应此 G 的焓熵关系，称此曲线为瑞利线，相应于这种曲线的流动叫瑞利流动。

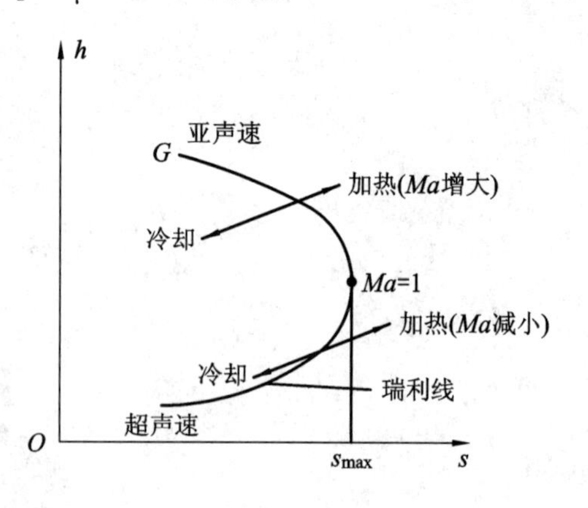

图 9－23　瑞利线

将瑞利线与法诺线作对比：两者都存在熵值最大位置，相应于最大熵值处 $Ma=1$，为临界断面。但对法诺流动，只存在单行道，即不管原先流动是亚声速流动还是超声速流动，摩擦所起的影响都是使其向前流时马赫数趋向 1；而对瑞利流动，若是从外部对流体加热，也不管原先是亚声速流动还是超声速流动，摩擦所起的影响都是使其向前流时马赫数趋向 1（见图 9－23）。若是对流体冷却，则情况正好相反，向前流时马赫数会越来越小（若原先是亚声速流）或者会越来越大（若原先是超声速流）。还有一点它们依然是相同的：不管是法诺流动还是瑞利流动，亚声速流动向前流依然是亚声速流动，超声速流向前流依然是超声速流动。

2. 热交换对流动各参数影响

在图 9－24 所示的管流中取 $\mathrm{d}x$ 流段作控制体来建立管流中的能量关系，设加给控制体内每单位质量流体的热量为 $\mathrm{d}q$，则

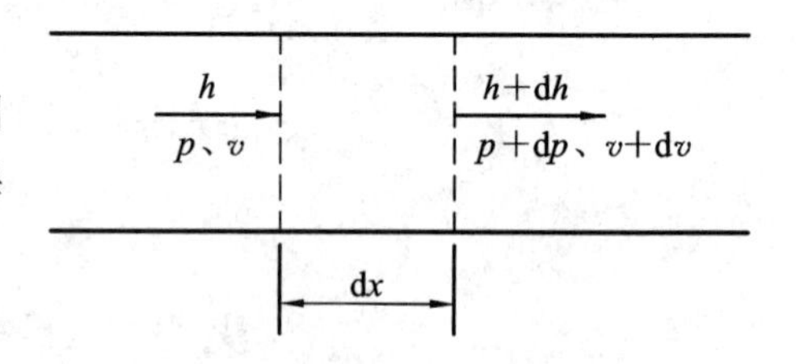

图 9－24　热交换管段中取控制体

$$h_{st} + \mathrm{d}q = h_{st} + \mathrm{d}h_{st}$$

即

$$\mathrm{d}q = \mathrm{d}h_{st}$$

也就是说，外界所加给管流的热量等于管内流体总焓的增加量。上式也可写成

$$\mathrm{d}q = c_p \mathrm{d}T_{st} \tag{9-127}$$

又由于

$$h_{st} + \mathrm{d}q = h + \mathrm{d}h + \frac{(v+\mathrm{d}v)^2}{2} = h + \mathrm{d}h + \frac{v^2}{2} + v\mathrm{d}v + \frac{(\mathrm{d}v)^2}{2}$$

略去高阶量，则有

$$\mathrm{d}q = \mathrm{d}h + v\mathrm{d}v = c_p \mathrm{d}T + v\mathrm{d}v \tag{9-128}$$

因 $h=c_pT$，$c_pT=c^2/(k-1)$，把式(9－128)改写成

$$\frac{\mathrm{d}q}{h} = \frac{\mathrm{d}T}{T} + (k-1)Ma^2\frac{\mathrm{d}v}{v} \tag{9-129}$$

再将前面的动量方程式(9－125)，利用 $c^2=kp/\rho$ 进行整理，可得

$$\frac{\mathrm{d}p}{p} = -kMa^2\frac{\mathrm{d}v}{v} \tag{9-130}$$

从状态方程式可得

$$\frac{\mathrm{d}p}{p} = \frac{\mathrm{d}\rho}{\rho} + \frac{\mathrm{d}T}{T} \tag{9-131}$$

从连续方程式可得

$$\frac{d\rho}{\rho}+\frac{dv}{v}=0 \tag{9-132}$$

由马赫数的定义：

$$Ma^2=\frac{v^2}{c^2}=\frac{v^2}{kRT}$$

对上式取对数再求导，得

$$\frac{dMa^2}{Ma^2}=2\frac{dv}{v}-\frac{dT}{T} \tag{9-133}$$

由式(9-129)～式(9-133)这五个公式可推出瑞利流动 dv/v、dp/p、dT/T、$d\rho/\rho$ 和 dMa^2/Ma^2 这五个相对量，写成用 dq/h 和 Ma 的表达形式，即

$$\frac{dT}{T}=(1-kMa^2)\frac{dv}{v} \tag{9-134}$$

$$\frac{dv}{v}=\frac{1}{1-Ma^2}\frac{dq}{h} \tag{9-135}$$

$$\frac{dp}{p}=\frac{-kMa^2}{1-Ma^2}\frac{dq}{h} \tag{9-136}$$

$$\frac{dT}{T}=\frac{1-kMa^2}{1-Ma^2}\frac{dq}{h} \tag{9-137}$$

$$\frac{dMa^2}{Ma^2}=\frac{1+kMa^2}{1-Ma^2}\frac{dq}{h} \tag{9-138}$$

现从式(9-134)～式(9-138)来看，有热交换时管内流动的马赫数及其他参数是怎样变化的：对外界给管内流体加热的情况($dq>0$)，若管内原先为亚声速流动($Ma<1$)，则其马赫数会不断增大，向 $Ma=1$ 变化；若管内原先是超声速流动($Ma>1$)，则其马赫数会不断减小，也是朝 $Ma=1$ 变化的。因 $dq=Tds$，$h=c_pT$，现将式(9-134)改写成

$$\frac{dh}{ds}=\frac{1-kMa^2}{1-Ma^2}T \tag{9-139}$$

从式中可以看出：

最大焓值处　　$dh=0$　　$1-kMa^2=0$　　$Ma=1/\sqrt{k}$

最大熵值处　　$ds=0$　　$1-Ma^2=0$　　$Ma=1$

从式(9-137)中还可看出，当 $Ma<1/\sqrt{k}$ 时，对管内流体加热($dq>0$)，则管内流体温度会提高，但在 $1/\sqrt{k}<Ma<1$ 范围内，不管怎样加热，流体的温度却是减小的；使管内流体冷却，则情况正好相反。

3. 有热交换管流的计算

由式(9-134)～式(9-138)五个式中消去 dq/h，又可得到

$$\frac{dv}{v}=\frac{1}{1+kMa^2}\frac{dMa^2}{Ma^2} \tag{9-140}$$

于是

$$\int\frac{dv}{v}=\int\left(\frac{-k}{1+kMa^2}\right)+\left(\frac{1}{Ma^2}\right)dMa^2$$

$$\ln v = -\ln(1+kMa^2) + \ln Ma^2 + C = \ln\frac{Ma^2}{1+kMa^2} + C$$

式中，积分常数 C 可由 $Ma=1$ 时，$v=v_{cr}$ 得到，即

$$\frac{v}{v_{cr}} = \frac{(1+k)Ma^2}{1+kMa^2} \tag{9-141}$$

同理，进行积分可得到其他各式：

$$\frac{T}{T_{cr}} = \left[\frac{(1+k)Ma}{1+kMa^2}\right]^2 \tag{9-142}$$

$$\frac{p}{p_{cr}} = \frac{1+k}{1+kMa^2} \tag{9-143}$$

$$\frac{\rho}{\rho_{cr}} = \frac{1+kMa^2}{(1+k)Ma^2} \tag{9-144}$$

将式(9－90)和式(9－143)代入下式，有

$$\begin{aligned}\frac{p_{st}}{p_{cr.st}} &= \frac{p_{st}}{p}\frac{p}{p_{cr}}\frac{p_{cr}}{p_{cr.st}} \\ &= \frac{p_{st}}{p}\frac{p}{p_{cr}}\left(\frac{p}{p_{st}}\right)_{Ma=1} \\ &= \left(1+\frac{k-1}{2}Ma^2\right)^{\frac{k}{k-1}}\left(\frac{1+k}{1+kMa^2}\right)\left(\frac{2}{1+k}\right)^{\frac{k}{k-1}} \\ &= \left(1+\frac{k-1}{2}Ma^2\right)^{\frac{k}{k-1}}\left(\frac{1+k}{1+kMa^2}\right)\left(\frac{2}{1+k}\right)^{\frac{k}{k-1}} \\ &= \left(\frac{1+k}{1+kMa^2}\right)\left[\frac{2+(k-1)Ma^2}{1+k}\right]^{\frac{k}{k-1}}\end{aligned} \tag{9-145}$$

同理

$$\frac{T_{st}}{T_{cr.st}} = \frac{(1+k)Ma^2[2+(k-1)Ma^2]}{(1+kMa^2)^2} \tag{9-146}$$

将 $dq=Tds$，$h=c_p T=\dfrac{kRT}{k-1}$代入熵的变化式，得

$$ds = c_p\frac{1-Ma^2}{1+kMa^2}\frac{dMa^2}{Ma^2}$$

积分可得

$$s-s_{cr} = c_p\ln\left[Ma^2\left(\frac{1+k}{1+kMa^2}\right)^{\frac{k}{k-1}}\right] \tag{9-147}$$

式(9－141)～式(9－147)表示有热交换管流的速度、压力、温度、密度与总压、总温、熵随管内流体的绝热指数、管内流动的马赫数的变化关系。

由前述，对管内流动加热，则熵值增加，不管原先是亚声速还是超声速，沿流程马赫数总是向着 $Ma=1$ 变化的。因此，在某一马赫数流动下加热，能加入的最大热量是使气流达到 $Ma=1$ 时的热量。若超过此热量的过量加入，下游流动的极限状态仍是保持 $Ma=1$，而上游流动则受到影响，部分流量受阻，此现象称为热障现象。

【例 9－6】 $k=1.3$、$R=287$ J/(kg·K)的气体在等截面管道中流动。不计流体与管壁的摩擦损失，初始总温为 310 K，流动中给流体加热，使温度达到 930 K，希望由此造成的

马赫数不超过0.8。试求：

(1) 初始马赫数值。

(2) 能加给的热量。

解　(1) 设初始马赫数为 Ma_1，初始总温为 $T_{st.1}$，加热后的马赫数为 Ma_2，总温为 $T_{st.2}$，由式(9-146)，有

$$T_{cr.st}=T_{st.2}\frac{(1+kMa_2^2)^2}{(1+k)Ma_2^2[2+(k-1)Ma_2^2]}$$

$$=930\times\frac{(1+1.3\times0.8^2)^2}{(1+1.3)0.8^2[2+(1.3-1)0.8^2]}$$

$$=967.4(\mathrm{K})$$

同理，由式(9-146)得

$$\frac{T_{st.1}}{T_{cr.st}}=\frac{(1+k)Ma_1^2[2+(k-1)Ma_1^2]}{(1+kMa_1^2)^2}$$

$$\frac{310}{967.4}=\frac{(1+1.3)Ma_1^2[2+(1.3-1)Ma_1^2]}{(1+1.3Ma_1^2)^2}$$

由此解得初始马赫数为

$$Ma_1=\sqrt{0.6795}=0.291$$

(2) 所需加入的热量为

$$\Delta q=c_p\Delta T_{st}=\frac{kR}{k-1}(T_{st.2}-T_{st.1})$$

$$\frac{1.3\times287}{1.3-1}(930-310)=7.71\times10^5(\mathrm{J/kg})$$

思　考　题

9-1　试写出各种形式的连续方程式，并说明其物理意义和适用条件。

9-2　试说明热焓形式的能量方程式的物理意义。

9-3　引入滞止参数的意义何在?

9-4　何谓声速、临界声速?区别何在?

9-5　何谓气流极限速度?

9-6　气流的 Ma 数与气流的压缩性有何关系?

9-7　何谓马赫锥、马赫角?

9-8　试说明如何来判断一架飞机是以超声速飞行还是以亚声速飞行。

9-9　拉法尔喷管一定能将亚声速气流加速为超声速气流吗?

9-10　试说明收缩喷管气流的基本特点?

9-11　对亚声速和超声速气流来讲摩擦作用和对气流加热都会使气流的马赫数均发生什么样的变化?

9-12　热障现象是怎样产生的?

习　题

9-1　南极科学考察船为了确定一座冰山的位置，在－40℃环境中发出一信号，听到的回声时间为 3 s，试估计冰山离船的距离 L。

9-2　一架飞机在高空 $T=-50℃$ 环境中飞行，马赫数为 $Ma=2.0$，试求它的速度。

9-3　飞机在标准大气中飞行，它所形成的马赫角为 30°，求飞机的飞行速度。

9-4　空气在直径为 0.1 m 的管道中流动，其质量流量为 1 kg/s，空气密度为 1.29 kg/m^3，滞止温度为 38℃，在管内某一截面处气流压力为 41 332 Pa。试求该截面处的马赫数、速度和滞止压力。

9-5　一理想气体在收缩管中作等温流动，已知 $A_2=0.8A_1$，$v_1=400$ m/s，$p_1=2\times10^5$ Pa，$p_2=1.33\times10^5$ Pa，求 v_2。

9-6　在某人上方 400 m 的空中有一架飞机，飞机前进了 800 m 时，此人才听到飞机的声音。大气的温度为 288K。试求该飞机的飞行马赫数、速度及听到飞机的声音时飞机已飞过此人上方多少时间。

9-7　储气箱中的空气的滞止压力为 $p_{st}=3\times10^5$ MPa，通过拉法尔喷管流入大气中，已知大气压力为 $p_a=1\times10^5$ Pa，气流绝能等熵，试求设计状态时（$p_e=p_B$）的出口马赫数及要达到该马赫数所对应的面积比 A/A_{cr} 应为多少？

9-8　一压力容器中的空气通过一收缩喷管流入大气中。设喷管出口截面面积为 $A_e=0.02$ m^2，容器中的参数为 $p_{st}=180$ kPa，$T_{st}=290$ K；容器外的参数为 $p_B=100$ kPa。不计流动损失，试求：(1) 喷管出口气流速度 v_e(m/s)；(2) 喷管的质量流量 Q_m(m^3/s)。

9-9　氮气流在内径为 0.2 m，沿程阻力系数为 0.02 的等截面管内作绝热流动。氮气的等熵指数为 1.4，气体常数为 296.8 J/(kg. K)。在管进口处：$p_1=300$ kPa，$T_1=313$ K，$v_1=550$ m/s。求：

(1) 管道的临界长度 L_{cr}。

(2) 当出口断面为临界断面时，此出口断面上的压力 p_{cr}、温度 T_{cr} 和速度 v_{cr}。

附录 A 压力的测量

压力测量是流体力学实验中最基本的测量，测量压力的仪器通常可分为两类：一类是液柱式测压计，原理是将被测压力转换成液柱高度进行测量；另一类是用对压力敏感的固体元件构成的测压计，包括晶体、膜片、薄壁管等。

A.1 液柱式测压计

常用的液柱式测压计有测压管、U 形测压计、U 形差压计、倾斜式微压计和多管压力计等。其中测压管、U 形测压计、U 形差压计的测量原理已在 2.3.3 节中进行了介绍。

A.2 压敏元件测压计

压敏元件测压计包括机械式压力计和压力传感器。

1. 管形弹簧式压力表

管形弹簧式压力表是机械式压力计，主要用于测量静压力。图 A－1 所示为管形弹簧式压力表的结构示意图，它是根据波尔登管形弹簧原理制作的。压力流体进入一端固定带有椭圆形横截面的弹簧弯管 A 时，整个空心管内形成与被测部位相等的压力。流体压力使管形弹簧外环产生一个向外张开的力，而对内环产生一个向内收缩的力。外环与内环的有效作用面积不同，向外的张开力大于向内的收缩力，使管形弹簧产生伸张变形。由于管形弹簧一端 B 固定，因此，导致管的非固定端 C 产生位移。这个微小位移通过与非固定端相连的杠杆 D 放大后，传递给扇形齿轮及与其啮合的小齿轮，于是小齿轮带动指针偏转，从刻度盘 E 上即可读出相应的压力值。

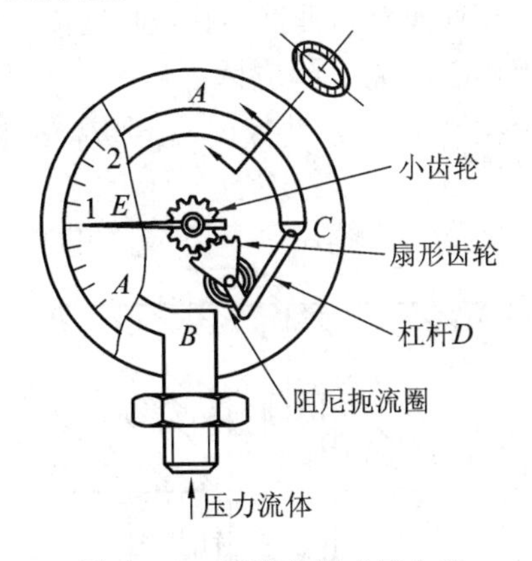

图 A－1 管形弹簧式压力表

为了防止流体的压力冲击损坏压力表，需在通至压力表的通道上设置阻尼器，或在压力表上装置阻尼扼流圈来降低流体的冲击压力。有时，还在压力表的表盘腔中充入甘油，以便出现冲击时起到阻尼作用。

2. 压力传感器

在很多实际问题中，压力往往不是一个恒定的数值，而是一个随时间变化的动态量。要测量这些变化迅速的动态压力(如脉冲压力、冲击压力等)，则必须把弹性敏感元件感受到的压力信号用压力传感器转换为电信号。

常见的压力传感器有：

(1) 压电晶体压力传感器。它利用压电晶体受压后产生的电动势的大小来测量压力；

(2) 电感压力传感器。利用膜片受压后变形引起电感的变化来测量压力。

(3) 硅膜片压力传感器。利用硅膜片受压后电阻改变效应来测量压力。

(4) 霍尔压力传感器。利用膜片受压变形，带动固定在膜片上的霍尔元件在磁场中运动，从而产生直流信号测量压力。

上述压力传感器将压力的变化转换为电信号，惯性小，动态响应高，便于信号自动采集、传输和处理，得到广泛应用。

这类压力传感器具有相似的结构，如图 A-2 所示。传感元件密封在硅油之中，外面由隔离膜片和壳体保护，可以使用在强腐蚀性的工作介质中，它们都是插入流动中进行工作的，所以几何尺寸要尽可能小以减少对流动的干扰和提高测量的空间分辨率。在使用这类传感器时要特别注意其使用的压力范围。

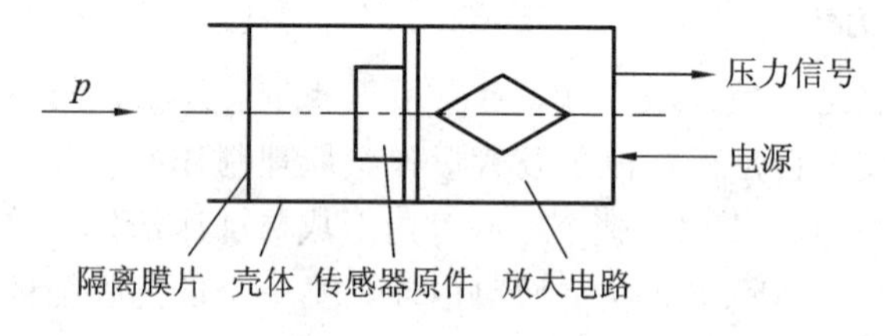

图 A-2 压力传感器

3. 测压探针

1) 静压的测量

测量模型表面静压力时，在壁面上开垂直小孔，通过传压管把该点的静压力引出流场外进行测量。测压孔内的压力代表壁面上的流体静压力，小孔称为静压孔，如图 A-3 所示。通常取小孔直径 $d=0.5\sim1.0$ mm，小孔深度 $h>3d$，测压孔轴与壁面垂直，孔内壁光滑，孔口无毛刺。

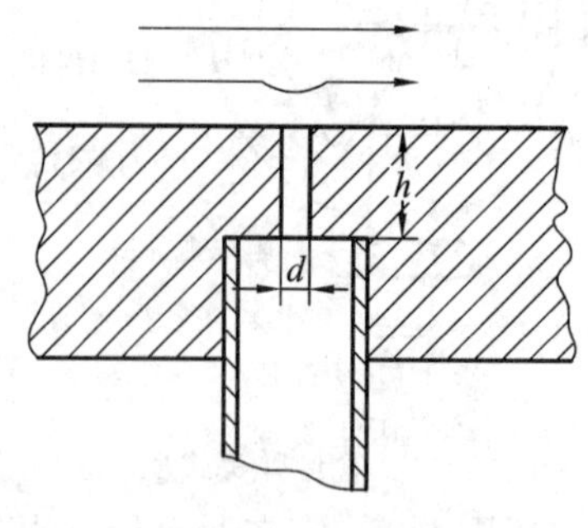

图 A-3 壁面静压孔

对运动流体中静压力的测量，可以利用静压探针(或静压管)，将其插入流体中，进行流体静压的测量。

图 A-4 所示为 L 形静压探针，前端封闭且呈半球形，在离端部一定距离的管壁上，沿圆周等间距开 4～8 个小孔，孔径通常取 0.3～0.5 mm，小孔的轴线与管轴线垂直。测量时静压探针应对准来流方向，轴线与来流的夹角应小于 5°，否则易产生较大误差。

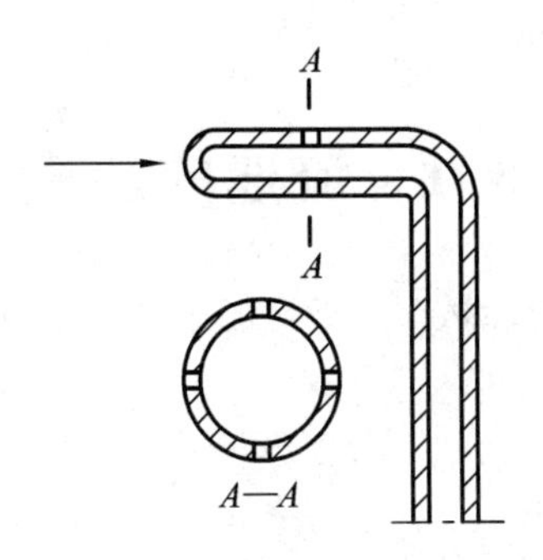

图 A-4　L 形静压探针

2) 总压的测量

总压也称为驻点压力，即流体受到滞止，速度降为零时的压力。利用插入流体中的总压探针(总压管)来测量总压。

L 形总压探针是使用最广泛、结构最简单的总压探针，如图 A-5 所示。测量时总压探针应对准来流方向，轴线与来流的夹角应小于 5°，否则会产生较大的误差。

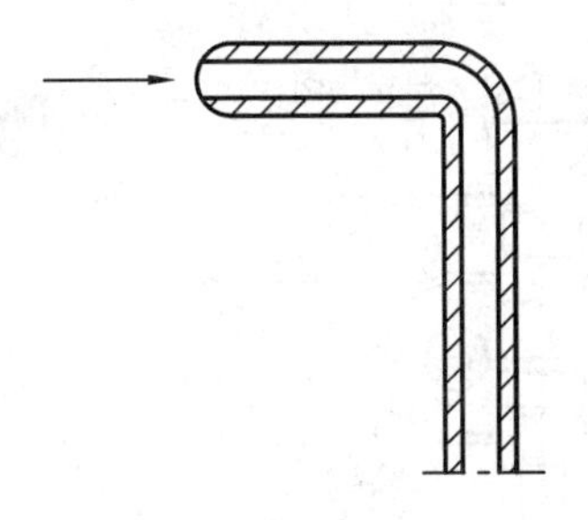

图 A-5　L 形总压探针

附录B 流速和流量的测量

B.1 流速的测量

速度是描述流体运动的重要参数。对于流场中某一点速度的测量，用得较多的是皮托管、热线(膜)风速仪。

B.1.1 普通测速方法

最普通的测量流体速度的方法是示踪法，如根据水面上漂浮物的移动速度判断水的流速，在水文测量中，根据浮标速度确定水流的方向及速度，空气中根据气球的运动判断流速。但只有在示踪物与流体运动同步的条件下才能作定量测量，否则只能作定性观察。

1. 风速杯

测量风速的常用仪器是风速杯(见图B-1)，风速杯测量的空气速度可在测速表上直接读出，风速方向由风速杯顶部的风向指针给出。

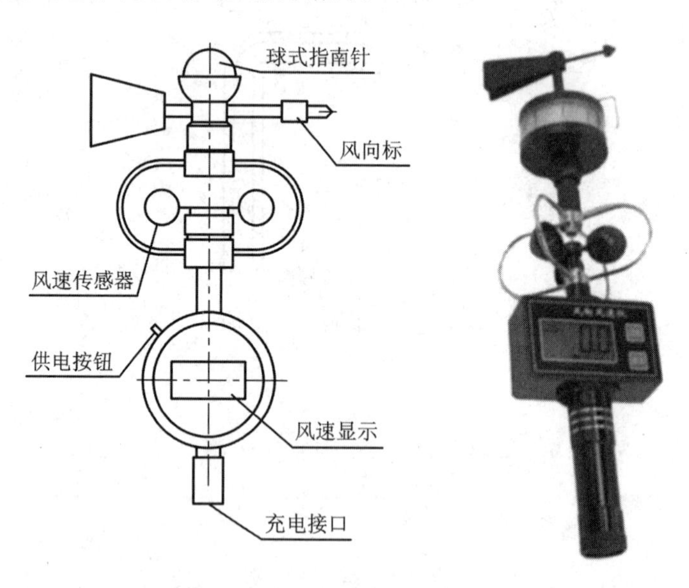

图B-1 风速杯

2. 螺旋桨测速仪

螺旋桨测速仪桨叶可以正反转，分别指示正反方向的流速(见图B-2)。测量时桨叶需正对流动方向，为此在尾部安装导流板，以保证与流动方向保持一致。螺旋桨测速仪用于水中称为水翼测速仪。

图 B-2 螺旋桨测速仪

3. 皮托管

皮托管是实验室最常用的测量点流速的仪器，是由总压管和静压管复合而成的测速探头，测量原理在 3.4.2 节已进行了较详细的介绍。

B.1.2 热线风速仪

热线风速仪的基本原理是：对细金属丝或金属薄膜通电加热，使其温度高于流体温度，当流体沿垂直方向流过金属丝时，将带走金属丝的部分热量、温度下降。利用它的冷却率与流体速度的函数关系来测量流速，因此将此金属丝称为热线。热线风速仪由探头和放大电路两部组成。探头有热线式和热膜式两种，它们的工作原理相同，结构形式多种多样，热线式适用于气体，热膜式适用于液体。图 B-3 所示为其中的一种热线风速仪。

图 B-3 热线风速仪

热线风速仪的电压与流速关系为

$$U^2 = A + B\sqrt{v} \qquad (B-1)$$

式中，U 为热线的输出电压；A、B 为与热线的电阻温度系数有关的物理常数，由实验确定；v 为流体的速度。

B.2 流量的测量

流量测量有直接测量和间接测量两种。直接测量是测量出某一时间间隔内流过的流体总体积，求出单位时间内的平均流量，常用于校验其他形式的流量计；间接测量是先通过测量与流量有对应关系的物理量，然后求出流量。下面介绍几种常见的流量计。

1. 容积式流量计

容积式流量计是把被测流体用一个精密的计量容积进行连续计量的一种流量计，属于直接测量型流量计。根据标准容器的形状及连续测量的方式不同，容积式流量计有椭圆齿轮流量计、罗茨流量计和齿轮马达流量计等。图 B-4 所示为罗茨流量计。

容积式流量计的测量精度不会随流体的种类、黏度、密度等特性而变化、也不会受流动状态的影响，因此通过校正可得到非常高的测量精度。

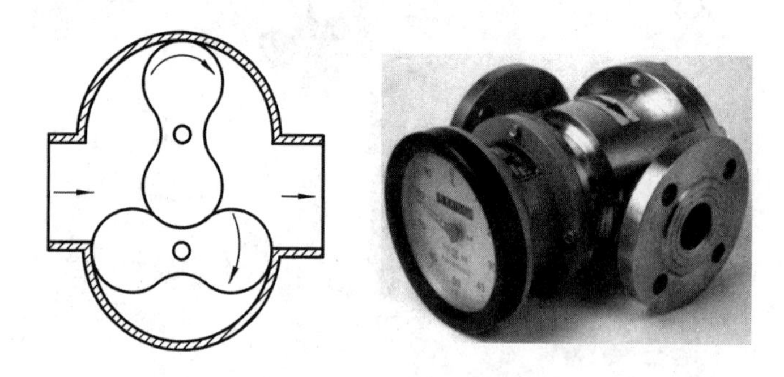

图 B-4 罗茨流量计

2. 差压式流量计

差压式流量计是以被测流体流经节流装置所产生的压差来测量流量的一种流量计，常用文丘里流量计、孔板流量计等。

1）文丘里流量计

文丘里流量计由收缩段、喉管和扩散段三部分组成，如图 B-5 所示。在收缩段进口断面和喉管断面处接压差计。流量计算公式为

$$Q=\beta\frac{A_2}{\sqrt{1-\left(\frac{A_2}{A_1}\right)^2}}\sqrt{\frac{2(\rho'-\rho)H}{\rho}}$$

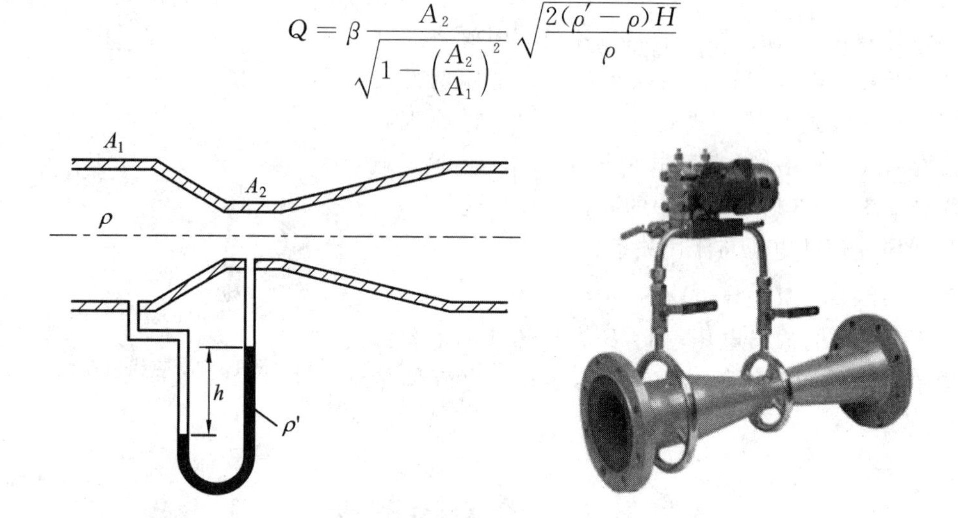

图 B-5 文丘里流量计

式中，β 为文丘里管的流量系数，由实验测定。

标准文丘里流量计取 $d_2/d_1=0.5$，扩散角取 $8°\sim10°$。安装时，文丘里流量计上、下游直管段长度分别为 10 倍、6 倍管径。

2）孔板流量计

孔板流量计如图 B-6 所示，流量计算公式为

$$Q=\beta\frac{\varepsilon A}{\sqrt{1-\left(\frac{\varepsilon A}{A_1}\right)^2}}\sqrt{\frac{2(\rho'-\rho)H}{\rho}} \qquad (B-2)$$

式中，A 为孔板孔口的面积，A_1 为管道断面的面积，A_2 为孔板后最小收缩断面的面积，ε 为孔板收缩系数，β 为孔板流量计的流量系数，由实验测定。

由于孔板水流收缩急剧，紊动混掺强烈，能量损失较大，故孔板的流量系数较小。孔板流量计前后直管段长度与文丘里流量计相同。

3. 转子流量计

转子流量计主要由一个锥形管和可以上下自由移动的浮子组成，如图 B-7 所示。流量计两端用法兰垂直安装在测量管路中，流体自下而上地流过流量计并推动浮子，在稳定情况下，浮子悬浮的高度与通过的流量之间有一定的比例关系，根据浮子的位置直接读出通过流量计的流量。

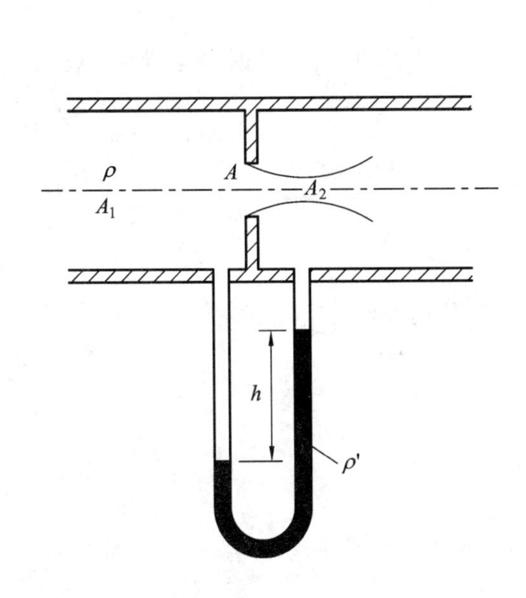

图 B-6 孔板流量计

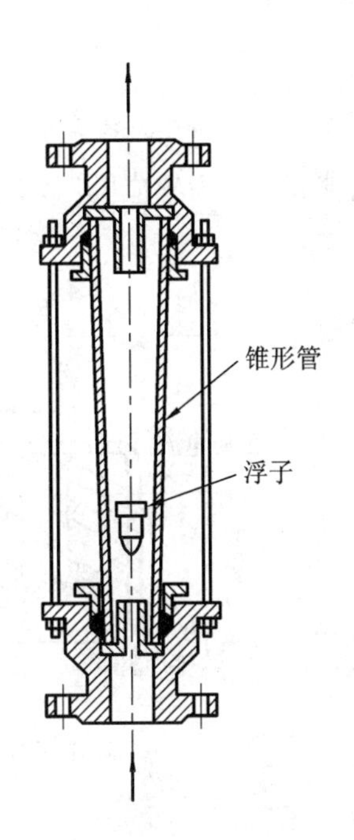

图 B-7 转子流量计

4. 堰板流量计

堰板流量计用于测量渠道或实验水槽中的流量，测量原理在 3.4.2 和 6.5 节中已进行了较详细的介绍。

5. 涡轮流量计

涡轮流量计将涡轮置于被测流体中，利用流体流动的动压使涡轮旋转，涡轮的旋转速度与平均流速大致成正比，因此由涡轮的转速可以求得瞬时流量，由涡轮转数的累计值可求得累积流量。涡轮流量计如图 B-8 所示，涡轮的转速采用非接触磁电传感器测出。

6. 电磁流量计

电磁流量计是根据电磁感应定律制成的一种测量导电液体体积流量的仪表，如图 B-9 所示。套在管壁上的线圈在管道内产生均匀的磁场，当导电液体通过时，位于管径方向的一对电极可测出感应电压，感应电压与管道内平均流速或流量呈线性关系，即

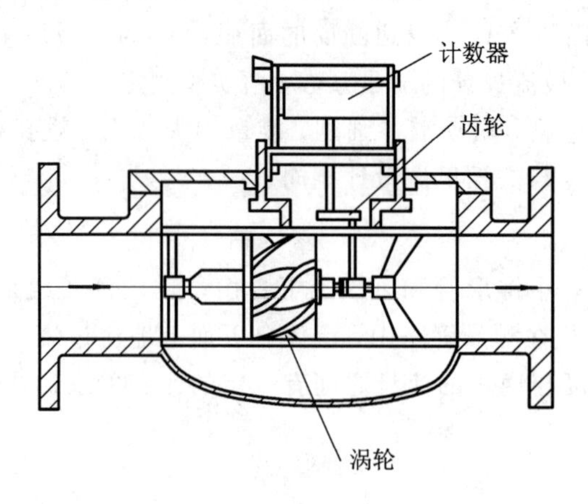

图 B-8 涡轮流量计

$$Q = kE$$

式中，Q 为流量；E 为感应电压；k 为比例系数，与线圈磁场强度、流体的电导率、管道尺寸等有关。

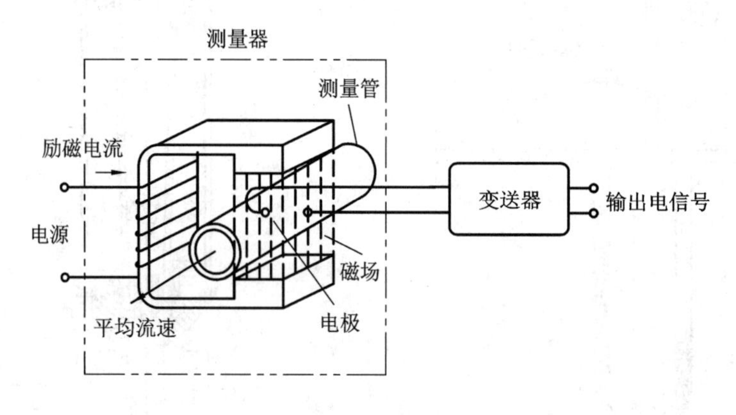

图 B-9 电磁流量计

附录C 工程流体力学常用量及单位换算表

量	记号	国际单位制（SI单位）	重力单位（工程单位）	CGS单位制（物理学单位）	换算率
长度	l	m（米）	m	cm	
面积	A，S	m^2	m^2	cm^2	
体积	V	m^3	m^3	cm^3	1L（升）$=10^{-3}\ m^3$ 1cc$=1\ cm^3$
时间	t	s（秒）	s	s	
转速	n	rpm（r/min）	rpm（r/min）	rpm（r/min）	$\omega=\frac{2\pi n}{60}$
角速度	ω	rad/s	rad/s	rad/s	
速度	v，u，w	m/s	m/s	cm/s	
加速度	a，g	m/s^2	m/s^2	m/s^2	$g=9.806\ 65\ m/s^2$
质量	m	kg（千克）	$kgf \cdot s^2/m$	g（克）	1（吨）$=10^3$ kg
密度	ρ	kg/m^3	$kgf \cdot s^2/m^4$	g/cm^3	
比容	υ	m^3/kg	$m^4/(kgf \cdot s^2)$	g/cm^3	
力，重力	F，G	N（牛顿）	kgf（千克力）	$g \cdot cm/s^2$ dyn（达因）	$1\ N=1\ kg \cdot m/s^2$ $1\ kgf=9.806\ 65\ N$ $1\ dyn=10^{-5}\ N$
力矩，扭矩	T	N·m	kgf·m	$g \cdot cm^2/s^2$	1 kgf·m$=9.806\ 65$ N·m
压力	p	Pa（帕）	kgf/cm^2 mH_2O（米水柱） atm（标准大气压） at（工程大气压） mmHg（毫米汞柱） Torr（托） psi（lbf/in^2）	$g/(cm \cdot s^2)$ bar（巴）	$1Pa=1N/m^2$ $1bar=10^5\ Pa$ $1mH_2O=9806.7\ Pa$ 1atm$=101\ 325$ Pa $1at=1\ kg/cm^2$ 1 mmHg$=1/760$atm 1Torr$=1$ mmHg 1psi$=6895$ Pa
剪切应力	τ	Pa，N/m^2	kgf/m^2	$g/(cm \cdot s^2)$	
体积弹性系数	K	Pa，N/m^2	kgf/m^2	$g/(cm \cdot s^2)$	
压缩率	β	Pa^{-1}，m^2/N	m^2/kgf	$cm \cdot s^2/g$	

续表

量	记号	国际单位制（SI 单位）	重力单位（工程单位）	CGS 单位制（物理学单位）	换算率
黏度	μ	Pa・s N・s/m^2	kgf・s/m^2	g/(cm・s) P(泊)	1kgf・s/m^2=9.806 65Pa・s 1P=0.1N・s/m^2
运动黏度	ν	m^2/s	m^2/s	cm^2/s St(斯托克)	1St=1 cm^2/s =10^{-4} m^2/s
表面张力	σ	N/m	kgf/m	dyn/m	
功，能量	E	J(焦耳) W・s	kg・m cal(卡)，kcal(千卡，大卡)	g・cm^2/s^2 erg	1J=1N・m=1W・s 1erg=1dyn・cm=10^{-7} J 1kcal=4.18 kJ(千焦)
功率，动力	N	W(瓦)	kgf・m/s	g・cm^2/s^3 erg/s	1W=1 J/s 1PS(马力)=75kgf・m/s
流量	Q	m^3/s	L/min	cm^3/s	1m^3/s=60 000 L/min
温度	t，T	℃，K	℃，K	℃，K	T[K]=(t[℃]+273.15)[K]

习题答案

第1章

1-1 $\rho=906\ \text{kg/m}^3$，相对密度 $s=\rho/\rho_w=0.906$

1-2 绝热指数 $k=1.39$。

1-3 由表1-3查得干空气的气体常数 $R=287\ \text{J/(kg·K)}$，密度 $\rho=p/RT=1.20\ \text{kg/m}^3$，相对密度 $s=\rho/\rho_w=1.20\times10^{-3}$；比容 $v=1/\rho=0.833\ \text{m}^3/\text{kg}$。

1-4 压力 $p=267\ \text{kPa}$；温度 $T=388\ \text{K}$。

1-5 体积弹性模量 $K=2160\ \text{MPa}=2.16\ \text{GPa}$；压缩率 $\beta=1/K=0.463[1/\text{GPa}]$

1-6 等温变化，$pv=\text{const}$，设氧气的质量为 M，则 $v=5\ \text{m}^3/M$ 变化到 $v=1\ \text{m}^3/M$ 时，$p=1.02\ \text{MPa}$；体积弹性模量 $K=-v(\text{d}p/\text{d}v)=p$，因此压缩开始和结束时的体积弹性模量 K 分别为 240 kPa 和 1.02 MPa。

1-7 $y=0\ \text{m}$，$\text{d}u/\text{d}y=2\text{s}^{-1}$，$\tau=3.0\ \text{Pa}$；$y=0.5\ \text{m}$，$\text{d}u/\text{d}y=1\ \text{s}^{-1}$，$\tau=1.5\ \text{Pa}$；$y=1\ \text{m}$，$\text{d}u/\text{d}y=0\ \text{s}^{-1}$，$\tau=0\ \text{Pa}$。

1-8 轴的表面速度 $u_0=\dfrac{\pi nd}{60}(\text{m/s})$，摩擦力 $F_f=\mu A\left(\dfrac{u_0}{\delta}\right)=\dfrac{\mu\pi d^2 ln}{60\delta}(\text{N})$，摩擦损失的功率为 $N_f=F_f u_0=\dfrac{\mu\pi^3 d^3 ln^2}{3600\delta}(\text{W})$；$n=24\ \text{r/m}$，$N_f=613\ \text{W}$；$n=240\ \text{r/m}$，$N_f=61.3\ \text{kW}$；$n=2400\ \text{r/m}$，$N_f=6.13\ \text{MW}$。

1-9 板重在斜面的重力分量 $F_1=300\cdot\sin25^\circ=127(\text{N})$，液体的摩擦力 $F_2=\mu A\left(\dfrac{\text{d}u}{\text{d}y}\right)=\mu\cdot267(\text{N/Pa·s})$，因 $F_1=F_2$，则 $\mu=0.476\ \text{Pa·s}$。

1-10 $\mu=0.005\ \text{Pa·s}$

1-11 半径 $r=0.15\ \text{mm}$

1-12 平均高度 $h=3.0\ \text{cm}$

第2章

2-1 $p_{ab}=p_a+\rho gh=101.3\times10^3+1000\times9.8\times5=150\ 000(\text{Pa})$

$p=\rho gh=49\ 000(\text{Pa})$

2-2 空气密度为常数，$h=\rho_{Hg}\dfrac{h_{Hg1}-h_{Hg2}}{\rho_a}=13.6\times10^3\times\dfrac{0.76-0.73}{1.29}=316.3(\text{m})$

按绝热规律变化，$h=\dfrac{k}{g(k-1)}\dfrac{p_0^{1/k}}{\rho_0}(p_0^{(k-1)/k}-p^{(k-1)/k})$

2-3 (a) $p_A=68.6\ \text{kPa}$；(b) $p_A=28.75\ \text{kPa}$；

(c) $p_C=19.6\ \text{kPa}$；$p_B=19.6\ \text{kPa}$

$p_A=-29.4\ \text{kPa}$

2-4 管1高于管2，管1等高液面

2-5 (1) 9.94 m； (2) 5.32 m

2-6　$H=7.6$ cm

2-7　$H=1.66$ m

2-8　$p_0=264\ 796$ Pa

2-9　压力表的读数 $p_x=24.2$ kPa(表压)

2-10　海平面的压力 $p_0=\rho_{Hg}gh=101$ kPa

潜水艇内的压力 $p_1=\rho_{Hg}gh_3=120$ kPa

点 A 的压力 $p_A=\rho_w g(y+h_1)+p_0=10.1\cdot y+103$(kPa)

点 B 的压力 $p_B=\rho_{Hg}g(h_1+h_2)+p_1=186$ kPa

$p_A=p_B$，$y=8.22$ m

2-11　$\omega=6.28$ rad/s

2-12　压力中心 $y_D=y_C+\dfrac{I_C}{y_C A}$。惯性矩 $I_C=bh^3/12$，型心 $y_C=H-2.7$。$y_D=H-2.7+\dfrac{3}{4(H-2.7)}$，水门自动开门，需满足 $y_D\leqslant H-2.5$ 的必要条件，水闸水面高度 $H=6.45$ m。

2-13　$x=0.796$ m

2-14　$F=132\ 920$ N，$\theta=43.6°$

2-15　$x=2$ m

2-16　长方体吃水深度为 2.4 m，浸在水中的体积为 120 m^3，浮力中心 C 在中心下方 0.3 m 处。浮面惯性矩 $I=b^3\ \dfrac{l}{12}$，稳心高度$\overline{GM}=\dfrac{I}{V}-\overline{CG}=0.568>0$，浮体处于稳定状态。恢复力偶 $T=mg(\overline{GM}\cdot\sin\theta)=58\ 260$ N·m

2-17　不稳定

第 3 章

3-1　$Q=0.3\ m^3/s$；300 mm：$v_1=4.24$ m/s；200 mm：$v_2=9.55$ m/s

3-2　$v=10$ m/s

3-3　$v_1=6.1$ m/min；$v_2=2.2$ m/min；$Q_2=24.2$ L/min

3-4　$Q=3.77\times10^{-3}\ m^3/s$；压力：$p_B=-1.84$ kPa；$p_C=-13.6$ kPa；$p_B=-1.84$ kPa；$p_E=27.6$ kPa(压力为表压力)

3-5　最低水位 $H=1.5$ m

3-6　$Q=0.24\ m^3/s$

3-7　连续性方程：$v_2=(d_1/v_2)^2v_1=4v_1$；断面①、② 应用伯努利方程得

$$\frac{p_1-p_2}{\rho_o g}=\frac{v_2^2-v_1^2}{2g}+z_2-z_1;\ \frac{p_1-p_2}{\rho_o g}=\left(\frac{\rho_{Hg}}{\rho_o}-1\right)h+z_2-z_1$$

$$v_1=3.16\ m/s$$

$$流量\ Q=\frac{\pi}{4}d_1^2v_1=0.223(m^3/s)$$

3-8　$Q=0.018\ m^3/s$

3-9　$v=5.164$ m/s

3-10　流体由 A 流向 B

3-11 $Q=0.0671\ m^3/s$，$p_g=79\ kPa$

3-12 $H=0.338\ m$

3-13 $H_S=4\ m$

3-14 12 kN

3-15 $\sqrt{(2F_0)/(\pi\rho D_0^2)}$

3-16 连续性方程求出 $v_1=2.83\ m/s$，$v_2=6.37\ m/s$。伯努利方程求出 $p_2=134\ kPa$。$F_x=13.9\ kN$，$F_z=-4.75\ kN$。合力 $F=14.7\ kN$，角度如图 3-86 所示，$\theta=-18.9°$。

3-17 $\omega=\frac{Q}{AR}\sin\theta$；$M=3\rho R\sin\theta\frac{Q^2}{A}$

3-18 $v_1=3.66\ m/s$；$v_2=2.11\ m/s$；$N=2792\ W$

3-19 叶轮的扭矩 $T=182\ kN\cdot m$；$N=1.37\ MW$

3-20 $N=1.41\ kW$

3-21 $z=14r^2$，根据边界条件 $r=1\ m$，$z=14\ mm<75\ mm$，画出液面形状。半径 r 的单位为 m，z 的单位为 mm。

3-22 式(3-62)中的$\frac{dp_t}{dr}=0$；速度分布 $u=\frac{k}{r}$。自由涡流，环量 $\Gamma=2\pi k$(积分路径与圆的半径无关的恒定值)；强制涡流环量 $\Gamma=2\pi r^2\omega$(ω 角速度，积分路径与圆的面积成正比)

3-23 半径为 0.5 m，$v_{0.5}=1.59\ m/s$；半径为 1.0 m，$v_{1.0}=0.796\ m/s$；半径为 1.5 m，$v_{1.5}=0.531\ m/s$

3-24 压力 $p_A=6.24\ kPa$，$p_B=1.90\ kPa$；$p_C=-5.70\ kPa$(表压)

第 4 章

4-1 $s=kgt^2$

4-2 $[L^2T^{-2}]$；$[L^{-1}T]$；$[L^2T^{-2}]$；$[L^{-7}T^4]$；$[L^6T^{-3}]$；$[1]$

4-3 $N=k\rho gQH$

4-4 $Q=kd^2\sqrt{\frac{\Delta p}{\rho}}$

4-5 $F=k\rho gHD^2$

4-6 (1) $Q_{md}=0.076L/s$；(2) $Q_{md}=1.275\ L/s$

4-7 (1) $v=7.75\ m/s$；(2) $F=173.15\ kN$

第 5 章

5-1 水的流量 $Q=5.44\times10^{-5}\ m^3/s$

5-2 $h_f=0.388\ m$

5-3 运动黏度 $\nu=4.29\times10^{-2}\ m^2/s$；普朗特混合长度 $l_m=0.134\ m$

5-4 摩擦速度 $u_*=0.256\ m/s$

5-5 摩擦速度 $u_*=0.0559\ m/s$，壁面切应力 $\tau_0=3.10\ Pa$，压力降 $\Delta p=1033\ Pa$

5-6 $Q=1.28\times10^{-3}\ m^3/s$

5－7　管的内径 d＝210 mm

5－8　h＝4.56 m

5－9　h_f＝2.16 m，水力光滑情况下，h_f＝1.89 m

5－10　h_f＝50.2 m，压降 Δp＝604 Pa

5－11　管的沿程损失 h_f＝0.418 m，入口损失系数 ζ＝0.405

5－12　h＝219 mm

5－13　p＝145 kPa

5－14　Q＝1.14×10^{-2} m^3/s

5－15　列①、②断面的伯努利方程，$p_1=p_2$，$z_1-z_2=h$；v＝3.58 m/s，Q＝7.05×10^{-3} m^3/s

5－16　水的流量 Q＝4.79×10^{-2} m^3/s

5－17　30°时的压降 Δp＝572 Pa；60°时的压降 Δp＝17.2 kPa

5－18　引起的能量损失＝340 W

5－19　N_{sh}＝1.61 kW

5－20　N_{sh}＝40.4 kW

5－21　N_{sh}＝14.4 MW

5－22　最大流量 Q＝0.18 m^3/s

5－23　H＝5.02 m

5－24　Q_1＝0.03 m^2/s，Q_2＝0.05 m^3/s，$h_{f(A-B)}=h_{f1}$＝19.09 m（误差 h_{f2}＝20.1 m）

5－25　Q＝0.321 m^3/s

5－26　$v_1\leqslant$2.85 m/s

5－27　c＝1443.5 m/s

5－28　压力升高了 Δp＝2.88 MPa

第 6 章

6－1　水深 h＝1.94 m

6－2　水深 y_0＝2.92 m

6－3　最佳为横截面形状，纵横比为 1∶2；水深 h＝2.71 m，宽度 b＝5.42 m。

6－4　常流，渠底坡度 i_o＝0.000 273。

6－5　高度 x＝0.32 m。

6－6　流量 Q＝9.12 m^3/s；临界水深 h＝0.980 m。

6－7　水深 h＝1.2 m；速度 v＝8.33 m/s。

6－8　(1) Q_1＝0.0025 m^3/s；(2) k_1＝5.66；(3) k_2＝1.71。

6－9　H_Z＝0.92 m

6－10　H_1＝0.183 m；H_2＝0.0312 m；H_3＝0.0044 m

第 7 章

7－1　阻力系数 C_D＝0.359

7－2　需要的力 D＝8.97N，需要的动力 N＝119 W

7－3　摩擦阻力 D_f＝0.535 N，摩擦系数 C_f＝0.001 98

7-4 摩擦阻力 $D_f=47.1$ N/m

7-5 雷诺数 Re 阻力 D

雷诺数 Re	阻力 D
1	4.8×10^{-9} N
10	1.3×10^{-7} N
100	6.9×10^{-6} N
1000	4.3×10^{-4} N

7-6 (1) 阻力 $D=1.73$ N，(2) 阻力 $D=0.433$ N

7-7 阻力比为 8.0

7-8 风洞的球的雷诺数，$Re=(v\cdot d\cdot\rho)/\mu=7.14\times10^5$。因为在水中相同的阻力系数，它们的雷诺数相等，所以水的速度 $v_w=Re\{\mu_w/(d_w/\rho_w)\}=16.3$ m。图 7-15 阻力系数 $C_D=0.10$，阻力 $D=C_D\cdot(1/2)\rho v^2\cdot(\pi/4)d^2$，$D_{250}=5.23$N，$D_{50}=26.1$ N

7-9 速度 $v=0.0849$ m/s。

7-10 $v_M=0.986$ m/s；$Q_V=95.2$ m^3/s

7-11 ① $s_n=0.133$ m；② $s=4.6$ m；③ $Q_{V0}=9.6$ m^3/s

第 8 章

8-1 $\varepsilon=0.64$；$C_q=0.62$；$C_v=0.97$；$\zeta=0.063$

8-2 3.649 m/s；39.584 L/s；116.34 mm；4.53 m

8-3 $Q=0.0363$ m^3/s；$H_2=1.8$ m

8-4 (1) $\mu=0.062$ Pa·s；(2) 减小

8-5 $t=19.4$ s

8-6 (1) $m=4.32$ kg；(2) $Q=kh^3$；(3) $\delta=0.0128$ mm

8-7 (1) $p_1=1.6\times10^7$ Pa；(2) $F=1.34\times10^4$ N

第 9 章

9-1 $L=459$ m

9-2 2155.2 km/h

9-3 680 m/s

9-4 $Ma=0.281$；$v=98.75$ m/s；$p_{st}=42\,983$ Pa；

9-5 $v_2=751.88$ m/s

9-6 $Ma=2$；$v=680.4$ m/s；$t=1.176$ s

9-7 $Ma=1$，$A/A_{cr}=1.59$

9-8 (1) $v_e=300$ m/s；(2) $Q_m=8.53$ m^3/s

9-9 (1) $L_{cr}=1.47$ m；(2) $p_{cr}=507.7$ kPa，$T_{cr}=383$K，$v_{cr}=398.2$ m/s

参考文献

[1] 宫井善弘. 水力学. 东京：森北出版株式会社，2014
[2] 丁祖荣. 工程流体力学. 北京：机械工业出版社，2013
[3] 向伟. 流体机械. 西安：西安电子科技大学出版社，2016.
[4] 罗惕乾. 流体力学. 北京：机械工业出版社，2007
[5] 杨树人. 工程流体力学. 北京：石油工业出版社，2006
[6] H. Schlichting. Boundary-Layer Theory. 6th ed. McGraw-HillBook Co，1968.
[7] D. J. Tritton. Experiments on the flow past a circular cylinder at low Reynolds numbers. Journal Fluid Mechanics，(1975. 6). 547.
[8] T. Kida，T. Take. JSME. International Journal，1992：144.
[9] M. Van Dyke. Perturbation Methods in Fluid Mechanics. Parabolic Press，1975.